환경과 공해

이병학 · 박광하 · 방두연 · 손무정
오종민 · 윤철훈 · 이장훈

신광문화사

머 리 말

새로운 천년인 21세기에 접어들면서 더욱 늘어나는 관심의 대상은 당연히 환경오염 문제라고 할 수 있다. 과거의 환경문제는 경제성장과 이념적 갈등에 가려 그 문제의 중요성을 제대로 인식하지 못하였으나 1990년대에 이르러 인류의 생존과 장래에 직결된 심각한 문제로 인식되어졌다. 또한 그동안 환경 개선을 위하여 다양한 정책 수립과 추진을 하였음에도 불구하고 아직도 우리의 삶 속에서 쾌적한 환경을 기대한다는 것은 지나친 욕심인 것 같이 느껴진다.

지나온 날들이 오로지 경제성장을 빌미로 하여 개발에만 역점을 둔 결과 물질적으로 어느 정도 풍요로움을 갖게 되었다면, 앞으로는 아름답고 쾌적한 환경을 유지 발전시켜 인간이 인간답고 정서적으로 풍요로움을 누릴 수 있는 환경친화적 개발에 역점을 두어야 한다.

환경문제의 발생은 본질적으로 인간의 욕심과 이기심에서 출발하고 있다. 주어진 삶 속에서 좀 더 풍요로움과 좀 더 편리함을 추구하게 되면 인간은 자연에 대하여 비윤리적 행위를 하게 되어 자연스럽게 많은 문제를 발생시키는데 그 중에서 가장 큰 문제가 바로 환경오염문제이며, 환경문제가 서로 상승작용을 하여 환경재앙을 가져오게 된다. 21세기에 접어들어 더욱 심하게 나타나고 있는 지구상의 환경 재앙은 지구온난화, 오존층 파괴, 산성비 강하, 엘니뇨와 라니냐 현상, 환경호르몬 생성, 각종 생태계 파괴 및 생물종 멸종, 각종 질병의 발생 등이며 모두 인간이 위기를 느끼게 하는 것들이다.

인간은 자연을 떠나서나 거역하면서 결코 살아갈 수 없다. 인간이 자연과 동등한 가치를 느끼며 가치존중을 하게 될 때, 인간은 자연이 행하는 모든 것이 인간의 생명을 유지하는데 꼭 필요한 생명부양시스템이며 인간 자신도 자연의 한 부분이라는 것을 인식하게 될 것이고, 비로소 환경문제는 자연스럽게 해결될 것이다. 이제 신은 인간을 위하여 더 이상 자연환경을 지켜줄 능력이 없게 되었다. 이제부터는 인간이 신을 도와야 할 때다.

우리는 환경문제 해결에 관한 많은 지식을 가지고 있으면서도 구체적으로 실천하는 경우가 매우 적다. 그러나 작은 실천 하나하나가 그만큼 환경문제를 해결하는 첫걸음이라는 것을 환경교육을 통해서 알게 되고, 우리 스스로 환경오염의 가해자인 동시에 피해자라는 인식을 가지게 되어 환경보전 운동에 동참하게 된다. 그러므로 좀 더 정확하고 현실감 있는 환경교육이 필요하며 교육의 효과가 여러 사람에게 전달되도록 교육과 홍보를 병행하여야 한다.

교양과목 교재로서 '새로운 환경과 공해'는 환경교육이 가지는 의미에 부합되는 가치 있는 교재라고 생각하며, 20여 년간 교양환경과목을 강의하는 과정에서 새롭게 대두되었던 문제들을 보충하고 수정하여 개정판을 완성하려고 노력하였으나 아직도 부족한 것이 많을 것이기에 독자 여러분의 지적과 충고가 있기를 기대하는 바이다. 끝으로 여러분의 학교생활과 사회생활 속에 영광이 가득하길 바라며 본 교재가 출판되도록 힘써주신 신광문화사 전귀연 사장님, 최병휴 부사장님 그리고 편집부 여러분께 감사를 드린다.

천안 안서 교정에서 저자 씀

Contents

Chapter 5 인구증가 및 식량부족과 환경문제

Chapter 6 자원부족과 환경문제

Chapter 7 경제성장(개발)과 환경문제

Chapter 8 대기 오염

Chapter 9 물 오염

01

지구환경시대와 지구의 위기

고귀한 생명체가 생존하는 유일한 별, 지구는 마치 거대한 환경오염 덩어리처럼 변해가고 있으며 심지어는 인간을 비롯한 수많은 생명체의 생존기반 마저 위태롭게 하고 있어서 어쩌면 우주공간에 생명체가 존재하는 별이 영원히 없어져 버릴지도 모른다.

1.1 지구의 탄생과 위기

"우리가 사는 지구의 위치는 우주공간에서 어느 정도일까?" 하는 생각을 자주 하게 된다. 지구는 상상을 초월할 정도로 커다란 우주에 존재하며, 태양계에 속한 9개의 떠돌이별 중 소행성대(수성, 금성, 지구, 화성)에 속하는 태양으로부터 3번째에 위치한 작은 행성이다.

그렇다면 태양계가 우주의 중심일까? 그렇지 않다. 우주의 다른 쪽에서 보면 지구는 보이지도 않을 것이다. 태양계는 1000억 개의 별들로 이루어진 은하계에 속해 있으며 그 은하계의 한쪽 편에 존재하는 작은 별일뿐이다. 태양으로부터 은하계 중심부까지의 거리는 약 3만 광년(光年, 1광년 = 빛이 1년간 진행한 거리 ≒ 9.5조km)의 거리이며 태양은 은하계 중심을 축으로 하여 초속 250km라는 속도로 돌고 있다. 또한 지구는 태양의 주위를 초속 30km의 속도로 돌고 있으니 가히 돌고 도는 지구라 할 수 있다. 광활한 우주에는 은하계와 같은 별들의 집단이 1000억 개가 있다고 하니 우주전체의 별들의 숫자는 1000억 × 1000억 개가 될 것이라고 우주 과학자들은 주장한다.

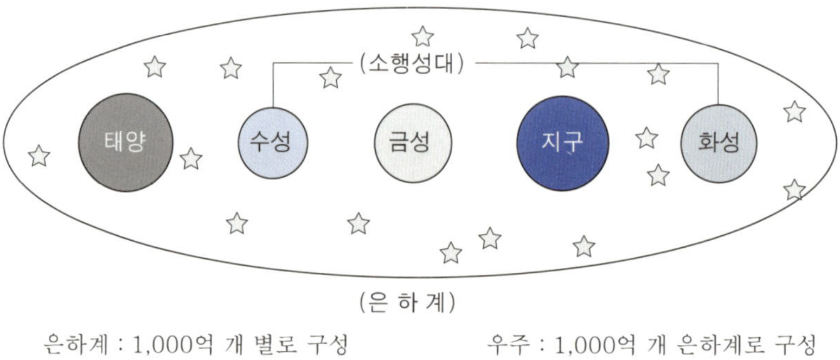

그림 1.1 은하계와 소행성대

(1) 지구의 탄생

"우리가 생활하는 지구는 언제 어떻게 만들어 졌을까? 또 나이는 얼마나 될까?" 하는 의구심을 우리는 갖게 된다.

지구의 나이는 암석에 섞여있는 방사선 동위원소의 양을 측정하여 계산할 수 있는데, 가장 오래된 퇴적암은 약 38억 년 전에 만들어 졌지만, 그때 지구에는 이미 육지와 바다가 형성되어 있었고 퇴적 작용이 있었다는 얘기다.

태양계의 형성과정에서 지구가 탄생한 것과 동일하게 만들어진 운석(隕石, meteorite)의 나이는 거의 모두 46억 년(오차범위 ± 1천만년)으로 측정되는 것으로 볼 때, 지구를 포함한 태양계의 나이는 약 46억 년이라고 추정할 수 있다.

46억 년의 시간을 인류의 역사와 비교해 보자.

지구가 탄생한 날을 1월 1일 자정(0시), 현재를 12월 31일 24시로 1년을 가정하여 비교하면 매우 흥미 있는 내용을 알 수 있다.

지구탄생 후 생명체가 처음 지구상에 탄생한 시기가 약 30억 년 전쯤이므로 1년 중 4월 30일 무렵에 해당하고, 물고기출현은 약 6억 년 전이므로 11월 15일쯤 될 것이며, 포유동물의 출현은 약 7천만 년 전이므로 12월 25일쯤 될 것이다. 인류의 출현은 약 200만 년 전이므로 12월 31일 23시 45분 경에 해당할 것이다. 그렇다면 인류가 지구상에서 살아온 기간을 1년 중의 시간으로 환산하면 불과 15분에 해당하는 지극히 짧은 시간인 것이다.

태양계를 구성하는 떠돌이별 중에서 오직 지구만이 생명체를 가지고 있는데, 그것은 지구가 물을 가지고 있는 유일한 행성이기 때문이다.

표 1.1 지구 진화와 생명체 생성의 비교

46억년 전	30억년 전	6억년 전	4억년 전	7천만년 전	200만년 전	현재
지구의 탄생	생명체 출현	물고기 출현	육상식물 출현	포유동물 출현	인류 출현	
1월 1일 00시 00분	4월 30일	11월 15일	11월 21일	12월 25일	12월 31일 23시 45분	12월 31일 24시 00분

(2) 생명의 탄생

"지구의 생명체는 언제 어떻게 탄생하였을까?" 옛날 사람들은 지구의 생명체가 7~8억 년 전 바다에서 갑자기 나타났다고 생각하였다. 오스트레일리아 과학자들은 35억 년 전의 것으로 추정되는 스트로마톨라이트라고 하는 화석을 연구하던 중 나이테 문양의 줄무늬가 있는 남조(blue-algae)의 흔적을 발견함으로써 생명체의 근거를 밝히게 되었는데, 이 화석이 발견된 지역은 옛날에는 바다뿐이었다. 원시

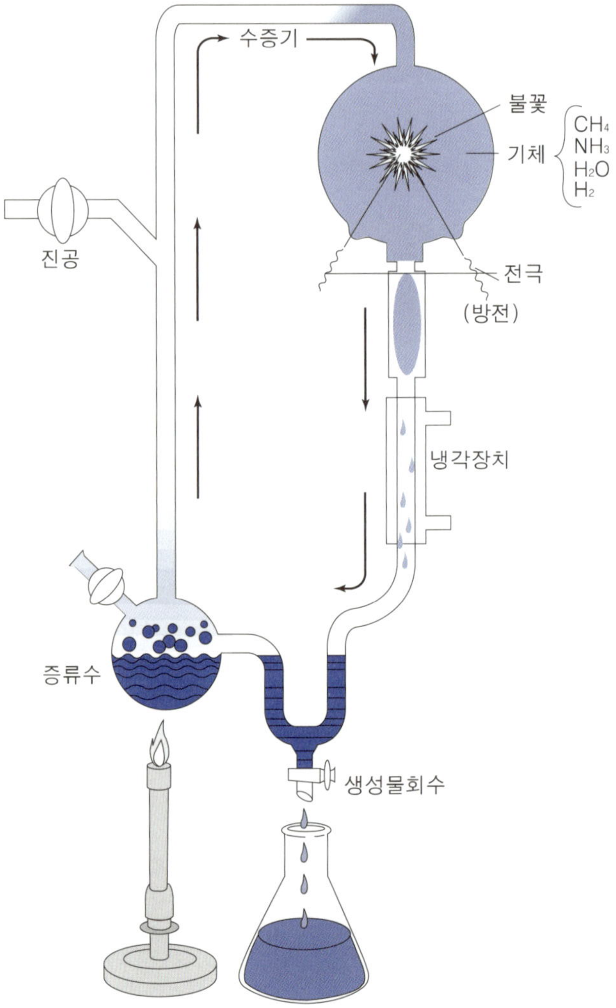

그림 1.2 밀러의 생명체 생성실험장치

지구에 생명체가 탄생하게 된 과정을 연구한 시카고 대학의 대학원생 밀러(Miller)는 원시대기성분인 메탄, 수소, 암모니아와 수증기를 혼합한 원시대기 유사상태를 만들어 번갯불에 해당하는 전기방전을 계속해서 일으킨 일주일 후 반응플라스크 내의 생성물을 분석하여 단백질 생성의 기초물질인 아미노산이 상당량 포함되어 있는 것을 알아냈다. 밀러는 이렇듯 원시대기가 오랜 동안 번개방전의 영향을 받아 생명체 분자물질을 생성시키고, 이것들이 원시 미생물을 탄생시켰으며 생명체 탄생의 시초라고 하였다.

지구상에 생명체가 등장하여 생명현상이 유지되어 온 과정에서는 많은 양의 오염물질이 생성되었을 것이나 자연의 조화로움에 의해 모두가 환경체계 내에서 재순환하는 기초물질로 분해되었기 때문에 그 자체가 오염 물질은 아니었다.

그러나 인류의 등장은 이미 초기부터 자연과의 조화를 파괴할 것을 예견할 만큼 인간은 고 지능 집단이었다. 때문에 인류의 급속한 증가는 자연환경에 커다란 변화를 가져왔으며 이제는 오히려 환경을 보존하고 훼손된 환경을 복원하는 역할을 인간이 담당해야 할 지경에 이르게 되었다.

환경은 변화하게 마련이다. 그러나 지금처럼 무질서도가 극에 달한 정도의 환경파괴는 바람직하지 않다. 인류가 원시인류상태로 지구상에 존재했던 과거로 회귀할 수는 없으며 어느 누구도 원치 않을 것이다.

(3) 후손으로부터 빌려 받은 하나뿐인 지구

독일의 속담에 "지구는 사람을 필요치 않을지 몰라도 사람은 지구를 떠나서 하루도 살 수 없다."라는 내용이 있다. 또한 인디언들은 "지구는 조상으로부터 물려받은 것이 아니라 후손으로부터 빌려 쓰는 것"이라고 생각하고 있다.

현대 인류의 조상이라 볼 수 있는 호모사피언스가 나타난 후 마지막 간빙기(間氷期)였던 15만년에서 5만 년 전쯤의 당시 지구상의 인구는 200~300만 명으로 추정된다. 그러나 인구는 급속히 증가하여 배가시간(doubling time)이 점차 짧아지고 있어서 현재의 인구 수준을 언제까지 유지할 수 있을지는 아무도 모른다.

지구촌에서 진화과정을 거쳐 생성된 생물의 종류는 5000만~50억 종으로 추정되며, 현재 지구상에는 약 200만종의 생명체가 생존하고 있다. '만물의 영장'이라고 스스로 지칭하는 인류는 지구상 모든 생명체의 지배자로서 지구촌 구석구석에서 많은 변화를 야기하고 있다. 의식주 해결을 위한 초보단계의 노력에서부터 각종 산업기술개발활동과 욕구충족을 위한 전쟁에 이르기까지 모든 인류의 활동이 하

E·N·V·I·R·O·N·M·E·N·T & P·O·L·L·U·T·I·O·N

나뿐인 지구(The only one Earth)의 균형을 크게 위협하고 있다. 특히 18세기 산업혁명 이후 인류가 직면한 3가지 주요문제에는 인구(population), 빈곤(poverty)과 함께 어김없이 자연환경오염(pollution)이 포함될 만큼 지구는 위기에 직면해 있다.

지구는 어쩌면 인류가 승선한 거대한 우주선일지도 모른다. 환경문제를 다루는 미국의 TV프로그램 "지구우주선(Spaceship Earth)"에서 암시하듯 지구는 분명 지구상의 인구 60억여 명이 탄 우주선인 것이다. 지구가 탄생한 이래 지구의 물 한 방울, 공기 한 주머니, 티끌 하나 지구 밖으로 빠져나간 적이 없으며, 인간들이 만들어 낸 온갖 쓰레기와 각종 오염물질도 지구 밖으로 빠져나간 적이 없다. 다행스럽게도 우주선 지구 호는 스스로를 깨끗하게 할 수 있는 자정작용(self- purification) 능력이 있어서 인간이 만들어낸 쓰레기를 포함한 각종 오염물질을 흡수, 정화하고 있다. 그러나 점차 자정작용능력 이상의 오염물질이 만들어진다면 우리는 그 오염물질을 스스로 뒤집어쓰게 되어있다. 우주선 지구 호에는 비상 탈출구도 없으며, 있다 하여도 우주공간에는 마땅히 인간이 갈 곳이 없다.

하나뿐인 지구를 더 이상 방치해서는 안 된다. 환경문제는 어느 한 지역, 한 국가의 문제가 아닌 지구촌 전체의 공통된 문제이다. 1990년 세계보건의 날 내세웠던 "지구를 생각하며 작은 일부터 실천을(Think globally, Act locally)"이란 슬로건대로 인간에 의해 훼손되고 불균형으로 변화된 지구를 "균형 잡힌 지구(Earth in the balance)"로 되돌리는데 우리 모두 노력하고 실천해야 하며, 너와 나 할 것 없이 우리는 모두 지구를 병들게 한 원인 제공자들이기 때문에 작은 실천 하나 하나로 후손으로부터 빌려 받은 지구를 되살려 건강한 지구를 보전하여 후손에게 고마운 마음으로 되돌려 주어야 한다.

1.2 지구환경변화와 환경의 중요성

(1) 지구 환경변화의 개요

원시지구의 환경은 우리가 생각할 수 없을 만큼 쾌적했을 것이다. 물론 지구 탄생 초기에는 생명체가 존재할 수 없는 환경조건이었다.

지구에 생명체, 특히 인류가 존재한 후로 지구의 환경이 어떻게 변화해 왔는가를 더듬어 보면 미래의 지구 환경변화 추이를 예상할 수 있다.

지구가 태어난 초기에는 넓은 우주 공간에 수없이 많은 먼지, 즉 성간 물질(星間物質)이 존재하였으며 그 성간 물질에는 가스나 얼음 등이 혼합되어 있었는데 이들은 차츰 무리를 형성하여 성운이라 일컫는 원반 같은 소용돌이 모양을 만들어 나갔다. 이때의 지구는 바다도 없는, 생명체가 존재할 수 없는 상황이었으나 지구의 변화가 시작되면서 내부의 열이 폭발하여 발생된 가스나 수증기는 지구를 둘러싼 대기권이 되었고, 지각 외부로 분출된 수증기는 냉각되어 물을 생성하게 되었다. 또한 대기권의 수증기는 냉각되어 비를 내리게 하였으며 지구표면에 도달한 빗물은 낮은 곳에 모여 호소(湖沼)를 만들었다. 이렇게 생성된 물은 지구상에 생물을 탄생시켜 준 가장 큰 원인이 되었다.

지구상에 생명체, 그 중에서 인류가 존재하기 시작한 후로 지구의 환경은 조금씩 변화하게 되었으며 인류의 분포가 지구 곳곳으로 확대되고 인구가 급증하면서 지구 환경문제는 더욱 심각한 상황으로 빠르게 변화하였다.

대자연 환경 속에서 인간의 위치를 구분하면 대략 4단계, 즉 수렵시대, 농경목축시대, 천연자원물질의 인공합성시대, 환경변혁시대로 구분할 수 있는데, 지금의 시대를 환경변혁시대라 할 수 있다. 환경변혁시대의 특징은 인간의 거의 무한한 건설 및 창조능력이 최고조에 달하게 되고 그와 더불어 자연환경은 파괴와 전멸의 계기를 만들게 되는 것이다. 인간은 이제 환경변혁시대를 종결하고 환경친화시대를 열어나가야 하며, 모두가 환경변혁시대의 종결과 환경친화시대의 시작을 담당하는 역할에 동참하여야 한다.

(2) 현재의 지구 환경문제

인간은 무한한 우주의 자연생태계 속에서 가장 강한 작용을 미치는 동시에 자기가 속해있는 자연계뿐만 아니라 스스로 조성해 놓은 인공적 환경으로부터 영향을 받게 된다. 인간은 생존을 영위하기 위하여 그 동안 얼마나 지구를 훼손해 왔는가? 이에 대한 답을 몇 가지 예를 들어보고자 한다.

먼저 물 문제를 검토해 보자. 인간을 포함한 생명체는 물이 없으면 그 생명력을 유지 할 수 없게 된다. 인간이 하루에 사용하는 물의 양은 평균 200 L 정도이며, 수자원은 매우 중요한 경제 자원이다. 지구의 약 2/3의 면적을 차지하는 해수면을 포함한 지구상의 모든 물은 그 총량이 일정하여 증발(태양열에 의해)과 응결을 반복하여 순환한다. 지구상의 물은 지구의 기온을 조절하며, 물질순환을 가능하게 하고, 또 직접반응에 관여하여 유기물의 합성에도 중요한 역할을 담당한다. 이러한 물의 역할은 한편 많은 종류의 오염물질을 포함한 오염 수를 만드는 원인이 되기도 하고, 오염 수는 여러 곳을 흐르며 광범위한 지역에 오염물질을 분배하기도 하며 어느 한 곳에 집중되어 농축된 오염지역을 형성하기도 한다. UN보고에 의하면(1997년보고) 개도국 질병의 80%가 물 오염으로 인하여 발생하며 그중 사망 인구수는 전 세계적으로 연간 1000만 명 정도라고 한다. 1970년대 전쟁의 원인이 석유자원이었다면 21세기에는 물을 둘러싼 전쟁이 될 것이다.

다음은 대기오염과 지구환경문제에 대하여 알아보자. 지구는 대기 속을 통과하여 도달한 태양 에너지(단파방사)를 흡수하여 따뜻해지고 반대로 우주공간으로 적외선(장파방사)을 방출함으로써 지구의 기온을 적정 온도로 유지할 수 있다. 대기 성분이 기존의 구성성분(O_2 : 21%, N_2 : 79%) 이외의 물질에 의해 오염이 되었을 때는 지구 환경에 커다란 변화를 가져오게 된다. 예를 들면 대기 중에 CO_2의 양이 증가되어 발생하는 온실효과(green house effect), 연소가스와 안개의 혼합물에 의해 발생하는 Smog(smoke+fog) 형성, 도시에서의 열섬(heat island) 형성, 열대야 현상 등이 있으며, 기상학적으로는 엘니뇨와 라니냐와 같은 기상 이변 현상이 발생하여 지구환경을 불균형의 환경으로 변화시켜 커다란 재앙을 불러왔으며, 앞으로도 이와 같은 재앙이 빈번하게 발생할 것이다.

폐기물 문제에 대해서도 생각해 보자. 우리는 음식물을 포함한 대단히 많은 양의 생활용품을 쓰고 버린다. 또한 산업 활동 과정 중에도 대단히 많은 양의 산업쓰레기가 발생한다. 우리는 이러한 것들을 폐기물이라고 한다.

질량보존의 법칙에 의하면 지구상에 존재하는 물질의 총량은 항상 일정하다. 그중에서 과연 이용 가능한 물질의 총량이 얼마나 되느냐가 중요하다. 항상 많은 양을 쓰고 버리면 사용 가능한 물질의 총량은 점차 감소하고 사용 불가능한 물질은 증가하여 언젠가는 자원은 고갈되고 말 것이다. 또한 자연 속에서 소멸되는 속도보다 빠르게 폐기물이 증가하면 지구는 온통 폐기물 야적장이 되고 말 것이다. 깨끗하게 정돈된 방과 온통 쓰레기로 뒤덮인 방을 비교해 보고 인간이 욕심을 조금씩 버리고 물질을 아껴 쓴다면 폐기물의 총량은 많은 양 감소할 것이다.

또한 지구환경문제의 심각성을 세분해보면 다음과 같다.

첫째, 환경문제의 국제화현상이다. 지구촌에서 지엽적으로 발생되어온 환경오염이 점차 지역과 국경을 벗어나 공간적으로 확대되면서 문제의 심각성을 국제적인 관심사로 공유하게 될 만큼 발전되었다. 즉, 어떤 국가의 산업 활동과정에서 발생한 환경오염물질이 국경을 넘어 인접국가의 자연환경에 직·간접적으로 영향을 미쳐 오염의 정도를 악화시키는 것이다. 많은 국가가 조밀하게 밀집되어 있는 유럽대륙에서의 수질오염이나 대기오염은 다분히 다국화 되고 있으며, 동아시아에서 심하게 발생되는 황사현상 및 산성우 현상 등이 모두 국제하천이나 기류의 흐름으로 인해서 공간적으로 확대되는 환경오염문제의 국제화 현상일 것이다.

둘째, 빈곤국가일수록 환경파괴가 심각하다는 것이다. 개발도상국가를 포함한 빈곤한 국가의 최대목표는 하루빨리 가난으로부터 벗어나는 것이기 때문에 지역생태계나 지역환경문제를 생각하지 않고 무조건적인 개발을 최우선으로 하게 된다. 이것은 바로 "빈곤과 환경파괴의 악 순환적 진행"을 의미하는 것이며 결과적으로 "환경난민(environmental refugees)"을 만들어 내게 될 것이다.

셋째는 오염수출과 자원수탈이다. 환경규제가 엄격해진 선진국들은 자국의 환경보전을 위해 아직 규제가 느슨한 개발도상국가에 환경오염배출산업을 자연스럽게 수출해왔다. 산업의 성격상 현지에서 대규모적인 환경파괴를 가져오는 경우가 대부분이며 유해화학물질 폐기물의 국경이동이 쉬워져서 환경파괴의 국제화 현상을 가속화시키게 된다. 또한 국제 분업을 통한 자원의 수탈현상이 심각해져서 후진국은 자연자원을 공유할 수 있는 기회를 박탈당하게 되기 때문에 빈곤을 벗어나기가 더욱 어려워지는 악순환을 반복하게 된다.

그러므로 범국가적으로 지구 환경문제가 논의되어야 하고 선진국보다 후진국에 대한 다양한 배려가 우선 되어야만 지구촌이 편안할 것이며, 우주선 지구 호는 영원히 인간을 포용할 것이다.

(3) 환경의 중요성

환경의 중요성은 이미 기원전부터 인식되어 왔으며 히포크라테스의 여러 의식에서도 토양, 물 및 공기의 상태와 질이 인간의 수명과 질병에 깊은 관계가 있다는 것이 지적되어 있고, 원시 사회에서도 인간의 행위에 따라 자연의 재앙이 발생함을 인지하고 믿어왔다.

자연환경은 인류를 포함한 모든 생태계 구성요소들이 생존하기 위한 기반이며 자원이므로 지속적인 생존과 발전을 위해서는 자연 환경을 쾌적한 환경으로 영구히 보존하여야 하며, 어느 특정집단의 이익을 위한 독점과 무질서한 남용이 허용되어서도 안되고 허용될 수도 없다. 비록 그러한 행위가 일시적 편익을 가져온다고 할지라도 환경보존대책이 따르지 않는 행위에 대해서는 엄정한 규제를 가하여 편익 이상의 공적 환경피해를 최소화하도록 해야 한다.

국제 연합 인간환경회의는 인류발전과 복지증진에 미치는 환경의 중요성을 인식하여 1972년 6월 중순에 스톡홀름에서 인간환경선언을 채택하였다.

이제 21세기를 맞이한 세계는 과거의 어느 때보다도 환경의 중요성을 인식하여 환경문제에 관한 관심이 높아졌다고 할 수 있다. 이는 시간이 갈수록 환경문제가 어느 지역, 국가에 국한된 문제가 아닌 범세계적 이슈로 부각되어 인류의 생존과 지구의 존재마저도 위협하고 있기 때문이다. 환경변화는 나 혼자의 문제, 우리지역의 문제, 국가의 문제가 아닌 범세계적 문제로 비약되기 때문에 개인은 물론 각국의 정부도 환경의 중요성을 깊이 인식하여야만 하고 환경보전을 위한 노력을 끊임없이 추진해야 할 것이다.

1.3 지구환경문제 개요

인간에 의해 지구표면에 그어놓은 국경선도 환경오염물질의 이동을 막을 수는 없다. 지구 환경문제는 지역이나 국가수준의 문제에서 세계의 문제로, 인간의 건강이나 복지증진문제에서 지구의 존폐문제로 그 문제의 체계와 크기가 점차 확대되고 있다.

(1) 오존층 파괴

지구 대기권의 오존은 대부분 성층권에 존재하며 이 층을 오존층이라고 한다. 오존은 성층권에 15ppm 정도의 농도로 극히 소량밖에 포함되어 있지 않으나 파장이 짧고 유해한 자외선을 잘 흡수하기 때문에 태양광선이 가지는 파장 중 자외선의 99%를 흡수 제거한다. 지구에 생물이 존재하게 된 것도 오존층이 형성되어 자외선을 차단하게 된 이후부터이므로, 오존은 지구 생태계가 생명을 유지하는데 절대로 필요한 물질이다.

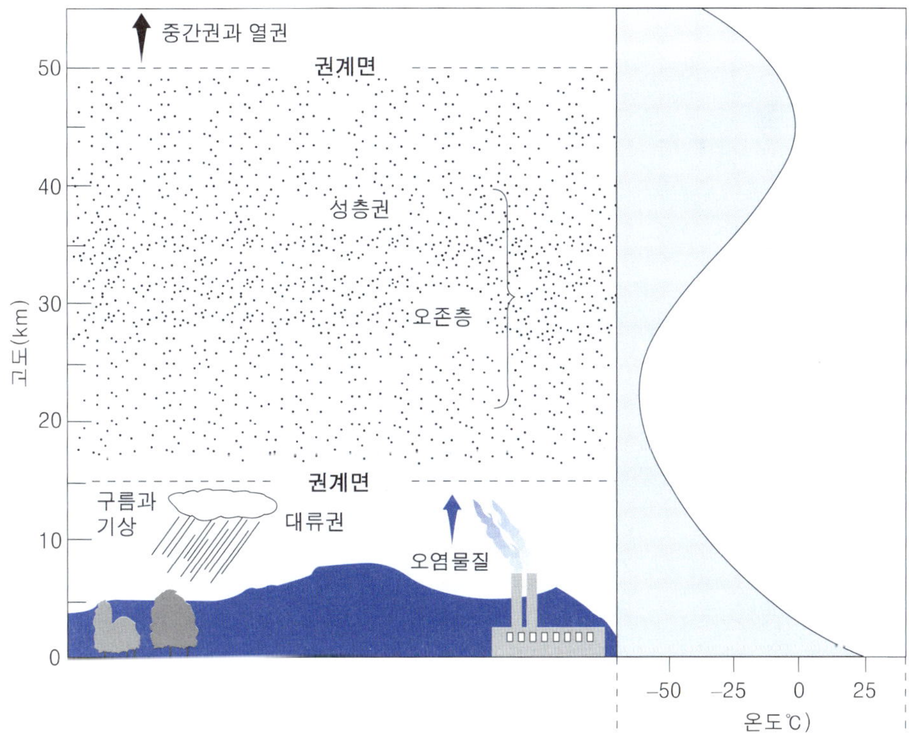

그림 1.3 대기권의 오존층과 온도 분포

표 1.2 여러 가지 프레온 가스

명 칭	화학식	오존파괴잠재력	주요용도	대기권잔류기간(년)
CFC-11	$CFCl_3$	1.0	냉매, 에어로졸, 발포제	65~75
CFC-12	CF_2Cl_2	0.9~1.0	냉매, 에어로졸, 발포제, 화장품	100~140
CFC-113	CCl_3CF_3	0.8~0.9	전자제품, 세정제, 화장품	100~134
CFC-114	$CClF_2CClF_2$	0.7~1.0	냉매	300
CFC-115	$CClF_2CF_3$	0.4~0.6	냉매, 거품크림 안정제	500
할론 1101	$CBrF_3$	10~13.2	소화제	110
할론 1211	$CClBrF_2$	2.2~3.0	소화제	15
메틸클로로폼	CH_3CCl_3	0.15	전자제품 세정제, 용제, 접착제	5.5~10
사염화탄소	CCl_4	1.2	용제	50~69
HCFC-22 (대체물질)	$CHClF_2$	0.05	냉매, 에어로졸, 발포제, 소화제	16~20

* 오존파괴 잠재력 : Ozone Depletion Potential(ODP)

* CFC : Chloro-fluoro-carbon(염화 불화 탄소)

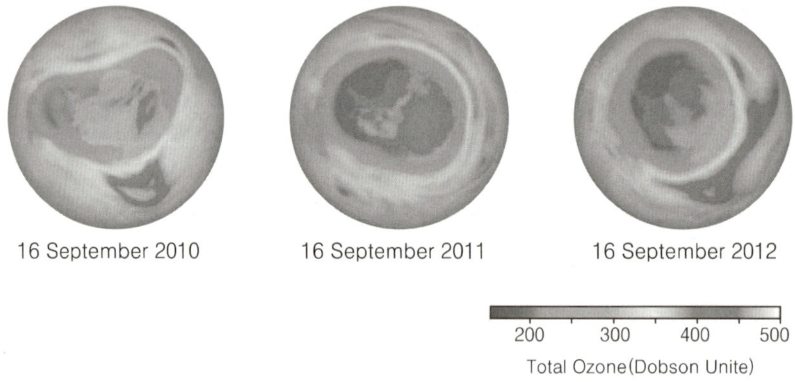

그림 1.4 남극오존홀 생성 및 변화과정

현재 지표면에 도달하는 자외선의 강도는 지구 생태계가 생명을 보존하는데 매우 적절한 양이다. 만일 오존층이 너무 두꺼워져서 자외선 투과량이 약해지면 지구상의 병원균이 살균되지 않아 각종 질병이 만연할 것이며, 반대로 오존층이 너무 얇아지면 자외선 투과량이 강해져서 우리는 조금만 햇볕에 쬐어도 화상을 입게 되고 시력을 잃을 것이다. 또한 자외선이 강하게 지표면에 쬐면 DNA 분자의 이상변화로 돌연변이를 일으키거나 죽게 되는 등 예기치 않은 변화가 일어나게 된다. 요즘 문제가 되고 있는 것처럼 오존층 파괴에 따른 자외선강도 증가는 인간에게는 피부암 발생, 피부노화, 눈의 백내장에 따른 시력장애현상이, 식물에게는 생육장애를 일으킨다.

오존층을 파괴하는 물질은 프레온, 할론, 1,1,1-트리클로로에탄, 사염화탄소 등이며 이들 모두 인간이 대기 중에 방출시킨 물질들이다.

공기 중에 방출된 프레온 가스는 안정된 물질이기 때문에 대류권에서는 거의 분해되지 않고 성층권까지 확산되는데, 성층권에서 강한 자외선을 받아 분해되면 염소원자가 생기고, 이 염소 원자가 오존층을 파괴하는 것이다.

1974년에 발표된 오존층 파괴 반응식은 다음과 같다.

프레온가스 분해

$$\underset{(\text{프레온12})}{CCl_2F_2} \xrightarrow{(\text{자외선})} CClF_2\cdot + \underset{(\text{염소원자})}{Cl\cdot}$$

$$Cl\cdot + O_3 \longrightarrow ClO\cdot + O_2$$

오존과의 반응

$$ClO\cdot + O \longrightarrow Cl\cdot + O_2$$

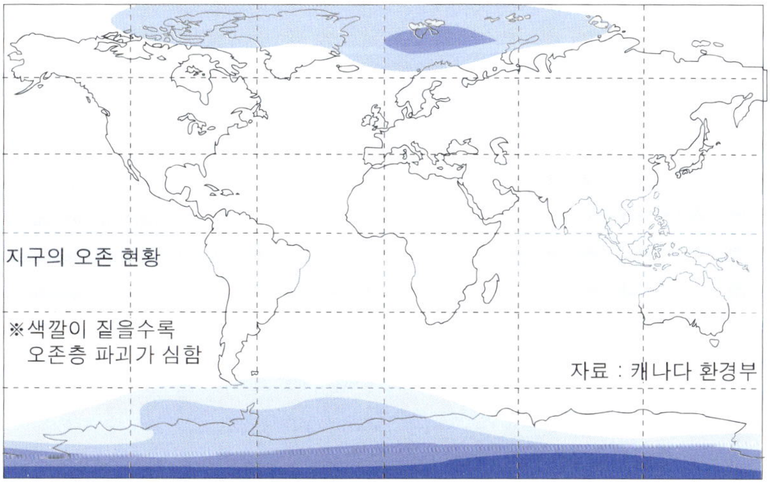

그림 1.5 지구의 오존현상

이 반응에서 보면 염소원자는 오존을 반복해서 분해시키는데 염소원자 1개는 약 1만개의 오존을 파괴한다고 알려져 있다. 실제로 남극의 오존층 파괴 추이를 측정한 결과 오존층에 구멍이 뚫린 오존 홀(ozone hole)이 관측되었으며 과학적인 사실로 확인되었다.

이러한 오존층 파괴현상은 정도의 차이는 있겠지만 지구의 모든 지역에서 일어나고 있으며 북극에서도 오존 홀의 존재가 인정되고 있다. 오존층 파괴는 과학적으로 확인된 분명한 범지구적인 위기사태라고 말할 수 있다.

(2) 지구 온난화

지구의 온도는 태양에서 쪼이는 빛에너지와 지구자체가 우주를 향해서 방사하는 에너지에 의하여 정해진다. 즉, 대기층은 태양에서 오는 가시광선은 잘 통과시키지만 지구에서 방출하는 적외선은 차단시켜 지구의 온도를 어느 정도 일정하게 보온시켜준다. 지구의 공기는 마치 사람이 착용하는 의복처럼 밤에도 빨리 식지 않도록 조절해 주는 보온역할 또는 온실효과(green house effect)를 나타낸다. 한 낮에 주차한 자동차 내부의 온도가 높아지는 것도 온실효과이다.

온실효과는 대기의 기체가 조금씩 가지고 있는 특성인데, 특히 대류권에 양적으로 꾸준히 증가되고 있는 이산화탄소(CO_2), 메탄(CH_4), 이산화질소(NO_2), 프레온가스 등이 온실효과를 일으키므로 이들을 온실가스라고 부른다.

표 1.3 온실가스의 온실효과

종류	단위	1800년 농도	1990년 농도	체류기간(년)	승온효과	기여도
이산화탄소	ppm	280	353	50~200	1	56
메탄가스	ppm	0.8	1.72	10	10	14
산화질소	10^{-3}ppm	288	310	150	100	7
프레온	10^{-6}ppm	0	484	130	10000	23

자료 : 김문일, "위험스런 지구온난화 경향 무엇이 원인인가?", 한국대기보전학회지 제9권 제1호, 1993

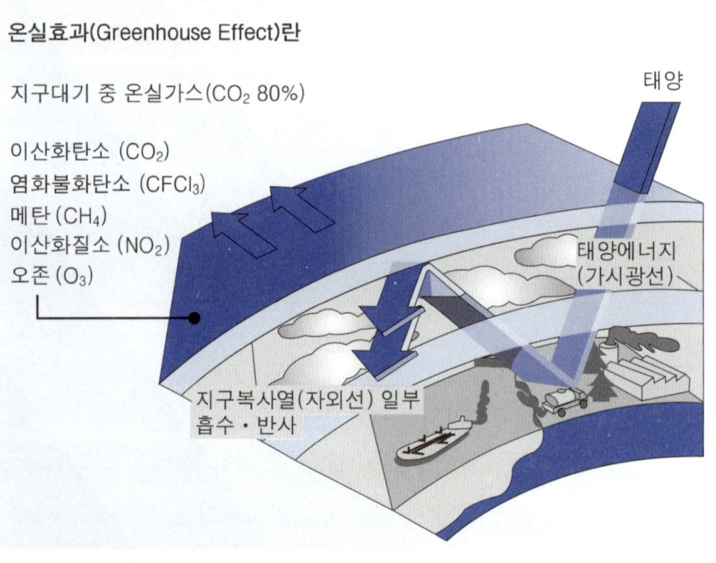

그림 1.6 온실효과모형

지구온난화현상은 1988년 미국의 한센(Hansen)이 1860년 이후부터 작성되어온 세계 기온관측자료를 분석한 결과 이 기간 동안에 전 지구의 기온이 0.5~0.7℃ 상승했고, 지난 10년 동안의 기온상승세가 특히 크다는 것을 발견하여 실증하게 되었다.

자연 상태의 지구는 현재 빙하기로 향하는 과정에 있으며 8000년 후에는 빙하기로 접어들 것이라는 기상학자들의 가설에 의하면 분명히 지구의 기온은 점점 내려가야 하는데 현재는 반대로 상승하고 있다. 현재처럼 온실가스가 계속해서 배출되면 대기 중의 온실가스가 계속 증가하여 향후 100년 이내에 평균기온이 2.2~5.5℃ 증가할 것으로 예측된다.

지구온난화로 우려되는 가장 큰 영향은 해수면 상승이다. 이론적으로 지구상의 모든 빙하가 녹는다면 해수면을 60m 이상 상승시킬 수 있다. 현재의 추세대로 지구온난화현상이 지속되면 남·북극의 빙하가 녹고 바닷물이 팽창하여 2100년에는 지구의 모든 지역에서 50~2m 정도의 해수면 상승을 가져오게 된다. 해수면이 1m 상승할 때 침수되는 육지면적은 지구상 육지의 3%에 불과하지만 경작지 면적의 $\frac{1}{3}$에 해당하며 10억 인구의 생활터전이 침수되는 것이다.

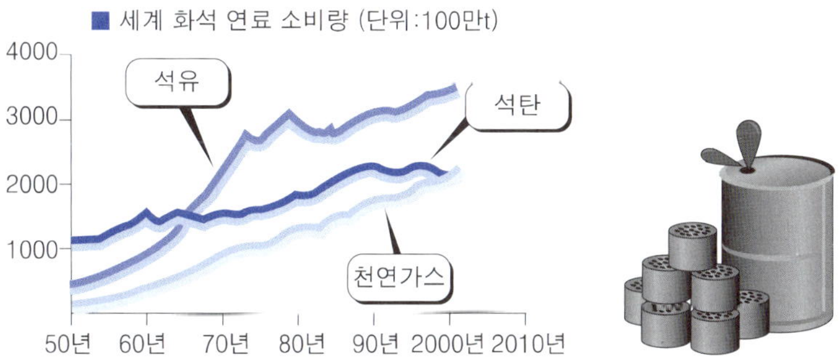

그림 1.7 세계 화석연료 소비량 추이

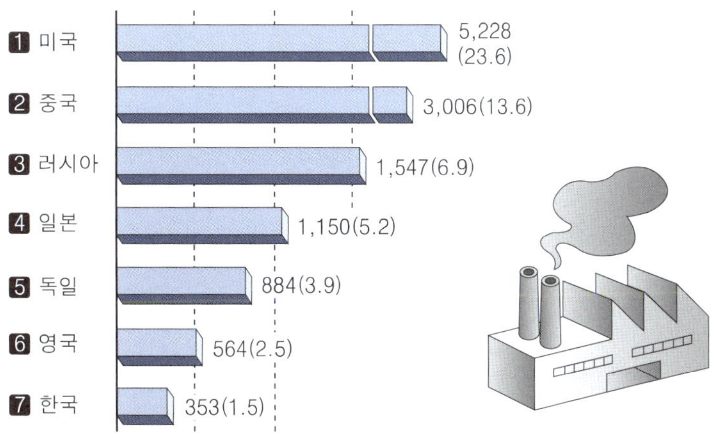

그림 1.8 국가별 이산화탄소 배출량 순위(2005년 기준)

지구 온난화에 따른 기후변화는 육상식물 생태계를 변화시켜 기후대가 양극지방으로 500~600km씩 이동함에 따라 현재의 곡물 생산지역이 북상하여 캐나다와 러시아 및 내몽고지역 등이 곡창지대가 되는 것도 가상할 수 있다. 기온 상승과 강수량 변화의 상관관계는 아직 정확한 연구결과가 제시되어 있지 않지만 지구온난화는 엘니뇨현상과 같은 기상이변을 초래할 것이기 때문에 지엽적으로는 폭우나 홍수를 경험하게 될 것이다. 지구온난화현상은 지역마다 불균형하게 나타나며 여기서 생기는 큰 폭의 온도차 때문에 태풍이나 폭풍우의 파괴력은 더 강해진다.

지구온난화현상은 1972년 로마클럽의 보고서에서 공식적으로 제시되었고, 1979년에 제1차 세계기후회의가 개최되었으나 국제적으로는 이목을 집중시키지 못하였다. 그 후 유엔 환경계획(UNEP)은 1985년에 지구온난화의 주범물질이 이산화탄소임을 공식적으로 선언하였으며 1988년에 기후변화에 관한 정부간 패널이 구성되어 기후변화에 대한 조사연구를 수행하고 대응 전략을 제시하기에 이르렀고 1997년 교토기후협약과 1998년에 부에노스아이레스에서 1백60개국 대표가 모여 온실가스 규제를 위한 국제회의를 하게 되었다. 이 회의에서 2008년부터 한국도 온실가스 감축의무국가로 분류해 2010년부터 시행에 들어가도록 요구하고 있으므로 이 기간 사이에 우리나라는 온실가스 배출량을 1990년 대비 8% 감축해야만 한다.

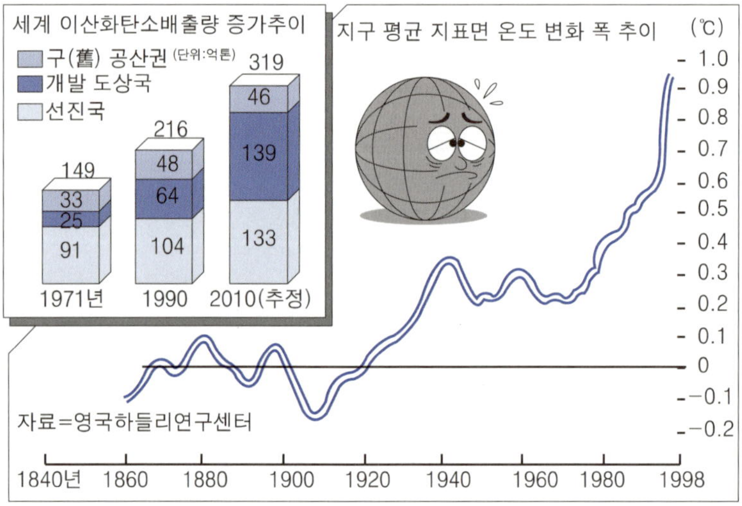

그림 1.9 세계의 이산화탄소 배출량 증가추이와 지구평균온도 변화추이

지구온난화현상을 방지하기 위해서 인류가 할 수 있는 방안은 이산화탄소와 같은 온실가스배출을 동결 또는 감축하는 일이다. 탄소세를 도입하여 화석연료의 사용을 억제하는 일과 열기관의 연소효율을 높이는 일, 에너지를 절약하는 일 등이 온난화를 방지하는 지름길일 것이다.

산업구조는 에너지를 덜 쓰면서 효율이 높은 고 부가가치 산업으로 바뀌어나가야 하며, 이산화탄소 발생이 없는 무공해 에너지 개발에도 노력을 기울여야 하고 자연 친화적 생활을 습관화해야 한다.

(3) 산성비

하늘에서 내리는 정상적인 빗물의 pH(수소이온지수)는 5.6 정도이다. 빗물이 약간 산성인 이유는 공기 중의 이산화탄소가 물에 녹아서 약한 산성물질인 탄산을 형성하기 때문이다.

$$H_2O + CO_2 \longrightarrow \underset{(\text{탄산})}{H_2CO_3}$$

산성비(acid rain)는 pH가 5.6보다 낮은 빗물을 말한다. 화석연료를 연소시키면 연소가스로 이산화탄소 외에 아황산가스와 질소산화물을 다량 배출하게 된다. 아황산가스나 질소산화물이 물에 녹으면 황산이나 질산이 되어 빗물은 산성이 된다.

$$SO_2 + H_2O \longrightarrow H_2SO_3 + O_2 \longrightarrow \underset{(\text{황산})}{H_2SO_4}$$

$$NO_2 + H_2O \longrightarrow \underset{(\text{질산})}{HNO_3}$$

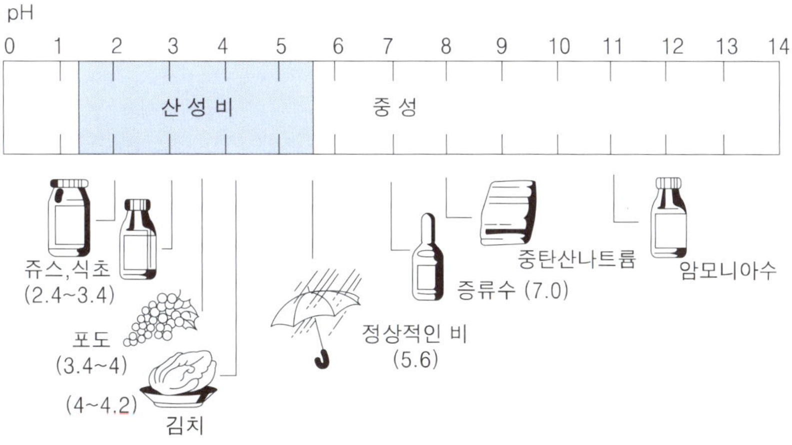

그림 1.10 산성도를 나타내는 pH 값

ENVIRONMENT & POLLUTION

산성비는 공업화가 빠른 선진국에서부터 나타났지만 점차 지구전체로 확산되고 있다. 1980년대 초에는 산성비의 영향에 대한 관심이 호수와 강으로부터 삼림생태계 지역으로 확산되었는데, 1988년의 조사에 의하면 유럽전역을 통해 총 삼림면적의 35%가 피해를 입은 것으로 밝혀졌다. 산성비가 삼림을 파괴시키는 정확한 원인은 알려져 있지 않지만 추측해보면 산성비 속의 황산이나 질산 등이 제일 먼저 토양을 산성화시키게 되고, 토양이 산성화되면 토양 속의 중금속이 녹아서 쉽게 나무뿌리를 통해 흡수되기 때문에 나무가 고사(枯死)하는 것이다. 요즘 자주 발견되는 기형물고기 등도 산성비와 관계가 있는 것이 아닐까 의심된다.

우리나라의 산성비 피해는 도심지역 주변 삼림지대에서 특히 많이 발생하였는데 서울과 같은 거대도시의 내부 공원 숲에서도 발생되었다. 남산, 창덕궁, 비원, 창경궁 등의 나무들이 수종(樹種)과 수량에서 41~50% 정도 감소하는 것으로 조사되었는데, 이들 지역은 모두 서울의 중심에 위치하여 30년 가까이 대기오염물질과 산성비의 피해를 받아왔기 때문에 저항성이 약한 수종은 사라졌으며, 저항성이 강한 수종이라도 점점 개체수가 감소한 것이다.

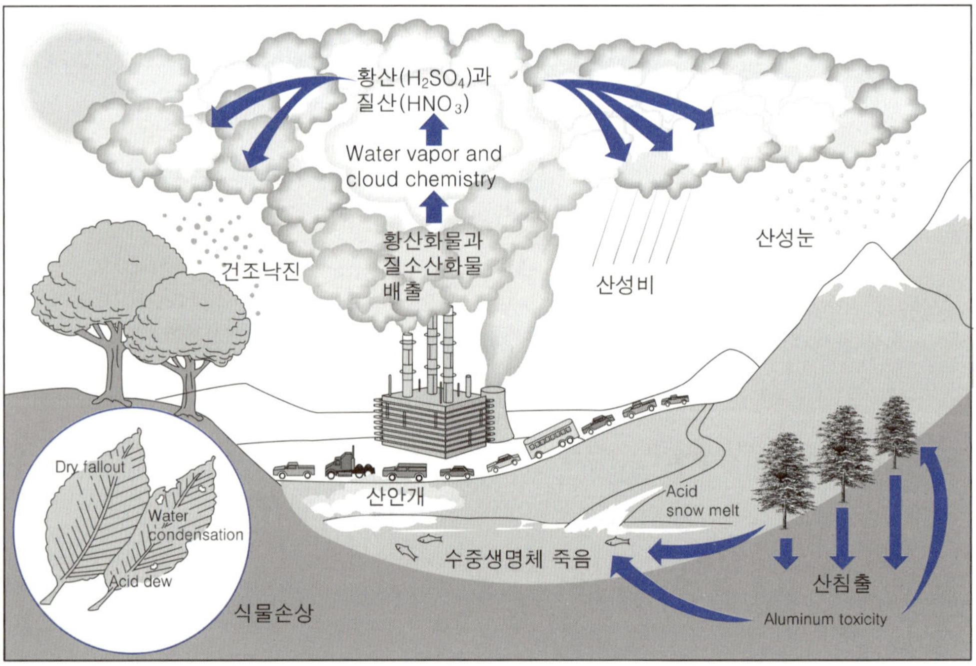

그림 1.11 산성비(눈)의 생성과정

서울 주변 삼림지역의 소나무 나이테를 조사한 결과 1988년부터 생장이 멈춘 것으로 조사되었으며, 울산공단근처의 숲 또한 대기오염에 강한 우점종의 수종이 자리 잡고 있으며 점차 면적이 확대되고 있는 것으로 밝혀졌다.

환경부에서는 1983년 말부터 산성비의 생성 정도를 측정하기 시작하여 1995년 말에는 전국의 35개 주요도시에서 50개 자동 측정소를 설치 운영하고 있다.

산성비가 인류에게 주는 피해 중에서 가장 중대한 것은 식량생산감소일 것이다. 산성비로 인해 토양의 pH가 5 이하가 되면 모든 곡물 및 구근류와 채소 등의 수확량이 줄어들게 된다. 직접적인 피해는 산성비가 토양, 하천, 호소, 지하수로 흘러 들어가 모든 수자원을 산성화시키기 때문에 생활용수 및 산업용수로 사용했을 때 많은 부작용을 가져올 수 있다. 또한 산성비는 각종 문화 예술적 가치가 있는 역사유적을 부식시켜 빠르게 훼손시킨다. 산성비문제는 국제적으로도 매우 까다로운 외교상 쟁점으로 대두되고 있어서 유럽의 경우 노르웨이나 스웨덴 같은 북구 청정국가들에서 산성비 피해가 발생하는데 이것은 기타 유럽의 공업국가에서 발생한 대기오염 때문이며, 캐나다와 미국의 경우도 5대호 연안의 공업도시에서 발생한 대기오염에 의해 산성비의 피해가 속출하고 있다. 우리나라도 전혀 공업시설이 없는 서해안의 농어촌 지역에서 산성비가 관측되는데 이것은 중국의 동북부지역에 위치한 거대한 공업지대에서 발생한 대기오염물질이 편서풍을 타고 한반도로 넘어온 것으로 추정된다.

이렇듯 산성비는 지구촌 곳곳에서 인접국가에 영향을 미치기 때문에 외교문제로 비화할 조짐이 보인다.

표 1.4 주요 도시 산성비 변화 (단위 : pH)

	2003	2004	2005	2006	2007	2008	2009	2010
서울	4.8	4.5	4.4	4.7	4.8	4.8	4.7	4.8
부산	4.9	5.0	4.8	5.7	5.5	5.1	4.7	4.5
대구	4.8	5.3	5.3	5.5	5.6	5.5	5.0	4.6
인천	4.7	4.7	4.5	5.4	4.8	4.8	4.7	5.0
광주	5.0	5.2	4.8	5.2	4.9	4.7	4.9	5.4
대전	4.7	4.8	4.6	4.7	4.7	4.5	4.6	4.8
울산	-	5.0	5.2	5.0	5.2	4.7	4.6	4.6

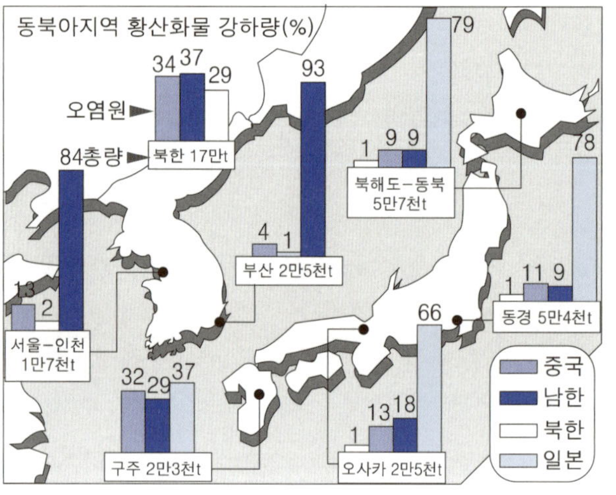

그림 1.12 동북아시아 지역의 황산화물 강하량

미국 아이오와 주립대학의 카 마이클 교수 팀이 1998년에 연구한 자료에서 동북아시아의 남·북한과 일본, 중국지역 황산화물 강하량을 보고하였는데 그 결과 대기오염물질은 국경을 넘어 폭넓게 확산하는 것으로 밝혀졌다.

(4) 삼림감소와 사막화

세계 삼림의 부존량은 약 40억ha로 추정되며, 남미 등의 열대, 아열대지역과 러시아 등에 많이 존재하고 있다. 특히 열대 우림은 그 분포가 지구전체로 보면 적지만(세계 총 삼림의 약 54%) 기후를 안정시키고 이산화탄소를 흡수하고 산소를 배출하며, 보존식량 및 산업원자재공급 등 환경과 경제적으로 매우 유익한 기능을 가지고 있다. 그러나 금세기에 들어와서 이미 아프리카에서 50% 정도, 동남아와 중남미에서 40% 정도 소실된 것으로 알려져 있으며, 지금도 그리고 다음 세기에도 계속해서 삼림은 소실될 것이다.

열대림의 감소원인은 대개 가난하고 인구가 많은 보유국가들이 식량증산을 위하여 화전을 일구기 때문이며, 그 외에도 토지전용, 상업벌채 등이 지적되고 있다. 열대림의 소실을 그대로 지속하면 토양의 유실, 수자원 감소, 에너지원 고갈, 야생동물 감소, 기후의 이상변화 등 이루 헤아릴 수 없는 지구자연 재앙을 가져오게 될 것이다. 삼림파괴는 광합성에 의해 산소를 배출하고 이산화탄소를 소비하는 생태계 원리를 바꿔놓게 되며, 반대로 삼림의 연소로 산소를 소비하고 이산화탄소를 배출하게 되어 지구온난화현상을 촉진시키게 된다. 수자원의 변화에 따른 빈번한 지구촌의 홍수 발생도 삼림파괴의 결과로 볼 수 있으며, 토사유출로 강바닥이 높아져 약간의 비에도 강이 범람하게 된다(1998년 여름의 중국 양쯔강 범람, 방글라데시의 집중호우, 2002년 8월말 강원 영동지방에 내린 호우피해 등이 좋은 예이다).

지구상에서 예전에는 농사를 지을 수 있던 건조지대가 지구기후변화와 지나친 경작 및 목축업 등의 인위적 요인에 의해 다시는 원상태로 복구될 수 없는 황폐화된 토양으로 매년 600만ha씩 변화해가고 있다. 농업을 발달시킨 인류는 또 한편으로 가축을 사육하여 고기와 우유 및 가죽을 얻고자 목축을 대규모로 행하게 되었는데, 이 때문에 목초지의 황폐화를 가져왔으며 또 다른 이용 가능한 목초지를 확보하기 위하여 삼림을 훼손시키게 되었다. 현재 사하라 사막은 매년 남쪽으로 150만ha씩, 북쪽으로는 10만ha씩 확대되어 촌락과 방목지를 사막으로 잠식당하고 있으며, 아프리카 외에도 사막화가 진행되는 나라는 60여 개국에 달한다. 특히 미국의 중서부, 호주의 중앙부, 중국의 서부, 인도의 서부지역의 사막화가 두드러지며, 중국과 내몽고 지역의 사막도 매년 140만ha씩 확대되고 있어서 봄철의 극심한 황사를 발생하고 있다.

지구상의 광대한 토지가 사막화되고 있다는 것은 새로운 기후변화를 야기해 지속적이며 빠른 사막화 진행을 촉진시키게 될 것이며 궁극적으로는 지구생태계의 변화로 우리의 생존권을 박탈당할 가능성도 있다.

(5) 야생생물의 감소

지구상에는 약 150만 여종의 동식물이 서식하는 것으로 추정되는데 이중 약 70%는 열대 삼림지역에 서식하고 있다. 이러한 생물 종은 끊임없는 종의 형성과 멸종에 의해 자연스럽게 평형을 유지해 가고 있다. 그런데 최근에는 대규모 벌채, 개발, 도시화, 환경오염 및 남획 등에 의해 많은 종류의 생물종이 멸종되어 가고 있다. 야생동물을 보호하기 위한 워싱턴 조약에도 불구하고 지구온난화 등으로 2010년까지 80만~110만 정도의 종이 멸종될 것으로 예측되는데 매우 우려되는 내용이다.

야생동물이 멸종되는 주된 이유를 들면, 서식지의 혼란 및 제거, 수렵행위, 가축과 농작물 보호를 위한 무분별한 사살, 연구용이나 애완용을 위한 포획, 환경오염 그리고 우점종에 의한 신 생물종 도입 등이다. 멸종되는 생물의 특성을 보면, 대체로 먹이 연쇄의 상위수준에 있는 종이며, 몸집이 크거나 눈에 잘 띄는 종, 생식력이 낮은 종, 이동로가 고정되어 있는 종, 특정 먹이만을 섭생하는 종, 한 지역에서만 발견되는 종, 상품가치가 높은 종, 가축이나 사람을 해치는 종, 특이한 습성을 가진 종 등이다.

야생생물은 그 자체가 생태계 구성 인자이기 때문에 철저하게 보호되어야만 한다. 인간 중심의 목적 달성을 위하여, 즉 경제적 중요성, 미적, 레크리에이션적 가치 등 때문에 보호해야 하기도 하지만 그보다 우선하는 것이 윤리적 중요성과 생태학적 중요성이다. 다양한 종으로 구성된 생태계일수록 여러 가지 상이한 기능을 원활하게 수행할 수 있게 되며, 그 자체의 고유한 생존권을 누릴 수 있게 되는 것이다.

유엔 환경개발회의(UNCED)에서는 1992년 6월에 생물다양성 협약(convention on biological diversity)을 채택하였으며, 그 후 지구생태계를 구성하는 생물종 보호에 앞장서고 있다.

02

환경의 정의와 특성 및 인간과의 관계

오늘날 환경(環境, environment)이라는 말은 학문의 영역을 벗어나 대중의 보편적인 용어로 쓰이고 있다. 환경문제는 환경을 오염시키는 이 들에 대한 책임 전가나 공격에서 환경의 질을 개선하고 보전하는 차원으로 변화하였다. 이러한 변화는 문제의 본질에 대한 인식의 변화를 뜻하며, 환경문제에 관한 높은 관심도는 인류의 생존과 건강을 위협하는 자연 환경오염에 대한 대중의 이해가 양적으로 비약하였음을 나타낸다.

환경은 포괄적이면서도 매우 복잡하다. 그것은 생명체가 존재하며 호흡하는 공기, 마시는 물, 각종 식량을 얻는 땅, 각종 심미적 공간이 그 속에 있기 때문이다.

인간은 항상 환경을 인간중심으로 생각하고 논의하여왔다. 인간이 존재한 후 인간의 생활이 환경에 영향을 주어 왔고, 인간의 능력을 통하여 더 많은 영향력을 환경에 행사해 왔고 확대해 왔다. 이제 인간은 인류의 생존과 건강을 위협하는 환경문제에 대하여 더 많은 이해와 관심을 가져야 하며 너나 할 것 없이 모두가 환경파괴 범죄자임을 스스로 인정해야 한다.

2.1 환경의 정의와 분류

(1) 환경의 정의

지금처럼 복잡하고 다변화된 사회, 끝없이 발전하는 과학기술, 더 넓게 펼쳐지는 무한한 우주 속에서 환경을 한 마디로 간결하게 정의내리기는 매우 어렵다.

환경이란 용어는 여러 가지로 정의될 수 있으며 다양하게 쓰이고 있다. 예로서 "주변환경이 좋다", "가정환경이 나쁘다", "공부할 만한 환경이 조성되어 있지 않다", "이와 같은 환경에서는 좋은 결과가 나올 수 없다"는 등 우리는 일상생활의 대화중에서 환경이란 단어를 많이 사용하고 있다. 사전에 설명된 환경의 정의는 '유기체에 직·간접적으로 영향을 주는 모든 것'이라고 포괄적으로 정의하고 있다. 환경정책 기본법을 빌려서, 환경(Environment)이란 용어에 대하여 정의를 해보면 "환경이란 자연의 상태인 자연환경과 인간의 일상생활과 밀접한 관계가 있는 재산의 보호 및 동·식물의 생육에 필요한 생활환경"이라고 할 수 있다. 즉, 환경은 우주를 구성하고 있는 모든 요소들을 포함한 실체이며, 어떤 주체를 둘러싸고 있는 유형, 무형의 개별체를 의미한다. 이때 그 주체가 인간인 경우를 인간환경(human environment)이라 하며, 넓은 의미로는 자연과 더불어 진화과정에서 발생된 여러 가지 요소와 문화를 가지고 인간이 만들어낸 모든 요소와 문화를 총칭하여 인간환경이라 할 수 있고, 좁은 의미로는 인간이 생존하며 건강과 삶을 유지해 나가는데 필요하고 개성 있는 삶의 목표를 개발해 나가는데 필요한 모든 물리적 상황을 환경이라고 정의할 수 있다.

(2) 환경의 분류

일반적으로 환경은 가시성을 기준으로 물리적 환경(physical environment)과 사회적 환경(social environment)으로 분류할 수 있으며, 생성의 주체자를 기준으로 자연환경(natural environment)과 인공환경(manmade environment)으로 구분할 수 있다.

물리적 환경에는 지질, 지형, 각종 수자원의 양과 질, 대기의 질, 기후 등과 같은 주요한 분야가 모두 포함되며, 사회적 환경과 인공환경에는 인구증가추세와 분포, 사적지 등 고고학적 의의가 있는 지역, 눈에 보이지 않는 제도, 관습, 문화, 규칙, 인간복지의 경제적 지표와 같은 사항이 모두 포함된다. 그리고 자연환경은 나무의 종류, 초본류(草本類), 물고기, 파충류, 조류, 포유동물을 포함한 그 지역의 모든 동·식물체에 관한 것이 포함된다.

즉, 물리적 환경은 자연의 법칙에 의해 만들어진 환경으로서 여기에는 자연적인 것과 인공적인 것이 포함되며, 사회적 환경은 인간사회의 질서와 능률을 확보하기 위하여 인간에 의해 형성된 인공환경을 뜻하고, 자연환경은 우주의 생성과정에서 자연적으로 만들어진 환경이고, 인공환경은 인간의 편의를 위해 의지와 노력이 투입되어 이루어진 환경을 말한다.

결론적으로 환경은 창출의 원인과 형태의 성격에 따라 자연환경과 인공적 물리환경 및 사회환경으로 범주화시킬 수 있는데 이들 환경체계를 각각 자연계, 조형계, 사회계로 분류한다.

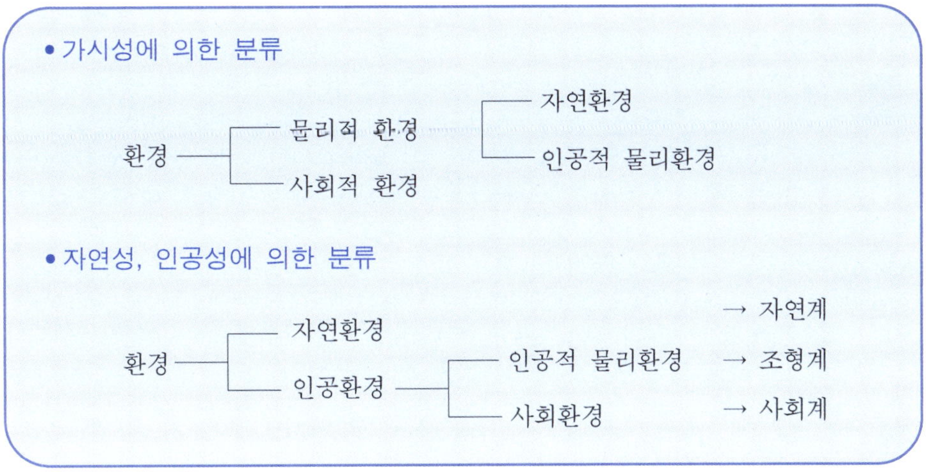

그림 2.1 환경의 분류와 환경체계

(3) 환경의 체계별 구성요소

자연계는 생물계 및 무생물 및 그들간의 유기적 관계로 이루어져 있다. 따라서 자연계인 생태계는 생물체(living organism)와 무생물체(nonliving organism)의 두 개로 구성되어 있고 생물체는 다시 생산자(producer)와 소비자(consumer) 및 분해자(decomposer)의 세 유기체로 구별될 수 있다. 무생물체는 지하자원과 같은 고정체와 물이나 공기와 같은 유동체로 구분될 수 있다.

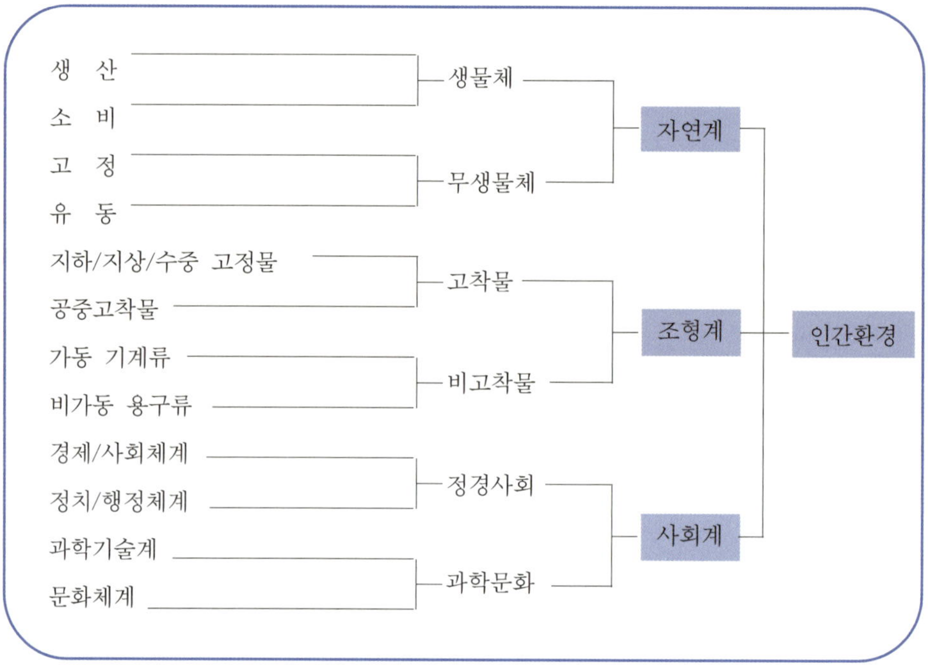

그림 2.2 환경체계의 구성 요소

물리적 인공환경으로서의 조형계(또는 인공계)는 지구에 대한 상대적 이동관계로 보아 고착물과 비고착물로 나누어지며, 인공환경으로서의 사회계는 인간생활에 작용하는 측면에 따라 정치, 행정, 경제, 사회 및 과학, 문화 등으로 재분류될 수 있다.

2.2 환경의 특성

환경과 관련되는 모든 문제는 복합성, 다양성, 광범위성, 상호관련성 등의 특성을 가지고 있기 때문에 한마디로 그 특성을 논하기는 매우 어렵다. 따라서 환경의 모든 것을 포괄하는 특성보다는 환경체계를 구성하는 요소들의 관계를 이해하는 방향에서 환경의 특성에 대한 설명이 가능할 것이다.

(1) 상호관련성

환경체계를 구성하는 모든 요소들은 독립적이기보다 오히려 상호 관련적인 경우가 훨씬 많다. 그래서 환경문제는 상호 관련된 요소들의 기능과 구조가 교란되어 무질서화 될 때 발생하게 되는 것이다. 이러한 문제들은 서로 인과관계가 성립되며 더 나아가 문제끼리 상승작용(synergism)을 일으켜 환경문제의 심각성을 더해 가기도 한다. 상승작용은 환경오염의 경우에 더욱 뚜렷하게 나타나는데 이때 각 오염물질은 서로 물리·화학적 반응을 일으켜 더욱 큰 문제를 유발하게 된다.

예를 들면, 공업기술의 발달에 의하여 생산된 제품을 농업생산성 향상을 위하여 사용하게 되면 물론 농업생산성은 크게 향상되지만 그로 인하여 농업의 본질인 토양은 심하게 오염되게 될 것이다. 그것은 생명체집단에 직·간접적인 영향을 미치게 되는 것이다. 이와 같이 환경체계와 인간과의 관계는 매우 긴밀한 상호관련성을 가지고 있다

(2) 광범위성

우리가 생존하고 있는 지금 이 순간의 환경문제는 어느 한 지역이나 국가만의 문제를 넘어서 범세계적, 범지구적 문제로 나타나고 있어서, 공간적으로 매우 광범위한 영향권을 형성하게 된다.

공업기술이 발달되어 있는 유럽의 경우 영국의 대기오염 물질이 노르웨이 토양을 산성화하거나 대기를 더럽히고 있으며, 프랑스 석탄광산 폐수는 벨기에와 네덜란드를 흐르는 라인강 하류의 물고기를 죽게 하였다.

북미대륙에서도 미국 공업단지에서 배출되는 대기 오염물질이 캐나다로 이동하여 캐나다 삼림을 파괴하고 토양과 호수를 산성화시키고 있다.

Alaska나 Greenland의 눈덩이에서 그곳에 공업시설이나 대단위 인구밀집도시가 없는데도 납이 상당량 검출되고 있는 사실은 가히 환경오염이 광범위하게 확산된 것을 증명해주는 것이다.

(3) 시차성

환경오염은 오염물질이 일단 생태계에 배출된 후 그 피해가 감지되거나 나타나기까지는 복잡한 경로를 거치기 때문에 피해를 발견할 때까지는 상당한 시차가 존재하게 되며, 또한 발견 즉시 규제와 대책을 실행하더라도 이미 오염된 분량만큼의 피해를 완화시키는 데에는 오랜 시간을 요하게 된다. 어떤 경우에는 회복조차 거의 불가능한 상황이 되기도 한다.

• Greenland 눈 속에서 납(Pb)이 검출되는 원인

우리는 먼 거리를 이동하는 수단으로 비행기를 이용한다. 비행기운항에 사용되는 연료인 제트유(jet oil)에는 연소 효율을 향상시키기 위하여 첨가제를 일정 비율로 혼합해준다. 이때 사용하는 첨가제를 옥탄가 향상제라고 하며 화학명칭은 4알킬납(4-alkyl-Pb)이다. 화학반응에 의해 합성된 4알킬납은 독성이 매우 강한 특정 독물질이기 때문에 유통이나 관리과정에서 착오가 없도록 붉은 색으로 착색하였다. 제트연료에는 4알킬납이 0.12vol% 정도 혼합되며, 유연휘발류에는 0.08vol% 첨가되어 있다. 그러므로 첨가제가 혼합된 연료를 사용하는 비행기가 극지방 상공을 운항할 때 배출되는 연소 가스 중에 납이 포함되어 있어서 이것이 눈 속(또는 얼음 속)에 축적되는 것이다.

* 4알킬납의 구조식 : $[C_nH_{2n+1}]_4Pb$
* 4메틸납의 구조식 : $(CH_3)_4Pb$
* 4에틸납의 구조식 : $(C_2H_5)_4Pb$

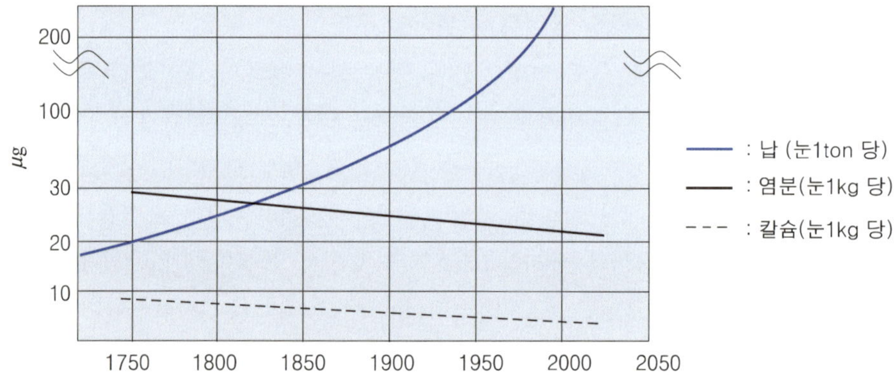

그림 2.3 그린란드 눈 속에 포함된 납 함량의 변화

예를 들어보자. 지금은 거의 사용이 금지되고 있는 DDT는 살충제로 2차 대전 이후 보건위생분야와 농업용으로 대단히 광범위하게 사용되어져 왔다. 다행히 1973년에 생산이 중단되어 그 후 사용량이 급속히 줄어들어 현재에는 사용치 않고 있는 약제이다. 그러나 토양과 물고기 체내의 DDT 축적량은 생산중단시기 이후에 더욱 증가하여 1980년대 초에 최대량을 나타낸 후 지금 현재의 토양과 물고기 체

내에 DDT가 잔류되어 남아있는 실정이다. 그것은 바로 오염물질이 배출되면 오랜 기간 동안 어떤 매체에 잔류하고 있음을 뜻한다.

특히 토양 중에서 농약의 잔류기간은 매우 길어서 DDT는 4~30년, BHC는 5~25년 정도나 된다. 1985년에 발표된 의학논문에 의하면 한국인의 콩팥, 염통, 간, 허파, 근육 등에서 BHC와 DDT가 검출되었다고 하였는데 이렇듯 환경오염물질은 오랜 시간 간격을 두고 피해를 유발하는 시차성의 특성이 있음을 우리는 알아야 한다.

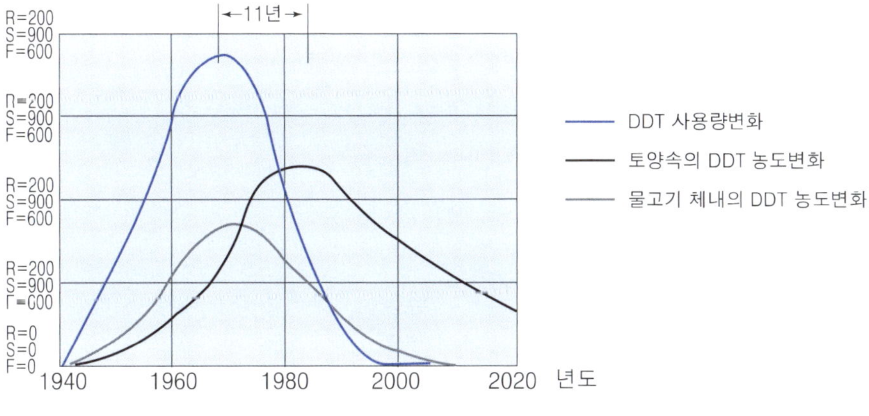

그림 2.4 자연환경에서의 DDT 잔류변화

(4) 자기 증식성

자연환경은 가장 중요한 기능의 하나인 자정작용 기능을 가지고 있다. 즉 환경이 악화되어도 자체 정화능력 범위 내에서는 스스로 자정작용을 하여 원상으로 회복된다. 그러나 악화정도가 자정능력을 초과한 경우에는 자정작용이 약화되거나 또는 완전히 상실되어 환경이 원상으로 회복될 수 없는 상황으로 발전되어진다(예, 시화호의 죽어버린 뉼, 아프리카 토양의 사막화).

생태계 내에서 자정작용을 정(正, positive)의 기능으로 생각하면 환경오염 발생은 부(負, negative)의 기능일 것이다.

그렇다면 환경문제는 생태계의 부의 기능이 강화됨에 따라 정의 기능이 약화될 때 발생되는 것이며 그 정도가 더해질 때, 즉 부의 기능이 더욱 강화되어 증식되어질 때 환경악화 현상도 더불어 증식되어 질 것이다. 이러한 현상을 자기증식성이라 한다. 이렇듯 자기증식성은 환경문제의 정도에 커다란 영향을 미치는 특성인 것이다.

(5) 엔트로피와 환경특성의 관계

우주의 형성과정에서 발생한 우주 전체의 에너지량은 일정하며, 엔트로피 증가 법칙에 의해 우주전체의 엔트로피(entropy)는 항상 증가한다. '물이 아래로 흐른다'는 것도 엔트로피의 한 표현이며, 물이 더 낮은 곳으로 내려갈 여지를 갖고 있다면 평형성이 부족한 상태를 나타내는 것이므로 물의 흐름은 엔트로피를 늘려 가는 과정인 것이다. 물이 더 이상 낮은 곳을 찾아 흐를 수 없을 때 엔트로피는 최대가 된다. 우주에서 엔트로피가 증가한다는 것은 사용 가능한 에너지(available energy)가 사용 불가능한 에너지(unavailable energy)의 상태로 바뀌는 현상을 뜻하기 때문에 엔트로피의 증가는 사용 가능한 에너지, 즉 자원이 감소한다는 것을 의미한다.

환경체계에서는 어떤 일이 발생될 때마다 얼마간의 사용 가능한 에너지(또는 자원)가 소비되어지므로 사용 불가능한 에너지의 총량은 계속 증가하게 되고 이것은 바로 환경오염을 발생시키는 것이다.

다시 말해서 대기오염, 수질오염, 폐기물오염 등의 발생은 엔트로피의 증가 현상이며 우주전체 에너지 총량 중에서 사용 불가능한 에너지의 증가를 말하는 것이다. 그러므로 환경오염은 엔트로피 증가에 대한 또 다른 표현이라고 할 수 있으며 사용 불가능한 에너지의 척도가 될 수 있다.

다음 그림 2.5는 경제 성장을 추구하거나 인구증가에 따른 엔트로피와 환경오염의 변화를 나타낸 것이다.

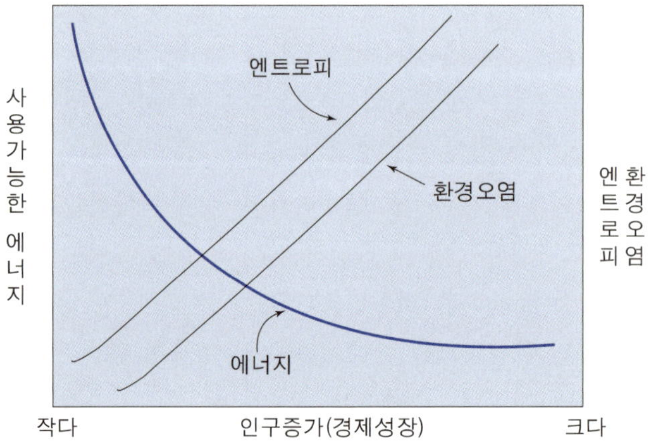

그림 2.5 경제성장과 인구증가에 따른 엔트로피 및 환경오염 변화

• 엔트로피(Entropy)란?

엔트로피란 1865년 독일의 물리학자인 클라우지우스(Rudolf Clausius)에 의해 최초로 창안되었으며 에너지의 상태를 측정하는 척도이다. 즉, 에너지의 혼란 상태를 의미한다.

2.3 환경과 인간의 관계

인간은 자연환경 속에서 가장 강력한 작용을 하는 하나의 개체군이다. 이러한 인간은 자연계의 구성부분인 동시에 조형계와 사회계라는 새로운 환경을 창출하는 동물의 한 종(種)이기도 하다. 또한 인간은 자기가 속해 있는 자연계뿐만 아니라 그가 스스로 조성해 놓은 인공적 환경으로부터 영향을 받게 된다. 이와 같이 인간과 그의 환경은 직·간접적인 상호작용의 관계를 갖게 되어 부분적인 환경의 상호간에도 영향을 주고받는 작용관계가 존재한다.

(1) 인간과 자연환경의 상호작용

인간은 생존을 위하여 식량을 생산하거나 자연으로부터 채취하는 동시에 생활을 보다 편리하게 하기 위하여 자연자원을 이용함으로써 자연계의 형태와 속성을 변화시키게 된다. 인구의 증가와 개인 또는 집단간의 경쟁 및 인간 욕망의 무한성으로 인하여 자연 자원에 대한 이용도는 급증하게 되고, 인간 활동으로부터 발생하는 폐기물은 자연환경을 오염시키게 되는 것이다.

공업생산과정과 거주활동생활에서 야기되는 환경의 파괴와 오염은 생태계의 평형상태와 자기 조절기능을 교란시키게 된다. 만일 생태계가 한번 그 평형을 잃거나 하나의 개체가 자기 조절기능을 상실하게 되면 그의 회복은 장기화되거나 불가능하게 된다.

자원으로서의 자연 환경은 크게 비재생 자원과 유동자원 및 자연계 재생자원의 세 가지로 분류될 수 있다. 비재생자원은 주로 지하광물자원으로서 재생능력이 없으

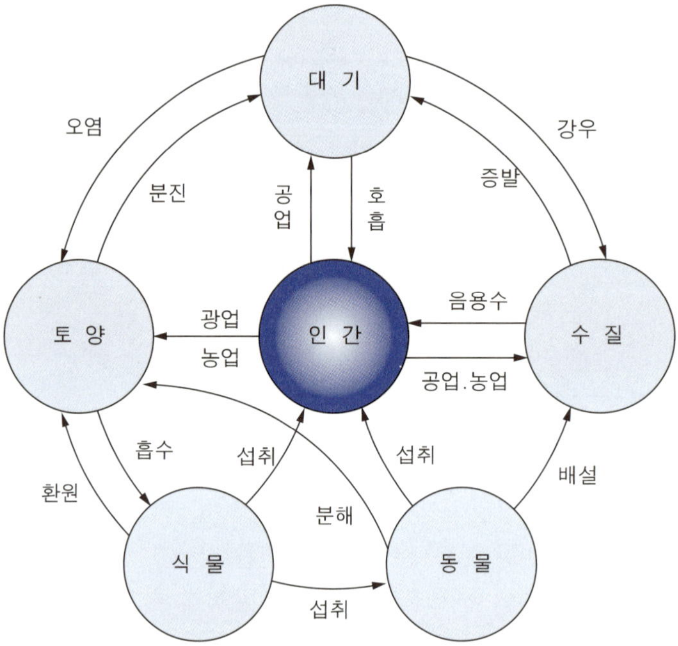

그림 2.6 환경과 인간의 관계모형

며, 있어도 거의 무시해도 좋을 정도로 약하기 때문에 그들의 총량은 한정되어 있어서 인간에 의한 소모량에 비례하여 그 절대량은 감소된다. 유동자원은 태양복사열이나 자기 혹은 물과 같이 자연적으로 이동하는 속성을 지닌 자원들을 말하는데, 이들은 자연상태에서 부단한 공급을 계속하고 있으므로 국지적으로는 감소되는 현상이 발생하더라도 그들의 총량과 재생과정은 인간에 의하여 크게 제약되지 않는다. 자연적 재생자원은 자연적인 성장과 재생산의 능력을 갖고 있는 모든 생물 유기체를 말하는데, 이들 자원의 재생율은 물리적 환경과 번식 군체의 크기에 따라 결정된다.

한편, 자연 환경은 인간에 의해 미화되고 순치된다. 즉, 자연상태가 인간의 조경을 통해 보다 아름답게 장식되기도 하고, 거친 동·식물이 인간의 훈련에 의해 순화되기도 한다. 그리고 자연 환경은 인구의 증가를 제한하고 인간 활동의 영역과 형태를 제약한다. 자연 환경의 유한성과 생태계의 평형성은 무한한 욕망을 억제하려는 인간의 의지와 노력을 유발시킨다. 또한, 토지와 자원의 부족은 인간사회에서의 경쟁심을 초래한다. 따라서 자연 환경은 인간의 사고와 행동을 결정하는 틀이 될 수도 있다.

(2) 인간과 인공환경의 상호작용

국토를 개발하고 도시를 건설하며 각종 시설물과 용구를 만드는 것은 물리적 환경으로서의 조형계를 창출하는 인간의 고유 행위라고 할 수 있다.

인구의 증가는 물리적인 인공물의 수요를 증대시킨다. 즉 주택, 의류, 식품 등의 생활 필수적인 것과 문화생활을 위한 여러 가지 시설과 도구를 양산하게 된다. 그리고 도시화는 인공적인 새로운 공간을 형성하게 되며, 여기에는 보다 많은 조형물을 필요로 하게 된다.

조형계의 질은 생활의 편리를 추구하고, 인간상호간의 경쟁을 유발하는 인간의 본성에 의해 부단히 변화되어 간다.

이러한 조형계 환경은 공간적 특성과 조형물의 성격 및 인간의 의지와 노력의 정도에 따라 상이하게 되며, 필연적으로 불균형적 양상을 초래하게 된다. 수도권 각 지역의 무분별한 난 개발은 푸른 숲을 뭉개어 버리게 되어 우리의 후손들은 녹음이 우거진 자연산림을 쉽게 접할 수 없게 될 것이다. 인간에 의한 조형계 환경의 주성은 그의 생산과정과 이용단계에서 비 효용적인 폐기물을 배출시켜 자연계의 환경으로 투입시키게 된다.

그림 2.7 난개발로 뭉개진 수도권의 임야

(3) 인간과 사회환경과의 상호작용

인간 활동이 복잡하게 됨으로써 질서와 능률을 제고시키기 위한 인간의 사회제도는 점차 확대되고 다양하게 되어 간다. 사회계를 구성하는 여러 제도는 사회구조가 분화됨에 따라 세분화되고 전문화되어 간다. 인간의 기호와 지향이 변화되어 감에 따라 사회계 안에는 구제도와 신제도 혹은 기존질서와 새로운 질서가 혼재하게 되고 양자간의 융합이 이루어지기까지 마찰과 갈등의 과정이 있기 마련이다. 이와 같은 사회환경은 인간 집단의 욕구와 노력 및 전통에 의해 제약되므로 자연계나 조형계의 환경에 비해 가장 불균형적인 양상을 나타낸다.

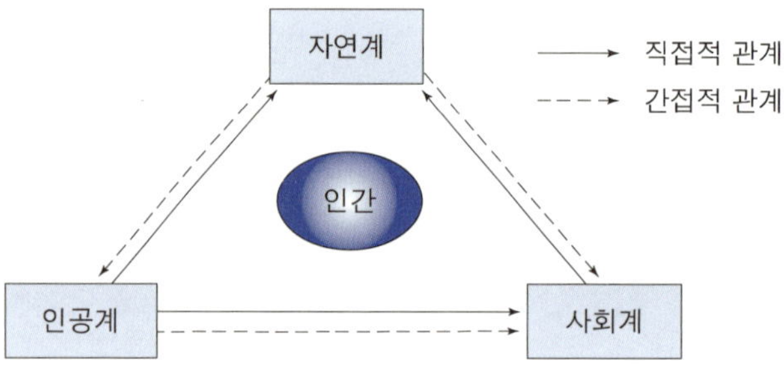

그림 2.8 인간과 환경의 상호관계

• 영양부족으로 인한 어린이 질병

영양부족으로 인한 병은 주로 저개발국의 어린이에게 나타난다.

이러한 병이 어린이에게서 나타나는 이유는 5세 이하의 어린이는 특히 성인의 2배 에너지와 단백질(단위 체중량)을 요구하기 때문이다. 이러한 시기에는 두뇌가 발달하고 몸의 모든 기관이 급속히 성장하게 되기 때문이다. 영양부족으로 인한 병은 다음과 같은 두 종류가 대표적이다.

1 Marasmus

이것은 그리스어로서 "쇠약해지다(waste away)"란 뜻이며 칼로리와 단백질 부족에서 생기는 병이다. 이 병에 걸리게 되면 배가 나오며 주름진 피부와 넓어진 눈 및 늙은이 얼굴을 하게 된다. 그리고 근육이 쇠잔하여 늘어지며 빈혈과 설사를 하는데 왕성한 식욕을 보여준다.

2 Kwashiorkor

이것은 서아프리카어로서 "뒤바뀐 아이(displaced child)"란 뜻이다. 이 병에 걸리게 되면 배가 나오게 되고 탈모, 피부의 탈색, 두드러기가 솟으며 머리털이 붉은 오렌지색으로 변한다. 또한 소화불량 빈혈, 무감각 증상을 나타내고 식욕이 부진하다.

잠시 쉬어가기

빗소리

비가 옵니다.
밤은 고요히 깃을 벌리고
비는 뜰 위에 속삭입니다.
몰래 지껄이는 병아리같이.

이즈러진 달이 실날같고
별에서도 봄이 흐를 듯이
따뜻한 바람이 불더니
오늘은 이 어둔 밤을 비가 옵니다.

비가 옵니다.
다정한 손님같이 비가 옵니다.
창을 열고 맞으려 하여도
보이지 않게 속삭이며 비가 옵니다.

비가 옵니다.
들 위에 창밖에 지붕에
남모를 기쁜 소식을
나의 가슴에 전하는 비가 옵니다.

03

자연 환경 생태계

우리는 지구상에 공존하는 다양한 종으로 이루어진 생물 및 미생물들과 유기적인 관계를 유지하며 생존해가고 있다. 오히려 그들 하나하나가 우리들을 양육시키고 있다는 표현이 맞을 지도 모른다.

독일의 철학자 한스 요나스는 '인간이 자연을 망치면 인간의 자유도 망친다'고 하였으며, '신은 우리를 도울 수 없다. 우리가 신을 도와야 한다. 그것이 궁극적으로 우리 자신을 돕는 길이다'라고 말하였다. 즉, 생태학적 위기극복은 신에 의해서가 아니라 인간이 자연의 일부라는 사실을 인정할 때 가능한 것이다. 그러므로 자연에 속해있는 인간이 자신의 자유를 실현하려면 자연과 유기적인 관계를 맺고 있어야만 하는 것이다.

ENVIRONMENT & POLLUTION

3.1 생태계의 정의

생물은 끊임없이 자연환경의 영향을 받아 그 영향 내에서 역으로 환경을 만들어 낸다. 그러므로 환경문제를 정확히 알기 위해서는 생물과 환경과의 관계 또는 생물 상호간의 관계를 규명해야 하며, 이 관계를 해명하는 학문이 생태학(ecology)이다. 생태학이란 단어는 1869년 독일의 생물학자 헤겔(Ernst Haeckel)에 의해 처음 사용되어졌으며, ecology의 eco는 집이란 뜻의 그리스어 "oikos"이고 여기에 학문을 뜻하는 "logy"가 결합하여 유래되었다. 또, economics의 eco와 같은 뜻을 나타내기도 하는데 생태학의 연구대상이 되는 것은 생명체의 경제이기 때문이다. 다시 말하여 생태학이란 "생명유기체의 생활과 그들 주위환경과의 관계를 연구하는 학문"이라고 정의할 수 있다. 생물은 지구상의 한정된 범위(생물권) 안에서 생활하며, 그 생활환경 속에서 각각의 생물은 서로 주위의 생물에 영향을 끼치며 살아가게 된다. 즉, 살기 위해서(살아남기 위해서) 생물은 환경에 적응하며 투쟁하고 서로 도우며 먹이 사슬의 형평을 유지하면서 각각의 종을 존속시키는 것이다. 생물학자들은 그들이 연구하는 자연의 한 부분 속에 존재하는 생명체 집단과 물리적 환경을 동시에 포괄하여 생태계(ecosystem)라 하였으며, 여기에는 생물적, 무생물적 구성요소들을 모두 포함시켰다. 오늘날의 생태학자들은 생태계의 기능 면에서 인간만이 외톨이가 되어 생을 유지할 수 없기 때문에 인간의 생존을 위한 생태학 연구영역을 3P라고 하여 인구(Population), 생산성(Productivity) 및 오염(Pollution) 등을 주로 다루고 있는 것이다.

생태계에 대한 정확한 표현을 주장한 것은 1935년 영국의 식물학자 탠슬리(A.G.Tansley)로 그는 "생태계란 생물군집(식물과 동물군집) 및 그것들을 둘러싼 자연계의 물리적, 화학적 환경요인이 종합된 물질계"라고 정의하였다. 즉 생태계는 생물이 물과 공기 그리고 토양을 근거로 물과 산소 및 영양분을 섭취하고 기후 등의 여러 조건에 적응하며 살아가는 생명 유지체제(life support system)라고 할 수 있다. 따라서 생태계의 일부가 인위적으로 변경되거나 파괴되면 그 생태계 전체의 물질대사 회로가 큰 영향을 받게 되어 결과적으로 환경은 파괴되는 것이며, 그 원인과 결과는 시간적으로 공간적으로 상당히 멀리 분리되어 있는 경우도 있기 때문에 환경에 대한 인간의 개입은 때때로 예기치 못한 결과를 빚어내어 더욱 악화된 환경을 만들어 내게 된다.

3.2 생태계의 구조와 특성

(1) 생태계의 구성요소

생태계는 자연의 기본이 되는 기능적 단위로서 생물과 무생물로 구성되어 있기 때문에 우리는 자연 속에서 수많은 생물과 무생물을 접하게 된다.

생태계내의 생물들은 기능에 따라 생산자(producer), 소비자(consumer), 분해자(decomposer)로 나눌 수 있다. 생산자는 생태계내의 무생물적 환경물질(무기물질)을 재료로 해서 광합성 작용(photosynthetic reaction)에 의해 유기물을 합성하는 생물을 말한다. 즉, 엽록소를 가지는 녹색식물들은 대부분 생산자이며 다음 반응식에 의해 유기물을 합성한다.

(광합성반응)

$$6CO_2 + 6H_2O + 688kcal \rightarrow C_6H_{12}O_6 + 6O_2$$

(이산화탄소) (물) (빛에너지) (포도당) (산소)

저준위 에너지   고준위 에너지

광합성은 이산화탄소와 물을 이용하여 빛 에너지가 촉매가 되어 포도당과 같은 에너지 물질을 만드는 반응을 말하며, 지구상 모든 생물은 이 광합성에 의해 식량을 얻는다고 볼 수 있다. 광합성 반응에는 햇빛이 필요하기 때문에 밤에는 광합성이 일어나지 않으며 햇빛이 미치지 못하는 호수의 깊은 곳에서도 역시 광합성은 일어나지 않는다.

소비자는 스스로 먹이를 생산할 수 없으므로 직·간접적으로 생산자의 저장된 에너지원을 섭취해야만 한다. 인간을 포함한 모든 동물이 여기에 속하며 소비형태에 따라 세 가지 유형으로 분류할 수 있다.

식물만을 먹이로 하는 동물을 초식동물(草食動物, herbivores), 초식동물이나 기타 동물을 먹이로 하는 소비자를 육식동물(肉食動物, carnivores), 식물과 동물을 모두 먹이로 하는 소비자를 잡식동물(雜食動物, omnivores)이라 부른다.

자연 환경생태계에서는 먹고 먹히는 관계가 성립되는데 이때 먹는 동물을 포식자(捕食者)라 하며 먹히는 생물을 피식자(被食者)라고 한다. 기생생물(寄生生物)도 소비자의 한 종류로서 다른 생물을 먹이로 하는 것이 아니고 장기간 피식생물과 가까이 지내면서 먹이를 얻어 생존한다.

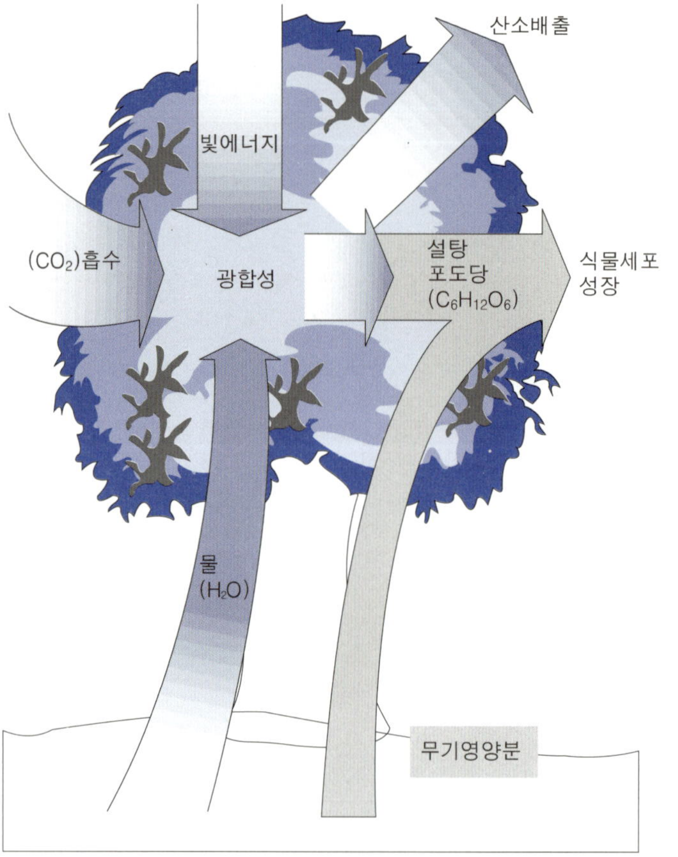

그림 3.1 생산자의 광합성 작용

분해자는 살아있는 생물을 소비하는 것이 아니고 죽은 생물을 분해시켜 영양을 섭취하는 미소소비자(微小消費者)이며, 박테리아, 곰팡이 등의 미생물체가 여기에 속한다. 이 미생물들 역시 먹이를 합성하지 못하며 죽은 동·식물을 분해하여 에너지를 얻는 한편 원형질 속의 여러 가지 물질을 환경으로 되돌려 보내 생산자인 녹색식물이 다시 이용할 수 있게 한다. 자연 환경생태계에서 분해자의 역할은 숲에 들어가 보면 쉽게 알 수 있다. 숲에서 생활하는 많은 종류의 균류와 세균류는 숲에서 발생하는 많은 양의 낙엽 등을 분해하여 자연 환경생태계의 영양소로 돌려주며, 인간을 포함한 동물들이 만들어 낸 각종 폐기물을 분해처리하기 때문에 마치 도시의 환경미화원과 같은 역할을 담당한다고 할 수 있다.

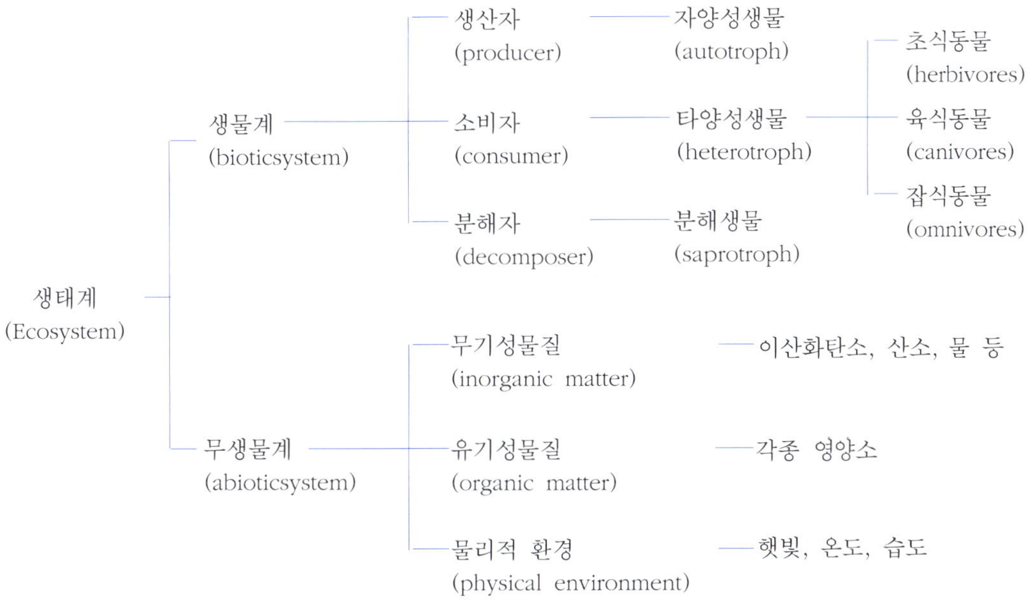

그림 3.2 생태계의 구성요소 및 인자

이렇듯 자연 환경생태계를 구성하는 요소들은 서로 긴밀한 관계를 맺고 있으며, 어느 한 요소라도 균형이 깨져버리면 결코 안정된 생태계를 유지할 수 없게 된다.

(2) 여러 가지 생태계와 권(圈)

무생물적 구성요소와 3종의 생물적 구성요소를 가지고 있는 지역은 어느 곳이나 하나의 생태계라고 할 수 있다. 따라서, 지구상에는 여러 가지 생태계가 현존하는데, 이것들은 주로 생물적 구성요소를 기초로 삼림생태계, 초원생태계, 툰드라생태계, 사막생태계 등과 같이 나눌 수 있으며, 경우에 따라서는 생태계를 무생물적 구성 요소의 특징에 따라 담수생태계, 해수생태계 등으로 구별할 수도 있다.

지구는 여러 개의 생태계로 이루어져 있지만 4개의 권(圈, sphere)으로 구성된 하나의 커다란 생태계로도 볼 수 있다. 즉 공기는 대기권(atmosphere), 토양과 암석은 암석권(lithosphere), 물은 수권(hydrosphere), 그리고 생물은 생물권(biosphere)을 이루고 있다. 각 권역은 타 권역의 일부를 포함하거나 타 권역 속에 포함되어 있다. 예를 들면, 생물권의 하나인 물고기는 물속에서 생활하지만 몸속에 상당량의 물을 포함하고 있다. 또 암석권의 하나인 토양의 공극에는 공기와 물이 들어 있을 뿐만 아니라 여러 가지 생물이 살고 식물의 뿌리도 뻗어 있다. 이와 같이 4개의 권은 긴밀히 상호 연결되어 있으며, 모든 생태계는 4권의 일부를 포함하고 있다. 예를 들면, 생태계 내의 공기는 대기권의 일부이며 생물들 중에서 동물은 한 생태계에서 다른 생태계로 이동하기도 한다.

유동성인 공기나 물도 생태계 사이를 이동하면서 각종 물질을 운반하기도 한다. 각 생태계는 독자적으로 존립할 수도 있지만, 대개는 상호교환하고 영향을 주고 있다는 사실은 매우 중요하다.

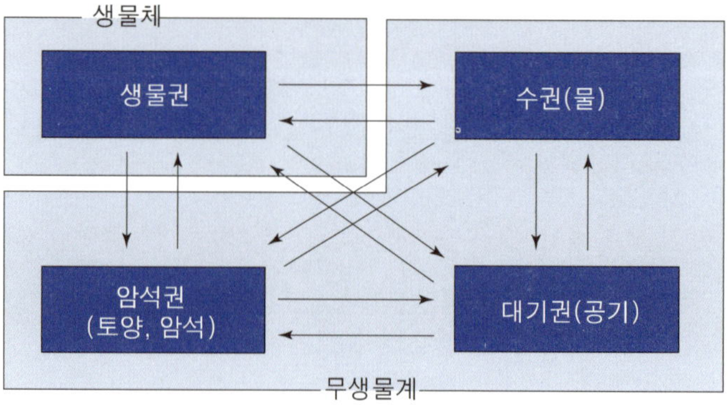

그림 3.3 생태계의 4권에 대한 모식도

(3) 생태계의 특성

생물적, 무생물적 구성요소를 가지고 있는 지역은 지구상 어느 곳이나 하나의 생태계라고 할 수 있기 때문에 수없이 많은 생태계가 현존하고 있으며 매우 복잡한 특성을 가진다. 또한 4개의 권(sphere)은 서로 긴밀하게 상호 연결되어 있어 대개는 영향을 상호 교환하고 있기 때문에 생태계의 특성을 간단히 설명하기는 어렵지만 다음과 같이 요약할 수 있다.

1) 상호의존성(Interdependence)

'생태계를 구성하는 모든 요소들은 다른 모든 것들과 관련되어 있다.'는 것이 생태학의 첫 번째 법칙이다. 이것은 어느 한 유기체(생명체)가 계속적으로 기능을 수행하기 위해서는 다른 유기체들의 기능과 밀접하게 상호 관련되어 있음을 뜻하는 것이다. 인간의 경우 혼자 살아가는 사람도 결국은 음식을 얻기 위해서 생산자가 생산한 광합성물질에 의존하게 된다. 생산자가 필요로 하는 영양소는 미생물에 의해 부패된 유기체의 사체로부터 공급되어지므로 어느 것 하나도 생태계 내에서는 존재가치가 없는 것이 없다. 그러므로 어떤 종류의 유기체는 존재하지 않아도 무방하다고 생각하는 것은 매우 잘못된 생각이다.

2) 한계성(Limitation)

'생태계 내의 모든 생명체나 종은 무한히 성장·증대될 수 없다.'나무가 하늘 끝까지 자랄 수 없듯이, 미생물이 증식하여 개체수가 무진장 증대될 수 없듯이, 인간(모든 동물)이 무한정한 시간동안 생명을 누릴 수 없듯이 모든 생명체는 스스로 조절되거나 또는 주위의 조건변화에 의해 정해진 생장력과 개체수 증대에 한계를 나타내게 되기 때문에 따라서 생태계 내의 여러 구성요소들과 균형을 유지하게 된다.

이러한 생태계의 한계성은 지구상의 모든 동물이 필요로 하는 에너지에 대해 가장 큰 영향을 미치는 생산자(식물)의 합성능력에 따라 달라질 수 있는데 합성능력 또한 사용할 수 있는 태양에너지의 총량에 의해 결정된다. 그러므로 생태계를 구성하는 생명체 집단은 태양 에너지의 총량 범위 내에서 한정된 성장과 증감을 하게 되는 것이다.

3) 복잡성(Complexity)

'생태계는 조화롭고도 질서가 있는 그러면서도 끊임없이 미묘한 상호관계를 복잡하게 유지해 나가는 체계이다.' 우리는 어느 한 생태계만을 독자적으로 분리시켜 설명하기가 어렵다는 것을 느끼게 된다. 인간의 생태계를 인간만을 대상으로 해서 접근하면 도대체 아무 것도 설명할 수 없게 된다. 인간중심의 생태계는 여러 제도와 인공물을 포함하고 있고 이것들이 인간의 환경에 관여하여 변화를 초래하기 때문에 그 상호관계는 상상할 수 없을 만큼 복잡해지는 것이다. 그래서 어떤 생태학자는 '생태계는 우리가 생각하는 것 보다 더 복잡할 뿐 아니라 우리가 생각할 수 있는 것보다 더 복잡하다'라고 표현하였다.

생태계에서 발생된 어떤 원인과 결과는 인간 사회체계의 경우와 마찬가지로 시간적, 공간적으로 상당히 멀리 분리되어 있다. 따라서 생태계환경에 대한 인간의 개입은 때로는 전혀 예기치 못한 결과를 빚어내기도 한다. 즉, 인간의 행위는 단 한 가지 결과만을 초래하지 않는다. 인간이 원하는 어떤 결과를 얻기 위해서 복잡한 생태계의 체계에 개입했을 때 원하는 효과 이외에 다른 부수적인 원하지 않은 효과까지도 발생시킨다는 것을 의미하는 것이다. 이렇듯 생태계는 매우 복잡한 특성을 가지고 있다.

4) 적응성(Adaptavility)

생태계 구성요소 중 생명체는 주어진 환경에서 생존에 유리한 방향으로 스스로의 체계나 환경을 형성해 나가는 변화과정을 가지게 되는데 이러한 현상을 적응(適應)이라고 한다. 이 과정을 거치면서 생명체는 생존은 물론 진화해 나가는 것이라고 볼 수 있는데 동일한 환경조건이라 할지라도 적응기전(adaptation mechanism)이 틀린 여러 생물 종에게 주는 영향은 서로 다르게 나타나게 되어 생태계 내에서 생물 종의 생존과 도태(淘汰)를 가져오게 된다. 즉, 어떤 환경변화에 스스로 적응하는 능력을 가지는 독특한 종만이 살아남게 된다. 그러나 환경변화의 정도가 적을 때는 장기간에 걸쳐 대부분의 생명체가 적응력을 발현하여 그 변화된 환경에 순응하는 현상을 관찰할 수도 있다.

3.3 자연생태계의 원리와 환경

(1) 생태계 내에서의 물질의 순환

생태계의 주요기능은 4권 사이에서 물질이 형태를 변화하면서 순환하는 것이다. 여러 가지 물질은 생물체와 무생물적 환경 사이를 계속적으로 이동하지만 생태계 내에 존재하는 물질의 총량은 변하지 않는다. 이러한 물질의 순환은 생물, 지학, 화학적으로 이루어지기 때문에 생물 지화학적 순환(生物 地化學的 循環, biogeochemical cycle)이라고 한다. 이들 물질의 순환은 생물체의 기본요소인 영양 물질의 순환(nutrient cycle)이라고도 한다. 생물권은 주로 수소, 탄소, 질소 및 산소와 기타 무기원소로 구성된 유기질에 의하여 형성된다.

지표상에는 1cm^2당 평균 580mg의 생물권이 존재하며, 해양의 수권에서도 이와 비슷한 양이 존재한다. 이때 생물권은 어떤 화합물로 형성되어 있는가를 살펴보면 주로 물(H_2O)과 탄수화물로 구성되어 있다. 단백질의 주요원소인 질소는 매우 희소하여 질량 비 5/1000 정도이지만 대부분은 탄수화물인 셀룰로오스로 되어 있다.

그리고 생물체의 12/1000는 칼슘, 마그네슘, 칼륨, 규소 등이며, 이들도 생물체에 중요한 생화학적 기능을 가진다. 황(S)과 인(P)은 생물체의 중요한 원소로서 황이 없으면 단백질을 합성하지 못하며, 인이 없으면 생명체의 에너지 대사는 일어나지 않는다.

1) **탄소의 순환**(Carbon cycle)

모든 유기 화합물의 골격은 주로 탄소로 이루어져 있으며, 생명체를 구성하는 주성분이 유기 화합물이기 때문에 가장 중요한 물질은 탄소이다. 사람의 경우 수분을 제외한 건조원소 조성 중 48%가 탄소이며, 대부분 대기권과 생물권 사이에서 일어나는 소순환(小循環)에 의한 탄소 동화작용이라는 반응을 통해 식물체에 공급된다. 즉, 녹색 식물은 광합성(photo synthesis)을 통하여 당(糖, Saccharide), 지방(脂肪, Fat) 및 단백질(Protein) 같은 생명체 구성 물질로 이산화탄소를 동화(同化)하고 이렇게 고정된 탄소의 일부는 생산자와 소비자의 호흡과정(respiration)을 통하여 다시 이산화탄소로 변형되어 대기권으로 돌아간다. 또 동식물의 사체(死體)에 들어있는 탄소는 분해자의 작용에 의하여 결국 대기권으로 되돌아가는 것이다. 이 소순환은 비교적 평형을 유지하고 있어서 생산자가 광합성을 통하여 고정한 만큼의 이산화탄소(CO_2)가 호흡과정에 의해 다시 대기권으로 방출되는 것이다.

$$\text{호흡대사} : C_6H_{12}O_6 + 6O_2 \xrightarrow[\text{(에너지방출)}]{} 6CO_2 + 6H_2O$$

고준위 에너지 　　　　 저준위 에너지

탄소의 저장고는 대기와 물이다. 또한 약 3억 년 전의 석탄기에 형성된 화석연료(化石燃料, fossil fuel), 즉 석탄, 석유 및 천연가스 등도 탄소를 저장하고 있다. 인간은 이 연료들을 연소시켜 에너지를 얻고 있는데 이 경우도 호흡과 마찬가지로 대기권의 이산화탄소를 증가시키게 된다. 연소는 생물이 화학에너지를 얻기 위해 먹이를 분해(이것을 호흡이라 함)하는 반응기구와 동일하다. 즉, 두 과정 모두 산소가 에너지원과 결합하여 분해(연소)되어 이산화탄소가 방출되는 것이다. 그러나 두 과정이 일어나는데 필요한 온도는 크게 다르다.

화석연료의 연소는 생물의 호흡과정보다 훨씬 높은 온도에서 일어나며 더욱 빠르게 진행되는 반면, 호흡과정은 낮은 온도에서 잘 일어나며 느리게 진행된다. 그 이유는 효소(enzyme)라고 불리는 생체촉매물질이 호흡과정을 촉매 하면서 온도와 속도를 적절히 조절하기 때문이다. 효소는 호흡과정뿐만 아니라 생체 내에서 일어나는 모든 화학변화를 촉매하고 있어서 만일 효소가 없어지게 되면 생물체의 모든 기능은 정지하게 된다.

생물권과 대기권 사이에서 일어나는 탄소순환 이외에도 수권(水圈)과 대기권, 암석권과 대기권 사이에서도 탄소의 순환이 일어나고 있다. 이 모든 탄소 소순환들은 대기권의 이산화탄소 함량을 일정하게 유지시켜 주는데, 이와 같이 평형을 이루고 있는 탄소순환은 수 십 만년에 걸쳐 완성된 것으로 생물권의 안정에 매우 중요하다. 그러나 산업혁명 이후 화석연료의 사용 증가로 인하여 대기권에서 이산화탄소의 균형이 점차 깨어지고 있어서 1997년 12월 일본 교토에서 열린 제 3차 기후변화 협약에서는 이산화탄소를 포함한 온실가스의 배출을 5% 이상 감축할 것을 협의하기에 이르렀다.

대기 중의 이산화탄소의 평형농도는 약 320ppm이고, 해가 뜨면 광합성이 시작되어 이산화탄소로 유기화합물을 전환시키게 되는데 지구상의 식은 대기 중에 있는 이산화탄소의 총량 중에서 매년 약 5% 정도의 양을 광합성으로 고정시키고 거의 같은 양을 호흡과 부식 및 산화작용에 의해 대기 중으로 방출하는데, 이를 관찰한 결과 20년 주기로 이산화탄소는 순환한다.

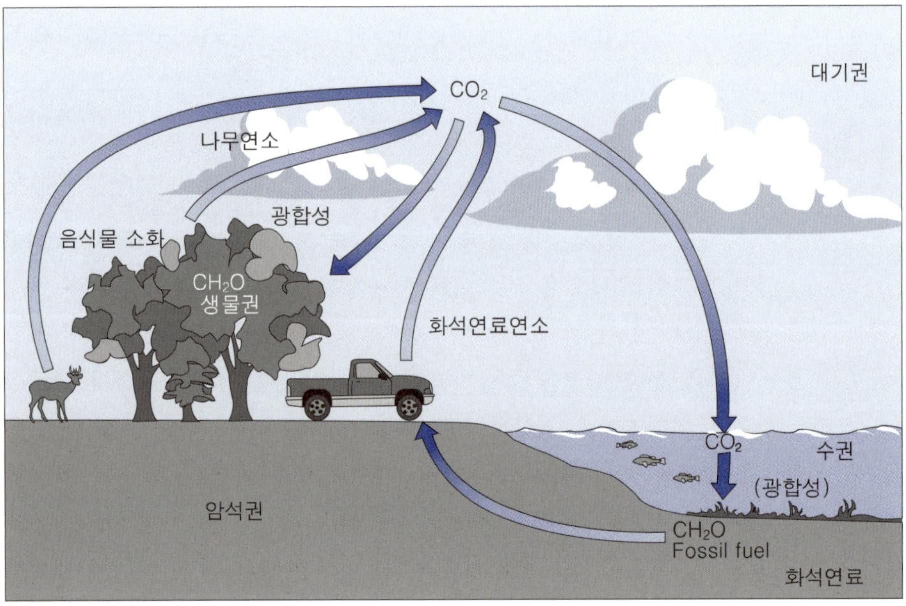

그림 3.4 대기권과 생물권 사이의 탄소순환

2) **질소의 순환**(Nitrogen cycle)

대기 중의 79%는 질소이고 이 질소는 모든 생명체의 필수적 영양소인 단백질의 구성성분이다. 대기 중의 질소기체는 생물이 이용할 수 없고 질산염의 형태로 고정되어야만 생물체내에 들어올 수 있다. 질소를 고정할 수 있는 대표적인 생물은 뿌리혹박테리아로서 콩과식물의 뿌리에 기생하며 토양의 기공 속에 포함되어 있는 질소를 흡수하여 생물체가 이용할 수 있는 질소 화합물을 만든다. 질소 고정 반응은 단순히 질소동화 작용(nitrification)이라 하며 육지와 해양에서 모두 일어난다. 육지의 경우 5000평의 밭에서 뿌리혹박테리아는 1~2만kg의 질소를 고정시킬 수 있으며, 단위 면적당 질소 고정량은 해양이 육지에 비해서 적지만 총 질소 고정량은 해양이 많으므로 질소 순환에서 해양은 매우 중요한 역할을 한다. 또 다른 질소의 고정은 산업 활동과 수송수단에 의하여 일어나는데 특히 자동차에서 나오는 질소산화물(NO_x)은 대기 오염을 일으키는 물질이기도 하다.

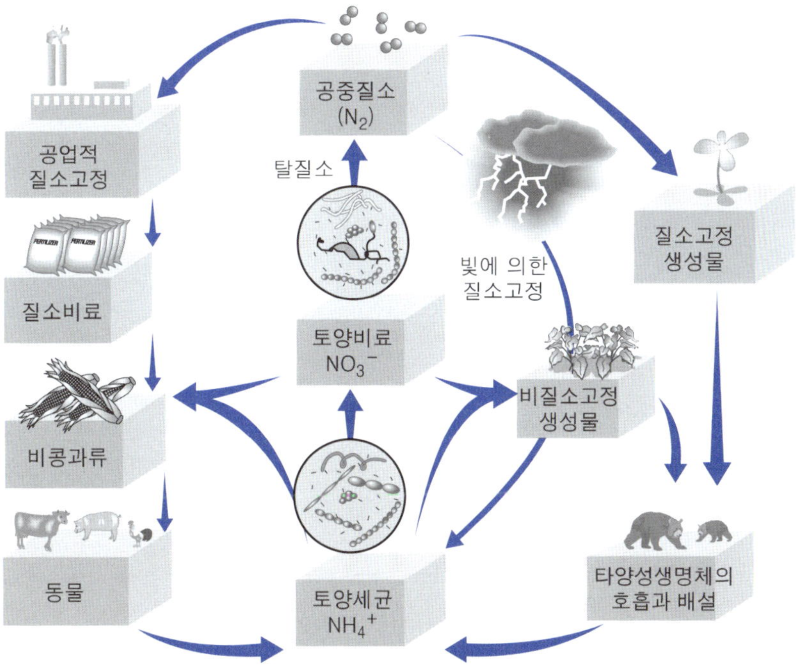

그림 3.5 생태계에서의 질소순환

질산염으로 고정된 질소는 탈 질소 박테리아(denitrification bacteria)에 의해 기체 상태의 질소를 유리시켜 대기 중으로 환원시킨다. 최근에는 농업생산성을 높이기 위하여 질소비료를 많이 사용하기 때문에 하천과 호수 등에 질소함량이 많아져 문제가 되기도 한다.

질소순환의 개략적인 모형은 다음과 같다.

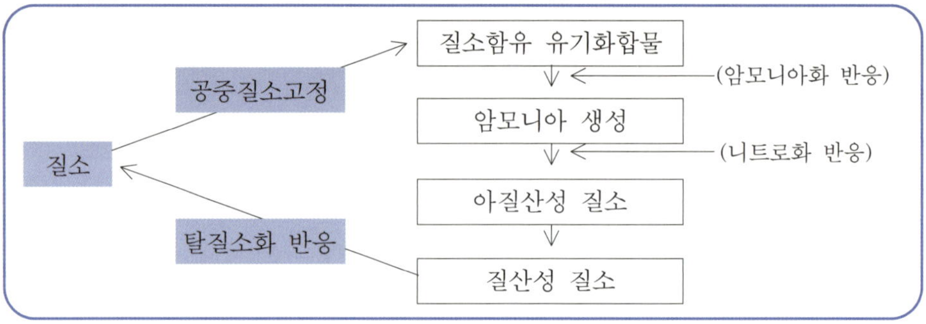

그림 3.6 질소순환 계통도

3) 기타 무기물의 순환(inorganic matter cycle)

① 황의 순환(sulfur cycle)

일반적으로 황은 바다에서 육지로 그리고 다시 대기권을 통하여 순환한다. 황 화합물은 화학적으로 전환하기 쉽지 않아서 실온(상온)조건하에서는 순환이 일어나지 않으며, 실제로는 토양 및 수중에서 각종 미생물에 의하여 전환되고 생물체에 이용된다. 미생물이 황을 전환시키는 반응 형태는 크게 2가지로 구분할 수 있는데, $SO_4 \rightarrow H_2S$ 반응은 desulfovibrio bacteria에 의한 혐기성환원(anaerobic reduction)에 의하여 전환되며, $H_2S \rightarrow SO_4$ 반응은 thiobacillus bacteria에 의한 호기적 산화(aerobic oxidation)에 의하여 진행된다.

② 인의 순환(phosphorus cycle)

인은 세포의 원형질을 구성하는 중요한 원소이며, 유전 정보의 회로에 포함되는 DNA(deoxyribonucleic acid)와 RNA(ribonucleic acid) 분자의 기본원소이다. 또한 인 화합물은 생명체의 화학에너지 전달물질인 AMP, ADP, ATP 등을 구성하는 기본성분이기도 하다. 인은 탄소와 질소와는 달리 기체 상태로 존재하지 않기 때문

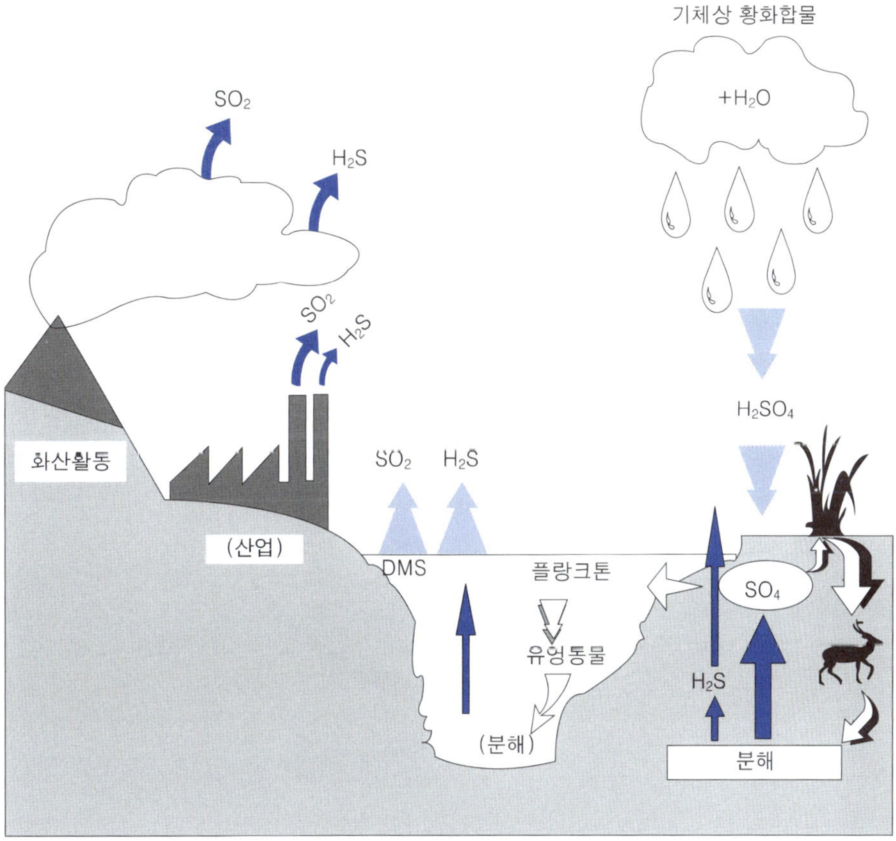

그림 3.7 생태계에서의 황 화합물의 순환

에 인의 순환은 침전형 순환(sedimentated cycle)에 해당하며 활발하게 생태계를 순환하지 못한다. 인이 존재하는 곳은 인광석, 분광석의 퇴적물, 화석화 된 동물의 퇴적물 등이며 암석의 인은 풍화 작용과 강우 등에 의해서 침식되면서 인산 염의 형태로 물에 용해되어 식물에 의해 흡수된다. 그러나 용해된 인산 염의 일부는 바나로 흘러들어 깊은 바다의 침전물 속에 퇴적되어 육지 생태계로 순환되지 못하므로 인의 순환은 균형을 이루지 못한다. 바다에서 해양생물을 먹이로 구하는 육지 소비자에 의해 육지로 이동되는 인의 양은 1년에 겨우 6만 톤 밖에 되지 않는다. 자연 환경조건에서는 인이 생물의 생장에 제한요소로 작용하는 경우가 많은데, 이를 해소하기 위하여 최근에는 화학적으로 합성한 인산 비료를 많이 사용하고 있다. 그러나 사용한 인산 비료의 일부와 합성세제 등에 포함된 인산 염의 총량이 증가되면서 하천과 호수 등 수권에 과부하 되어 수질 오염의 원인이 되기도 한다.

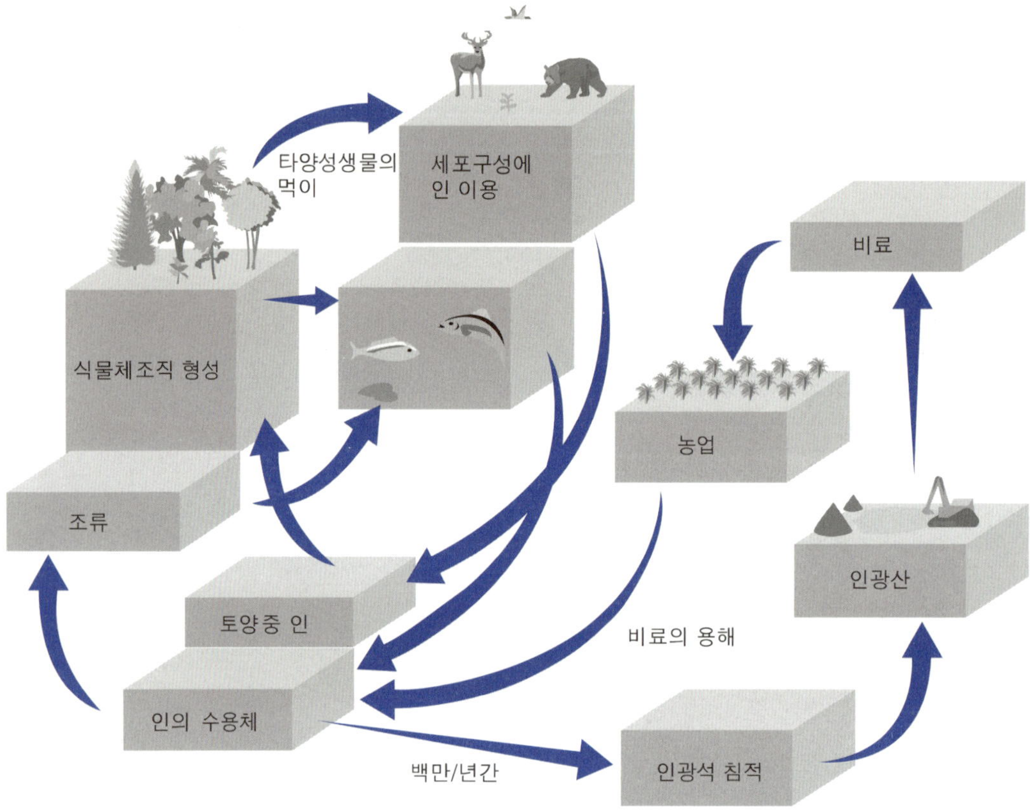

그림 3.8 생태계에서의 인의 순환

• DNA와 RNA의 구성

정보생물고분자인 DNA는 세포의 모든 유전정보를 가지고 있다. 세포가 분열하면 각 자세포는 적어도 하나의 완전한 모세포의 DNA 복사물을 받게 된다. 따라서 자세포의 형태와 작용이 모세포와 닮는다. DNA가 가지는 정보는 뉴클레오티드의 배열에 간직된다. 뉴클레오티드는 인산, 리보오스나 디옥시리보오스(5탄당), 질소염기로 구성된다.

DNA와 RNA는 5가지의 질소 염기인 티민(Thymeine, T), 아데닌(Adenine, A), 구아닌(Guanine, G), 시토신(Cytosine, C) 및 우라실(Urasil, U)에 인산염이 결합하여 구성된다.

DNA는 이 중 4개의 질소 염기(A, T, C, G)가 짝을 이뤄 (A-T, C-G) 유전 정보를 흡수한다.

(2) 생태계에서 에너지의 이동

생태계의 구조와 중요기능은 생물들의 활력(biological acting)과 관계가 있는 에너지이동이다. 물질이 생태계 내에서 계속 순환하는데 비해 에너지의 이동은 일방통행이므로 생태계의 생물상(biological pool)을 거쳐 이동하지만 일단 거쳐지나간 에너지는 되돌아오지 않는다. 생태계내의 에너지의 원천은 물론 태양이다. 태양이 방출하는 에너지는 막대하지만(태양표면의 온도는 약 6,000℃) 지구에 도달하는 양은 불과 22억 분의 1 정도에 불과하다. 그러나 인위적으로 이 정도의 에너지를 발생시키려면 1초 동안에 석탄 4억 톤을 태워야 한다.

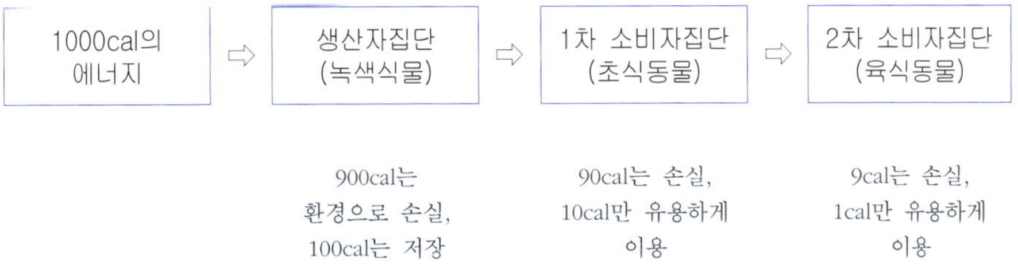

그림 3.9 생태계 먹이사슬을 통한 에너지의 일방적 흐름도

생산자인 녹색식물은 태양에너지에 의해 광합성작용(photosynthesis)을 하여 영양물질을 생산하고 이 영양물질에 저장된 에너지는 먹이사슬을 따라 이동하면서 영양관계를 거칠 때마다 계속해서 열로 손실된다. 생체 내에서 손실되는 에너지는 계속적인 태양에너지 공급으로 보완이 되며 태양 에너지로부터 계속 공급을 받아야 하기 때문에 에너지의 흐름은 일방통행이다.

태양은 하루 동안 생물권에 100~800cal/cm^2(평균 300~400cal/cm^2)의 에너지를 공급하는데, 태양광선의 파장은 주로 0.1~10μm(마이크로미터, 1μm = 10^{-6}m) 부근이며 가시광선과 보이지 않는 파장인 자외선과 적외선으로 이루어져 있다. 파장이 긴 적외선은 열을 공급하고, 가시광선과 적외선 일부가 식물에 흡수되어 광합성을 일으킨다. 파장이 짧은 자외선은 생명체에 치명적인 해를 끼치는데 다행히도 성층권에 존재하는 오존층에 의해 대부분 흡수되기 때문에 지구 도달양은 아주 적은 편이다. 그러나 각종 기체 상태의 화학물질(CFC 등)에 의하여 오존층이 파괴되므로 해서 자외선의 지구도달 양이 증가하는 경향을 보이고 있으며 이 때문에 지구환경은 커다란 위기를 맞게 될 것으로 예측된다.

(3) 먹이사슬과 먹이피라미드

먹이사슬(또는 먹이연쇄)은 먹이를 얻고자 하는 동·식물의 총합으로 이루어진다. 즉, 식량에너지가 자양성 생물로부터 동물에게 차례로 먹히거나 분해되어 가는 현상이 생물권에서는 끊임없이 일어나는데 이러한 단계적 식량에너지의 이동현상을 먹이의 연쇄현상이라고 한다.

식물이 필요로 하는 유기물을 화학적으로 분석해 보면 대개는 탄소(C), 수소(H), 산소(O), 질소(N), 인(P) 및 황(S)의 여섯 가지 원소들로 구성되어 있어 이것을 크놉스계(CHNOPS 系)라고도 한다. 식물은 성장하기 위하여 크놉스계 외에 칼슘(Ca), 칼륨(K), 마그네슘(Mg) 등을 필요로 하는데 이들 영양소를 다량영양소라고 한다. 그 외에 기타 극소량의 염소(Cl), 철(Fe), 망간(Mn), 붕소(B), 구리(Cu), 아연(Zn), 코발트(Co), 몰리브덴(Mo) 등을 필요로 하며, 이들을 미량원소라고 한다.

잎에서 만들어진 광합성 생성물과 뿌리에서 흡수한 영양소 등은 유기분자로 구성되어 식물의 성장과 저장에 이용되게 된다. 동물이 식물체를 먹으면 영양물질과 저장된 에너지는 식물에서 동물로 이동된다. 이러한 영양물질의 이동경로를 앞에서 말한 먹이사슬(먹이연쇄)이라고 한다.

먹이사슬은 여러 겹으로 복잡하게 얽혀져 있어 사람을 종점으로 하는 먹이사슬을 한 가지로만 그릴 수는 없으며 매우 복잡하게 그려질 것이다. 서로 먹고 먹히는 복잡한 모든 종류의 먹이사슬을 총괄하여 먹이망(food web)이라고 한다.

먹이사슬의 각 단계를 영양단계(또는 먹이수준, trophic level)라고 하는데 영양단계를 구축하는 체계에서 어느 한 종의 파괴는 바로 직전 후 생태계의 불균형을 불러오게 되며 생태계의 안정성을 유지하기 곤란하게 한다. 영양단계를 양적으로 나타내기 위해서는 생물질량(biomass)이라는 개념을 도입해야 하는데 생물질량이란 일정한 지역 내의 특정한 생물 종들의 총 중량을 의미한다. 지구의 총 생물질량을 연구한 바에 의하면 88%가 생산자이며 분해자를 포함한 소비자는 12%로 나타났다.

영양단계는 생산자인 녹색식물이 제1단계를 구성하고, 초식동물이 제2단계, 육식동물이 제3단계를 이룬다. 영양단계를 올라갈수록 감소되는 에너지는 약 80~90%가 되며 생물질량도 감소하여 밑에서부터 위로 쌓아 올린 피라미드 모양의 그림으로 나타낼 수가 있는데 이것을 먹이 피라미드라고 한다(엘톤, Elton의 생태먹이피라미드). 먹이 피라미드의 특징은 상위 영양단계로 갈수록 생물질량이 급격히 감소한다는 점이며, 1차 영양단계의 생물질 총량은 2차 영양단계의 생물질량으로 전부 전환될 수 없다.
먹이사슬에서 에너지는 한쪽방향으로 흐를 뿐만 아니라 각 단계를 거칠 때마다 이용 가능한 화학에너지가 감소하게 된다. 즉, 각 단계에서 화학에너지의 일부가 쓸모없는 열에너지로 변화하여 소비되었기 때문이다. 따라서 먹이사슬은 한없이 길어질 수도 없으며, 생태계가 붕괴되지 않으려면 계속해서 외부로부터 에너지가 공급되어야 함을 의미한다.

1) 생산자의 역할 및 생산성

광합성 작용에 의해 생산된 영양물질 중에서 먹이사슬의 상위단계로 이동하지 않는 부분은 생산자의 생장, 분화 등에 소비되거나 저장된다. 생물이 광합성작용에 의해 영양물질을 생합성 하는 화학변화를 동화작용(anabolism)이라고 하며, 반대로 산소를 받아들여 영양물질을 분해시켜 에너지를 발생시키는 반응을 호흡(呼吸, respiration)이라고 한다. 호흡은 생물체가 생명을 유지하는 동안에는 계속해서 일어나며, 호흡과정의 반응식은 다음과 같다.

$$\underset{(\text{포도당})}{C_6H_{12}O_6} + \underset{(\text{산소})}{6O_2} \longrightarrow \underset{(\text{화학에너지})}{38ATP} + \underset{(\text{이산화탄소})}{6CO_2} + \underset{(\text{물})}{6H_2O} + \text{열에너지(cal)}$$

호흡반응에서 생기는 ATP(adenosine tri-phosphate)는 불안정한 고 에너지 물질로서 저장될 수는 없고 생명체가 살아가는데 필요한 화학에너지를 공급하는 역할을 한다. 일정기간 동안에 생산된 광합성 총량은 호흡반응에 의해 분해된 양과 잔여량을 합한 값으로 나타낼 수 있으며, 잔여량은 포식자에게 먹히는 양과 식물에 저장되는 양으로 나눌 수 있다. 즉, 저장되는 영양물질은 호흡반응에서 발생된 에너지에 의해 식물의 잎, 줄기, 뿌리 등의 성장에 이용되며 열매와 씨앗으로 저장되기도 한다.
식물의 생산성은 광합성의 총량(또는 총 동화작용량, total assimilation)을 총 1차 생산량(gross primary roductivity)이라 하고, 총 1차 생산량에서 호흡량을 뺀 양을 순 1차 생산량(net primary productivity)이라고 하며 이것은 단위시간당 식물 조직 내에 저장되는 유기물의 저장율을 말하는 것으로 순 동화작용량(net assimilation)이라고도 한다. 순 1차 생산량은 잠재적으로 소비자에게 이용될 수 있는 최대량이다.
지구에서 1년 동안에 생성되는 순 1차 생산량은 1700억 톤에 달하는데 이중에서

68%는 육지에서 생산되고 나머지 32%는 바다에서 생산된다. 바다는 생산성은 낮지만 상대적으로 지표에서 차지하는 면적이 넓기 때문에 전체적인 생산량은 32%에 달하는 많은 양이다.

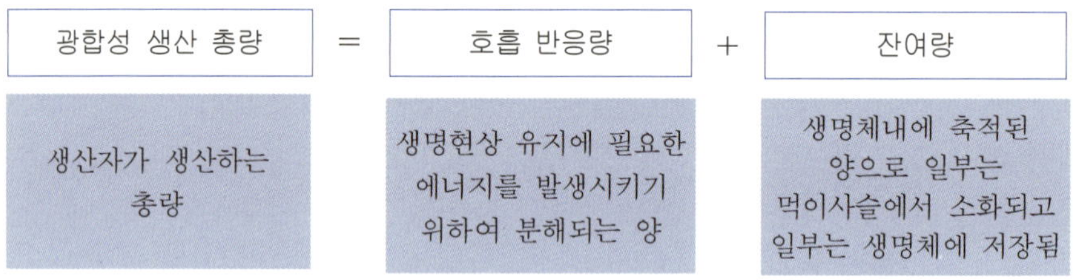

그림 3.10 광합성 생산량의 변화

2) 소비자의 역할

식물(생산자)에서와 마찬가지로 소비자가 소비한 안정된 먹이는 호흡과정을 거치게 되는데 이때 발생된 화학에너지는 계속 AMP, ADP에 전이되어 고 에너지원인 ATP가 만들어지며, ATP가 다시 ADP, AMP로 탈 인산 반응을 하여 생명체의 생명유지 및 운동 등에 필요한 에너지를 공급하게 된다.

소비자의 호흡과정은 비효율적이어서 항상 부산물로 열에너지가 발생되는데, 일부는 체온을 유지하는데 이용되고 나머지는 체외로 빠져나가 소실된다. 섭취한 에너지에서 호흡에 쓰인 에너지를 뺀 나머지는 소비자의 생장 및 증식에 사용된다.

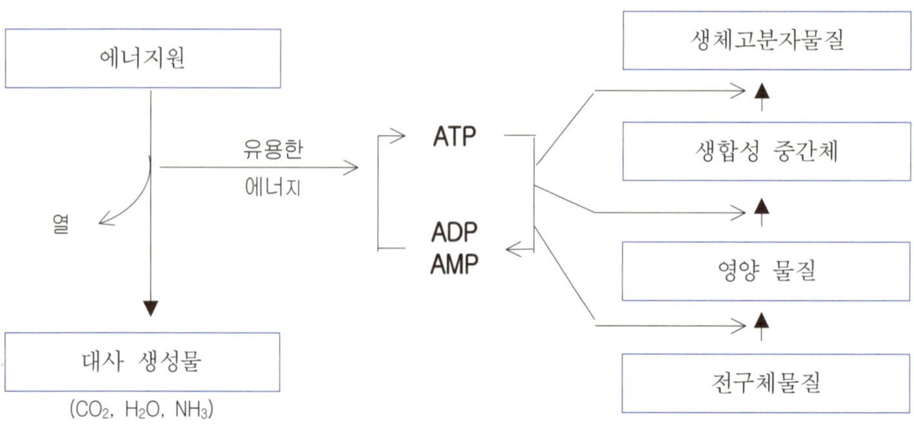

그림 3.11 ATP의 역할

그림 3.12 생산자-소비자의 관계

3) 먹이 사슬의 의의

먹이 사슬은 먹이를 얻고자 상호 의존하는 동·식물의 총합으로 이루어진다. 즉, 식량에너지가 자양성 생물(생산자)로부터 소비자인 동물에게 차례로 먹히거나 분해되어 가는 현상이 생물권에서는 끊임없이 일어나는데 이러한 먹이에너지의 이동현상은 질서가 있는 사슬이어야 하며 자연의 순리에 위배되지 않아야 한다. 만약 먹이사슬 체계 내에서 한 체계가 파괴된다면 연쇄적인 파괴가 일어나 대단한 혼란을 가져오게 된다. 먹이사슬의 파괴는 궁극적으로 인간의 파멸을 가져올 수도 있다. 먹이사슬 파괴원인으로는 환경오염을 우선할 수 있다. 즉, 자연환경이 훼손되므로 해서 먹이사슬 하위단계인 생산자 집단의 생산력이 약화되거나 소멸되어서 다음 단계인 소비자 집단의 생존에 위험이 발생하게 되어 연쇄적으로 상위단계에 영향을 미치게 되는 것이다. 먹이사슬은 생태계보존, 자연환경보존, 생물종 보호 및 다양화 등이 모두 확보되었을 때 질서 있는 사슬(연쇄)로 유지될 수 있을 것이며, 먹이사슬이 가지는 진정한 의미를 부여할 수 있게 된다.

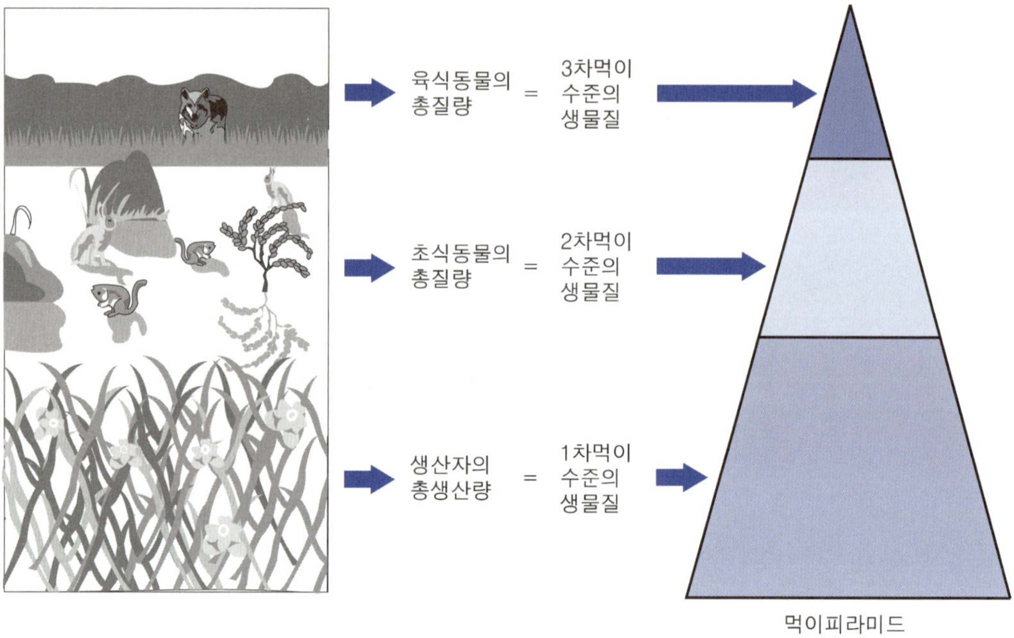

그림 3.13 먹이연쇄와 먹이피라미드 예

(4) 생태계의 원리

① 생태계에서 먹고 먹히는 관계는 절대로 필요하다.

동물의 세계, 동물의 왕국과 같은 영상자료를 보면 약육강식(弱肉强食)의 생생한 생태계 원리를 절실히 느낄 수 있다. 이때 잡아먹히는 동물의 입장에서 보면 참으로 불쌍하고 억울하며 잡아먹는 동물이 없는 세상이면 얼마나 좋을까 라고 생각할 것이다. 그러나 생태계 전체에서는 먹고 먹히는 관계가 절대로 필요하다. 대부분의 생물 종은 높은 생식능력을 갖고 있기 때문에 개체군(population)은 급속히 성장하여 그 수는 세대를 거치면서 지수적 성장(expanded growth)을 할 것이다. 예를 들면, 파리 한 쌍은 약 15일 동안에 200 마리의 새끼를 낳는데 지수성장을 계속 하면

7개월만에 파리 떼는 지구 크기만 할 것이다. 세대주기(generation period)가 20분인 세균 1개가 48시간 증식한다면 세균 수는 2^{144}개(2×10^{43}개)만큼 증식될 것이며 이들 세균의 총 건조중량은 2.2×10^{31}g 이 된다. 이 정도의 무게는 대략 얼마나 될까? 지구 무게가 약 5.97×10^{27}g이니까 세균 1개가 2일 동안 증식되었을 때 총 무게는 지구 무게의 무려 4000배에 해당된다.

바람에 날리는 민들레 꽃씨가 먹이로 먹히지 않고 한겨울을 지낼 수 있다면 이듬해 봄에 들판은 온통 민들레로 뒤덮일 것이다. 그러나 생태계에는 개체군의 성장률과 번식을 조절하는 여러 요인이 있어서 이렇듯 무한히 증식될 수가 없다. 개체군의 증식과 성장의 제한 요인으로는 먹이부족, 경쟁, 질병 등의 환경저항요인도 있지만 먹이사슬에서의 포식자의 역할이 생태계의 균형을 유지하기 위하여 절대 필요하다. 먹고 먹히는 관계에 의하여 포식자와 피식자의 증감관계는 변동하지만 생태계 전체적으로 균형을 유지할 수 있게 된다. 생태계의 원리상 먹이사슬에 불균형 상태가 초래되면 안 되고 균형 상태를 유지해야만 건강한 생태계가 조성될 것이다.

② 생태계에는 제한 요소(limiting factor)가 있다.

주어진 환경 내에서 생물이 번성하기 위해서는 필요 불가결한 요소가 항상 존재해야 한다. 이 요소들은 생물의 종과 상황에 따라 매우 다르며, 어떤 고정된 상태에서 생장 발육에 필요한 최소 필수요소이며 이것을 제한요소라고 한다. '생물은 어째서 오염의 영향을 받는가' 하는 의문은 생물권을 지배하는 기본원리의 하나인 제한요소를 이해함으로써 쉽게 이해할 수 있게 된다.

예를 들면 과대하게 방출되는 인산 염은 하천을 오염시키는데 그 이유는 인산 염이 조류(藻類, algae)집단을 급격히 증대시키기 때문이다. 즉 조류가 성장하려면 인산 염을 필요로 하며, 수중에 인산 염의 농도가 높아지면 조류집단은 점차 증대되어 결국 인산 염의 농도는 조류집단의 성장을 위한 최적치(optimum value)에 도달하게 된다. 그러나 인산 염의 농도가 너무 높아지면 조류집단은 해를 받게 되며 경우에 따라서는 인산 염의 농도가 조류를 전멸시키는 값에 도달하기도 한다. 모든 종류의 생물은 각각 환경요소(산소, 온도, 에너지, 질병 등)에 대한 특유의 제한요소 곡선을 가지게 되는데, 이것은 이들 각 요소에 대한 내성 한계치와 최적치가 각 생물 종의 염색체가 가지는 유전 정보에 의해 결정되기 때문이다.

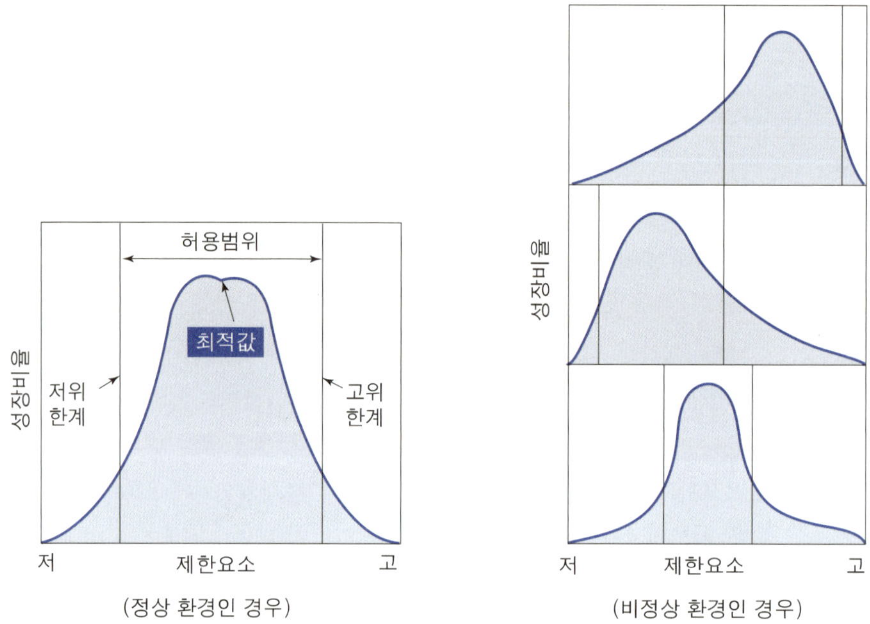

그림 3.14 제한요소의 작용원리

③ 생태계의 구조는 환경요소가 변화하면 변화한다.

어떤 생물 종에 필요한 거의 모든 환경요소가 최적상태에 있다 하더라도 필수환경요소 중에서 어느 한 가지라도 내성한계를 벗어나게 되면 그 생물 종은 생존을 위하여 다른 장소를 이동하거나 그 환경은 변화시키거나 또는 그 환경에 적응해야 한다. 그렇지 않으면 죽게 된다. 북극의 겨울은 몹시 춥고 길며 먹을 것도 적다. 따라서 이곳의 많은 새와 야생동물은 겨울동안 남쪽으로 이주하여 내성한계를 벗어난 혹한을 피하게 된다. 식물은 환경이 불리한 상태로 변화하여도 이동할 수 없기 때문에 죽게 되는 경우가 많다. 도시에서 아황산가스나 오존과 같은 대기 오염물질의 농도가 높아지면 오염에 약한 식물부터 죽게 된다.

어느 생태계에서 생물군집의 시간적 변화과정을 천이(遷移)라고 한다. 생물군집에 전혀 노출되지 않았던 곳에서 천이가 일어나는 경우를 1차 천이라고 하고, 기존 생물군집에서 환경변화로 천이가 일어나는 경우를 2차 천이라고 한다. 1차 천이의 대표적인 예는 바위 표면이 삼림생태계로 변화하는 과정이다. 처음에는 바위 표면에 식물의 씨앗이 떨어져도 환경요소가 갖추어지지 않았기 때문에 죽어버린다. 그러나 차츰 바위 표면에 이끼와 같은 지의류(地衣類) 포자가 부착하며 싹이 틀 수 있게 되고 바람에 날려 온 먼지나 토양을 붙잡아 토양 층을 형성하여 흙을 축적하게 된다. 시간이 지나면 바위표면은 서서히 풍화되며 이끼는 죽어서 유기물질로 쌓이게 되고, 이동해 온 씨앗이 자라 식물이 자리를 잡을 수 있게 되면 이어서 큰 식물이 자라게 되어 결국에는 바위 표면이었던 곳은 삼림으로 바뀌게 된다.

생태계의 2차 천이는 우리나라에서도 흔히 볼 수 있는데, 산불이 난 곳, 버려진 농경작지, 화전민이 버린 전답 등에서 생물군집이 변화해 가면서 결국에는 삼림생태계로 변할 것이다. 천이가 계속되어 주어진 환경요소에 적응한 생물 종들이 안정된 군집을 이룬 상태의 생태계를 극상생태계라고 한다.

생물종이 환경요소에 적응하기 위해서는 유전정보의 변화에 의한 돌연변이(mutation)가 생기게 되는데, 돌연변이는 불규칙적으로 일어나는 현상으로 환경에 대한 생물의 적응력을 약화시키는 경우가 많다. 또한 돌연변이가 생기게 되면 각 환경 요소에 대한 그 생물의 제한 곡선도 따라서 변하게 된다.

④ 생태계의 원리에서 볼 때 제한요소는 중요하다.

어떤 생물에 필요한 거의 모든 환경요소가 최적상태에 있다 하더라도 필수환경을 벗어나게 되면 그 생물은 생존을 위하여 다른 장소로 옮겨가거나 그 환경을 변화시켜야 되고, 어느 하나가 만족되지 못하면 죽게 된다. 이러한 생물 종의 천이에 대해서는 앞에서 설명하였다.

생태계에서의 제한요소의 작용양상은 얼핏 보아 매우 단순하게 보이지만 실제로는 복합적으로 작용하여 여러 가지 복잡한 면을 지니는 경우가 많다. 즉, 제한요소의 영향은 생물 종의 연령에 따라 다르게 나타나게 되는데 예를 들면 유아는 성인보다 단위 체중 당 4배나 많은 단백질을 필요로 하며 만약 단백질이 부족하게 되면 유아는 정신적 장애를 일으키게 된다.

제한요소의 작용 중에는 상호작용(相互作用, interaction)이라는 것이 있는데, 이것은 두 요소의 복합효과가 각각의 요소가 독자적으로 작용하여 나타나는 효과의 합보다 크다는 것을 의미하며, 이 경우 두 요소의 상호작용은 상조(mutual aid)되었다고 한다. 상조작용 현상은 간단한 실험을 통해서 쉽게 설명된다. 생쥐에 일종의 폐렴 바이러스를 접종하면 생쥐는 저항성이 있어서 건강을 유지한다. 또 스모그(smog) 속에서 생쥐를 방치하여도 병적인 증세를 나타내지 않는다. 그러나 폐렴 바이러스를 접종함과 동시에 스모그에 노출시키면 두 제한요소가 상조되어 생쥐는 폐암에 걸리게 된다. 만약 이들 각각의 영향이 합해지는 것이라면 생쥐는 병적인 증세를 보이지 않을 것이다. 이와 같은 상조작용의 원리는 살충제의 효과를 높이는데도 많이 이용되는데, DDT의 경우 저온에서 사용할 때 효과가 커진다.

이와 같은 제한요소는 생태계 내에서 독자적으로 작용하기보다는 상호 복합적으로 작용하는 경우가 많아서 각 요소의 영향의 정도를 규정하기가 매우 어렵다.

이제 인간의 행위에 의해서 일어나는 생물권의 변화를 예측하는 일이 얼마나 어려운가를 이해할 수 있을 것이다. 우리가 환경보호에 많은 관심을 가지지 않는 것도 지금 당장 환경오염이 생태계에 영향을 미치는지를 쉽게 입증하기가 어렵기 때문이고, 입증되어도 극소수에 불과하기 때문이다. 사람들은 "살충제가 야생동물을 죽이고 있다는 것을 입증하라", "프레온 가스가 오존층을 파괴한다는 것을 증명하라", "자동차가 공기를 오염시키고 나무를 죽이고 있다는 것을 제시하라" 또는 "음식물 쓰레기가 환경오염에 얼마나 영향을 끼치는지 밝혀보라" 하고 주장하면서 자기들의 행동을 정당화하려고 하고 있다. 그러나 확실한 것은 사람들이 만족할 만한 증거를 제시할 때까지는 상당한 시일이 필요한 것이고, 그때에는 이미 환경문제는 돌이킬 수 없는 상태로 발전되어 있다는 사실이다.

⑤ 생태계에서 환경 오염물질은 계속 농축된다.

생태계에 유입된 환경오염 물질은 상상할 수 없을 만큼 빠른 속도로 환경 속으로 확산하고 빠른 속도로 생물권에 농축된다. 어패류에 살충제와 같은 유해성 화학물질이 농축되는 것은 먹이사슬과 호흡 및 흡착을 통해서 일어난다. 토양형성에는 지렁이가 중요한 역할을 하는데 지렁이는 보통 1 ha 토양 속에 3만 마리가 서식하고 있으며, 1년 동안 25만 톤의 토양을 소화관을 통과시켜 변화시킨다. 한 마리가 약 0.8 kg의 토양을 처리하는 셈이다. 이때 지렁이는 토양 속에 잔류하는 DDT, BHC 및 각종 유해성 화학물질을 흡수하여 체내에 축적시킨다. 이러한 지렁이는 육상생태계에서 먹이사슬의 최초의 농축동물 역할을 하게 되며 닭이나 새와 같은 동물의 먹이사슬을 통하여 계속해서 생물권에 농축된다.

인간을 포함한 생물권의 농축의 예로서는 미나마타병을 들 수 있다. 공장폐수에 섞인 수은이 바다로 유입되어 어패류에 섭취되고 그것을 먹은 사람이 체내에 유기수은을 축적시켜 결과적으로 사망하는 것이다. 산모의 증상은 가벼워도 태아 내에서는 심하며 생후 수년 내에 사망한 예도 있다.

DDT 0.002 ppm을 함유한 바닷물에서 굴(oyster)을 양식하면 굴 체내의 DDT농도가 151 ppm이 되는데 이것은 약 만 배의 농축 율을 나타낸다. 이렇게 DDT가 농

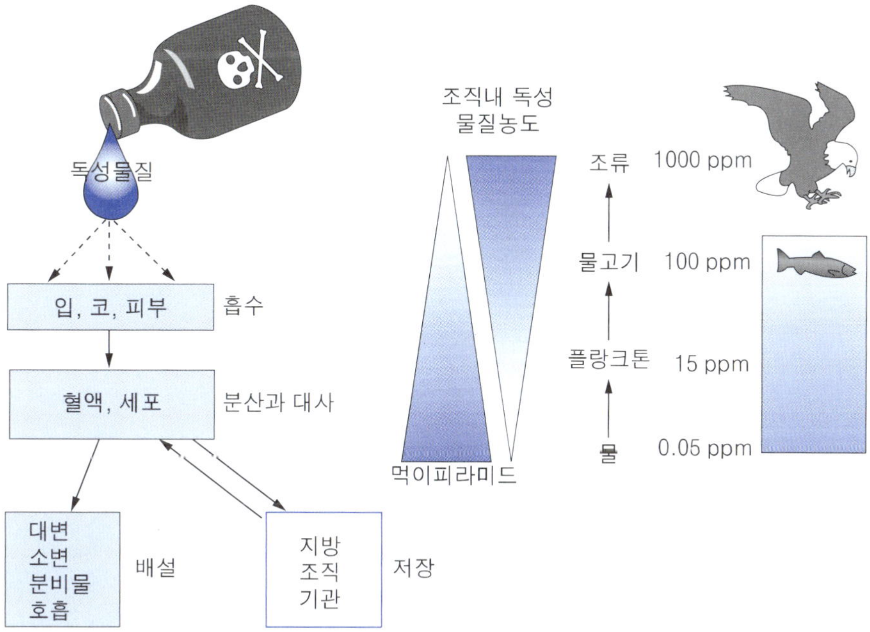

그림 3.15 독성물질의 생명체 유입 및 저장, 농축 과정

축된 굴을 깨끗한 바닷물에서 다시 양식하면 DDT가 해수로 방출되어서 약 80일이 지나면 체내 농도가 25 ppm으로 된다. 그러나 이 작은 DDT농도의 굴을 먹이로 한 작은 어류나 새우는 약 50%가 2일 내에 죽게 된다. 생태계에서 먹이 사슬이 유지되는 한 환경오염물질은 먹이사슬 상위단계로 이동하며 계속 농축된다.

농경지에 살포되는 많은 종류의 농약은 그 대부분이 직·간접적으로 토양에 흡수되어 오염되는데 이 오염물질은 토양생물에 의하여 농축된다. 벼멸구 방제에 다량으로 사용된 BHC(benzene hexachloride) 제제가 볏짚, 쌀겨 등을 통하여 젖소에 섭취되어 농축되고 다시 우유와 소고기를 매개로 하여 인간에게 농축되는 경로를 그림으로 나타내면 그림 3.16과 같다.

살충제 중에서 γ-BHC는 농작물 흡수율이 매우 높아서 특히 콩과 류의 경우는 토양 중 잔류량의 3~4배 이상 되며 우리의 주식인 쌀에도 많은 양이 농축되고 있다. 참고로 BHC 살포시기와 현미 속의 BHC 잔류량과의 관계를 그림 3.17에 나타내었다.

이렇듯 생태계 내에 먹이 사슬이 계속 유지되는 한 환경오염물질은 먹이사슬 단계에 따라 이동하며, 단계를 거치는 동안 그 농도는 계속 증가하여 농축될 것이며 최종 소비자 집단의 축적 농도는 최고조에 도달하여 궁극적으로는 생명을 잃게 되는 것이다.

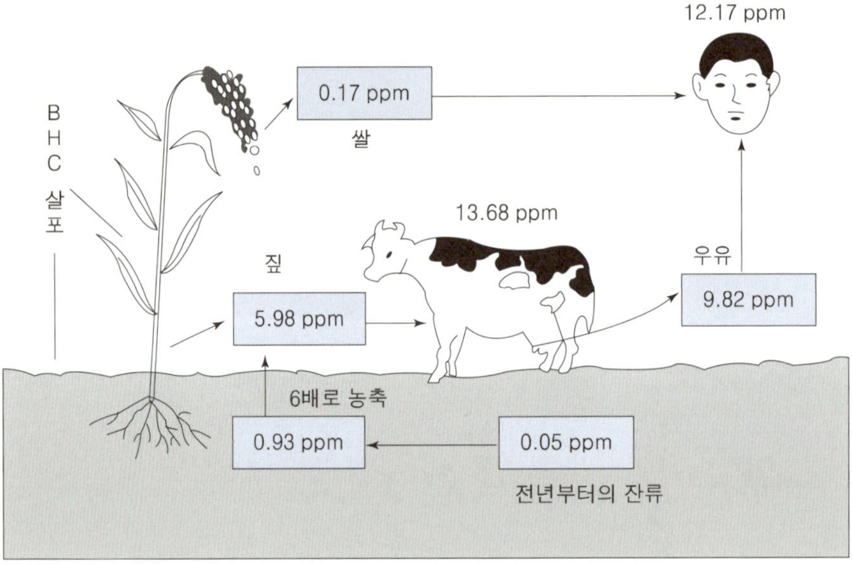

그림 3.16 BHC의 생물 농축 경로

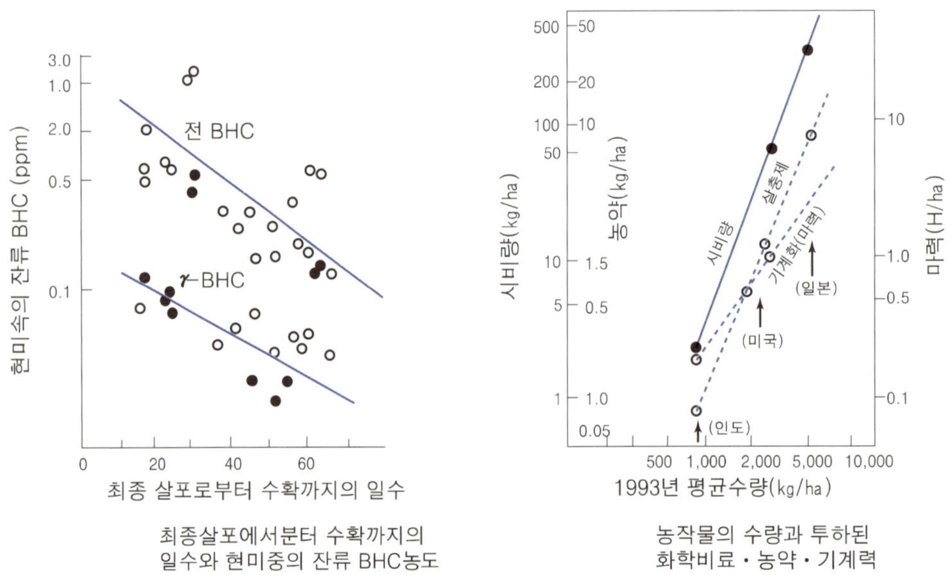

그림 3.17 BHC 살포시기와 현미 속의 BHC 잔류량과의 관계

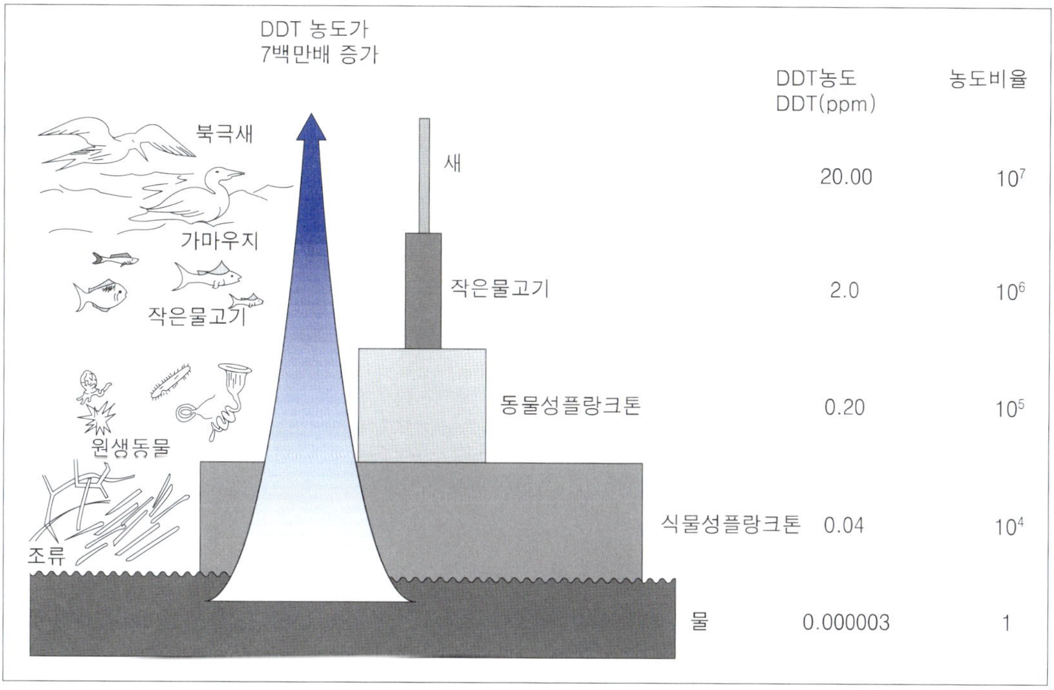

그림 3.18 생물권에서의 DDT 농축

(5) 생태계의 변화와 환경

지구상의 어떠한 생태계도 절대적으로 안정을 유지할 수는 없다. 기후가 변하거나 제한요소가 변하게 되면 생태계의 구조는 새로운 환경에 적응하여 변하게 된다. 이것은 생태계가 가지는 자기조절기능 이상으로 변화요인이 작용하기 때문이며 이러한 변화요인은 인간에 의해 대부분 제공된다. 중요한 것은 환경변화의 속도이다. 만약, 변화속도가 느리다면 생태계도 서서히 구조를 바꾸어 가면서 적응해 갈 수 있으나, 인간이라는 생물 종의 개입으로 환경변화속도가 빨라지면 생태계가 어떻게 변화할지는 예측하기가 어려우며 때로는 생태계의 파괴를 가져올 변화가 일어날지도 모른다.

인간은 거의 무한한 창조능력과 건설능력을 가지고 있는 반면에 파괴와 전멸의 능력도 가지고 있다. 대자연 속에서 인간의 위치를 구분하면 대략 초기 수렵시대 → 농경목축시대 → 천연자원활용 및 인공합성시대 → 환경변혁(파괴)시대 의 4단계로 구분할 수 있다. 지구상의 생태계는 인류의 역사와 더불어 식생이 파괴되기 시작하여 이제는 인간의 발길이 닿지 않는 곳은 거의 찾아보기 힘들 정도이다.
인간은 다른 생물 종과의 경쟁, 즉 이종간 경쟁(異種間 競爭)에서 우점종임을 증명하기 위해 천연서식지를 파괴하는 결과를 가져 왔으며, 현재는 물론 앞으로도 삼림벌채, 댐의 건설, 건축물의 신축, 도로의 건설, 육지의 확장 등 무한정한 건설능력을 발휘하면서 더욱 심하게 생태계 파괴를 자행할 것이다.
인간 활동이 생태계를 어떻게 변화시키는지에 대하여 알아보면 다음과 같다.

인간 활동은 생물의 서식처를 파괴함은 물론 생물 종의 멸종을 가져오게 하였으며, 천연지역을 감소시킨다. 현재 지구는 매년 600만 헥타르(ha)의 면적이 사막화되어가고 있다. 대규모적인 산림벌채는 숲을 파괴하는 큰 변화를 가져오게 되며, 나무에 의존해온 많은 생물 종(동물)은 자취를 감추게 되고, 토양 중의 유기물은 직접 대기에 노출되어 빨리 부식하게 되며, 결과적으로 토질은 쓸모없게 되어 버린다. 또한 무계획적인 개발은 수천 년에 걸쳐 조성된 아름다운 자연생태계를 변화시켜 인간을 비롯한 생물 종의 영원한 휴식처를 상실하게 할 것이다.
하수, 분뇨 및 각종 폐수를 과량 발생시켜 수권 생태계를 위협하고 있다. 생활하수와 분뇨는 발효성 유기물질을 많이 포함하고 있어서 부영양화(富營養化)의 원인이 되고 있다. 부영양화는 자연적으로 발생하며 조류가 급격히 증식하는 현상으로 해양에서는 적조현상을 유발시켜 수중의 산소결핍과 황화수소발생 및 점액물질생성을 가져와 어패류가 질식사하게 된다. 이렇듯 인간 활동에 의해 여러 종류의 다양한 오염수가 수권에 유입되면 수중에는 DO가 감소하고 BOD와 COD는 증가하여 부영양화가 되고 호기성 수질이 혐기성수질로 변화하여 수권생태계는 악화되는 것이다.
인간 활동에 의해서 배출되는 각종 대기오염물질이 대기 중에 포함되어지면 태양광선의 단파방사 흡수와 장파방사 방출이 정상적으로 진행되지 못하여 대기의 온실 작용에 의한 온실효과(green house effect)를 유발시키거나 또는 대도시에서 우리가 직접 부딪치는 스모그(smog)현상을 일으켜서 인간 활동에 지장을 주기도 하고 산성우(acid rain)가 내려 식물생태계를 파괴시키는 등 자연 생태계의 많은 변화를 가져오게 된다. 도시화에 따른 도로포장 등은 토양의 스펀지 기능을 상실시켜 토양 미생물상에 변화를 가져오게 하며, 미생물의 생육이 원활하지 못하게 되어 토양에 흡수된 각종 대기오염물질을 분해시키지 못하므로 대기오염은 더욱 심화될 것이다.

농약 살포에 의한 생태계 변화는 인류가 식량을 증산하기 위한 어쩔 수 없는 행위 때문이라고 변명할 수 있겠지만 그 문제점은 매우 심각한 상태이다. 농약의 살포는 해충의 저항성(resistance)획득, 잠재곤충의 병해충화(resurgence), 농약의 잔류(residue) 등 3R 라고 하는 문제를 낳았다. 농약은 인공합성에 의해 만들어진 화학물질로서 자연계에서 쉽게 분해되지 않는 특성을 가지고 있다. 유기 염소계 농약은 물에 잘 녹지 않을 뿐 아니라 잔류량도 크다. DDT(Dichloro Diphenyl Trichloro ethane)는 0.0002ppm 밖에 물에 녹지 않으며 대부분 부유물로 물에 흡착되기 때문에 사용 후 작물과 토양에 잔류하고 있다가 생태계의 생물권으로 이동하는 것이다. 농약의 살포로 병충해의 종류는 감소하였으나 이에 따라 해충으로 인한 피해가 반드시 감소한 것은 아니다. 농약 살포라는 강력한 행위에도 불구하고 각종 해충의 저항력을 증가시키거나 어느 해충의 천적이 멸종하여 오히려 농업생태계에는 세력이 강화된 해충이 크게 발생하게 된다. 또한 농약에 의해서 교란된 농업생태계는 농약사용을 중지하더라도 완전히 회복되기까지에는 상당한 시일이 필요하며, 비록 농업생태계 내에서 사용한 농약이지만 그것이 생태계내의 생물관계에 주는 영향은 훨씬 장기화하여, 교란이 심한 경우에는 회복이 곤란하기까지 한다.

우리는 우리주변에서 세심한 관찰을 하지 않아도 이렇듯 다양하게 인간 활동이 생태계를 크게 변화시키고 있음을 쉽게 알 수 있다.

오늘날의 많은 젊은이들이 기성세대가 어떤 형태의 자연환경을 자기들에게 물려줄 것인가에 많은 관심을 가짐과 동시에 후손에게는 어떠한 환경을 유산으로 남길 것 인가에도 관심을 가진다면 우리의 자연환경은 분명히 개선되어 보존될 것이다.

(6) 인공생태계의 문제점과 생태계의 안정화

인공생태계는 생태계의 원리상 여러 가지 점에서 자연생태계와 다름을 알 수 있다. 식량생산을 목적으로 하는 농업생태계는 다분히 인간위주의 생태계로 변화된 인공생태계로서 우선 생물 종은 인간의 기준에 따라 선택적으로 재배되며 자연적으로 발생하는 풀이나 곤충들을 잡초와 해충이라 하여 없애버리려고 농약을 살포한다. 그 결과 농업 생산성은 높일 수 있지만 생태계의 기본구조가 바뀌면서 먹고 먹히는 관계가 왜곡되어 결국은 다양성이 감소된 불안정한 생태계를 유지하게 된다.

인공생태계 내에서는 물질의 순환이 원활하지 못하다. 자연생태계에서는 물질의 순환이 원활하여 자연의 순리에 따라 버려진 것이 곧 되돌려 받은 것이 되지만 인공생태계에서는 버려진 것은 곧 환경을 파괴시키는 오염원이 된다. 퇴비대신 화학비료를 사용하면 유기물질을 토양에 되돌려주지 못하며 트랙터를 이용하여 수확하므로 탈곡한 후 남은 생물량을 흙으로 되돌려주지 않는다. 비닐, 플라스틱, 스티로폼 등의 합성물질은 대부분 썩지 않는 물질이므로 사용 후 버려지면 축적되어 물질순환원리에 위배된다.

인공생태계는 근본적으로 에너지 집약적 생태계이다. 인류발전과 문명에 가장 큰 공헌을 한 것이 에너지(열, 전기 등)임을 누구나 알고 있다. 인류는 지속적인 발전과 문명유지를 위하여 많은 에너지를 필요로 하는데 가장 많이 사용되는 것이 농축된 에너지인 화석연료이다. 화석연료는 재생 불가능한 에너지원이므로 언젠가는 지구상에서 고갈될 것이다. 그러나 자연생태계에는 거의 무한정한 태양에너지가 존재한다. 이것은 고갈될 염려도 없으며 자연환경을 파괴하지도 않는다.

인공생태계에서는 생물이 다양하게 존재하지 못한다. 도시의 숲에서 한 여름철에 소음으로 등장한 매미소리를 우리는 즐거워하기보다 시끄러워하게 되었다. 이것은 인공적으로 도시생태계가 조성되면서 매미애벌레의 천적인 때까치라고 하는 새가 서식하지 못하기 때문이다. 그러므로 자연환경 속에는 생물종이 다양할수록 생태계는 안정화된다.

현재 지구상에는 약 3000만종 이상의 동·식물 및 미생물이 살고 있는 것으로 추측되고 있는데 우리나라에는 약 4300종의 식물과 약 800종의 동물이 살고 있는 것으로 조사되었다. 이렇게 많은 생물종이 존재하는 것은 생물이 살고 있는 서식처의 환경이 모두 같지 않고 수많은 미세 환경이 존재하기 때문이다. 즉 온도, 습도, 영양물질, 향(向), 빛 등등의 미세한 차이가 약간씩 다른 환경의 서식처를 만들며 어떤 종류의 생물종이라도 일반적으로 한 가지 또는 좁은 범위의 서식처에 가장 잘 적응하게 되는 것이다.

만일 한 개체의 생물종이 인접 서식처에 퍼지면 불리한 환경조건에 직면하여 증가된 환경저항성에 의해 그 생물 종은 번식이 억제된다. 서로 다른 새들이 매우 넓은 공간에서 서로 경쟁하고 있는 것처럼 보이지만 벌레를 먹는 제비는 나무껍질 속의 벌레를 먹는 딱따구리와 식물의 씨를 먹는 참새와 각각 경쟁하지 않는다. 이렇듯 각각의 생물 종들은 독특한 적소(right place)를 차지하고 잘 적응함으로써 경쟁은 최소화되고 균형 있는 상호공존이 가능하게 된다.

종의 다양성을 양적으로 표현하기 위한 간단한 수식을 종 다양성지수(種多樣性指數)라고 하며 다음과 같이 정의한다.

Shannon의 종 다양성지수

$$H = -\sum_{i=0}\left(\frac{n_i}{N}\right)\log\left(\frac{n_i}{N}\right)$$

여기서, n_i : 개체종의 중요값(수, 생체량 등)

N : 총 중요값

만일, 한 종만이 존재하면 다양성지수 값이 0이 되며, 종 다양성지수 값이 클수록 그 생태계는 생물종이 풍부하며 안정된 생태계라고 말할 수 있다.

생물종이 다양하게 보존되어야 하는 중요성을 크게 두 가지로 설명하면, 첫째, 각 종생물은 유전적 특성의 유일한 유전자 공급원(gene pool)이므로 의약품을 공급할 수 있는 생물자원으로서의 중요성을 가진다. 지금까지 과학기술로 야생 종을 개량하여 식량공급원으로 이용하는 것은 160여종에 불과하다. 특히 인류의 식량자원인 곡물의 90% 이상을 생산, 공급하는 식물은 20여종에 지나지 않는다. 곡물 수요가 증가되면 다수확을 해야 하는데 그의 수단으로 과다한 비료사용과 농약살포를 하게 된다. 또한 지구환경오염으로 지구 곳곳에 산성비가 내려 토양과 수질을 오염시켜 재배 종의 생육환경을 더욱 불리하게 만들고 있다. 이러한 문제를 해결하기 위해서는 새로운 종을 개발해야 하는데 이때 야생 종의 유전자를 이용해야 하므로 다양한 야생 종을 가지고 있는 것은 미래의 식량개발을 위해서 유리하다. 만일 인간이 지금처럼 유전자공급원인 생물 종을 계속 감소시켜 나간다면 언젠가는 치명적인 생물종이 출현하여 기존의 생물 종에 막대한 피해를 줄 수 있으며 그것이 농작물인 경우 농업생산성이 급격히 둔화되어 인류에게 식량부족의 매우 심각한 상황을 가져다 줄 지도 모른다. 다양한 생물 종은 의약품 생산에 대단히 중요한 역할을 한다. 예컨대 100년 전만 하여도 인간에 의한 서식처 파괴와 기타의 활동으로 페니실륨이라고 불리는 토양 속의 곰팡이가 사라지지나 않을까 염려한 사람은 아무도 없었다. 그러나 우연히도 플레밍(Alexander Fleming)은 이 곰팡이가 다른 미생물을 죽이는 항생물질(antibiotic)을 만든다는 사실을 발견하여 페니실린을 개발하게 되었다. 스트렙토마이신, 테라마이신, 테트라 사이클린 등은 모두 곰팡이나 박테리아에서 최초로 분리한 것이며 키니네(키니나무), 모르핀(양귀비), 코카인(코카나무), 마리화나(대마), 아스피린과 같은 의약품도 고등식물에서 추출하여 그 약효가 입증된 후 인공합성에 의하여 다량으로 생산되고 있다.
두 번째로 중요한 이유는 생물 종은 생태계 물질순환의 담당자로서 자연환경의 평형을 유지하는 기능을 갖고 있기 때문에 인간에게 쾌적한 삶의 터전을 제공한다는 것이다. 생태계의 평형유지에 대해서는 아직 과학기술수준으로 확실하게 밝혀지지 않았지만 하나의 안정된 생태계가 유지되기 위해서는 생산자, 소비자, 분해자가 평형을 유지해야 하는데 이들을 구성하는 생물종이 많고 다양할수록 안정된 생태계가 유지됨은 분명하다. 대부분의 자연생태계는 아주 많은 생물 종들로 이루어진 다양성을 보이고 있다. 삼림지역이나 큰 호수에서 발견되는 많은 종류의 식물과 동물, 그리고 미생물은 너무 많아서 목록을 만드는 것이 불가능할 정도로 생물 종은 다양하다. 이처럼 다양한 생물 종으로 구성된 안정된 생태계는 환경의 변화에 쉽게 적응할 수 있지만 생물종이 적은 불안정한 생태계는 환경의 변화에 쉽게 적응되지 않아 영원히 복원할 수 없는 생태계 파괴에까지 이르게 된다.

생태계의 파괴는 유전자 급원을 계속 감소시키게 되어 인류의 생존에 대한 위기로까지 인식되고 논의되기 시작하였다. 특히 인류의 미래에 크게 공헌할 수 있는 유전공학(genetic engineering)이 발달하기 위해서는 다양한 유전자 급원이 필수적이므로 종의 멸종은 유전공학의 미래를 어둡게 한다. 국제사회에서는 이러한 문제를 인식하고 생물 다양성을 보호하기 위한 협약을 1992년 6월 브라질 리우회의에서 채택하였는데(한국을 포함한 156개국 서명) 이를 생물다양성협약이라 한다. 이 협약의 주요내용은 열대림과 삼림개발의 제한, 공해상에서의 어획량 및 어로방식규제문제, 유전자급원의 상업적 이용에 대한 지적소유권의 인정문제 등으로 되어 있다. 그러나 선진국은 이미 선점하고 있는 유전 공학기술 및 신물질에 대한 독점적 지적소유권을 주장하고 있고, 개발도상국들은 열대림 등 자신들의 영토 내에 풍부하게 부존되어 있는 다양한 유전자급원에 대한 배타적 독점권을 주장하면서 열대림보존으로 인한 경제적 보상을 주장하고 있어서 쉽게 합의점을 이루지 못하였다. 이러한 이해관계가 타결되지 못하여 인간이 지속적으로 유전자급원을 감소시켜 나간다면 앞으로 당면하는 여러 문제를 해결할 가능성은 점차 줄어들 것이다.
생물종은 어느 것이나 한번 사라지면 영원히 없어지는 것이므로 인간은 이 특수하고 복잡한 특성의 자연 생태계를 다시 접할 기회를 상실하고 말 것이다. 일부 사람들은 각종 생명체가 사라져 가는 것은 생명체가 생긴 이래로 자연적 현상에 의해 일어나고 있는 현상으로 특별히 관심을 가질 필요가 없다고 말하지만, 그 사람들이 알지 못하는 점은 자연적 사멸과정을 인간이 크게 가속시키고 있다는 사실이다. 미국 캘리포니아 주의 콘도르는 이미 사라졌고 오랑우탄, 친칠라, 우리나라의 크낙새, 황새, 딱따구리 같은 새 등의 동물도 점차 사라져가고 있는 추세여서 세계적으로는 매년 종의 수가 감소되는 동물의 종류가 수없이 많을 것으로 여겨진다. 이런 생물종 감소 이유는 변화하는 환경에 적응할 능력이 없거나 약해서가 아니라 인간 활동의 여러 요인이 직접적으로 영향을 끼친다는 것이다. 더욱이 사람들은 많은 유전자급원의 보존과 생태계의 안정화가 얼마나 중요한가를 인식하지 못하고 있다. 앞으로도 계속되는 인구 증가에 따른 각종자원과 택지수요를 충족시킨다는 구실아래 지구상의 중요한 각종 생태계를 부분적으로나마 보존하는 일을 게을리 한다면 인류의 장래에는 심히 불행한 일이 도래될 것이다.

잠시 쉬어가기

약 46억 년 전 지구탄생의 역사에서 물은 결정적인 역할을 하였습니다. 산이 깍여 평야가 되었다가 평야가 다시 바다로 씻겨 들어가고, 땅 껍질이 이동하여 바다 속에서 새로운 산이 솟구쳐 나오기도 했는데, 이 모든 과정을 되풀이한 것이 바로 물이었습니다.

태초에 바다가 만들어지고 여기서 생명체의 바탕이 되는 유기물이 만들어지면서 최초의 생명체들이 생겨나기 시작했습니다. 이 역시 물이 없었더라면 불가능 했습니다.

태초의 생명체를 밴 어머니도 물이었고, 지금도 마찬가지로 모든 생물을 낳고 기르는 생명의 젖이 바로 물이 것입니다. 따라서 물은 바로 생명의 근원입니다.

물 분자는 두 개의 수소 원자와 한 개의 산소 원자로 이루어져 있습니다. 섭씨 0도에서 얼고 100도가 되면 끓어 기체로 변하는 신기한 물질입니다. 자연 상태의 물질이 이렇게 세 가지 모습으로 변할 수 있는 것은 세상에 물 밖에 없습니다. 하늘 높이 떠 있는 뭉게구름, 아름다운 노을, 영롱한 무지개, 세상을 하얗게 치장하는 눈과 서리, 비, 거대한 빙하, 시원한 폭포, 넘실대는 바다, 이 모든 것들이 바로 물이 만든 자연 작품입니다. 물은 자연이 준 선물입니다.

그러나 그 동안의 급속한 인구증가와 경제발전은 지구생태계와 인간생활에 필수적인 요소인 물 부족 상태를 가져왔습니다.

이에 따라 UN은 날로 물 평화회의(1967년), UN 인간환경회의(1972년), 「국제 음용수 공급과 위생에 대한 10개년 계획」 수립·추진(1981~1990년) 등 세계 물 문제 해결을 위해 전례 없는 노력을 기울였으나 물 문제를 해결하기에는 충분치 못하였습니다.

그 후 UN은 날로 심각해지는 물 부족과 수질오염을 방지하고, 물의 소중함을 되새기기 위해, 제47차 UN총회(1992년)에서 브라질 리우환경회의의 권고를 수용하여 매년 3월 22일을 「세계 물의 날」로 지정·선포하였고, 1993년부터 기념하고 있으며, 우리나라는 1995년부터 정부차원의 기념식을 개최하고 있습니다.

04

환경 문제의 개요

인간에게는 편리함과 신속함 그리고 쾌적하고 풍요로운 소비와 문화생활을 원하는 본능이 있기 때문에 이를 맹목적으로 추구하고 충족시키기 위해서 생산의 수단을 필요로 하며 많은 산업 활동이 수반되게 된다. 이러한 현대의 물질위주의 가치관에는 환경위기의 씨가 담겨있어서 과학기술의 발전은 이 위기의 씨앗을 싹트게 하고 경제의 발전은 환경위기의 씨앗을 자라게 하였다.
그러나 인간은 자연환경을 지키고 지나친 개발에 의해 자연이 파괴되어 가는 것을 거부하는 본능도 지니고 있다. 더 이상 무절제한 개발이 진행되도록 방치한다면 한정된 지구의 자원과 자연환경이 되돌릴 수 없는 상태가 될 것이라는 사실을 인식하고 있으며, 대기와 수질이 오염되어 건강을 상실하고 생활환경이 파괴되어 간다는 사실에 두려움을 가지고 대처해 나가게 되었다. 개발과 산업화가 진행됨에 따라 잠시 방치하였던 환경문제는 20세기 후반에 와서야 그 심각성이 대두되기 시작하였으며, 적어도 쾌적한 환경에서 양질의 삶을 살아갈 권리가 있음을 인식하게 되었다.
따라서 원시상태의 생활을 원하는 사람은 없겠지만 중요한 것은 개발과 환경과의 균형 있는 조화가 이뤄져야 하겠다.

4.1 환경문제의 대두

환경문제는 별개의 문제들의 단순한 혼합물이 아니라 환경을 구성하는 여러 요소들의 복합에 의하여 발생한다. 따라서 상호 작용하는 구성요소의 속성이나 요소내부의 기능간의 마찰에서 발생한다고 유추할 수 있는 인간환경과 사회환경은 인간에 의해 형성된 것이기 때문에 인간을 중심으로 하여 일어난 모든 환경문제는 인간의 속성 및 그 형태와 자연의 속성 및 그 제약 조건의 상호관계에서 일어난다고 집약할 수 있다.

인류의 역사 200만년의 99.5% 기간을 인간은 채집과 수렵에 의존해 살았으며 인구는 크게 증가하지 않았고 자연파괴도 전체적으로 볼 때 거의 문제가 되지 않았다. 그러나 농·축산업이 시작됨으로써 인간과 자연과의 관계는 변화하기 시작하였다. 부족한 농경지를 확보하기 위하여 산림은 벌채되었고, 농업을 위하여 정착생활을 하게 되었으며, 여분의 농산물을 생산할 수 있게 되자 생활의 형태와 사회의 조직이 바뀌면서 도시와 국가가 형성되게 되었다. 현대의 산업분류에 준하면 1차 산업인 농업, 임업, 수산업 위주의 고대사회는 생물자원을 직접 이용하는 사회였으며 인간이 자연을 이용하되 생태계의 원리를 크게 벗어나지 않는 범위로 국한되었다.

인간이 자연 이용방식을 크게 변화시키게 된 것은 17세기의 산업혁명체제 때부터이며, 이때부터 에너지원으로서 나무대신 석탄을 사용하게 되었고 석탄연소에 의해 철을 대량 생산하게 되자 기계생산에 박차를 가하게 되어 결과적으로는 자연이용이 쉬워져 그 이용범위가 확대되었다. 19세기에 접어들어 인간은 석유를 이용하면서 2차 산업인 광공업이 크게 발달하였고, 광공업 생산이 늘어나자 인간의 생활은 편리해지기 시작하였으며 자연 이용은 가속화되었다. 그러나 공업의 발달과 함께 자연이용은 생태계의 원리를 점점 위반하는 방식으로 진행되었으며 그에 따른 부작용이 조금씩 나타나기 시작했다. 처음에는 아무도 이러한 부작용을 알아보지 못한 채 인간의 문명은 계속 발달하며 행복해 질 것이라고 믿었다. 2차례에 걸친 세계대전은 문명의 발달이 인류의 행복을 보장하는 것이 결코 아니라는 것을 인식하게 하였으며, 과학기술의 발달로 모든 공산품을 대량 생산할 수 있게 되었지만 대량소비에 따른 폐기물의 양도 대량 발생됨을 알게 되었다.

1960년대까지만 해도 과학기술을 잘 응용하여 경제발전에 성공하면 소비가 미덕인 시대가 올 것이라는 낙관주의가 지배하고 있었다. 1972년에 발간된 로마클럽의 보고서 "인류의 위기(The Limits to Growth)"에서는 인구와 공업생산, 식량생산, 자원소비, 환경오염 등의 상호작용에 관하여 연구한 결과를 발표하여 전 세계에 큰 충격을 주었다. 발표자인 메도스 등은 이러한 요소들의 상호작용의 결과가 다음 세기에 어떻게 나타날지를 추정하기 위하여 컴퓨터 모의실험(computer simulation)을 하였는데, 다음과 같은 의문점에 주안점을 두고 연구하였다. 즉, 세계 인구의 증가율이 억제되지 않는다면 어떠한 결과가 초래될 것인가? 경제성장률이 현재와 같이 계속된다면 환경에 어떤 영향을 미칠 것인가? 인류전체에 충분한 경제적 성과를 보장하면서도 지구의 물리적 한계를 넘지 않기 위해서는 어떻게 해야 하는가? 등의 내용이 초점이었는데 결론은 만약에 세계 인구의 증가, 공업화, 그리고 자원의 소비 등이 1970년 수준으로 계속 된다면 지구상에서의 경제성장은 100년 내에 한계에 도달할 것이며 그 때에는 전 세계가 걷잡을 수 없는 파멸의 길로 치닫게 되리라는 매우 불길한 내용이었다. 이와 같은 결론이 발표된 후 1972년 6월 5일 스웨덴의 스톡홀름에서 "오직 하나뿐인 지구(only one Earth)"라는 구호 아래 UN인간환경회의가 열려 지구환경문제를 처음으로 논의하기에 이르렀다. 이렇듯 '인류의 위기'는 인류 문명의 미래에 대한 낙관적 견해를 부정하는 예언서의 역할을 하였는데 대부분의 사람들은 자신과는 별로 관계가 없는 일로 생각하였으며, 일부 선진국에서 환경문제에 약간의 관심을 가지고 환경문제를 담당하는 정부기구를 설치하기 시작하였다.

1980년에 미국은 'The Global 2000 Report'라는 특별보고서에서 금세기(20세기)말까지의 세계인구, 천연자원 및 환경변화를 예측한 자료를 발표하였는데, 이 보고서의 결론 역시 현재의 환경변화 경향이 계속된다면 21세기의 세계는 현재보다 더욱 인구밀도가 높아지고, 오염이 심화되면서 불안한 생태학적 상태가 되어 붕괴되기 쉬운 지구가 될 것이라고 예측하였다.

1992년에 '인류의 위기'를 발표한 메도스 등은 '지구의 위기(Beyond the limits)'라는 책을 발간하였는데 이 책의 부제는 "파멸이냐 존속 가능한 미래냐?"이다. '인류의 위기' 발표 후 20년 동안 기술이 진보했고 환경정책을 꾸준히 추진했지만 인구증가와 자원고갈, 공해물질의 증가는 여러 면에서 지구의 지속 가능한 한계를 넘어 섰다는 것이다.

현재의 환경문제는 이처럼 지엽적인 문제가 아니라 지구차원의 문제이며, 환경문제를 해결하지 못했을 때는 인류 전체가 위기에 빠진다고 계속해서 전문가들은 외치고 있으나 아직도 많은 사람들은 환경문제는 나와 상관없으며 단지 쓰레기를 함부로 버리는 사람들이나 공해물질을 배출하는 기업주들의 문제정도로 생각하고 있다. 1992년 6월 브라질의 리우에서 개최된 '환경과 개발에 관한 UN회의'는 선진국과 개발도상국간에 환경문제의 원인과 책임에 관한 견해 차이 때문에 기대했던 성과를 얻지 못하였다. 그러나 리우 회담에서 채택된 '지구헌장'은 유한한 지구에서 무한한 경제성장을 추구하는 것은 불가능하다는 것을 인정하게 되었고, 한정된 지구 자원의 혜택을 전 인류가 공평하게 나눠·갖기 위한 제도를 마련할 것을 처음으로 약속하였다. 1997년 12월 1일 일본 교토에서는 UN 기후 변화 협약국 총회가 개최되었는데, 여기에는 전 세계 170여 개국의 대표가 참석하여 21세기 인류생활에 중대한 영향을 미칠 지구 온난화로 인한 급격한 기후변화를 예방하기 위한 국제적 협력 방안을 모색하였으며, 1998년 11월 아르헨티나의 부에노스아이레스에서 1997년에 이어 지구 온난화 방지를 위한 국제회의가 개최되어 미국, 일본, 유럽연합 등 선진국들은 이산화탄소 등 온실가스를 2010년까지 1990년 대비 평균 5%선까지 감축하기로 합의하였으며, 우리나라를 포함한 개발도상국이 온실가스 감축에 자발적으로 참여토록 하였으나 강제의무사항은 아니다. 그러나 앞으로 온실가스 공동 감축에 동참토록 계속해서 압력이 가해질 수 있으며 온실가스를 줄여야 한다는 당위성을 영원히 외면할 수는 없는 상황이기 때문에 우리 스스로 온실가스 감축에 동참하고자 하는 의지와 노력이 있어야 할 것이다. 이러한 합의와 약속이 앞으로 구체적으로 실현된다면 우리의 자연환경과 지구환경은 안정된 상태를 유지할 수 있을 것이며 인류 문명을 더욱 발전시킬 수 있을 것이다.

4.2 환경문제의 발생요인

자연 생태계에 인간이 존재하기 시작한 이후로 현재에 이르기까지 '인류의 위기'에서 지적했듯이 여러 변수들에 의해 환경문제가 발생되어 왔다. 가속적으로 발전되고 있는 공업화와 산업화, 급속한 인구증가, 식량의 절대부족, 천연자원의 고갈 및 환경오염물질의 증가 등의 변수들이 상호 관련되어 지구환경을 파괴하는 요인이 되고 있는 것이다. 더욱이 지구는 하나의 총체적 시스템이기 때문에 국지적, 지엽적 문제에 국한되지 않고 전 지구적인 문제로 발전되는 경향이어서 20세기 후반에 들어서서 나타나게 된 요인들을 철저히 분석하지 못하면 21세기의 미래는 더 큰 위기를 맞게 될 것이다.

먼저 인구의 급속한 증가가 모든 환경문제의 출발점임을 알아야 한다. 산업혁명이 시작될 무렵인 17세기 중반까지의 세계인구는 5억에 불과하였지만 20세기를 마무리하였을 때 세계인구는 60억으로 증가하여 3세기 동안 인구는 무려 12배나 증가하였음을 알 수 있다. 인구증가는 당장 의·식·주생활에 필요한 물질 증산을 요구하게 되며 각종 자원의 추가 소비가 뒤따르게 되므로 추가로 필요한 물품을 생산하고 소비하는 과정에서는 필연적으로 오염물질의 발생이 증가하므로 모든 환경문제의 핵심적 발생요인을 제공하게 된다.

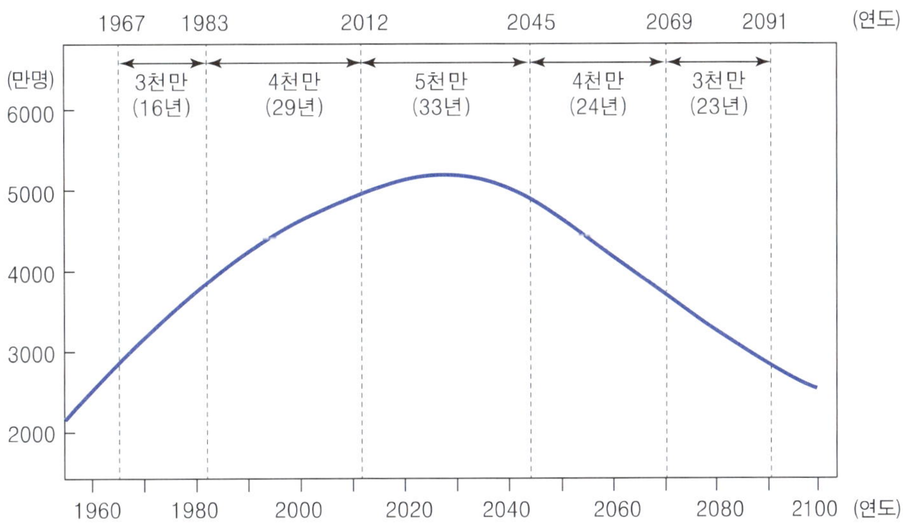

그림 4.1 인구증가추이(자료 : 통계청)

환경문제를 발생시키는 두 번째 요인은 경제발전이다. 한 국가 또는 한 지역의 경제적 수준을 향상시키고 경제적 구조를 개선하기 위한 노력의 집합을 경제발전이라고 할 수 있는데 경제발전의 궁극적 목표는 경제적 풍요에 있고, 경제적 풍요는 물질의 풍요에 의해 확보된다. 그러나 물질의 풍요를 이루기 위해서는 생산을 증대시켜야 하는데 이 과정에서 생산에 필요한 자원은 감소 또는 고갈되어 결과적으로는 경제성장을 둔화시키게 된다. 석유는 35~40년 이내에 고갈될 것이 예상되며 석탄도 가채년 수가 200년에 불과하여 우리의 후손은 화석연료자원의 혜택을 받지 못하게 될 것이다. 경제성장이 환경문제를 더욱 어렵게 만드는 것은 모든 개발도상국과 후진국들이 오랜 동안의 가난과 궁핍에서 탈피하기 위하여 무분별하게

E·N·V·I·R·O·N·M·E·N·T & P·O·L·L·U·T·I·O·N

경제발전을 맹렬히 추진하고 있으며 선진국 또한 조금의 양보도 없이 경제강국으로서의 우월권을 유지하기 위하여 경제발전을 늦추지 않고 있다는 점이다.

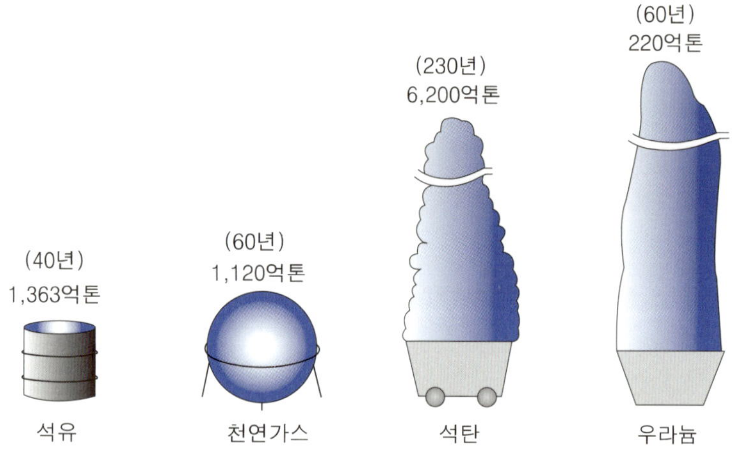

그림 4.2 세계 에너지 자원의 가채년수

세 번째 발생요인으로는 과학기술의 발달인데, 많은 환경문제들이 과학기술발전에 의해 발생되고 있음을 알 수 있다. 오늘날의 과학기술의 발달은 산업발전과 현대문명을 위해 크게 기여하였지만 경제적인 면에서 본다면 거기에는 이익과 손실이 양립함을 알아야 한다. 과학기술의 발달은 산업기술이 공업기술의 발달을 도모하였으며 산업화와 공업화는 생활을 편리하게 하려는 인간의 경제적 속성과 남보다 잘 살아 보려는 인간의 욕망에 의하여 가속화된다. 산업화와 공업화의 핵심요소인 물적 자원은 자연 환경에 위치한 물질이며, 이의 부산물은 다시 자연 환경으로 되돌아가 인간에 의해 사용 후 버려지는 폐기물과 함께 오염물질의 급속한 증가를 일으키는 직·간접적인 원인이 되었음을 알아야 한다. 아직도 많은 사람들은 눈부시게 발달한 과학기술이 공업생산력을 증대시켜 경제를 발전시키고, 공업기술이 모든 문제를 해결해 줄 것으로 확신하고 있다. 그러나 오늘날의 어려운 많은 문제들이 공업기술로 해결되리라는 보장도 없고, 더 나아가 내일의 문제를 해결할 수 있으리라는 보장은 더욱 없는 것이다. 더 좋은 기술이 개발되어야만 하겠지만 그 기술이 자연환경과 친화하지 못하는 기술이라면 기술에만 의존해서는 안 된다.

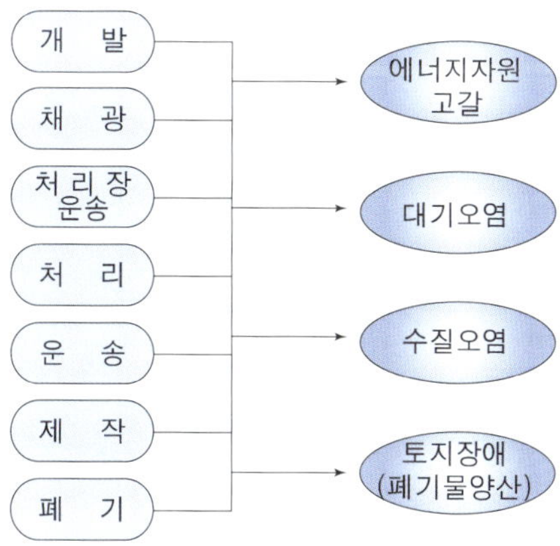

그림 4.3 광물자원활용과 환경문제의 관계

네 번째 요인으로는 개발과 도시집중화에 따른 환경문제 발생을 지적할 수 있다. 자연환경에 대한 모든 개발사업의 영향은 긍정적일 수도 있고 부정적일 수도 있으며, 직접적인 영향일 수도 있다. 자연환경체계 내에서 개발이 추진되면 비 재생자원은 절대 부존량이 감소하게 되고, 유동자원은 질이 변화되며, 자연적 재생자원은 재생률이 둔화되게 된다. 자연환경에 대한 이러한 부정적 영향은 생성과 성장과 소멸을 통하여 이루어지는 생태계의 균형과 조화를 교란시키게 되어 결과적으로 상당히 오랜 기간 동안 회복될 수 없는 균형이 파괴된 환경을 만들게 되는 것이다.

또한 대도시의 형성은 산업의 밀집화와 노동인구의 도시집중 이동현상에 의하여 이루어졌는데, 도시화는 인구의 집중과 함께 물자와 기술과 정보의 집중을 동반하므로 도시의 규모가 클수록 경제성은 커지므로 보다 많은 물자와 기술과 정보를 확보하게 된다. 그러나 도시집중화는 대량생산과 대량이용을 동반하고 이로 인한 비 효용적 부산물이 대량 배출되기 때문에 자연환경을 오염시키고 파괴하는 한편 도시의 인공환경을 오염시켜 불결하게 만든다. 하나의 도시가 아무리 쾌적한 이상적 도시로 설계되고 개발되는 과정에 있다 하더라도 현실적으로는 그렇게 발전되지 않는다. 즉, 쾌적한 도시와 산업화도시 사이에는 서로 타협될 수 없는 장벽이 있다.

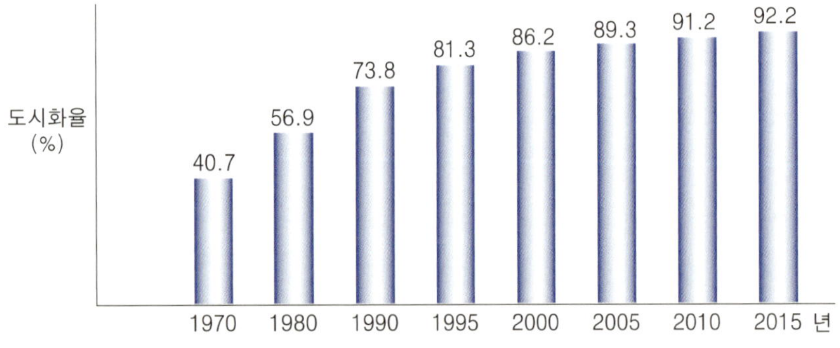

그림 4.4 우리나라의 도시화 추이와 전망

마지막 환경문제 발생요인으로는 우리의 가치관을 생각할 수 있다. 우리는 모두가 잠재의식 속에 "클수록 좋다, 많을수록 좋다, 풍요로움을 누려야 한다, 새것이어야 한다"는 통념을 가지고 있다. 크고 좋은 가전제품을 원하고, 큰 평수의 아파트, 크고 고급스러운 승용차, 더 값비싼 의복, 더 높은 자리 등을 확보해야지만 인생에서 성공했다고 자부하는 사람들이 우리 주변에 너무 많다. 자손이 많다는 것은 노인들의 생각으로는 좋을 것이다. 모든 국가의 정부는 모든 국민들이 잘 살 수 있도록 경제발전을 목표로 온갖 지혜를 동원하여 개발에 박차를 가하고 있다. 그리하여 GNP(Gross National Product) 성장위주의 정책으로 국가의 지위를 높이려고 하였다. 물론 국가관리를 소홀히 하여 1998년도 상황과 같이 IMF(International Monetary Fund)로부터 경제제재를 당해야 하는 상황이라면 국민은 고통스럽고 정권은 위태롭게 된다. 그러므로 지금까지의 가치관의 기준으로는 이러한 것들이 인생의 목표이고 국가경제 발전의 목표이었다. 그러나 과거와 같은 국가경제 위기상황과 같은 특별한 경우는 경제정책의 실책이므로 접어두고 무조건적인 성장위주의 가치관과 이에 따른 대량소비의 생활방식이 지구환경문제를 야기하는 핵심적인 요인이 된다는 주장에 귀를 기울여야 한다. GNP위주의 경제정책이 또 하나의 GNP(Gross National Pollution)를 유발시킴을 알아야 하고, 각종 환경변화를 무조건 진보라는 이름으로 미화시키는 잘못을 범하지 말아야 한다. 물질위주의 가치관 형성은 기존질서와 새로운 질서의 마찰을 가져오고 인간 본질성을 소멸시키며 빈부의 격차를 심화시켜 결과적으로는 사회적 기반을 약화시키게 된다. 편리와 신속, 풍요로운 소비를 맹목적으로 추구하는 현대사회의 가치관이 무릇 환경위기의 싹이 되고 있음을 인식하여 그릇된 가치관을 바로 잡아 경제회생과 함께 환경문제의 발생요인도 제거되도록 노력해야 한다.

05

인구증가 및 식량부족과 환경문제

5.1 인구증가와 환경문제

지구상에서 일어나는 대부분의 환경문제는 인간의 속성 및 그 행태와 자연의 속성 및 그 제약 조건의 상호관계에서 발생되는 것으로 요약할 수 있다. 인구의 증가는 인간이 갖는 속성 중에서 생식욕에 의하여 발생되는데, 현재의 인구증가는 흔히 인구폭발(population explosion)로 표현될 만큼 환경문제의 주원인인 동시에 주 현상이다.

(1) 인구폭발

인구의 급격한 증가에 대해 인구폭발이라는 과격한 표현을 하게 된 것은 과거 약 300년 동안에 일어난 인구증가율의 현저한 가속현상을 극적으로 표현하기 위하여 사용한 용어이다. 인류가 지구상에 출현한 것은 약 200만 년 전으로 추정되며, 가장 근접된 인구조사 결과 17세기 중엽의 세계 인구는 약 5억으로 추산하고 있다. 17세기 이후 서서히 증가하던 인구가 폭발적으로 증가하게 된 이유는 무엇일까?

인구증가는 출생률과 사망률에 의해 결정되는데, 발달하는 과학기술은 농업생산성을 증대시켜 식량생산을 크게 늘릴 수 있었으며, 의학의 발달로 인한 유아사망률의 감소와 평균수명의 연장으로 사망률을 크게 감소시켰다. 즉, 출생률은 변하지 않았지만 사망률이 급격히 감소하자 인구의 폭발적인 증가가 일어났다. 1650년까지 5억이었던 세계인구가 10억으로 2배 늘어나는데 약 200년이 걸렸으나 다시 20억이 되기까지는 80년이 걸렸고 40억으로 배증(倍增)된 시간은 불과 30년밖에 걸리지 않았다. 이와 같이 인구가 배로 늘어나는 배가시간(doubling time)이 단축되면서 폭발적인 증가현상을 보이고 있다. 1960년에 40억의 인구는 1987년에는 50억, 1990년에는 55억이며 1998년 말에는 59억으로 매년 7천8백 만 명 씩 증가하였고, 증가추세는 계속되어서 1999년에 60억을 돌파하고 2004년 초에는 63억, 2007년 4월에는 66억에 이르렀다. 2025년에는 85억, 2100년에는 150억 이상이 될 것으로 UN에서는 추산하고 있다. 1988년 8월 10일은 아시아 인구가 30억이 되어 세계인구의 약 60%가 아시아 대륙에 집중됨을 기록한 날이다.

현재 세계의 평균 사망률은 1000명당 12명인 반면 평균 출생률은 1000명당 29명이기 때문에 연간 1.7%의 인구증가가 계속되고 있는 것이다. 세계인구가 65억일 때 증가되는 인구는 약 1억1000만 명으로 남한인구의 2배가 넘는 인구가 매년 증가하고 있으니 세계적으로 큰 문제가 아닐 수 없다.

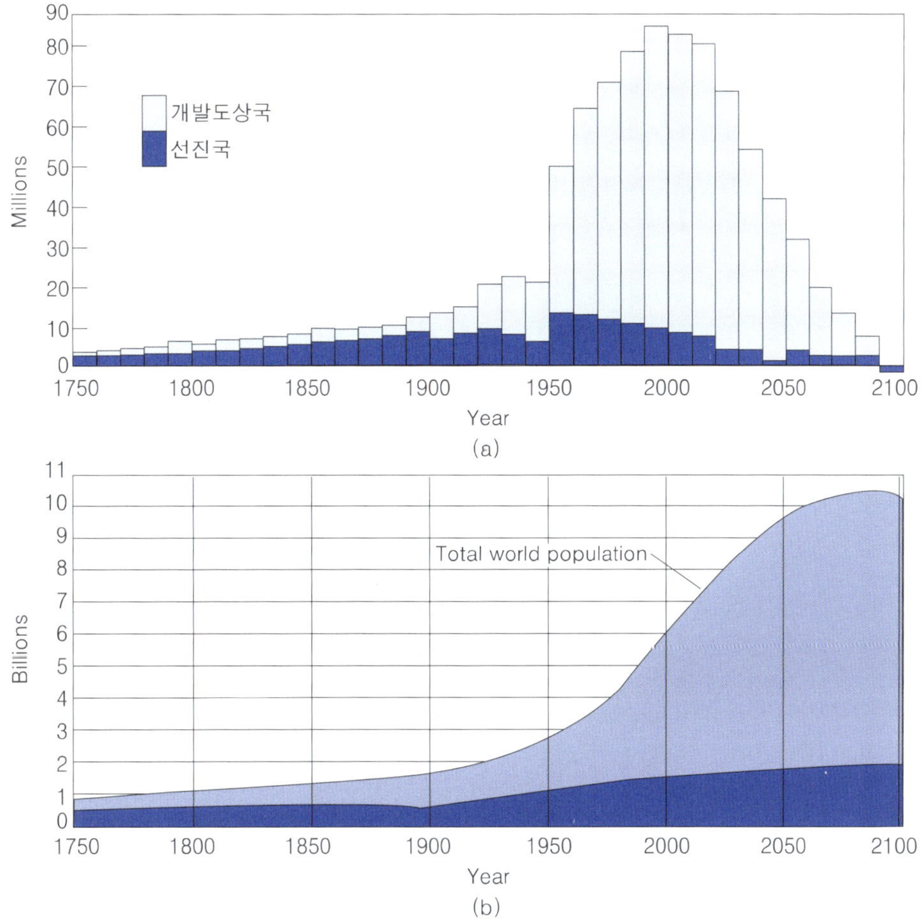

그림 5.1 세계인구의 증가추이

세계의 지역별 인구증가율은 서로 큰 차이를 보이고 있는데, 유럽국가들은 제2차 세계대전 이후 가족계획이 실천되어 출생률의 저하로 인구가 정체 내지는 감소하고 있어서 출산을 장려하는 실정이다. 그러나 각종 자원이 부족한 후진국이나 개발도상국에서는 2차 대전 이후 출생률은 변하지 않았으나 식량증산과 의약품 보급 등으로 사망률이 낮아져 1950~1975년 사이에 인구가 2배 이상으로 불어났으며, 2010년에는 세계 인구의 83% 이상이 개발도상국에 집중될 것으로 전망한다.

E·N·V·I·R·O·N·M·E·N·T & P·O·L·L·U·T·I·O·N

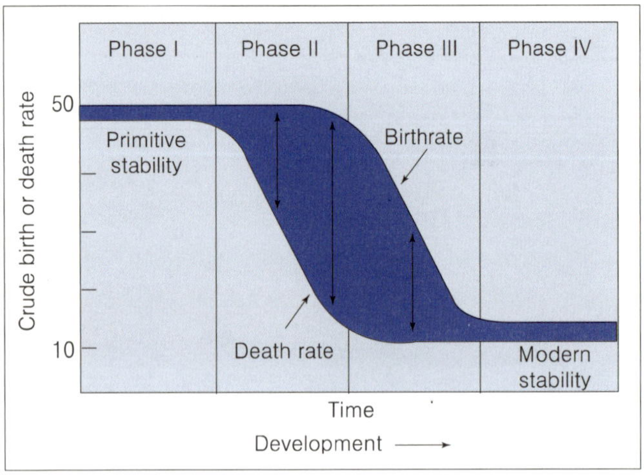

그림 5.2 출생률과 사망률 차이에 의한 인구증가

표 5.1 세계의 국가별 인구분포와 증가율

국 가		출생률	사망률	연간증가율(%)	배가시간(년)
세계평균		25	9	1.6	43
개발도상국	개발도상국 평균	32	10	2.2	31
	이집트	30	8	2.3	31
	케냐	44	10	3.3	21
	마다가스카	46	13	3.3	21
	인도	29	10	1.9	36
	이라크	45	8	3.7	19
	베트남	30	7	2.3	30
	아이티	42	19	2.3	30
	브라질	25	8	1.7	40
	멕시코	28	6	2.2	31
선진국	선진국 평균	12	10	0.3	264
	미국	16	9	0.7	98
	캐나다	14	7	0.7	98
	일본	10	7	0.3	267
	덴마크	13	12	0.1	533
	독일	10	11	−0.1	-*
	이탈리아	10	10	0.0	-*
	스페인	10	9	0.1	630

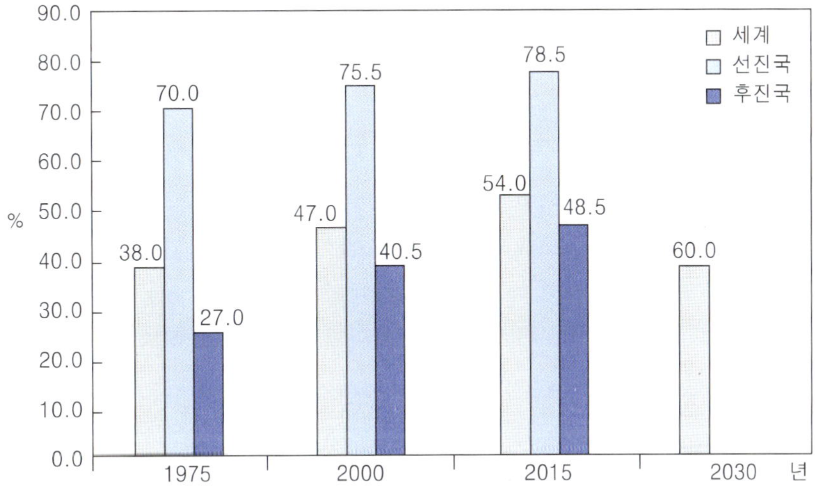

그림 5.3 세계인구 증가율 추이

우리나라의 인구는 숙종16년인 1690년에 690만 명으로 추산되고 1906년에는1290만 명으로 조사되어 200년 동안 거의 2배로 증가하였다. 1935년 조선총독부에서 실시한 인구조사결과 총 인구는 2290만 명이었으며 서울의 인구는 44만 명이었다. 그 당시 평균 수명은 남자가 36.3세, 여자는 38.5세 이었다. 특히 1000명당 사망자 수는 20명이었는데 이중 40%가 5세 미만의 유아사망이었다.

우리나라의 풍습인 돌잔치와 회갑잔치가 생존과 장수를 축하하는 잔치로 거행된 배경을 엿볼 수 있는 내용이다. 1945년 해방 직후 남한인구는 1900만 명, 북한 인구는 600만 명으로 추산된다.

우리나라의 뿌리 깊은 남아선호사상과 비도덕적인 낙태수술로 인하여 남녀 성비의 균형이 깨졌으며, 인구증가율이 계속해서 둔화된다면 2020년에는 인구증가율이 0%에 달해 남한 인구는 약 5000만 명 정도를 유지할 것으로 예상하고 있다.

인구증가의 심각성을 이해하기 위해서 증가율과 증가추세를 함께 생각해 보자. 수학에서는 어느 양이 일정기간에 일정한 양만큼 증가하는 경우에 이것을 선형적 증가(linear growth)라고 말한다. 또 다른 형태의 증가형태는 지수적 증가(exponential growth)로서 어느 양이 일정한 기간에 그 총량에 대해서 일정한 비율로 증가하는 경우이다. 예를 들면, 세대시간이 20분인 세균은 20분 후 2개, 40분 후 4개, 1시간 후에는 8개로 증식되며 48시간 증식하였을 때 개체 수는 2^{144}개(2.2×10^{43})만큼 숫자가 늘어나는 것을 지수적 증가라고 한다.

E·N·V·I·R·O·N·M·E·N·T & P·O·L·L·U·T·I·O·N

인구증가곡선은 자연집단의 성장곡선과 비교해 볼 때 많은 차이점이 있다. 자연집단에서는 그 성장률이 점진적 상승과 점진적 하강을 거듭하여 0에 가까운 성장률을 나타내며 집단을 안정상태에 이르게 한다. 위의 예에서 과연 세균 1개의 건조중량은 평균 10^{-12}g이므로 48시간 증식세균의 총 중량은 2.2×10^{31}g에 해당한다. 우리가 살고 있는 지구의 무게는 5.97×10^{27}g이므로 세균의 무게와 비교해보면 무려 지구무게의 4000배에 해당함을 알 수 있다.

그러나 자연환경 조건에서 이러한 자연집단의 지속적인 성장은 유지되지 못하여 어느 시기가 되면 사멸기(death phase)를 맞아 스스로 개체수가 감소하는 경향을 보여준다. 반면에 인간집단은 다른 자연집단과 유사한 성장곡선을 가지지 못하여 아직도 하향 곡선에 도달하지 못하고 있다.

인구에 대한 세계적 최초의 저서인 말더스의 인구론(1798년)에서는 '인구는 제한하지 않으면 기하급수적으로 증가하고 식량은 산술급수적으로 증가한다'고 하였는데, 이는 자연적인 인구법칙에 따라 필연적으로 과잉인구가 나타나며 이것이 바로 사회악의 원인이라고 주장하였다.

그렇다면 만일 식량의 부족에도 불구하고 계속 생존하려면 어떤 형태로든 인구증가는 억제되어야 한다. 즉, 인류도 지구상에 생존하는 생물인 이상 다른 생물의 성장곡선과 유사한 성장곡선을 가지는 것이 바람직한 일이다. 지구의 인간포용능력에도 한계가 있을 것이므로 인구증가곡선은 언젠가 증가율이 하강하면서 구부러져야만 안정상태에 도달할 수 있는 것이다. 다시 말하면 지구가 공급하는 신선한 물, 농경지, 자원 및 에너지에는 한계가 있으며, 생물권 내의 다른 생물과 마찬

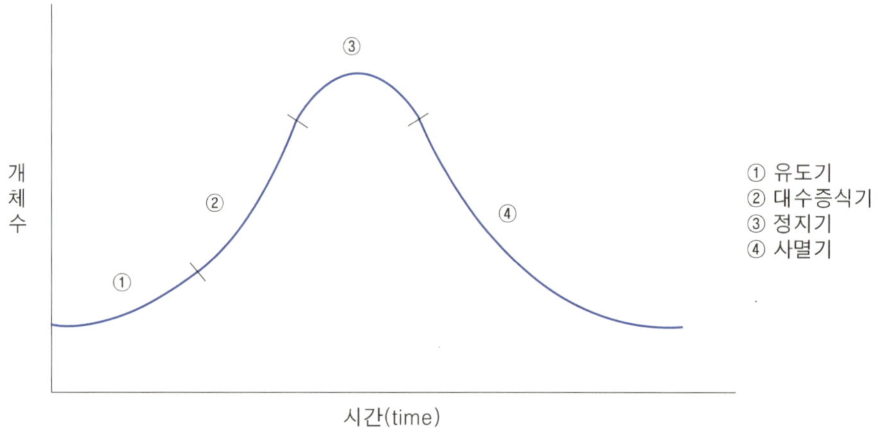

그림 5.4 생물권의 증식곡선 추이

가지로 인간에게도 유전적으로 정해진 최소요구량이 있다.

인구증가를 억제시키는 요소로 말더스는 적극적 저지 형태의 도덕적 억제를 지적하였다. 여기서 도덕적 억제는 정상혼인, 성적절제 등의 자발적 억제를 말하는데 실현성이 부족하며 현대에서는 피임과 유산이 유행하고 있다. 언젠가는 식량, 물, 공기와 같은 요소 중에서 어느 것이 제한될 것이고 그 때문에 인구증가율이 떨어질 것이다. 즉, 현재와 같은 인구폭발은 식량부족 외에도 공간부족, 환경오염 등의 저항 때문에 지속될 수 없을 것은 분명하다.

그렇다면 인간에 대한 지구의 포용능력(또는 수용능력, 부양능력)의 한계는 어느 정도일까? 포용능력에 대해서는 많은 의견이 일치하지 않으며 지구의 인구수용능력을 낮게는 30억 명에서부터 많게는 400억 명까지 추정하고 있는데 이처럼 포용능력에 차이가 나는 것은 첫째, 지구의 가경(可耕)면적과 식량생산이 어느 정도까지 가능한가에 대한 차이와 둘째, 식생활의 수준에 따라 포용능력의 차이가 있기 때문이다. 그러나 인간에게 중요한 것은 지구의 포용능력이 얼마인가가 아니고 사람이 쾌적한 환경에서 사람답게 살기 위하여 인구를 어느 수준까지 억제해야 하는가에 있다. 따라서 인간은 공동의 노력으로 인위적 산아조절을 통하여 인구의 폭발적 증가를 억제하는 일이 우선적으로 필요하다고 말할 수 있다.

(2) 도시화에 따른 인구 내파(population implosion)

지구상에 도시가 형성된 것은 이미 5천년 전부터였지만 메가로폴리스(megalopolis)라고 불리는 거대도시가 등장한 것은 불과 1세기밖에 안 된다. 오늘날의 대도시 문제는 인구증가 그 자체의 문제보다 더 큰 환경문제를 야기하고 있다. 많은 인구가 한 곳에 밀집되면 주택난, 교통난, 무질서한 도시 확산, 각종 오염 등과 같은 물리적인 문제 이외에 빈부격차와 각종 범죄 및 비행 등의 사회병리 현상의 문제들이 발생하게 되어 도시생활환경의 질은 크게 떨어질 수밖에 없다.

세계적으로 보면 개발도상국가는 농촌인구가 약 과반수를 차지하고 있으나, 경제가 발전하면서 농촌인구가 도시로 이동하는 것이 공통된 추세로서 빈곤한 농촌인구가 직장과 교육, 그리고 성공의 기회를 추구하기 위하여 도시로 이동하는 것은 행복을 추구하는 인간의 본성과 결부된 자연스러운 현상이다. 대체로 도시는 경제규모가 확대되어 있기 때문에 산업의 밀집화와 노동인구의 수요를 제공하는 장소가 된다.

현재 지구상에는 인구 1000만 명이 넘는 거대도시가 12개 정도 되는데, 모두 많은 부작용을 나타내고 있다. 도시생활은 물론 여러 가지 편리한 점이 많다. 많은 사람들이 모여 살기 때문에 발생되는 직접적인 이익이 많으며, 물자·기술·정보 등의 집중으로 교환도 빠르다. 반면에 인구의 과밀현상 때문에 다음과 같은 문제점들이 발생될 수 있다. 즉, 도시화가 될수록 인간의 생활수준에 대한 기대치가 높아지며, 사람이 접근해 있기 때문에 상호간의 경쟁심은 더 커진다. 소음·대기·수질 및 폐기물 공해 등의 환경오염을 피할 수 없으며, 교통혼잡, 크고 작은 사건 사고의 발생, 범죄의 만연, 단절된 인간관계에서 오는 소외감, 군중 속의 고독감, 각종 스트레스, 자연과 접할 수 있는 휴식공간 부족으로 인간본연의 인간성 상실 등 그 부작용을 이루 헤아릴 수 없다. 최근 선진국에서는 주거지역을 도시 교외에 두어 좀 더 자연과 가까이 살고자 하는 탈 도시현상이 두드러지게 나타나고 있으며, 우리나라에서도 점차 자연 속에서 자연을 벗 삼아 생활하고자 하는 경향이 나타나고 있는데 참으로 바람직한 현상이다.

우리나라는 1970년대까지 서울을 중심으로 한 수도권과 부산을 중심으로 한 동남권에 주로 산업기반이 조성되어 공업화, 도시화와 집중화에 근거를 둔 경제개발정책을 추진하여 왔다. 그 결과 서울과 부산의 인구가 전체인구의 31%를 차지하였으며, 경제·교육·서비스 등 각종 기능이 기형적으로 치중되어 국토의 양극화를 초래하였다. 그 후 지속적인 경제개발정책의 추진으로 도시화 현상은 더욱 가속화되었으며, 농촌인구의 대다수가 이동하여 도시의 인구 내파 현상을 일으켰다.

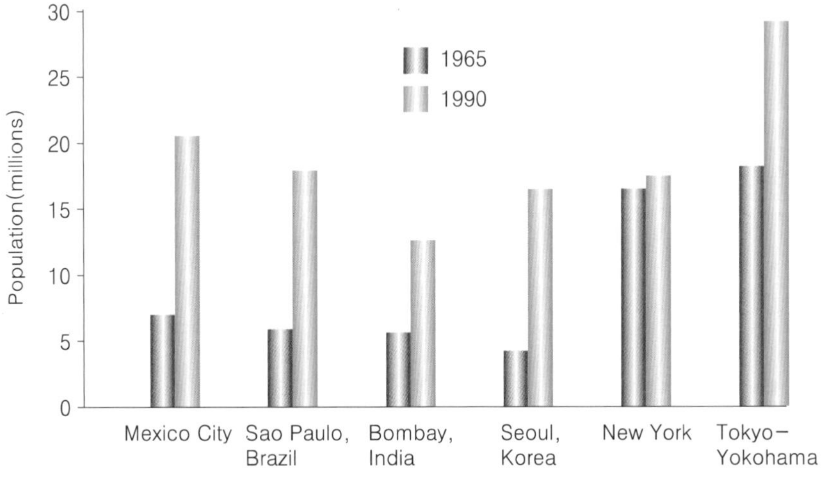

그림 5.5 세계의 거대도시 인구 현황

1997년 우리나라 인구의 도시 집중화율은 75%이며 이 중 수도권 인구 집중률은 43%를 나타내고 있다.

특히 서울은 전 국토면적의 0.6%에 불과하지만 이 좁은 공간 내에 인구의 1/4 이 집중되어 있으며, 대학의 40%, 경공업의 35%, 금융자본의 70%, 고졸 이상의 고학력자의 70%가 집중되어 있는 세계적으로도 손꼽히는 거대도시가 되었다. 거듭되어 추진하는 수도권 인구분산 정책에 힘입어 서울의 인구는 소폭으로나마 감소하고 있으나 감소된 인구의 대부분이 서울에 생활근거를 두고 있는 위성도시에 거주하기 때문에 오히려 서울과 수도권 사이의 교통혼잡을 유발시키는 정책이 되고 말았다.

인구가 내파(과밀)되면 생태학적으로 어떠한 결과가 발생될까? 이러한 질문에 답하기 위하여 인간을 대상으로 직접 실험을 할 수 없기 때문에 캘훈(Calhoun)은 인간 대신 쥐를 대상으로 실험하여 관찰하였다. 300평의 밀폐된 공간에서 먹이를 충분히 주며 쥐를 사육하면 계산대로라면 쥐는 5000마리까지 번식할 수 있는데, 27개월 후부터 새끼들의 사망률이 급격하게 늘어나 쥐의 수는 150마리 정도로 일정한 수를 유지하였다. 즉, 쥐의 밀도가 높아지자 쥐들은 비정상적인 행동을 보였는데, 어미는 집을 짓지 않고 새끼는 자꾸 유산되었으며, 수놈이나 암놈이나 다분히 동성애 적인 행동이 나타났다. 또한 강한 놈이 약한 놈을 잡아먹는 등 쥐 사회에 대 혼란이 일어난 것이다. 이와 같은 동물실험 결과를 그대로 인간사회에 적응할 수는 없겠지만, 오늘날의 대도시에서 그리고 미래의 인간사회에서 비슷한 사건들이 일어나고 있으며 일어날 것을 우리는 인정해야 한다. 또한 생태학적으로 보면 도시의 온갖 화려함에도 불구하고 도시는 자연생태계의 원리를 따르지 않는다. 도시는 생명을 기르는 땅과 생명체인 인간의 접촉을 아스팔트와 콘크리트 같은 인공조형물로 단절시켜 자연생태계가 아닌 인공생태계를 조성하여 근본적으로 불안정한 생태계가 되었다. 결과적으로 도시화는 우리의 생활환경의 기본적인 짜임새에 문화적인 여유라든가 인간적인 온정, 안락한 일상생활을 위한 온화한 분위기 등의 좀더 포괄적인 생활환경 편익(amenities)이 배려될 수 없음을 뜻한다.

(3) 합리적인 인구정책의 필요성

인간집단은 거의 1만년에 걸쳐 0.1% 정도의 낮은 증가율을 유지하다가 최근에 이르러 급격히 상승하여 2.0% 전후의 높은 증가율을 보이고 있다. 급속한 인구증가로 인해 지구상의 일부지역에서는 환경의 수용량 균형을 점차 상실하고 있으며,

많은 사람이 굶주리는 고생을 하고 있는 결과를 낳았다. 또한 가뭄과 홍수와 해일과 폭설 등의 기상이변을 자초하는 지구환경문제를 야기하게 되었다.

인구정책은 기본적으로 출생률을 낮추어 인구증가를 억제하는 방향으로 추진되어야 하며, 인구억제를 위하여 강압적인 살생방법이나 비인간적인 방법이 도입되어서는 안 된다.

현대적인 가족계획이 보급되기 시작한 것은 임신과 출산에 대한 과학적인 이해가 가능해지기 시작한 때부터이며, 1980년까지 66개 개발도상국들이 가족계획을 정부사업으로 추진하였고 UN에서도 이 사업을 적극적으로 지원하고 있다. 그러나 인위적으로 실행하는 가족계획(피임 등을 통한)의 실현성보다는 국가의 효율적인 경제성장에 발맞추어 즐기면서 생활하는 가족을 구성토록 유도할 때 출생률은 낮아지면서 자연스럽게 인구억제가 될 것이라는 견해도 있다. 문제는 경제성장위주의 정책을 추진하는 과정에서 자연환경을 훼손시키며 환경보존에 역행하는 행위가 따른다는 것이다. 또한 개발도상국들의 경제성장은 인구증가로 희석되는데, 예로서 어느 개발도상국의 식량생산이 2배로 증가되었는데 같은 기간에 인구도 2배 증가되었다면 1인당 식량 생산량은 조금도 늘어나지 않은 셈이다. 그러므로 어떤 조건의 국가든지 인구의 폭발적 증가를 그대로 수수방관하고 있을 수는 없는 것이며, 합리적인 인구억제 정책을 수립하여 하루라도 빨리 추진할 때 더불어 경제성장의 성공도 앞당길 수 있을 것이다.

인구정책의 성공을 좌우하는 것은 바로 사람들의 의식변화에 달려있다. 과거에 출생률이 낮아지기 어려웠던 것은 인류의 오랜 역사를 통하여 많은 자손을 두는 것이 좋은 것으로 인식되어 왔기 때문이다. 농경사회에서는 대가족 구성에 의한 노동인력의 다량 확보로 농사일을 유지하여 왔으며, 사회보장제도가 없었던 시대에는 자식이 부모를 부양하는 효의 전통사상 때문에 자녀가 많을수록 좋다고 생각하였다. 또한 남아선호사상 때문에 가족계획이 제대로 실현되지 못하였다.

또한 경제성장과 기술발전의 변화속도는 빠르나 사람들의 의식구조는 매우 느리게 변화되고 있다. 이러한 모든 문제들이 모두 인구억제정책을 추진하는데 걸림돌이라고는 할 수 없지만, 차츰 남녀평등에 기초한 민주사회를 정착시키고 국민연금·의료보험·노후생활보장 등의 복지정책이 실현되는 복지국가를 건설하기 위해서는 국민의 의식 또한 빠르게 변화되어야 하며 인구증가에 따른 지구환경의 위기를 극복하고자 노력해야 할 것이다.

5.2 식량부족과 환경문제

인간의 식량수요를 충족시키는 데는 많은 상호작용의 요소가 있다. 이 요소들은 씨를 뿌리고, 거름을 주고, 북을 돋우며 추수를 하는 것보다 더 중요한 것이다.

(1) 식량자원은 충분한가

세계의 식량수요는 인구증가로 인하여 기하급수적으로 증가하는데 비하여 식량공급은 산술급수적으로 증가하는데 그치고 있기 때문에 지구상의 식량자원은 점차 부족될 수밖에 없다.

18세기말 영국의 경제학자 토마스 말더스(Thomas R. Malthus)는 인구의 폭발적인 증가로 인해서 식량이 절대적으로 부족해질 것이며 그 결과 기근, 질병 및 전쟁 등이 유발될 것이라고 경고하였다. 그의 경고이후 과학기술의 발달로 식량생산이 증산되어 증가된 인구를 충분히 먹여 살릴 수 있었기 때문에 그의 두려운 경고를 잊고 살았지만 최근에 와서 또다시 식량부족문제가 관심의 대상이 되고 있다.

과거 수세기에 걸쳐 상당수의 인구가 굶주림과 기아(飢餓, starvation)에 시달려 왔고 앞으로도 시달림을 당할 것으로 예상되기 때문에 우리들이 해결해야 할 중대한 문제의 하나로 제기되고 있다. 세계인구의 반 이상이 영양부족(undernourishment)이거나 영양실조(malnourishment)라고 추정되는데, 기아상태란 절대적 내지 상대적 영양부족을 의미하기 때문에 식량부족문제는 개인의 영양부족은 물론 노소간의 영양불평등, 지역간의 영양불균형을 초래하게 되어 심각한 사회문제를 야기하게 될 것이다. 일부 어린이들은 에너지 요구량을 충족시킬 만큼의 충분한 음식물을 섭취하고 있는데도 불구하고 콰시오카병(Kwashiorkor병, 단백질 결핍증으로 지능적 장해를 초래하여 지능이 저하되는 난치병)에 걸린다.

오늘날 우리의 식량문제에 관한 논쟁이 상당히 일어나고 있다. 만약 분배와 경제문제만 해결된다면 모든 사람이 먹을 충분한 식량을 얻을 수 있다고 말하는 사람도 있고, 전 인류를 위한 충분한 식량은 얻을 수 없다고 믿는 사람도 있다. 어쨌든 매년 세계인구가 7,800만 명(연 1.33%)씩 증가하고 있는 현시점에서 식량문제 해결책은 분명히 제시되어야 하는데 지역마다의 특이한 경제적, 정치적, 사회적 및 지리적인 차이점을 고려한 해결책이 모색되어야 한다. 또한 인류의 식량문제를 해결하고 기아에 시달리는 다수의 인구를 구제하기 위해서는 지구적으로 비 정치화된 방법이 강구되어야 할 것이다.

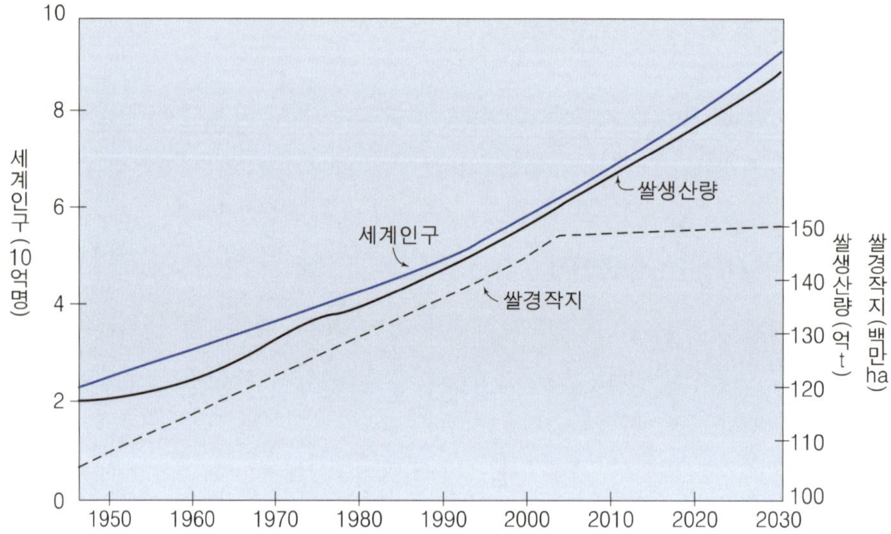

그림 5.6 세계인구증가와 쌀 생산량 전망

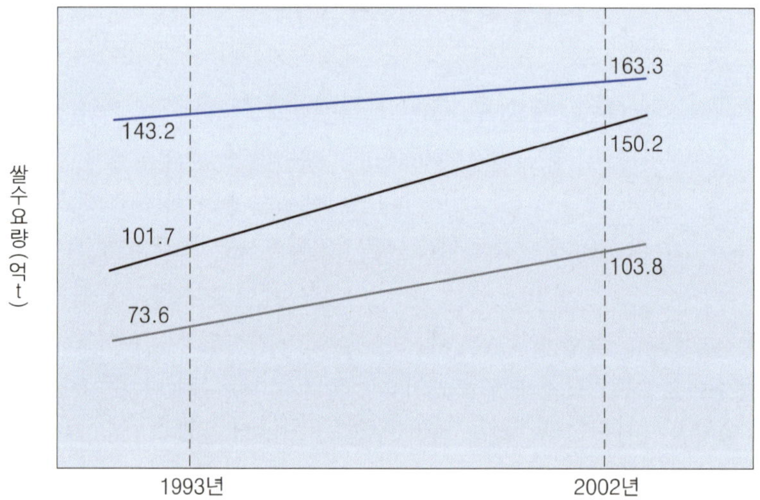

그림 5.7 아시아지역 쌀 수요 증가 추세 (단위 : 백만 톤)

(2) 식량증산과 문제점

식량생산에 필요한 기본적인 자원은 토지이다. 식량수요를 만족시키고 살아가는 사람들의 먹을거리를 확보하기 위해서는 제한된 토지를 이용하여 생물적 생산활동을 최대화시켜야 한다. 그러나 여러 가지 문제가 식량수요 만족 목표에 장해가 되고 있다. 즉 토양의 침식, 지하수 고갈, 토양 영양분 고갈, 침수, 염분화 및 농토의 다른 용도로의 변형 등이다. 최근에 생물적 생산지역은 면적뿐만 아니라 생산력 자체도 떨어지고 있다. 최초로 농사를 지었던 때부터 금세기 중반까지 세계 경작지의 확대 속도는 인구 증가속도를 어느 정도 따라왔으나 1950년경부터 그 속도가 느려지기 시작했다. 그러나 인류는 생존을 위하여 비료와 농약의 투입, 영농기술의 개발, 영농의 기계화 그리고 종자개량 등에 힘입어 농업생산성을 향상시키게 되었으며, 그 결과 1984년의 곡물생산은 1950년에 비해 2.6배나 증대되었다. 1984년 이후 세계의 곡물생산 증가율은 인구 증가율보다 낮아져 1989년 세계의 총 곡물생산량은 16억 7천 만 톤으로 1984년에 비해 겨우 1% 포인트 증가하는 것에 그쳐 인구 증가에 따른 1인당 곡물량으로 나누면 오히려 7% 포인트 감소했으며, 1인당 경작지 면적도 계속 감소하고 있다. 이러한 경향은 인구증가율에 버금가는 곡물생산량 증산은 앞으로 점점 어려울 것임을 시사한다. 또한 식량 전문가들은 우리의 농업체계가 곤충, 질병, 가뭄, 홍수 및 기타의 자연적 재난에 좀 더 취약해지고 있다고 주장하면서 종의 다양성 손실에 더 깊은 관심을 갖고 있다. 인간은 최소한 3000여종의 다양한 식물 종을 식용으로 사용하고 있으며 150종 이상을 경작하고 있지만 불과 16종만이 주요 곡물로서 생산되고 있다. 우리가 먹는 쌀은 세계인구의 반 이상이 주식으로 하는 곡물인데 총 칼로리의 60%를 제공한다. 녹색혁명으로 불리는 다수확 종자의 개발은 1941년 멕시코에서 시작되었으며 농약과 화학비료를 사용하여 다수확품종을 재배한 결과 밀은 3배, 옥수수는 2배 증산되었다. 이러한 성공에 자극되어 필리핀은 1962년에 국제 벼 연구소를 세웠으며 록펠러재단 등의 지원을 받아 다수확 벼 품종을 개발하였다. 우리나라도 1975년부터 '기적의 벼'라 일컫는 통일벼를 보급하기 시작하였는데, 통일벼는 일반 벼에 비해 30~35% 정도 수확량이 많아 쌀의 자급에 큰 기여를 하였다. 이렇듯 녹색혁명은 한동안 인류의 식량문제를 해결할 수 있는 열쇠로 생각되었으나 생태학적인 면에서 살펴보면 신품종은 여러 가지 문제점을 안고 있다. 야생 벼에 비해 육종된 벼는 스스로 거친 환경에서 살아가는 힘이 약한 변종이라고 볼 수 있으며, 외부에서 비료와 농약 등을 적절히 제공해 주지 않으면 생명력을 꾸준히 유지할 수 없다. 즉, 다량의 화학비료와 독성이 강한 농약을 그 만큼 더 많이 사용해야만 하며, 관개 등에 더 많은 비용을 들이고 종자개량 등에 큰 노력을 기울여야 한다. 참고로 우리나라의 식량 자급률을 도표로 나타내면 표 5.2와 같다.

표 5.2 우리나라 식량자급률 (단위 : %)

품 목	2003	2004	2015
쌀 (A)	97.4	96.5	90.0
맥류 (B)	7.0	7.6	4.0
주식용 자급률 (C) = A+B	68.2	65.3	54.0
두류(콩) (D)	29.0	25.0	42.0
서류 (E)	109.1	170.6	99.0
곡물자급률 (F) = C+D+E+사료곡물	27.8	26.8	25.0
조사료자급률	84.0	83.1	85.0
채소류	94.6	94.3	85.0
과일류	85.0	85.2	66.0
우유 및 유제품	80.0	73.0	65.0
육류	70.8	79.3	71.0
쇠고기	36.3	44.2	46.0
돼지고기	93.0	86.9	81.0
닭고기	76.3	90.0	80.0
계란류	100.0	100.0	100.0

세계 식량생산의 약 반 정도는 해충-곤충, 설치류, 진균류 및 잡초에 의해 소비되기 때문에 막대한 양의 농약을 사용하여 곡물 손실을 상당량 감축시켰다.

일부의 농약은 유익한 생물을 죽여서 자연적인 해충 관리기능을 저해한다. 농약사용의 결과로 450여종의 해충 군집이 최소한 한 가지 이상의 농약에 저항력을 갖게 되었으며, 농약은 지속성을 갖고 있기 때문에 그것이 먹이사슬 속에 독성을 가질 정도의 농도로 농축되어 자연 생태계를 이동하게 된다. 각각의 농약은 여러 부문에서 장점이 평가되어야 하며 환경에 대한 위험성도 함께 평가되어야 한다. 농약에 대한 대체방법을 모색하기 위해서는 일정한 환경조건하에서 통합적으로 해충을 관리할 수 있는가를 먼저 검토해야 하고 환경과 친화적인 방법인가? 경제적으로 가치가 있는지? 등을 종합적으로 검토해야 할 것이다.

화학비료의 개발로 농작물이 필요로 하는 영양분만을 편리하게 공급할 수 있게 되자 토양이 가지는 다양한 영양분의 순환이 사라지고 인공적으로 공급되는 과잉의

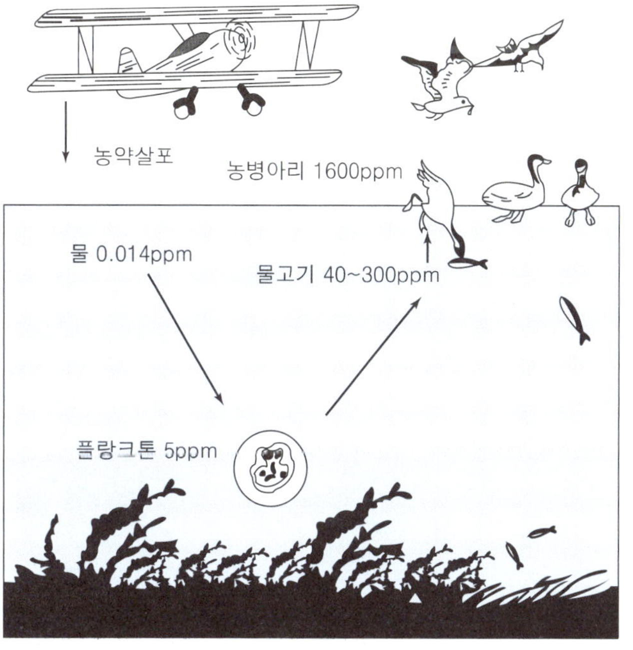

그림 5.8 농약의 생물농축

영양분에 의해 여러 가지 부작용이 나타나게 되었다. 즉 질소, 인산, 칼륨비료가 다량으로 사용되어 작물의 농업생산성을 향상시켰으나 토양에는 유기질이 점차 부족하게 되어 토양생태계의 토양미생물들은 죽게 된다.

결과적으로 더 많은 화학비료를 요구하게 되고 그에 따라 토양은 생명력을 상실하여 생명체가 생존할 수 없는 토질로 변화되고 만다. 결국 농약과 비료의 과다한 사용은 일시적으로 생산량을 증대시킬 수는 있을지 몰라도 농업토양 생태계를 교란시켜 언젠가는 가경 농지가 모두 불모지로 바뀌게 될 것이다.

(3) 축산 정책과 환경문제

가축은 수 천년동안 인간에 의해 길들어져 사육되어 오면서 인간의 의식주 생활을 도와왔다. 20세기에 들어와서는 육류와 달걀 및 우유 등의 축산제품이 인간의 식생활 형태를 크게 바꾸어 놓았다. 세계의 많은 지역에서 육류 소비량이 꾸준히 증가하였고 가축의 수는 세계인구의 3배에 이르게 되었다.

수백 년 동안 축산은 농경지의 생태적 균형을 적절히 유지시키면서 농업의 매우 중요한 동반자로서의 역할을 담당해 왔다. 가축사료의 재배는 환경적으로 친화된 윤작으로 이루어졌으며, 토양의 생산성을 향상시켰다. 또한 가축의 배설물은 토양으로 되돌려져서 생태계 내의 영양물질 순환이 순리적으로 이루어졌다. 그러나 대량생산과 경제성 개념이 도입되면서부터 막대한 양의 사료가 필요했으며 엄청난 양의 분뇨가 생성되어 자연생태계 내의 물질순환의 고리가 끊어졌다. 물론 가축은 해로운 동물이 아니다. 단지 대량생산과 요구가 맞물려서 축산의 형태가 생태계의 원리에서 벗어나는 방향으로 바뀌어가고 있기 때문에 여러 가지 환경적 부작용을 낳고 있는 것이다.

세계 경작지의 상당부분이 가축사료 생산에 이용되고 있으며, 세계 곡물생산량의 38%가 가축의 먹이로 소비된다. 미국의 경우 미국 내 곡물 소비량의 70%를 국내 또는 곡물 수입국가의 가축들이 소비한다. 가축이 건초대신 곡물을 먹어치우는 새로운 현상이 일어났지만 아무도 이상하게 받아들이지 않았으며, 이러한 현상은 생물권의 먹이 피라미드 체계를 소폭으로 변화시키게 되었다. 축산으로 인한 인간의 피해는 선진국에서 쉽게 찾아 볼 수 있는 풍요병이다. 풍요병이란 너무 잘 먹어서 걸리는 병으로 육식을 많이 해서 생기는 영양과다 병이며, 동맥경화, 심장마비, 당뇨, 고혈압 질병 등이 이에 해당된다.

적당량(자연환경 정화능력 범위 내의 양)의 가축분뇨는 다분히 유기질 비료로서 토양을 기름지게 하지만 과다한 축산분뇨는 환경을 심하게 훼손시키는 오염물질이 된다. 현재 우리나라에서 사육하는 젖소의 몸무게는 600kg이며 하루에 15~25 kg의 사료와 70~130L의 물을 소비하여 매일 40~50kg의 분뇨를 배출한다. 사람은 한 사람이 하루에 BOD 47g의 오염물질을 발생시키는데 소는 약 640g을 발생시키므로 소 한 마리가 사람 14명에 해당하는 오염물질을 발생하는 것이다.

가축은 분뇨 외에 되새김 과정이나 체내 발생가스 배출 등의 과정으로 연간 8000만 톤, 분뇨 등의 폐기물에서 연간 3500만 톤 등 약 1억 1500만 톤의 메탄가스를 대기 중에 배출하는데, 메탄가스는 요즘 기후변화 협약에서 논의되고 있는 온실가스로 작용한다. 즉, 세계 메탄가스 발생량의 15~20%는 가축에 의해서 생산되는 것이다.

결과적으로 인류의 식생활을 풍요롭게 해주는 축산은 자연이 스스로 정화할 수 있는 능력범위 내에서 조정되어야 하며, 많은 것을 추구하면 그 만큼 더 많은 환경폐해를 가져오기 때문에 앞으로 추진해야 할 축산정책은 환경 친화적 축산으로 발전되도록 해야 한다.

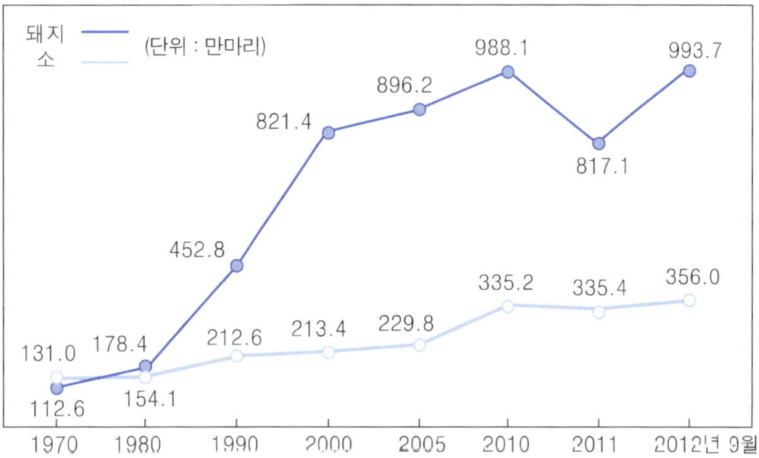

그림 5.9 소·돼지 사육규모(자료 : 통계청)

(4) 우리나라의 식량사정

우리나라는 심각한 식량부족에 의한 '보릿고개' 시기도 있었고, 전쟁으로 인한 궁핍을 경험하기도 하는 등 한동안 끼니를 제대로 마련하지 못했던 과거가 있는 나라이다. 1970년대 이후 경제성장이 성숙단계에 접어들고 국민들의 소득수준도 향상되어 어느 정도 식생활이 개선되면서 주식은 국내 경작만으로 충당할 수 있게 되었으며 어느 정도 여유를 갖게 되었다. 1990년대에 들어서서 무역자유화의 일환으로 미국 등이 주장하는 Green Round와 2007년 4월에 체결된 한미 FTA 및 EU와 추진 중인 국가간 FTA 협약체결은 우리 농업에 큰 지장을 주고 있으며 농축산물의 수입이 그만큼 증가되어 당장은 소비자에게 가격 부담을 줄여 주고 쉽게 식량을 얻을 수 있는 결과를 가져오겠지만, 앞으로는 농경지 감소, 식량증산노력의 감퇴, 수입품에 지나치게 의존하는 소비 행태 등으로 인해서 국내 식량 자급률은 위험스럽게 변할 것이다. 특히 신세대(X세대, Y세대 등) 등이 fast food(즉석가공식품)를 선호하고 그것에 친숙해지면서 순수 토종 먹을거리가 제자리를 잃게 되면 미래의 우리나라농업은 위협을 받게 될 것이고, 모든 식량 수급에서 공급국가의 종속적 식량 노예가 될 것이다.

국민 소득수준의 향상은 식생활에 있어서도 육류를 선호하는 인구를 급작스럽게 증가시켰으며, 국내 사육만으로는 수요를 충당할 수 없어서 수입육류에 의존하게 되었고 공급이 쉬워져서 (비록 외화는 낭비되더라도) 육류 외에 다른 식료품도 점차 수입 의존도가 증가하게 되었다. 농촌 경제활동으로는 풍요로움이 보장되지 못하게 되자 많은 젊은이들이 농촌을 등지고 도시로 진출하게 되어 농촌은 마치 오갈 데 없는 노인들이 머무는 곳이 되어 버렸다. 자연히 경작지는 폐허가 되고 농업생산성은 감소하게 되었다. 1997년 말에 밀어닥친 국가 금융위기로 우리나라가 IMF의 통제를 받게 되자 경제산업이 위축되어 많은 사람이 실직하게 되었으며 그 중 일부가 농촌으로 귀농하는 현상 때문에 농촌의 젊음이 되살아나는 듯 하나 어쩌면 일시적인 현상이지 농업활동 자체가 왕성해지는 현상은 아닌 듯하다.

우리나라는 절대적으로 쌀을 주식으로 하는 국민에 의한 국가이기 때문에 현재까지 이어져온 미곡 생산량을 현 수준으로 꾸준히 유지해야 한다. 그러기 위해서는 농촌의 농업활동이 꿈을 가지고 그 꿈을 실현시킬 수 있는 농업정책으로 변화해야 하며 농업인도 자부심을 가지고 국가 기간산업을 담당하는 일원으로서 최선을 다해야 할 것이다. 또한 국민들도 싼값으로 쉽게 얻을 수 있다는 이유로 수입품을 아무런 거부감 없이 취할 것이 아니라 우리 농산물을 애용하여 토종 농산물 지킴이로서의 역할을 담당해야 할 것이다.

당장의 풍요로움과 만족이 영원히 계속되기 위해서는 우리 모두의 노력이 필요한 것이다. 제아무리 IMF의 한파가 몰아치더라도 먹을거리가 확보되면 최소한의 고통으로 우리는 삶을 영위할 수 있기 때문에 최소한 주곡 생산량만이라도 지속적으로 자급자족되도록 해야만 할 것이다.

(5) 합리적인 식량대책

녹색혁명은 보다 많은 식량을 공급하기 위한 대책으로 성공하는 듯 했으나 최초의 기대와는 달리 환경적인 부작용이 많이 발생하였다. 즉, 녹색혁명을 이루기 위해서 농약과 비료, 관개 그리고 많은 양의 에너지가 투입되어야 했는데 농약과 비료는 자연생태계에 없던 새로운 합성 화학물질로서 과다하게 사용하면 병충해는 물론 이로운 벌레들과 토양 미생물을 한꺼번에 사멸시키게 되어 토양의 지력저하, 수질오염, 자정능력 감퇴와 생물 종에의 농축으로 인간에게 피해를 주는 등의 부작용을 가져왔다.

우리나라에서도 식량증산정책과 화학공업의 발달로 농약과 비료를 자체 생산하여 많은 양을 공급하고 있으나 벼 수확량은 농약이나 비료 사용량에 반드시 비례하지 않는다.

과학기술자들은 생명공학의 발달이 미래의 식량문제를 해결해 줄 것이라고 말한다. 즉, 생물체의 기능을 유전자 재조합(DNA recombination)이나 세포융합(cell fusion) 등의 기술을 이용하여 변화시킴으로써 더 많은 양의 생물질을 얻을 수 있다고 믿는 것이다. 그러나 생명공학을 이용한 신품종의 개발은 유전자나 세포 수준에서 행하는 것으로 녹색혁명에서 시도한 다수확 품종개발과는 근본적으로 다르다. 또한 생명공학을 농업에 적용시키는 일은 작물의 성질과 관련된 유전자 식별의 어려움, 유전자 전이과정에서 가끔 발생되는 예측 불허하는 유전적 변수, 조직배양에 따른 문제점 등의 이유 때문에 기대했던 것보다 훨씬 어렵다. 예를 들면 생산량을 증대시킬 수 있는 신품종을 개발하더라도 질이 떨어져서 식량가치가 떨어지거나, 또는 석유에서 소고기 단백질과 비슷한 단백질을 합성한다 하여도 식용으로 사용할 수 없는 경우 등이다. 다시 말해서 생명공학기술에 의해서도 식량문제를 영원히 해결할 수는 없는 것이다. 그렇다면 합리적인 식량대책은 무엇인가? 무엇보다도 단기적인 이익에 집착하여 장기적으로는 손해를 볼 것이 뻔한 망해 가는 식량대책이 수립되어서는 안 된다.

농업생산활동의 근거인 토양을 살찌우게 하여 생명력을 되찾아야 하며 자연과 친화하는 농업으로 발전되어야 미래의 식량문제가 자연스럽게 해결될 것이다.

이에 대해서 먼저 유기농법(有機農法)을 검토해보자. 유기농법이란 합성 무기물질인 농약과 화학비료를 쓰지 않고 옛날의 농부들이 무의식적으로 터득하여 생태계의 원리에 순응하며 행하였던 농사법이다. 화학비료 대신 유기물퇴비를 사용하여 토양의 생명력(지력, 땅 힘이라고도 함)이 회복되고 지속되면 농작물의 생명력이 강해져서 스스로 병충해에 대한 저항력이 생기게 되고 무공해의 질 좋은 농작물을 생산할 수 있다는 생각에 기초한 농사법이다. 우리나라에서는 1976년 기독교 사회공동체운동정신으로 원경선 목사가 경기도 남양주군에서 4만 여 평의 풀무원 농장을 만들고 무 농약 재배 농산물을 생산하기 시작한 것이 계기가 되었으며, 당시 풀무원 농장에서는 농약과 화학비료 대신 쇠똥, 말똥, 닭똥 등에 깻묵을 섞어 발효시킨 퇴비로 농사를 지어 유기농법을 시도하였다. 이렇게 하여 우리나라에서 무공해식품 생산의 기원을 열었다.

또한, 한 살림 운동은 원주에서 가톨릭의 신용협동조합운동이 발전한 것으로 유기농법으로 농작물을 생산하는 농민과 한 살림 조합에 가입한 소비자가 계약을 맺어 무공해(또는 저공해) 농산물을 직거래하는 사회운동이다. 이것이 계기가 되어 최근에는 지역적으로 소규모 유기농법에 의해 무공해 농산물을 생산하는 농가가 늘어나고 있는 추세이다.

E·N·V·I·R·O·N·M·E·N·T & P·O·L·L·U·T·I·O·N

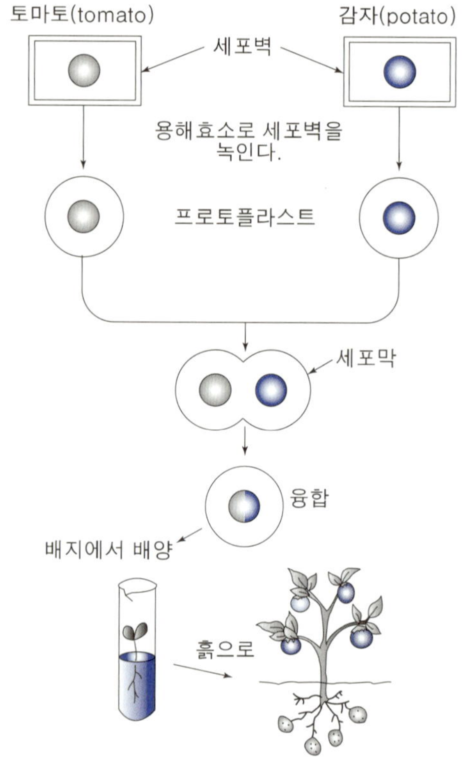

그림 5.10 세포융합 포마토의 생성계통

우리국민은 각종 공산품은 외제를 좋아하는데 농산물만은 토종을 좋아한다. 그래서인지 신토불이(身土不二)라는 구호가 만들어 졌으며, 신토불이라는 구호아래 공해가 없고 우리 입맛에 맞는 전통적인 농산물을 유기농법으로 재배하는 것이 결과적으로는 생태계의 원리에 어긋나는 현대 농업의 피해를 최소화 할 수 있는 대안이 되었으며, 우리나라의 농업과 토양을 동시에 회생시킬 수 있는 방향을 제시하였다고 볼 수 있다. 그러나 여기에도 몇 가지 문제점은 있다. 즉, 농촌인구의 감소와 노령화이다. 유기농법은 많은 일손을 필요로 하기 때문에 농업인구가 감소되어 일손이 부족한 우리나라의 농촌에서 대대적으로 유기농법을 실현한다는 것은 현실적으로 많은 장애가 있다. 또한 유기농법이 좋은 줄은 알지만 늘어나는 인구를 당장 먹여 살리기 위한 방법은 못 된다는 것이다. 토양의 생명력을 완전히 회복하는데 소요되는 기간 동안의 먹을거리를 어떻게 해결해야 할 것인지 명확한 방법이 없다.

유기농법보다 진일보한 농사법이 자연농법(自然農法)이다. 자연농법은 일본의 후쿠오카 마사노부라는 농부가 제창한 농법으로 농약과 비료를 사용하지 않고 '땅 갈지 않기'와 '잡초 안 뽑기'를 추가한 지극히 원시적이 농사법이다. 자연생태계 속에서 초목(草木)이 비료와 농약 공급 없이도 자연스럽게 영양물질이 순환되어 생장하기 때문에 농작물도 자연 생태계에서 자연스럽게 생장한다는 이론이다. 한 곳에서 단일 작물을 계속 재배하는 것이 아니라 적절한 작물을 돌려가며 윤작(輪作)하면 토양미생물의 도움과 지렁이 등의 토양 동물에 의해 지력을 유지하며 필요한 영양물질을 충분히 공급받을 수 있게 된다. 잡초를 제거하지 않으면 토양 깊숙이 뿌리가 내려 토양을 부드럽게 해주기 때문에 미생물의 번식이 활발하여 생명력 있는 흙을 만들어 준다. 즉, 잡초는 토양의 생명력 회복 및 유지에 필요한 존재인 것이다. 축산과 양식(養殖)은 우리에게 풍요로운 먹을거리를 가져다주기는 하지만 그로 인한 자연환경오염과 에너지 소비를 고려하면 모두 밑지는 장사이다.

결론적으로 미래의 식량문제를 해결하기 위해서는 지구촌의 식구(食口) 수를 줄이는 노력이 필요하며, 단기적인 식량증산이라는 명분에 집착하지 말고 유기농법이나 자연농법처럼 자연 생태계의 원리에 순응하는 농사법이 점차 확산되어 정착되어야 할 것이다.

잠시 쉬어가기

돌담에 속삭이는 햇발

돌담에 속삭이는 햇발같이
풀아래 웃음짓는 샘물같이
내 마음 고요히 고운 봄길 위에
오늘 하루 하늘을 우러르고 싶다.

새악시 볼에 떠오르는 부끄럼같이
시의 가슴에 살포시 젖는 물결같이
보드레한 에메랄드 얇게 흐르는
실비단 하늘을 바라보고 싶다.

06

자원부족과 환경문제

하나뿐인 지구에 존재하는 유한한 자원을 이용하여 무한한 인간의 욕심을 채우기 위해 무작정 경제성장을 이룩하는 것은 불가능하다. 얼마 안 가서 우리는 빈 껍질뿐인 지구를 원망하며 살게 될 것이다.

6.1 토지와 천연재생자원

(1) 토지자원

세계의 육지면적은 약 150억 헥타르(ha)가 된다. 그중 1/5은 너무 한랭한 곳이라 사람이 살 수 없고, 또 다른 1/5은 너무 건조해서, 또 다른 1/5은 해발이 높고 공기가 희박해서 살 만한 곳이 못 된다. 그리고 또 다른 1/10은 여러 가지 다른 이유로 불모지로 되어 있다. 그러고 보면 지구상의 육지는 넓다 해도 사람이 살 수 있고 농경을 할 수 있는 것은 육지의 10% 정도이며, 나머지 20%는 갖가지 초지로 이용되고 있다. 따라서 세계의 모든 나라가 이용할 수 있는 국토는 제한되고 있어 나라마다 국토의 효율적 이용계획을 세우고 있다.

국토 이용의 목적별 수요예측을 함에 있어서 가장 어려운 문제는 국토 이용의 양적, 질적 변화가 다른 사회적, 경제적, 정치적 변화와 복잡한 상관관계를 가지고 있다는 것이다. 주어진 국토 위에서 국민을 어떻게 살게 하는 것이 가장 바람직한가는 바로 그 국토가 지닌 여건에 따라 토지이용 패턴이 마련되어야 하는 것이다. 식량 생산에 필요한 기본적 자원은 토지인데, 지구상의 잠재적 농업적지는 약 32억 헥타르(약 78억6천만 에이커) 가량이다. 그런데도 오늘날 이의 반에 해당하는 가장 기름지고 손대기 쉬운 상태에 있는 토지만 이용되고 있을 뿐 나머지 반의 토지에 대해서는 식량생산의 준비가 갖춰질 때까지는 각종 기술과 자본이 투입되어야만 한다.

표 6.1 우리나라 농지면적 변화 추이 (단위 : 천ha)

	1994	1995	1996	1997	1998	1999	2000	2001	2002	2004
농지면적	2,033	1,985	1,945	1,924	1,910	1,899	1,899	1,876	1,863	1,850
감소면적	22	48	40	21	14	11	10	13	13	13
감소율 (%)	1.1	2.3	2.3	1.1	0.7	0.6	0.5	0.7	0.7	0.7

(2) 천연재생자원

자연 생태계를 구성하는 인자 중 가장 많은 종류와 양을 차지하는 부분이 천연재생자원, 즉 생물질(biomas)자원일 것이다. 삼림자원은 물 순환의 안전과 토양의 보존에 중요한 구실을 하며, 증발을 돕고 토양의 공극(틈새)을 유지한다. 부식질(humus)과 토양은 녹은 눈과 빗물을 여과시키며 그 결과 수정처럼 맑은 시냇물과 샘을 흐르게 한다. 동·식물의 생활에 필수적인 중요한 영양염류도 대기와 빗물로부터 유래하며 이들도 또한 토양 및 토양수분으로 흐른다. 삼림은 건조기동안 주변지역에 수분을 모으고 저장하였다가 공급한다.

지구상 최초의 인류는 숲에서 살았다. 숲에서 식량을 얻고 은신처를 마련했으며 맹수를 피해 숲을 적절히 이용하였다. 인류의 보금자리였던 숲이 언제부터인지 경제원칙에 입각하여 삼림자원으로 인식되기 시작했다. 오랫동안 거의 무한한 자원으로 생각되어 온 삼림은 인구가 크게 늘어나고 종이류, 목재류 등의 수요가 급증하면서 크게 훼손되기 시작했으며 건강한 지구를 위해서 필요로 하는 삼림 생태학적 기능도 점차 상실하게 되었다. 지난 1만년 동안에 지구상의 삼림은 1/3이 파괴되었으며 지금도 매년 1700만ha의 밀림이 베어지고 있고 점차 그 파괴면적이 증가되는 추세이다.

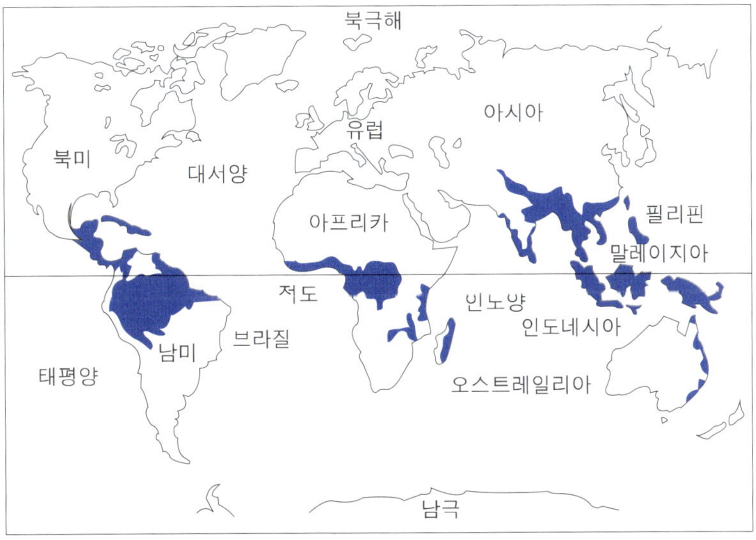

그림 6.1 세계의 열대 우림 분포도

현재 지구상에는 원시지구에 존재하였던 62억ha의 원시림 중에서 15억ha만이 훼손되지 않은 상태로 남아있다.

삼림자원은 매년 10^{11}ton(33억m^3)의 목재를 생산하여 건축용, 합판, 종이, 산업용으로 가공되어 이용하고 있으며 나머지는 세계 약 20억 인구의 연료로 사용된다.

삼림이 벌목되어 제거되면 숲 속의 동식물도 함께 사라진다. 10 km^2의 열대 우림에는 1500종의 꽃피는 식물, 750종의 나무, 400여종의 새 삼림생태계 속에서 생존하고 있는데 삼림이 사라지면 이들 생물 종들도 결국에는 삼림과 함께 지구 생태계에서 사라지고 말 것이다. 또한 벌목은 토양침식, 영양염류 유출, 보수력 감소 등의 피해를 가져와 여러 지역에서 삼림복구가 어려워지거나 불가능하게 된다. 지구상의 삼림은 광합성의 부산물로 대기 중 산소의 50% 이상을 생성한다. 1ha의 숲은 50명이 하루 동안 숨 쉴 수 있는 산소를 배출한다. 그러므로 인간에 의한 삼림 면적의 감소는 결과적으로 인간이 편안하게 숨 쉬며 살아갈 수 있는 권리를 스스로 박탈하는 것이다.

한반도의 경우 2006년 현재 삼림은 국토면적의 61%를 차지하며 여러 용도의 수요에 의해 매년 약간씩 줄고 있다. 정부는 1971년에 수도권 일대에 개발제한구역(그린벨트)을 처음 지정하고 그 후 1977년까지 서울을 비롯한 34개의 시와 36개의 군으로 확대하였다. 그린벨트지정은 도시의 무질서한 확산과 삼림훼손을 방지하고 녹지를 보존하는데 기여하였다. 1990년에는 전국토의 5.5%에 달하는 5,397km^2가 그린벨트로 지정되었으며, 그 안에 사는 주민은 커다란 불편과 불이익을 요구 당하고는 있지만 환경보전 측면에서는 크게 공헌한 것으로 평가되고 있다. 그러나 1998년 11월부터 그린벨트 해제를 위한 입법논란이 벌어지고 있어서 일부지역의 그린벨트가 해제될 가능성이 높아지고 있다. 해당지역 주민에게는 그 동안의 불이익과 불편을 해소할 수 있어서 바람직하겠지만 과열 투기와 환경훼손 등의 우려 때문에 해제에 대한 찬반 입장이 팽팽하게 대립되어 있다. 2004년 6월 지정되어 있는 그린벨트 면적은 4,123km^2이다.

특히 그린벨트(개발제한구역)를 해제하고자 할 때는 환경평가를 근거로 이루어져야 하는데, 환경평가란 환경영향평가와는 다른 평가로서 특정한 개발사업을 시행할 경우 그 주변 환경에 어떤 영향을 미칠 것인가를 파악하는 것이며, 일정한 구역 내의 자연환경을 조사해 보존가치가 높은 지역을 선정하는 것이다.

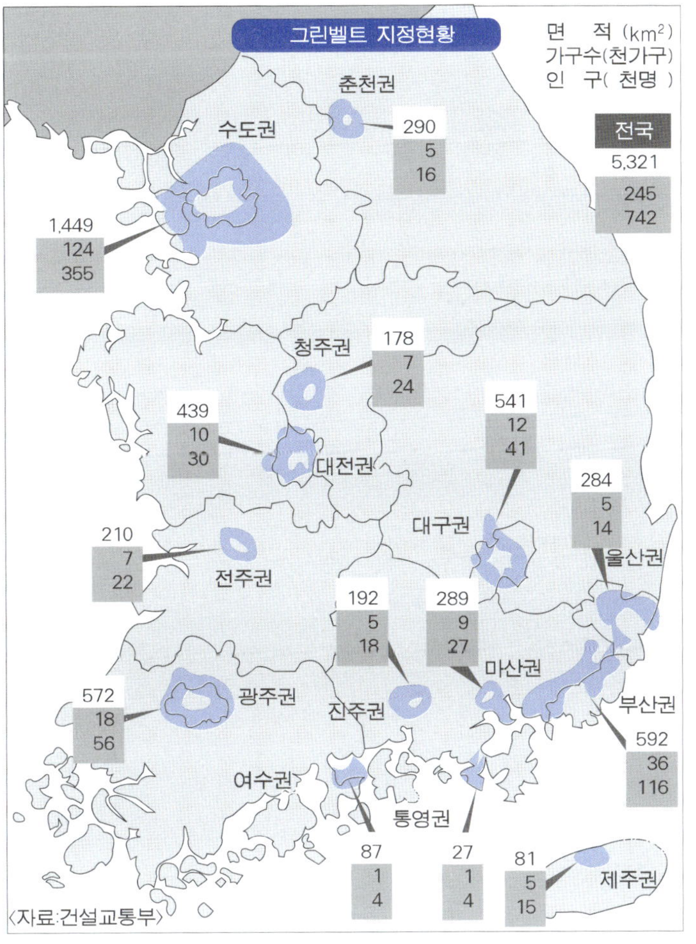

그림 6.2 전국 그린벨트 지정 현황

표 6.2 삼림의 공익적 기능 평가액 및 비율

기 능	평가액 (억원)	비율 (%)
산림 휴양	3조 5480	12.9
대기 정화	8조 3797	30.3
수자원 함양	7조 9318	28.7
토사유출방지	5조 7630	20.9
투사붕괴방지	1조 4664	5.3
야생동물보호	5221	1.9
합 계	27조 6100	100.0

6.2 광물자원과 환경문제

광물자원은 건물, 교량, 수송차량, 선박, 통신시설, 고속도로, 철도, 기계류 등을 만들기 때문에 궁극적으로 인류의 복지에 기여하지만 대기오염과 같은 환경파괴를 일으켜 인류를 위협하는 오염원이기도 하다.

광물자원은 지구전체로 볼 때 양적으로 보면 굉장하지만 분포가 고르지 못하여 경제적으로 가치 있는 총량은 제한되어 있다. 다시 말해서 산업에 이용할 수 있기까지의 경제성이 있는 품위를 가진 광물만이 자원으로서 가치가 있기 때문에 지구상의 지각(earth's crust)에 존재하는 모든 광물자원의 총량이 모두 이용될 수 없는 것이다.

광물자원은 무기질자원(inorganic resources)으로 광합성에 의해 얻어지는 것이 아니기 때문에 재생불가능자원(비 재생자원)이라고 부른다. 언젠가는 고갈되어버릴 광물자원의 미래에 대해서는 두 가지 견해가 있다. 비관적 견해는 지구상의 유한한 광물자원 매장량이 문명의 발달과 함께 계속 줄어들어 결국에는 고갈되어 버릴 것이라는 것이고, 낙관적 견해는 광물자원의 양은 시간이 지나면서 줄어들기는 하지만 과학기술의 발달로 품위가 낮은 광물도 경제성 있게 이용할 수 있으며, 자원의 재활용, 대체물질의 개발, 내구연한(耐久年限)의 증대 등으로 문명사회 유지를 위하여 필요로 하는 광물자원은 아주 오랫동안 확보될 것이라는 것이다.

광물자원 이용에 대한 낙관적인 견해에는 다분히 경제적인 측면만을 고려하고 환경적인 측면이 고려되지 않은 단점이 지적되고 있는데 광물자원 확보산업은 본질적으로 공해산업이어서 금속생산을 위한 각 공정(process)이 모두 환경오염을 수반하고 폐기물을 발생시킨다. 그 첫 단계는 기초 토목공사로서 흙과 암석을 제거

표 6.3 지구 표층에 존재하는 광물자원의 종류와 양

원 소	함유량(%)	원 소	함유량(%)
알루미늄	8.3	크 롬	0.011
철	5.8	아 연	0.0094
티타늄	0.64	구 리	0.0063
마그네슘	0.13	납	0.0012
인	0.12	우라늄	0.00017
탄소	0.032	금	0.00000035

하는 작업이다. 광업으로 인해 파헤쳐진 물질은 화학작용을 일으키지 않으나 넓은 지역의 개울과 저수지를 메우고 먼지를 발생시켜 대기를 흐리게 하며, 지표생태계를 심하게 훼손시킨다. 또한 용해성 물질을 포함하는 경우에는 빗물에 용해되어 토양과 하천을 오염시키기도 한다.

두 번째 단계는 채굴과 선광 공정인데 잘게 부서진 광석으로부터 불순물을 물리적으로 제거하는 과정에서 여러 가지 미소 오염물질(예, 비소·카드뮴·납·아연·수은·황 등)들이 노출되어 쉽게 물에 용해되므로 광산폐수를 발생시키는 원인이 되고 만다. 또한 선광 과정에 사용한 유기 용제가 물에 포함되기도 한다.

세 번째 단계는 제련(refining)공정으로 다량의 대기오염물질발생을 수반한다. 전 세계적으로 구리와 그 밖의 비철금속제련공정에서 발생되는 아황산가스의 양은 해마다 약 600만 톤에 이르며, 이 양은 산성비의 주요원인인 황 화합물 전체 방출량의 8%에 해당한다. 또한 많은 양의 비소·납·카드뮴과 기타 중금속 분말을 대기 중으로 방출시켜 주변의 자연 환경체계에 초목이 살아남지 못하는 죽음의 지역을 만들어낸다.

이렇듯 광물자원을 얻기 위해서는 많은 환경공해문제를 감수해야 하는데, 과학기술의 발달로 저 품위의 광석을 경제적으로 이용하게 된다면 광산업자는 좋겠지만 자연환경피해는 그만큼 늘어나게 될 것이다. 즉, 8% 함량의 구리광석 대신 1% 함량의 구리광석을 처리하여 같은 양의 구리를 얻고자 한다면 처리량을 8배로 늘려야 하며 따라서 모든 폐기물과 환경 오염물질이 8배 이상 증가될 것이다. 1990년에 900만 톤의 구리를 생산하기 위하여 전 세계적으로 채굴한 구리광석의 총량은 9억 9천만 톤이었다.

광물자원을 얻는데 필수적으로 소요되는 것이 에너지인데 대부분의 비 연료광물의 생산은 에너지 집약적이어서 에너지의 대량소비는 환경을 심하게 오염시킨다. 고갈되어 가는 광물자원을 적정한 수준으로 유지하기 위해서는 공급과 수요를 조절해야 되는데 세계 각국의 이해관계가 복잡하게 얽혀 있어 실제로는 그 조절이 매우 어렵다. 수요가 많아지면 공급을 늘려야 하는데 광물의 이용 가능량을 늘리는 데에는 과학기술의 발달이 크게 공헌하여 왔다. 즉, 새로운 탐사기술의 개발, 채광 및 선광, 정련 기술의 개발, 저 에너지 소비기술의 개발, 저품위 광석 이용기술개발 등으로 지구상의 어느 곳에 부존되어 있는 광물이라도 채광하여 공급할 수 있게 되었다. 광물의 수요를 줄여서 조절하려면 더딘 경제발전을 감수해야 하는데 선진국보다 개발도상국과 신흥공업국가가 더 큰 타격을 받을 것이다. 그러므로 경제발전을 추구하는 개발도상국들에게 광물자원 조절을 위하여 광물수요를 줄이라고 요구하는 것은 의미가 없으며 오히려 광물의 재활용을 적극 권장해야 할 것이다. 우리나라의 경우도 광물자원이 풍부하지 못하기 때문에 지속적인 경제 성장을 유지하기 위해서는 많은 종류의 광물을 재활용해야만 한다. 현재 미국의 강철생산량의 59%가 고철의 재활용으로 생산되고 있으며, 전 세계적으로는 10%의 고철이 재활용으로 충당되고 있다. 특히 광물의 재활용은 생산원가를 크게 낮출 수 있어서 알루미늄의 경우 10분의 1로 원가를 줄일 수 있다.

광물수요를 조절할 수 있는 방법의 하나는 대체물질 개발이다. 통신용 구리선을 대체하는 탄소유리로 만든 광섬유(optical fiber)와 철강대용으로 사용할 수 있는 엔지니어링 플라스틱(engineering plastic) 등이 현재 많이 이용되고 있는 대표적인 대체물질이지만 플라스틱은 화석연료의 고갈과 환경오염 등의 문제가 있다. 물론 모든 광물을 대체할 수 있는 것은 아니며 텅스텐, 수은, 리튬 등은 다른 것으로 대체할 수 없는 특성을 가지고 있기 때문에 수요를 줄이는 것만이 최선의 대책이 될 것이다.

광물자원은 비 재생자원이기 때문에 언젠가는 고갈될 것이므로 각국이 수요와 공급을 적정수준으로 조절할 수 있는 자원정책을 수립하고 실천하여야 할 것이다.

6.3 에너지 환경문제와 대체에너지 개발

인간이 생존하고 있는 지구표면이 받는 3대 에너지원은 태양의 방사에너지(emission energy of sun), 지구의 중력에너지 그리고 지열에너지이며, 우리는 이들을 필요에 따라 적절히 골라 이용하고 있다.

(1) 화석에너지 자원과 환경문제

석유와 석탄은 현대의 산업문명을 가동시키는 중요한 에너지자원이다. 석탄을 처음 연료로 사용했다는 기록에 의하면 약 200년 전부터 인간은 석탄을 사용하였는데 점화하기가 어렵고 심한 연기와 냄새가 나기 때문에 별로 환영받지 못했다. 또한 채굴하는 과정이 위험할 뿐만 아니라 취급과 운반이 불편하다는 단점 때문에 인간은 새로운 에너지원을 찾게 되었다.

지구상에서 석유가 처음 발견된 것은 약 5000년 전 중동지방의 기름샘(油井)에서 흘러나온 끈적이는 액체였으며, 우연히 불이 붙어 계속 타기 때문에 '타는 물'이라고도 불렀으나 매연이 많이 발생되고 냄새도 고약해서 연료로 사용하기보다는 약품이나 물감을 만드는 원료로 사용되었다. 그 후 19세기 중반에 미국에서 개발된 유전에서 다량의 석유를 얻어내어 정제공정을 거쳐 등유와 휘발유를 얻을 수 있게 되었다.

불과 50여 년 전 세계 석유소비량은 현재의 6분의 1수준이었으며 30여 년 전만 해도 석유는 연료로서 중요할 뿐 석유화학제품 생산을 목적으로 한 이용은 매우 저조했었다. 현재 석유는 연료 외에도 플라스틱, 합성섬유, 합성고무, 페인트, 농약, 비료, 비누, 화학약품 등에 매우 중요한 원료가 되고 있다. 우리 세대는 석유개발과 이용에 매우 큰 혜택을 받았기 때문에 석유 의존도가 매우 높으며 그 존재가 영구적이기를 바라고 있지만 석유시대는 앞서 있었던 200년 동안의 석탄시대 보다 훨씬 빠르게 사라질 것이다. 석유는 1989년에 전 세계 에너지 소비량 93억 톤의 33%인 31억 톤이 사용되었으며, 그 매장량이 한정되어 있기 때문에 훨씬 빨리 고갈될 것이다. 지역별로 차이는 있으나 세계 전체로 보면 가채 년 수가 불과 37년에 불과해 매우 단명한 에너지원이 될 것으로 예상된다. 따라서 세계적인 석유의 의존으로부터의 전환이 이루어지지 않으면 안 될 것으로 보인다.

가스상태의 에너지원이 우리에게 대량 공급된 것은 원유정제과정에서 발생하는 프로판(C_3H_8)과 부탄(C_4H_{10})을 액화시킨 LPG(Liquified Petroleum Gas) 이었으며 가정의 취사기능을 획기적으로 개선시킨 에너지원이었다.

표 6.4 인류 문명발달에 따른 에너지 소비 변화

사회구분	에너지소비 (kcal/인/일)	배 율
원시사회	2000	1
채집수렵사회	5000	2.5
초기 농업사회	12000	6
진보한 농업사회	26000	13
초기 산업사회	70000	35
현대 산업사회	230000	115

표 6.5 세계 석유매장량과 가채년수

지 역	석유보유량 (억배럴)	가채년수
중 동	6600	95
라틴아메리카	1250	41
러시아와 동유럽	600	9
아프리카	590	22
아시아, 대양주	470	14
북아메리카	420	8
서유럽	180	9
세계 전체	10110	37(평균)

자료 : 김범철, 이승환 역, 지구환경보고서, 1998

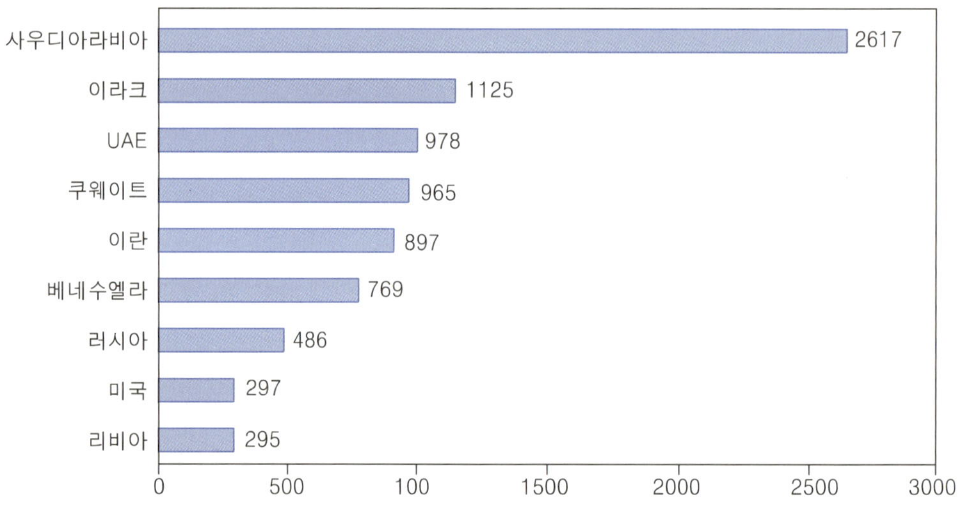

그림 6.3 세계 석유 매장량

천연가스(Natural gas)는 원유채굴과정이나 가스전(gas field)에서 발견되는데 메탄(CH_4)을 주성분으로 하며 석탄보다는 에너지 효율이 높고 석유보다 깨끗하게 연소되며 오염물질도 적게 발생된다. 우리나라에서는 액화천연가스(LNG, Liquified Natural Gas, *천연가스를 영하 161℃ 정도의 저온으로 처리하면 액체가 된다.)를 수입하여 대도시의 주요 에너지원으로 공급하고 있으며, 점차 그 사용이 확대되고 있으나 전 세계적으로 가채 년 수가 50여 년 정도로 추산되기 때문에 천연가스도 영원히 부존하는 에너지 자원이 될 수 없다.

화석연료는 그 생성과정과 존재하는 지질의 특성 때문에 가연물질 이외에 황(S)과 같은 불순물질이 포함되어 있다. 따라서 연소과정에서는 이산화탄소(CO_2) 외에 일산화탄소(CO), 질소산화물(NO_X), 황산화물(SO_X) 등의 여러 가지 대기오염물질이 발생된다.

화석연료의 연소과정에서 발생되는 이산화탄소는 온실가스의 주범으로서 지구기후변화를 주도하고 있으므로 화석연료의 의존도가 높은 나라에서는 화석연료대신 환경오염을 발생시키지 않는 대체에너지 개발에 박차를 가해야 하거나 에너지의 청정화 기술을 적극적으로 개발해야 할 것이다.

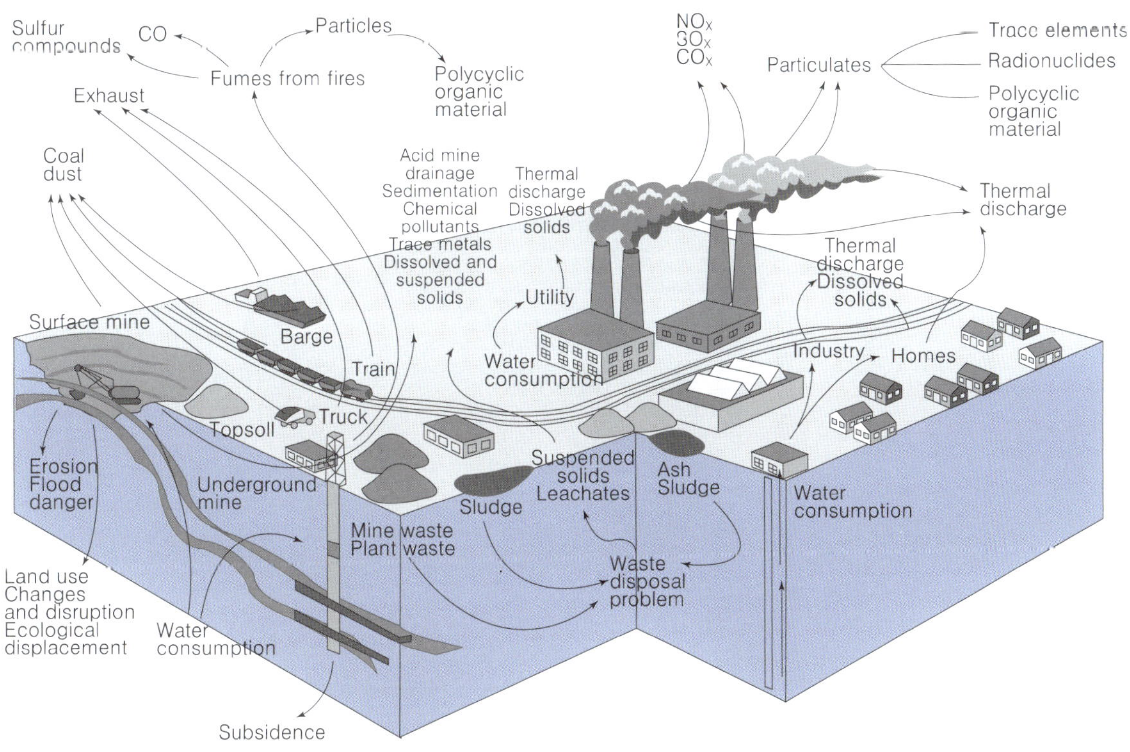

그림 6.4 화석연료의 연소와 환경오염 관계

(2) 원자력 에너지와 환경문제

많은 사람들은 원자력을 이용한 에너지 발생이 부족한 에너지를 확보하는데 가장 적절한 수단으로 단정 지으려 하고 있다. 왜냐하면 원자력에너지는 인간이 과학기술에 의해 만들어낸 경이적인 에너지이며 양적으로나 경제적으로 21세기의 에너지문제 해결에 가장 기대할 수 있는 대체에너지이기 때문이다.

표 6.6 에너지원별 발전설비추이 (설비용량 : MWe)

구분	1996	1997	1998	1999	2000	2001	2002	2003	2004	2005	2006	2007	2008	2009
원자력	9,616	10,316	12,016	13,716	13,716	15,716	15,716	15,716	16,716	17,816	17,716	17,716	17,716	17,716
수력	3,094	3,115	3,131	3,148	3,149	3,876	3,876	3,877	3,883	3,883	5,485	5,492	5,505	5,515
석탄	7,820	10,200	11,331	14,031	14,031	15,531	15,931	15,931	17,465	17,965	18,465	20,465	23,705	24,205
유류	7,349	8,860	4,716	4,866	4,866	4,868	4,660	6,011	6,048	6,092	6,172	5,790	6,361	6,541
가스	7,836	8,551	12,368	12,689	12,689	12,868	13,618	14,518	15,746	16,447	17,436	18,455	18,476	18,357
대체	-	-	-	-	-	-	-	-	104	156	240	351	728	1,136
계	35,715	41,042	46,978	48,451	48,451	50,895	53,801	56,053	59,961	62,260	65,514	68,268	72,491	73,470

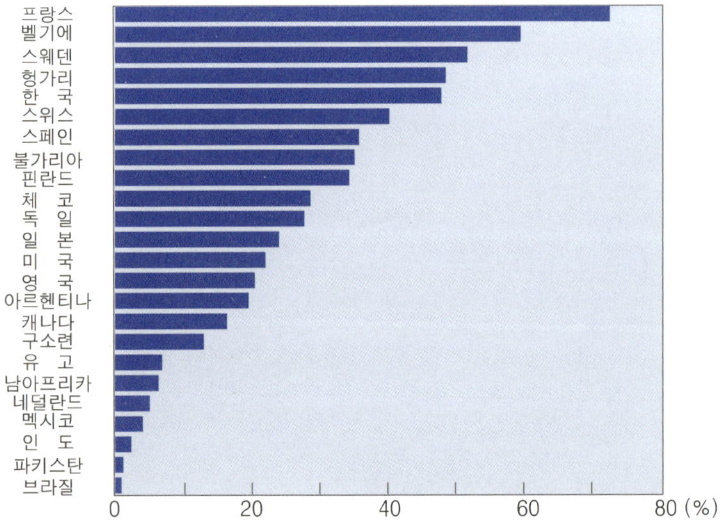

그림 6.5 세계 각국의 원자력 발전에 의한 전력생산 비율

원자력 발전소가 처음 지구상에 등장한 것은 1956년 영국에서이며, 그 동안 핵무기 등으로 인식되었던 원자력을 평화적으로 이용함으로써 값싸고 깨끗한 에너지를 무한히 공급할 수 있으며, 고갈되어 가는 화석연료를 대체할 수 있을 것으로 기대되었기 때문에 매우 환영을 받았다.

1973년 세계 석유파동 이후 원자력 발전은 석유의 대체에너지로서 각광을 받기 시작하여 원자력 발전소의 건설이 세계 곳곳에서 추진되었으며, 우리나라에서도

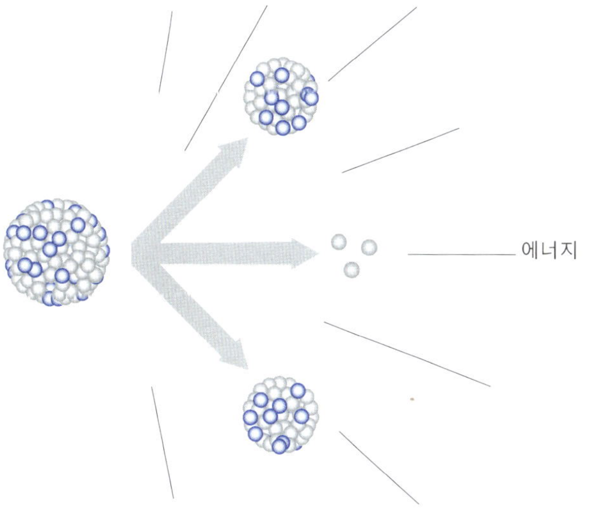

(a) 핵분열 모형

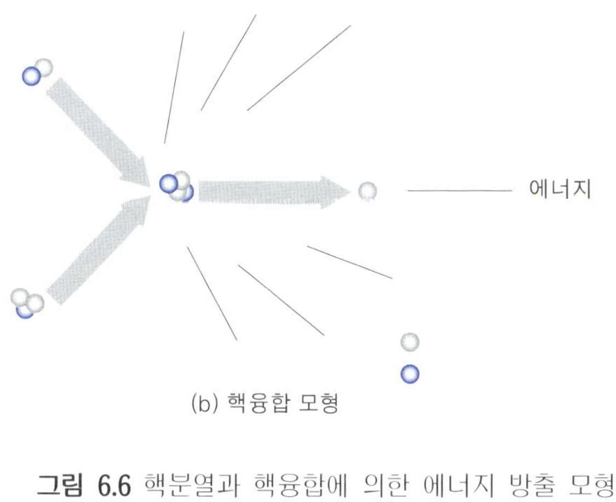

(b) 핵융합 모형

그림 6.6 핵분열과 핵융합에 의한 에너지 방출 모형

1978년에 경남 고리에서 원자로 1호기가 건설되어 첫 원자력 발전을 시작하게 되었고 현재는 모두 16기가 건설되어 전체 발전량의 약 50% 정도를 생산·공급하기 때문에 대체에너지라고 하기보다는 주력에너지라고 말할 수 있게 되었다.

원자력 에너지를 이용하는 방법은 크게 두 가지로 구분할 수 있는데 하나는 핵 융합반응에 의한 방법과 또 다른 하나는 핵분열 반응에 의한 방법이다.

현재 세계 각국에서 이용하는 원자력 에너지 이용방법은 핵분열반응에 의한 발전으로 핵분열이 가능한 3%로 농축된 우라늄 235(U_{235})를 핵연료 봉에 넣어 분열시 발생하는 열로 물을 끓여 터빈을 회전시킴으로써 전기를 생성하는 것이다. 그러나 핵분열을 지연시키는 제어 봉이 작동하지 않거나 냉각수가 유실되면 반응로가 녹아내릴 가능성이 있는데 이러한 사고를 용융이라고 한다. 용융 사고의 대표적인 사고가 1986년 구 소련의 체르노빌에서 두 개의 원자로가 녹아서 폭발한 참사이다. 사고 당시 사망자는 31명에 불과했지만 방사능 낙진으로 13만 5천명의 주민이 영구히 삶의 보금자리를 버리고 이주하였으며, 향후 60년 내에 구 소련과 유럽에

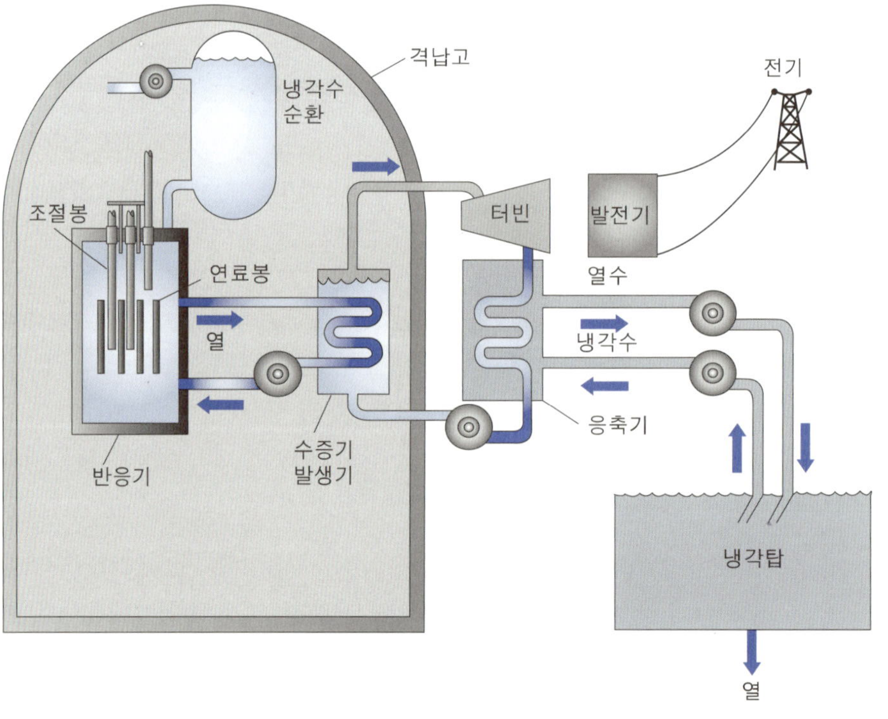

그림 6.7 원자력발전 설비 모형

서 2만~4만 명이 방사능 오염으로 사망할 것으로 추산된다. 이렇듯 대형사고의 위험을 가지고 있는 원자력 발전의 안전을 강화시켜 설비한 것이 다중 방호체계로서 이러한 시설을 갖춘 원자력발전 설비의 모형은 그림 6.7과 같다. 그러나 100% 안전한 시설은 사실상 존재하지 않는다. 천재지변(지진, 해일, 기상이변 등)이나 전쟁 및 테러공격, 인재(관리자의 실수) 등에 의한 피해를 모두 사전에 방지할 수 있는 시설물을 만들기는 기술적으로 어려우며 만든다 해도 그 비용이 엄청나서 아무도 만들지 않을 것이다.

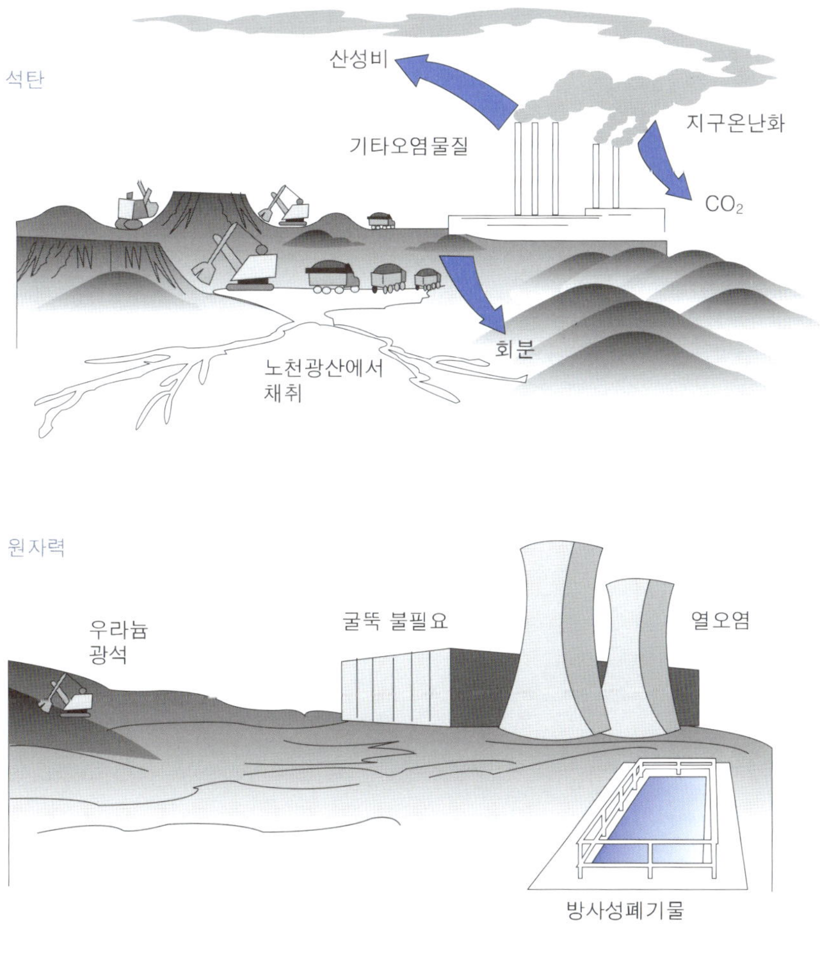

그림 6.8 원자력과 화석연료의 환경영향 비교

전력생산에 따른 제비용을 비교해보면 원자력발전이 수력발전보다는 비싸지만 화력발전보다 싼 것으로 평가되었으며, 후진국일수록 원자력 발전이 월등히 싼 것으로 인식되고 있다.

자연 환경적인 측면에서 보면 원자력발전은 대기오염과 수질오염원을 매우 적게 배출하는 에너지원이다. 원자력발전은 연료를 연소시키지 않으므로 화석연료를 태울 때처럼 여러 가지 유독한 가스가 발생하지 않는다. 또한 이산화탄소가 발생되지 않으므로 지구 온난화 걱정을 할 필요가 없으며, 아황산가스나 질산성가스가 발생되지 않으므로 산성비와도 무관하다. 냉각수로 인한 수온 변화 이외에는 수질오염물질도 발생하지 않는다. 이점을 강조하여 원자력발전을 화석연료사용 대안으로 적극 찬성하는 사람들이 많다.

그러나 원자력발전의 폐해는 단순한 환경오염이 아니라 생물권의 구조변화를 초래하는 엄청난 위험이다. 원자력발전에서 문제가 되는 가장 중요한 오염원은 핵폐기물이다. 원자력발전소를 1년간 운영한 후에는 우라늄의 2/3가 분열되어 더 이상 발전용으로 사용할 가치가 없어져서 새 우라늄연료로 교체해야 한다. 문제는 사용 후 남은 연료에 1/3에 해당하는 방사능 물질이 남아있으며, 이러한 핵폐기물을 안

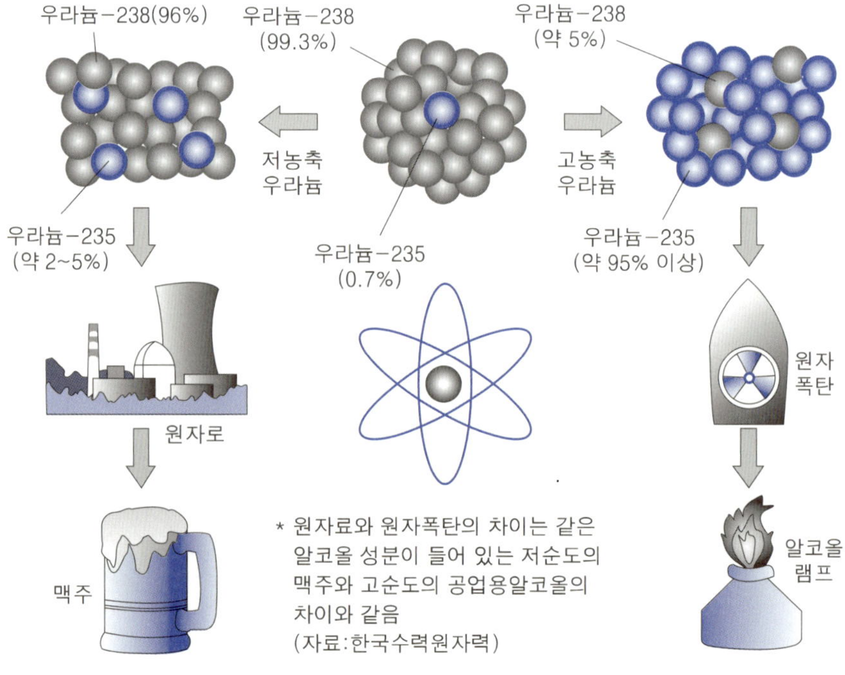

그림 6.9 원자로와 원자폭탄의 차이

전하게 처리할 방법이 현재까지는 없다는 점이다. 또한 우라늄 238(U_{238})이 U_{235}의 분열 시 생성되는 중성자를 받아 분열능력이 있는 플루토늄 239(Pu_{239})로 변화하여 폐기물 중에 다량 포함되어 있다는 것이다.

원자력 물질의 능력이 반으로 줄어드는 시간을 반감기(半減期)라고 하는데 플루토늄의 반감기는 2만4천년으로서 최소 25만년이 지나야 생물권에 아무런 해가 없는 물질로 변한다.

원자력발전은 열 오염의 문제가 있다. 반응로의 과열피해를 방지하기 위하여 원자력발전소의 보일러는 여타 보일러보다 낮은 온도에서 가동되어야 하므로 냉각수를 많이 사용하기 때문에 많은 양의 열 수가 해양으로 흘러서 열 오염을 일으킨다. 그러므로 지구상에서 지속적으로 원자력 물질을 에너지원으로 사용하기 위해서는 핵폐기물의 완벽처리 기술이 개발·보완되어야 하고, 시설은 100%이상의 안전방호조치가 강구되어야만 한다. 또한 열 폐수로 인한 해양 생태계변화를 방지할 수 있는 기술도 병행하여 개발되어야 할 것이다.

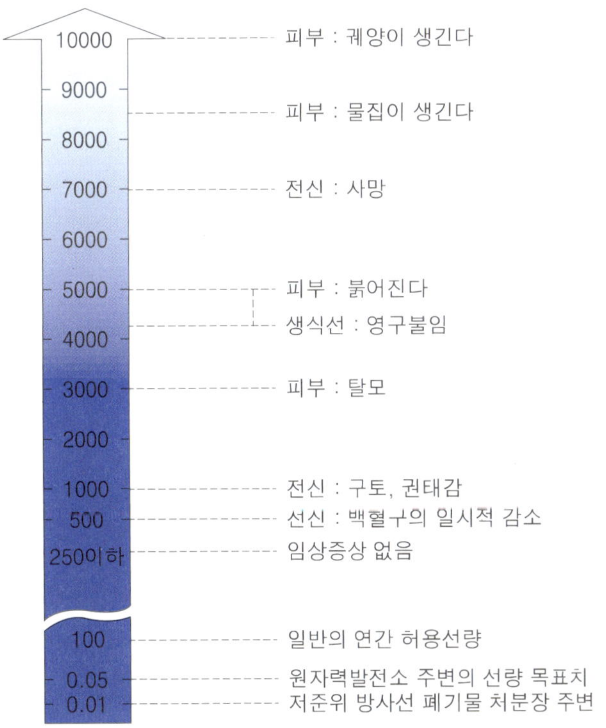

그림 6.10 방사선량의 증가에 따른 인체의 영향

E·N·V·I·R·O·N·M·E·N·T & P·O·L·L·U·T·I·O·N

(3) 대체 에너지자원의 개발

대체에너지(Substitute energy)는 석유 에너지자원을 대신할 수 있는 모든 에너지를 뜻하지만 궁극적으로는 화석연료를 대체할 수 있는 깨끗한 에너지(청정에너지, clean energy)를 말한다. 우리나라에서는 에너지 공급 취약성의 극복과 에너지 자원의 다양화를 도모하여 장기적인 에너지 수급안정을 기하면서 환경오염의 개선을 목적으로 하여 1988년부터 2001년까지 개발촉진법이 1987년 12월 4일에 제정 공포 되었다. 이 법에서는 석탄, 석유, 원자력, 천연가스가 아닌 에너지로서 태양에너지(태양열, 태양광발전), 바이오에너지, 풍력, 소수력, 연료전지, 석탄액화 및 가수화, 해양에너지, 폐기물에너지, 지열에너지, 수소에너지, 유동상에너지 등의 11개 분야를 대체에너지 개발대상으로 정하고 실용화를 위한 기초와 응용연구를 정부에서 지원하고 있다.

1) 태양에너지

태양에너지(Solar energy)는 생태계 내 생산자 집단의 광합성 작용의 원동력이며 수력과 풍력에너지 생성에도 간접적으로 이용되는 에너지원이다. 대체에너지로서 태양에너지의 이용은 크게 두 가지로 구분할 수 있는데, 첫째는 태양에너지를 열로 변화시키는 방법이며, 둘째는 태양광 발전 기술이다.

우리나라에 도달하는 태양에너지를 석유로 환산하면 연간 약 132억 톤에 해당하는 열량으로서 태양열 주택을 대상으로 조사한 바에 의하면 3~10월 사이에는 80℃까지 11~2월 사이에는 60℃까지의 뜨거운 물을 모을 수 있기 때문에 태양열을 효율적으로 이용하면 연간 60% 이상의 난방에너지를 절약할 수 있게 된다. 현재 국내의 태양열이용기술은 많은 발전을 하여 고효율의 집열판과 축열 시스템을 싼 값에 수요자에게 공급할 수 있게 되었다. 우리나라에서는 태양열 집열판을 이용하는 설비형 건물보다는 전통적으로 태양 빛이 잘 받도록 집을 짓는 자연형 태양열 이용 주택이 많이 보급되어 왔으며, 앞으로도 계속 보급될 것이다.

태양열 발전은 태양열을 전기에너지로 변환시키는 기술로서 수많은 반사경을 이용하여 태양열을 한 곳에 모아 열 매체인 액체를 가열하고 터빈을 돌려 전기를 발생시키는 방법이다.

태양은 지구의 109배 크기로 이곳으로부터 1억5천만 km 떨어진 곳에 위치해 수소 73%, 헬륨 24%로 이뤄진 기체덩어리로서 초당 3.8×10^{23} kW의 에너지를 우주에 방출하는 거대한 화염이다. 지구는 태양으로부터 지표면 $1m^2$당 7백 W의 에너지를 받게 되는데, 이는 다시 말해 지구전체에 도달하는 태양에너지의 양이 태양자신이 방사하는 에너지량의 22억분의 1이고 그 에너지량(1.2×10^{14}kW)은 전 인류의 소비에너지량(1.2×10^{10}kW)의 약 1만배에 달하는 것이다.

아직까지 전 세계적으로 태양 에너지 연구는 주택의 난방 및 급탕 시스템, 온수기, 농·수산물 건조기, 저가 집열기 및 소규모 태양광 발전 등이 주류를 이루고 있으며, 태양열 발전에 관한 연구는 발전에 필요한 고온 획득 방법과 고온 재료 개발 등이 문제가 되어 큰 진전을 보지 못하고 있다. 그러나 지난 1980대 중반 미국에서 10MW급의 태양열 발전 시스템의 실용화가 이루어진 이후 각 국에서 집중적인 개발 투자를 계속하고 있으며, 2010년대에는 가장 강력한 태양에너지의 이용 방법이 광범위하게 보급될 전망이다.

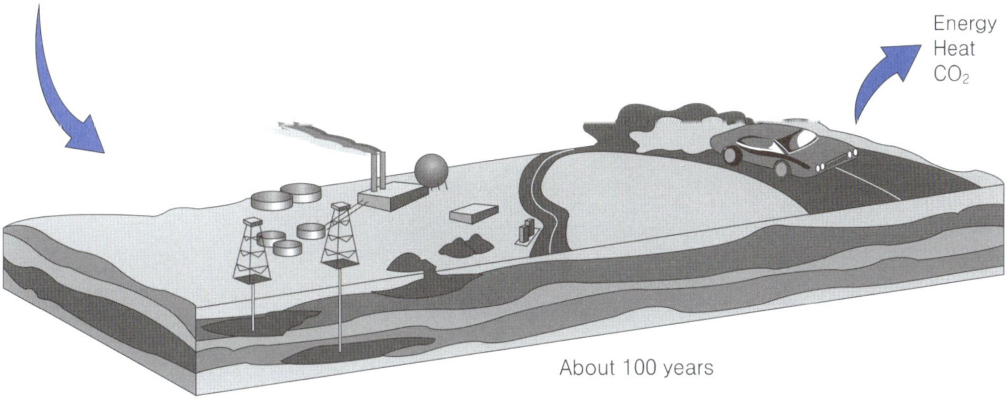

그림 6.11 20세기와 21세기의 에너지 의존 변화

태양열 발전 시스템의 종류는 크게 세 가지로 중앙 집중형 시스템(central receiver solar thermal electric power system)과 분산형 시스템(distributed solar thermal electric power system)과 독립형 시스템으로 구분한다. 중앙 집중형 시스템은 태양 추적 장치(heliostat)라고 불리는 거대한 태양 추적 반사경에서 반사된 태양광을 중앙에 위치한 탑의 한 점에 모아 고열을 얻고, 이 고열로 열교환기 등을 이용하여 고압 수증기를 발생시켜 전기를 얻는 방식이다.
집광비는 1000$/kWp 정도이며 증기 터빈은 약 600℃로 운전된다. 분산형 시스템은 선초점형이나 접시형 등 집광 집열기를 이용한 단위 집광 집열 시스템을 다수 분산 배치하여 배관 내를 흐르는 열매체를 가열시키고, 이를 이용하여 Stirling 엔진과 같은 열기관을 구동시켜 발전하는 방식이다. 독립형 시스템(stand-alone system)은 앞에서 언급한 집광 집열기를 이용하는 5~25kWp 급의 시스템으로서 전력 계통중 독립된 소규모 전원으로 이용되는 것을 말한다. 또한 태양열 발전 시스템은 그 규모에 따라 다음과 같이도 구분하기도 한다.

소규모 태양열 발전 시스템

수십~수백 W 범위의 것으로 열효율이 낮고 가격이 비싸며 열손실이 크다. 따라서 소규모 발전에는 태양광 발전 시스템보다 경제성이 없다.

중규모 태양열 발전 시스템

수십~수백 kW 범위의 것으로 분산형 시스템이 주로 사용되며 다소 경제성이 있다. 태양광 발전 시스템과 특수한 경우에는 경쟁이 될 수 있다.

대규모 태양열 발전 시스템

수백 kW~수백 MW급으로서 중앙 집중형 시스템이 대부분 여기에 들어간다. 최근까지 수백 kW로부터 수십 MW급의 태양열 발전 시스템이 각국에서 별 문제 없이 운영되고 있으며, 기술적인 문제들이 대부분 해결된 상태이나 아직 대규모 축열 시스템에 대한 연구는 미진한 상태이다. 대표적인 시스템으로는 SEGS (solar electric generating system, Luz사에서 건설)을 들 수 있다.

태양열 발전의 발전 단가는 1990년대 중반에 이미 상용 화력 발전 단가보다 약간 높은 수준까지 떨어졌으며 2000년대 초에는 10ϕ/kWh 이하로 떨어졌다. 대규모 중앙 집중식 타워형이 실용화 될 2010년쯤에는 부하 평준화용으로서 충분한 경제성을 가질 것으로 보인다. 시스템 설치비용도 현재의 2,000$/kWp 정도에서 2010년경에는 750$/kWp 정도까지 낮아질 것으로 전망되고 있다.

이 발전시스템에 쓰이는 열기관으로는 대규모 시스템에서는 일반 화력 발전에 쓰이는 증기터빈 기술이 채택되고 있으며, 소규모 시스템에서는 열 효율이 높고 크기가 작은 Stirling 엔진이 많이 쓰인다. 태양열 발전시스템의 요체라고 할 수 있는 집광 집열기는 선초점형이 사용화되고 있고, 대표적인 분산형 태양열 발전 시스템인 미국의 SEGS에도 채택되고 있다. 접시형 집광 집열기는 규모가 상대적으로 작은 독립형 시스템과 소규모 분산형 시스템에 적합하며 아직은 본격적인 사용화 단계에는 이르지 못하고 있다.

태양열 발전에 있어 가장 앞서 있는 미국은 1990년대 초부터 태양열 발전 기술 개발 계획 'Solar Thermal Electric Program'을 의욕적으로 추진하고 있으며, 여기에는 Sandia Lab., NREL 등 국립 연구 기관과 Southern California Edison, 3M 등의 기업이 참여하여 대규모 시스템 개발과 집중식 시스템에 쓰이는 반사경을 비롯한 접시형 집광 집열기 등에 관한 연구를 수행하고 있다. 이러한 개발 투자가 열매를 맺을 21세기에는 태양열 발전이 새로운 에너지원으로 각광을 받게될 것으로 보인다. 태양 추적 장치 가격이 40$/m^{2}선에 이르면 태양열 발전 시스템의 경제성도 크게 향상되어 점차 보급이 활발해질 것으로 전망된다.

우리나라에서는 아직 이런 대규모 태양열 발전 시스템을 건설하는 것은 재원이라든가 소요 부지 등의 제약 요소가 많아 실현을 기대하기가 어려우나, 태양열 발전은 21세기를 대비 할 수 있고 실용화의 가능성이 큰 청정 에너지원이기 때문에 기초 연구 차원의 소규모 발전시스템 개발은 국책 사업으로 추진 할 필요성이 높아져 한전 등에서 적극 추진하고 있다.

또한 태양전지(Solar cell)는 햇빛을 직접 전기로 바꿔 이용하는 기술로서, 전자를 얻으려는 층과 전자를 버리려는 층으로 구성된 전지에 빛 에너지가 부딪치면 전자가 튀어나와 두 층을 통과하면서 전류가 발생되는 원리를 이용한 것이다. 간단한 형태의 태양전지로는 계산기나 시계 등에 부착되어 실용화되어 있으며, 인공위성이나 우주선에서는 통신용전기공급으로 태양전지가 이용된다.

태양전지의 재료는 주로 실리콘(Si)을 사용하는데 태양전지의 실용화를 위해서는 저가 고효율 실리콘전지를 많이 생산할 수 있어야 하며 점차 전지의 크기도 박막(thin layer film)형으로 개발되어야 한다. 실리콘 태양전지의 이론적 효율은 25%인데 실제로는 12~14% 밖에 되지 않으므로 18%까지 효율을 높이는 연구가 국내에서도 활발히 진행되고 있다.

태양광을 직접 전기로 바꾸는 태양광발전은 소규모발전이 가능하며 1996년에는 100kW급 태양광 발전소가 충남 호도에 설치되었으며 제주도 남단 마라도와 전남 하화도등을 포함한 10개소의 태양광발전시설이 설치되어 2006년 10월에는 29,000kW의 전력을 생산하였다.

또한 태양열주택의 건축이 증가하고 있는데, 자연향 태양열 주택이란 아무런 동력 없이 태양열을 이용하는 것으로 남측으로 면해 있는 곳의 바깥쪽을 유리창으로 처리하고 그 안에 집열벽을 두어 낮 동안에는 태양에 의해 데워진 공기가 위, 아래에 있는 공기의 구멍으로 순환이 되어 난방이 되고, 밤에는 집열벽에 축열되어 있는 열이 벽체를 통해 방안으로 전달이 됨으로써 난방이 되는 방식을 이용하는 것이다. 또한 거실은 직접 획득형을 사용하여 창을 통해 들어온 태양열이 직접 거실의 공기를 덥히거나 거실바닥에 축열이 이루어지도록 하였다.

자연형 태양열시스템의 특성

· 건축남측면에 태양에너지 집열용 남향창(유리 또는 투명플라스틱) 설치여부
· 건물내부의 구조체(바닥, 벽, 혹은 천장)를 이용한 태양열의 저장 이용여부
· 난방효과는 집열부 혹은 축열부로부터의 자연적인 열전달방법(전도, 대류, 복사) 에 의해 이루어짐
· 열효율 향상을 위해 집열부에 가동단열장치의 사용 가능 여부

유형별 구분

직접획득형(Direct Gain)

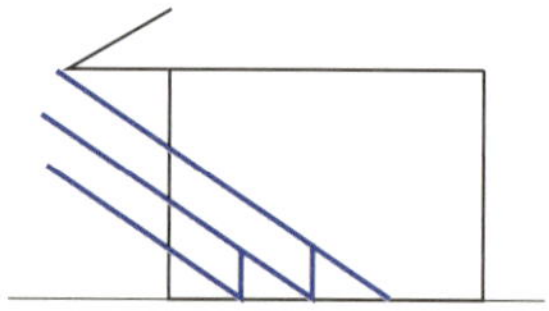

난방 남측의 집열창을 통해 유입된 태양열 이용 ; 유입된 태양열의 일부를 실내의 바닥 및 내벽에 저장하여 야간이나 흐린 날에 이용

냉방 실내환기를 위해 통풍용 환기창 설치 ; 여름에 태양열의 차단을 위한 적정 길이의 차양설치

특징 유입된 태양열을 직접 난방에너지로 이용 ; 거주공간의 구조체를 축열체로 이용

축열벽형(Trombe Wall)

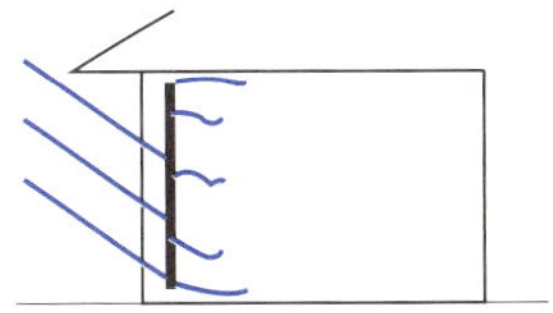

난방 집열창과 상호연결된 축열벽을 통한 열전달 효과 및 자연대류현상 이용

냉방 축열벽 전면에 개폐용 창문 설치 ; 적정 길이의 차양 설치 ; 유입된 태양열 대부분을 축열벽에 저장하여 축열벽으로부터 복사열을 난방에너지로 이용 ; 축열벽 상·하부에 통기구를 설치하여 자연대류를 통한 난방도 가능

부착온실형(Attached sun space)

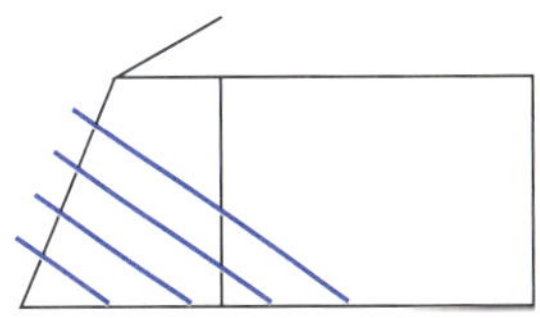

난방 부착온실에 태양열을 집열, 축적하여 인접한 실내 공간의 난방에너지로 이용

냉방 하절기 과열방지용 차양 설치 ; 개폐용 창문 설치

특징 온실의 역할을 겸하면서 주거공간의 온도조절 가능

태양에너지는 태양계가 존재하는 한 무한히 공급되며 환경오염이 없는 미래의 에너지로서 각광을 받고 있지만, 아직 다른 에너지에 비해 경제성이 떨어지며 기술개발이 미진한 등의 해결해야 할 문제점이 산적되어 있어 적극적인 연구개발이 시급히 요구된다.

2) 바이오 에너지

바이오 에너지(Bioenergy)는 자연계에 존재하는 생물질(biomass)을 이용하여 에너지를 생성하는 기술을 의미한다. 우리는 전통적으로 각종 초목(草木)을 직접 연료로 사용하여 왔지만 효율이 매우 낮았다. 바이오 에너지 생성기술은 크게 두 가지로 구분할 수 있는데 하나는 바이오매스를 발효시켜 에탄올(Ethanol, ethyl alcohol, C_2H_5OH)을 생성시키는 기술이고 또 하나는 각종 폐 바이오매스로부터 메탄(Methane, CH_4) 가스를 발생시키는 기술이다.

당분이 많이 포함되어있는 사탕수수 같은 농작물과 섬유소(cellulose)로 구성된 모든 생물질을 처리하여 당(Glucose)을 추출한 후 발효시켜 알코올을 얻을 수 있다.

또한 식물성기름(식물씨앗으로부터 얻어지는), 즉 식용유를 간단한 화학처리에 의해 변환시킨 바이오디젤이 새로운 바이오 에너지로 각광받고 있다. 우리나라에서도 바이오디젤을 일정량 생산하여 청소차 등에 의무적으로 사용하도록 권장하고 있다.

처리공정과 발효반응은 다음과 같다.

- 처리공정

  biomass + 묽은 황산 → hemicellulose와 cellulose
- 당화공정

  cellulose의 당화 : cellulose를 수증기로 쪄서 여기에 효소를 작용시키면 glucose(6탄당) 생성

  hemicellulose의 당화 : hemicellulose를 가수분해하여 여기에 효소를 작용시키면 xylose(5탄당) 생성
- 발효반응

  glucose와 xylose를 당분해효소로 처리 → ethanol(알코올) 생성

바이오매스 자원이 풍부한 브라질에서는 에탄올 생산량이 충분하여 이미 자동차 연료로 사용하고 있는데 40%의 알코올과 60%의 가솔린을 혼합시킨 가스홀(gashol)을 제조하여 휘발유 소비를 절약함은 물론 연소효율증대와 배기가스의 청정화에 크게 기여하고 있다.

전분질(Starch)을 포함하는 농산물을 생물질로 이용하여서 쉽게 알코올을 생성시킬 수 있는데 이미 식용 알코올(주정공업)로 많은 양이 소비되고 있으며 고 순도의 알코올 생산 공정기술이 개발된 상태이다.

메탄가스를 얻기 위해서는 가축배설물 및 기타 부패성 바이오매스를 다른 반응에 의해 분해시키면 된다. 우리나라에서 메탄가스를 연료로 이용하기 시작한 것은 1967년 농촌 취사구조 개조를 위하여 농촌진흥청에서 가축의 분뇨와 인분, 퇴비 등을 발효조에 넣어 습식으로 메탄가스를 발생시킬 수 있음을 연구한 때부터이며, 1975년까지 전국적으로 29,000여기의 시설을 보급하기에 이르렀다. 그러나 습식시설은 겨울철에는 가스발생이 저조하여 사용이 중단되어야 했기 때문에 1981년에 볏짚, 건초 등의 농업부산물을 축분과 혼합하여 건식으로 메탄가스를 발생시키는 시설을 개발하여 현재는 가정용은 물론 상용화 시설용으로 이용될 수 있는 메탄가

스전환 기술개발에 목표를 두고 연구가 수행 중에 있다.

$$\text{혐기성 분해 반응 : } C + H_2 \xrightarrow[\text{메탄올}]{\text{혐기분해}} CH_4$$

또한 바이오매스 중 비 섬유소 물질인 리그닌을 액체상 물질로 전환시켜 액체연료 및 연료첨가제로 활용할 수 있을 것으로 기대하고 있고, 그에 대한 연구도 활발히 진행되고 있다.

국가경제의 어려움이 오랜 동안 지속될 것으로 예상되는 현시점에서는 농업부산물이 풍부한 농촌에서 화석연료보다 값이 싸고 청정한 에너지원인 메탄가스를 이용할 수 있도록 그 시설투자비 절감을 위한 연구가 절실히 요구되고 있다.

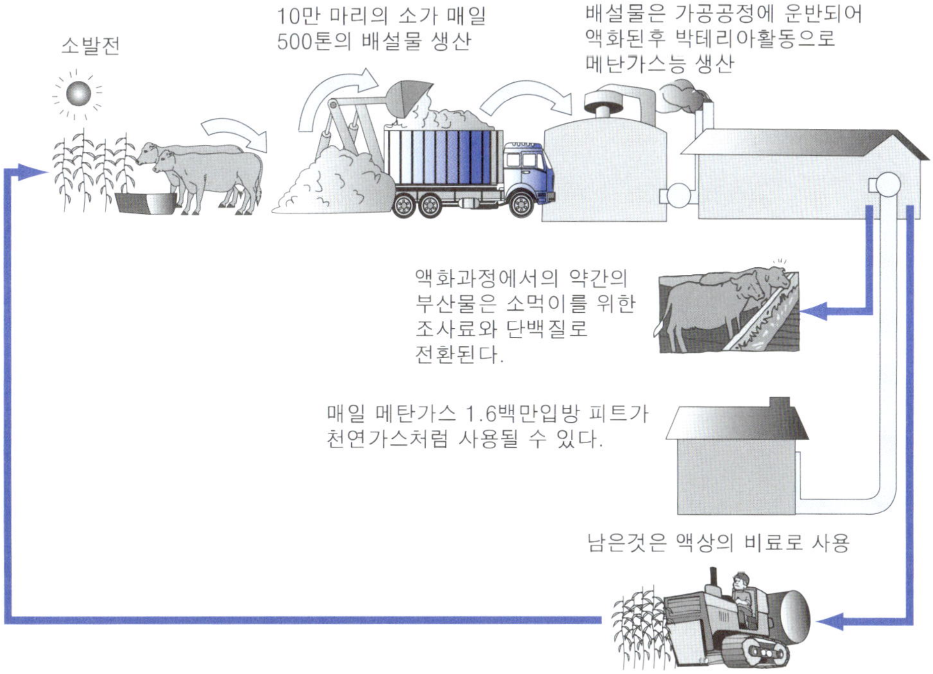

그림 6.12 바이오에너지 전환(메탄가스생성) 모형도

3) 풍력에너지

바람을 에너지로 활용한다는 것은 새로운 아이디어는 아니어서 옛날부터 바람을 이용하여 범선을 운항시켰으며 풍차를 돌려 물을 퍼 올리고 곡식을 가공하는데 자주 이용하였다. 풍력에너지를 대체에너지로 이용하는 수단이 풍력발전인데 강하고 일정한 바람이 쉬지 않고 불어주는 지역에서 효율적으로 활용할 수 있다. 풍력발전기의 발전능력은 바람과 접하는 면적에 비례하며, 면적은 반경의 제곱에 비례하므로 풍차날개의 규모를 2배로 하면 능력은 4배로 증대된다.

풍력에너지는 지구의 기류흐름이 존재하는 한 무한하고도 깨끗한 에너지원이며 지역에 따라서는 개발가능성이 매우 큰 잠재 에너지이다. 바람이 많은 일부 국가에서는 전력의 20% 정도를 풍력으로 대체할 수 있으며 북유럽, 북아프리카, 남미, 북미 서부평원지대 등이 풍력발전을 성공할 수 있는 유망지역들이다.

우리나라는 1981년부터 제주도를 풍력발전 시험지역으로 지정하여 풍력이용의 기술개발과 경제성을 연구하고 있으며 이미 20kW급 풍력발전시설이 개발되어 보급되고 있다. 2001년까지는 300kW급, 2004년 풍력발전 총량을 47,442MW이며 풍력발전시설을 상용화 할 수 있도록 연구개발이 추진되고 있어서 낙도지역의 전기화(電氣化)사업에 풍력에너지의 이용이 큰 비중을 차지할 것으로 보인다.

풍력발전으로 충분한 전기에너지를 얻기 위해서는 많은 면적이 필요하며, 풍차날개를 크게 만들어야 하기 때문에 소음이 발생하는 등의 문제점을 가지고 있다.

그림 6.13 풍력터빈

4) 해양에너지

지구의 자전운동에 의해서 발생되는 바다에너지는 하루에 두 번씩 일어나는 조수간만의 차를 이용하는 조력에너지(tidal energy)와 파도의 힘을 이용한 파력에너지(billows energy)로 나눌 수 있다.

대체에너지로 조력을 이용하고자 하는 많은 연구가 수행되고 있는데 조력을 이용하여 전기를 발생시키기 위해서는 발전에 필요한 추진력(driving forces)이 필요하기 때문에 간만의 차가 12m 이상이어야만 효과적이다. 조력발전은 만(bay)의 입구에 댐을 막고 발전 터빈을 설치하여 조수가 들고 날 때 터빈을 회전시켜 전기를 발생시키는 것이다. 세계적으로 조력발전소가 운전되고 있는 곳은 프랑스, 캐나다 및 구 소련 등이며, 우리나라에서는 시화호 수질 개선과 해양에너지 개발을 목적으로 시화호에 254,000kW급 조력발전소를 건설 중에 있다. 파력에너지를 이용하는 파력발전에 대한 구체적인 기술은 현재 연구개발 중에 있으며 100~600kW급 파력발전 장치개발을 위해 많은 노력을 하고 있다.

해양에너지를 이용하기 위해 설치하는 각종 시설물은 해양 생태계에 영향을 줄 수 있으므로 에너지를 얻기 위해 해양 생태계를 파괴하는 잘못은 범하지 말아야 할 것이다.

5) 지열에너지

우리가 살고 있는 지구의 중심부(지핵, earth's nucleus)와 지각(earth's crust) 사이를 맨틀(mantle)이라고 하는데 맨틀의 지각 가까운 부분이 열에 의해 녹아 마그마(magma)가 되고 이것이 지표로 분출하면 화산이 된다. 마그마는 지각의 틈을 따라 이동하며 온도는 수 백도에서 1000℃ 가까이 된다.

지열에너지를 이용하는 기본적인 기술은 첫째 지열에 의해 가열된 고열수증기를 이용하여 터빈을 돌려 전기를 발생시키는 지열발전기술과, 둘째 25~90℃의 지열수(earth heat water)를 양수하여 난방 등의 용도로 이용하는 것이다.

지열발전은 황 화합물, 비소 등과 같은 유해물질이 많이 포함된 고열수증기를 사용하기 때문에 환경 친화적인 대체에너지 이용방법이라고 보기는 어렵다. 지열수의 이용은 온천지역에서 일상생활에 상당히 효과적으로 이용되고 있는데 시설농업난방, 축사난방, 지역난방, 온수공급 등에 적극 활용된다.

현재 지열에너지를 이용하는 나라는 40여 개국으로 엘살바도르는 전력의 40%를 지열발전으로 공급하며 스웨덴의 Lund시는 전체난방의 80%를 지열수로 공급하고 있다.

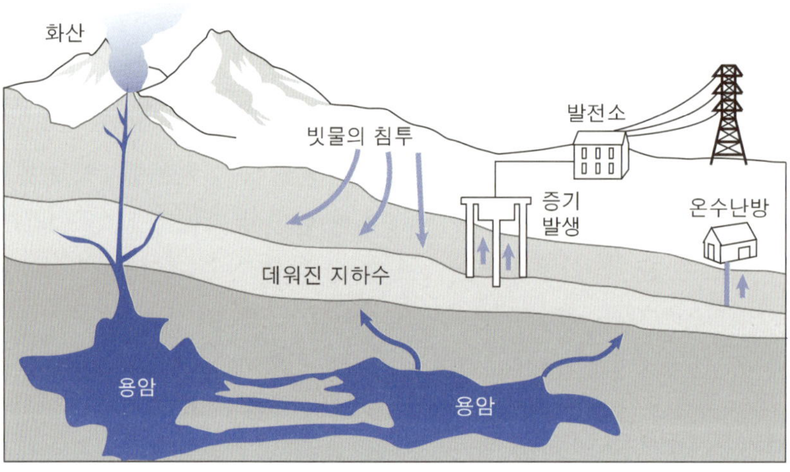

그림 6.14 지열발전의 원리

우리나라는 마산, 창원지역을 지열에너지 활용대상지역으로 선정하여 지역난방이용 지열자원 조사연구를 수행하였으며 온도 90℃ 이상의 지열수 양수가능 지역을 탐사하고 있다. 장기적으로는 지열에너지가 전체에너지 수요의 일정 부분을 담당할 수 있을 것으로 보아 화석연료 대체에너지원으로 가능성이 있다고 하겠다.

6) 수소 에너지

수소는 연소하면 물(H_2O)만이 생성되므로 대기오염을 일으키지 않는 청정에너지이기 때문에 미래의 에너지원으로 자주 거론되고 있다. 실제로 액체수소는 이미 로켓트의 동력으로 이용되고 있으며, 항공기와 자동차 같은 내연기관의 연료로 대체 할 수 있으므로 많은 연구가 수행되고 있다.
수소를 에너지로 활용하기 위해서는 수소생성, 운송 및 저장 기술 문제가 해결되어야 한다. 현재 이용되는 수소는 화석연료와 결합되어 있는 탄화수소로부터 생산하는데 이론적으로는 다음 반응식과 같은 물의 전기분해에 의하여 수소를 생산할 수 있다. 그러나 전기분해는 에너지 투입에 비해 산출이 적어 약 20% 정도의 효율에 머무르고 있을 뿐이어서 천연가스에서 수소를 얻어내는 비용의 최소 5배 이상이 된다. 또한 수소는 영하 260℃에서 액체수소가 되기 때문에 강력한 재질의 압축탱크가 필요하므로 부피도 크고 무겁다.

$$\text{물의 전기분해 : } H_2O \xrightarrow{\text{전기분해}} H_2 + \frac{1}{2}O_2$$

수소를 값싸게 생산하고 작은 부피에 많은 양을 저장할 수만 있다면 미래에는 완벽한 재생에너지로서 공해 없는 수소에너지를 풍족하게 사용할 수 있을 것이다. 현재 국내에서 연구하는 수소에너지분야의 목표는 수소제조공정을 개발하여 수송용 에너지로 이용할 수 있는 기술을 확립하는 데 두고 있다.
또한 수소저장 기술을 개발하기 위하여 수소저장 합금생성을 목표로 하는 연구가 국내·외적으로 활발히 수행되고 있다.

7) 연료전지

연료전지는 수소와 산소가 가진 화학적 에너지를 직접 전기 에너지로 변환시키는 전기화학적 장치로서 수소와 산소를 양극과 음극에 공급하여 연속적으로 전기를 생산하는 새로운 발전 기술이다. 이러한 연료 전지는 작동 온도와 주연료의 형태에 따라 알칼리형(AFC), 인산염형(PAGC), 용융 탄산염형(MCFC), 고체 전해질형(SOFC), 고분자 전해질형(PEMFC) 등으로 구분된다.
연료 전지의 일반적인 특성은, 연료가 전기화학적으로 반응하여 전기를 생산하는 과정에서 열도 발생하므로 총효율을 80% 이상으로 높이는 고효율 발전이 가능하며, 기존의 화력 발전에 비해 효율이 높으므로 발전용 연료의 절감이 가능하고 열병합 발전도 가능하다. 또한 NO_x와 CO_2의 배출량이 석탄 화력 발전의 1/38과 1/3 정도이며, 소음도 매우 적어 공해 배출 요인이 거의 없는 무공해 에너지 기술이다. 이와 더불어 모듈화에 의한 건설 기간의 단축, 설비 용량의 증감이 가능하고 입지 선정이 용이하다. 따라서 도심 지역 또는 건물 내 설치가 가능하여 경제적으로 에너지를 공급할 수 있으며, 천연가스, 도시가스, 나프타, 메탄올, 폐기물 가스 등 다양한 연료를 사용할 수 있으므로 기존의 화력 발전을 대체하고, 분산 전원용 발전소, 열병합 발전소, 무공해 자동차 전원 등에 적용될 수 있다.
연료 전지 발전 시스템은 수소를 함유한 일반 연료(LPG, LNG, 메탄, 석탄가스 메탄올 등)로부터 연료 전지가 요구하는 수소를 많이 포함하는 가스로 변환하는 연료 개질 장치, 연료 개질장치에서 들어오는 수소와 공기 중의 산소로 직류 전기와 물 및 부산물인 열을 발생시키는 연료 전지 본체, 그리고 연료 전지에서 나오는 직류를 교류로 변환시키는 전력 변환 장치로 구성된다. 이와 같은 기본적인 장치 외에도 플랜트의 효율을 높이기 위해서는 연료 전지 반응에서 생기는 반응열과 연료 개질 과정에서 나오는 폐열 등을 이용하는 장치가 부수적으로 필요하다.

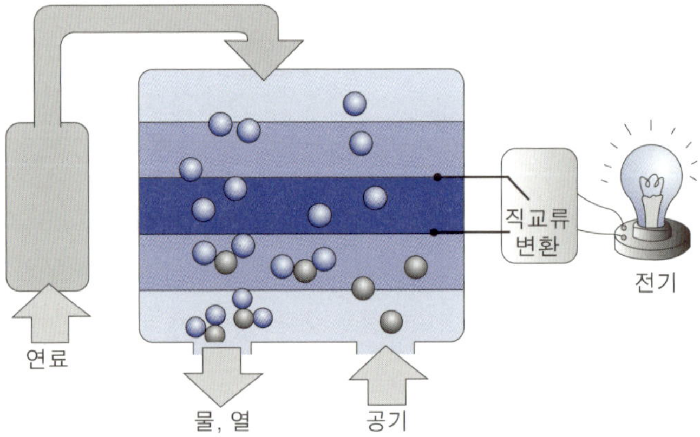

그림 6.15 연료전지 발전시스템

(4) 대체에너지 기술개발의 필요성 및 전망

17세기의 석탄, 19세기의 석유와 같이 지금까지 산업사회를 이끌어온 화석연료는 에너지 자원 고갈문제 외에도 여러 형태의 환경오염을 유발시키는 문제점을 가지고 있기 때문에 중장기적으로 보면 재생 불가능한 화석연료 중심의 에너지 공급체계를 재생 가능한 대체 에너지 공급체계로 바꾸지 않으면 안 된다. 세계적으로는 UR협정타결(1993년 12월)과 기후변화 협약발효(1994년 3월) 그리고 교토 세계기후협약(1997년 12월 11일)으로 대체에너지 분야에 대한 인식이 환경문제와 연계되어 새롭게 전개되고 있다. 대체에너지 개발의 필요성을 주요시하는 조짐은 UR타결로 나타나고 있어서 환경보호를 무역과 연계하여 CO_2 가스 배출량을 1990년대 초 수준으로 동결하려는 국제적인 동향과 아울러 대체에너지 확보의 필요성이 대두되고 있다.

이렇듯 화석연료시대에 비하여 미래의 에너지공급은 태양에너지를 중심으로 여러 가지 형태의 대체에너지가 다양하게 개발되어 이용하게 될 것이다. 대체에너지 시대를 앞당기는 데에 획기적인 신기술이 요구되는 것은 아니고 단지 이미 사용 중이거나 개발 중인 기술의 개선이 필요할 뿐이며 새로운 대상을 찾아야 하는 것이다. 대체에너지 기술 개발이 실용화되기 전에 화석연료가 고갈된다면 화석에너지를 사용하는 세계의 대부분의 국가들은 커다란 혼란에 빠질 것이므로 현재 사용되고 있는 화석 연료의 효율을 높일 수 있는 기술을 개발하면서 대체에너지가 실용화될 수 있도록 연구 개발에 박차를 가해야 할 것이다.

표 6.7 대체에너지 별 장·단점 비교

분류	장 점	단 점
태양열	• 무공해 • 무한량 • 무가격	• 밀도가 낮고, 간헐적임 • 비경제적 • 에너지량과 질의 관계가 정비례하지 못한다.
태양광	• 햇빛이 있는 곳이면 어느 곳에서나 간단히 설치할 수 있다. • 한번 설치해 놓으면 유지비용이 거의 들지 않는다. 그리고 태양전지숫자만큼 전기를 생산하므로 태양전지를 많이 설치할수록 많은 양의 전기를 얻을 수 있다. • 별도의 기계 가동 부분이 없으므로 소음과 진동 등이 없어 환경오염을 일으키지 않는다.	• 에너지 밀도가 낮아, 많은 수의 태양전지를 사용해야 한다. 그래서 많은 공간이 필요하다. • 태양전지의 재료는 아직까지 값이 비싼 반도체 재료인 실리콘을 사용하고 있다. 때문에 태양광 발전 시스템을 처음에 설치하는 데는 많은 비용이 든다.
바이오매스	• 수명은 20년 이상으로 비교적 오랫동안 이용할 수 있다. • 지구온난화 진행억제에 기여 • 메탄가스, 이산화탄소로 전화하는 부가적인 유익과 효과 • 잠재적 에너지의 가치가 높다.	• 산림고갈의 우려 • 바이오매스의 생물학적 공정이 복잡하다.
풍력	• 무한정의 청정에너지원이다. • 화석연료를 대신하여 자원 고갈에 대비할 수 있다. • 풍력발전시설은 가장 비용이 적게 들고, 건설 및 설치기간이 짧다. • 풍력발전시설단지는 농사, 목축 등 토지 이용의 효율성을 높인다.	• 바람이 항상 부는 것이 아니기 때문에 에너지를 저장하기 위한 충전 기술이 사용되어야 하고 이는 비용이 많이 든다.
지열	• 발전 비용이 저렴하다. • 깨끗하다.	• 우리나라에는 적격지가 없다.
해양에너지	• 조력발전 : 깨끗하다. 양이 무한하다. 에너지 공급량이 규칙적이다.	• 조력발전 : 수몰 지역 발생 해안 생태계에 영향 시설 규모가 크다.

분류	장 점	단 점
	• 파력발전 : 깨끗하다. 양이 무한하다. 소규모 발전 가능	• 파력발전 : 발전량에 비해 시설비가 비싸다. 에너지 밀도가 작다. 소비자와의 거리가 멀다. 에너지 밀도가 작다. 시설비가 비싸다.
폐기물 에너지	• 원료(폐기물)의 가격이 낮거나 도리어 처리비를 받을 수 있어 에너지 회수의 경제성이 비교적 높다. • 쓰레기 매립자의 문제가 심각한 요즘 쓰레기를 에너지화 함으로써 쓰레기의 양을 줄일 수 있다. • 폐기물에 의한 환경오염의 방지 효과를 거둘 수 있다.	• 고도의 기술과 연구 개발이 요구된다. • 폐기물 에너지화 과정에서 또 다른 환경 오염(공해)을 유발할 수 있다. • 문화나 산업의 특성에 따라 다른 많은 처리 기술이 필요하다.
연료 전지	• 저공해 고효율 에너지원 • 차세대 에너지원 • 새로운 시장 잠재력이 크다.	• 발전소 건설비용이 높다. • 연료전지의 수명과 신뢰성을 향상시키는 기술적 연구개발이 더 이루어져야 한다.
수소 에너지	• 수소는 연료로 사용할 경우에 연소시 극소량의 NOx 발생을 제외하고는 공해물질이 생성되지 않는다. • 수소는 가스나 액체로서 쉽게 수송할 수 있으며, 고압가스, 액체수소, Metal hydride(금속수소화물 또는 수소흡착합금) 등의 다양한 형태로 저장이 용이하다. • 수소는 궁극적으로는 무한정한 물을 원료로 하여 제조할 수 있으며, 사용 후에는 다시 물로 재순환이 이루어진다. • 수소는 산업용의 기초 소재로부터 일반 연료, 수소자동차, 수소비행기, 연료전지 등 현재의 에너지 시스템에서 사용되는 거의 모든 분야에 이용될 수 있다.	• 수소생성단가가 높다. • 수소저장기술이 미흡하다.

국민 모두가 에너지 소비자이기 때문에 모든 국민은 에너지 절약을 통하여 가정의 이익뿐만 아니라 한 나라의 국익에도 크게 기여하며 대체에너지 기술 개발에도 간접적으로 공헌한다는 자부심을 가져야 한다. 만일 한 가정의 전기 수요를 크게 줄이고, 자가용 대신 대중교통수단을 이용하며, 물 사용량을 절반으로 줄인다면 화석연료의 사용을 30% 정도 줄일 수 있으며 대체에너지 개발에 필요한 시간을 벌 수 있게 된다.

우리나라는 절대적으로 에너지 자원이 부족하여 화석연료 중에서 석유와 천연가스를 전량 수입하여 사용하고 있으며, 원자력 에너지는 방사성 폐기물의 처리 문제가 완벽하게 해결되지는 않았지만 현재로선 가장 중요한 에너지 공급원으로 자리 잡고 있다.

우리나라의 대체에너지 기술개발 및 보급 실적을 보면 1996년 2단계 대체에너지 개발사업 종료 결과 총 에너지 수요의 0.6% 가량의 보급률을, 2001년에는 3% 수준까지 대체에너지를 보급하였으며, 지속적인 정책지원이 없으면 그에 미치지 못할 것으로 예상되고 있다. 개발 및 보급 실적에서 보면 태양열을 이용한 난방과 온수 공급 그리고 폐기물 소각열의 회수이용 등이 제일 먼저 실현될 것이며, 바이오 에너지, 풍력, 조력, 지열 및 수소에너지 등은 기술상의 난관, 입지조건, 경제성 등의 장애요인이 있어서 그 이용이 그리 간단치 않을 것이다.

결국 대체에너지 보급 율은 빠른 시일 안에 획기적인 에너지 위기나 지구 환경 변화가 초래되지 않는 한 1% 내외에 머무를 전망이다.

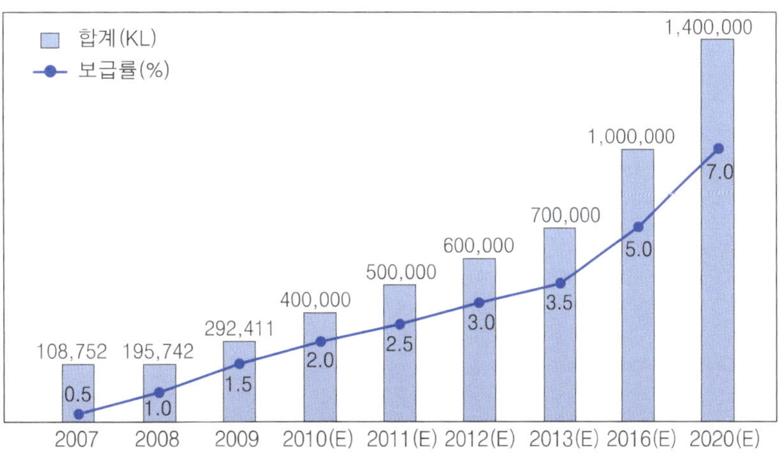

그림 6.16 국내 바이오디젤 보급 실적 및 계획

(5) 에너지 절약

인류는 생존을 위하여 지금껏 그리고 앞으로도 계속해서 에너지를 더 많이 사용해야 한다. 그러나 '에너지의 총량은 태양에너지의 양과 비례하기 때문에 일정하다'고 할 수 있다. 전술한 바와 같이 과량의 에너지를 생산하기 위해서는 필연적으로 다량의 환경오염물질을 배출하게 되기 때문에 환경을 보존하며 복지증진을 꾀하기 위해서는 우리 모두가 조금씩이라도 에너지를 절약하는 수밖에 없다. 에너지절약은 에너지부족(위기)사태가 왔을 때 하는 것이 아니다. 에너지절약은 더 적은 에너지를 소비하면서 동질의 가치와 서비스를 갖도록 사회 시스템을 체계적으로 변환시킴으로써 달성할 수 있다.

우리가 일상적으로 사용하는 에너지의 50% 정도는 허비되는 에너지임을 주목하여 에너지 사용의 효율성을 증대시킴으로써 에너지를 절약할 수 있게 된다. 즉, 무의식적인 생활습관이나, 향상된 생활수준을 추구하는 과정에서 많은 양의 에너지를 낭비하게 된다. 우리는 조금만 생활습관을 바꾸거나 생활수준을 낮추면 낭비되는 에너지를 지킬 수 있으며 아울러 환경을 보존할 수 있는 것이다.

산업현장에서는 여러 상황에서 에너지 사용효율을 증대시켜 에너지 소비를 줄일 수 있다. 열효율을 제고시킨 공정을 개발한다든가, 한 과정에서 나온 폐열을 다른 과정에 이용한다든가, 에너지 이용 시스템을 중앙 조정하여 최대한 재회수하여 이용한다면 20~30% 이상의 에너지를 절감할 수 있을 것이다. 현재 운전되고 있는 지역난방공사의 열병합 발전 시스템 등이 대표적인 에너지 절약 본보기이다.

21세기에는 분명히 에너지가 부족할 것으로 예견되지만 저 에너지 소비로 고효율을 얻을 수 있는 산업설비개발과 공산품 생산으로 에너지 수요는 감소될 수 있다. 우리가 에너지 위기를 느낄 때 에너지수요는 감소될 수 있다. 우리가 에너지 위기를 느낄 때 에너지절약을 시도하면 늦게 된다. 위기가 오기 전에 미리 에너지절약의 실천과 지구환경 보존을 위한 모두의 인식전환이 필요하다.

07

경제성장(개발)과 환경문제

인간은 자연환경의 일부분으로서 자연이 주는 혜택에 의존하면서 살아왔으며 앞으로도 변함없이 자연과 더불어 살아가야 할 것이다. 자연은 인간에게 각종자원을 주고 일상생활에서 발생하는 폐기물을 정화시켜 준다.
그러나 산업혁명 이후 폭발적인 인구성장과 자원소비량의 증가로 자연환경은 점차 큰 부담을 안게 되었다. 특히 산업화와 각종 개발이 진행되는 과정에서 많은 환경오염이 발생하게 되었으며 생태계의 균형과 질서가 깨지고 인류의 생존이 위협받게 되었다.

7.1 공업기술과 환경문제

(1) 공업기술의 문제점

오늘날 공업기술이 산업발전과 현대 문명을 위해 크게 기여하고 있지만, 경제적인 면에서 본다면 거기에는 이익이 있는 반면에 손실도 있음을 알아야 한다. 후진국의 경우 공업화에 의한 물량적인 경제성장의 목표 달성을 위하여 환경오염과 같은 사회문제를 도외시하고 개발 우선에만 주력한 나머지 이제 환경오염에 관한한 선·후진국의 구별은 극히 애매해졌다. 특히 생물집단에 필요한 자원개발을 위해 그동안 기술의 발달이 추구되어 왔지만 그 결과가 환경에 주는 영향을 생각한다면 많은 문제점이 있다.

또한 기술은 보다 높은 생산성, 증가된 효율성 및 오염의 감소를 약속해 줄 수 있지만 현재 인류가 겪고 있는 수많은 환경폐해를 가져왔듯이 앞으로도 계속해서 인간이 공업기술을 응용한 만큼 비례해서 환경문제는 발생할 것이다.

대규모 공업단지가 개발·조성되면서 주변 자연환경을 훼손·파괴하였을 뿐 아니라 인근지역의 생태계와 환경에 직접적인 영향을 주었으며 수질, 대기 및 폐기물 오염 등의 환경오염을 일으켰다. 공단 주변 하천은 물론이고 전국 5대 강이 모두 공단으로부터 유입되는 오염물질에 의해 몸살을 앓고 있으며, 토양은 중금속 등에 오염되어 토양으로서의 기능을 상실할 위기에 놓여있다. 전 국토가 몰래 버린 쓰레기 때문에 중병에 걸려 있으며, 바다 또한 내다버린 폐기물량이 급증하면서 해양오염이 심화되고 있다.

과거에 조성되었거나 현재에도 가동되고 있는 수도권 공단지역의 휴·폐업 업체들이 배출한 산업폐기물이 수백만 톤 그대로 방치되어 있기도 하다. 이렇듯 전술한 바와 같이 공업기술의 발달은 환경을 훼손시키는 데에도 크게 기여했기 때문에 현재와 같은 추세로 인류복지를 공업기술에 의존해서는 안 될 것이다.

(2) 공업기술의 한계

이제 인간은 공업기술의 한계성을 인식하지 않을 수 없게 되었다. 개발도상국은 그들의 생활수준을 선진국 수준으로 끌어올리는데 에너지와 자원을 필요로 한다. 그러나 선진국들은 그들의 생활수준을 유지하기 위해서 에너지와 생산고를 적어도 현재의 수준으로 유지해야만 한다. 비록 우리가 어떤 요구에 의해 시대를 거슬러 올라가 원시시대의 생활양식으로 후퇴하기를 원한다 할지라도 이미 그것은 불가능한 일이다. 공급을 위한 공업기술은 고려하지 않는다 하더라도 공급되어야 할 요구량이 한정되어 있다는 데에도 문제가 있는 것이다.

공업화는 생활을 편리하게 하려는 인간의 경제적 속성과 남보다 잘 살아보려는 인간의 욕망에 의해 가속화되는데 공업화의 핵심요소인 물질자원은 자연환경이며 공업화의 부산물은 다시 자연환경으로 되돌아가고 있다. 이렇게 자연환경으로 되돌아가는 물질 중에는 생산과정에서 배출되는 오염물질과 인간에 의하여 사용된 후 버려지는 폐기물이 있다. 그러므로 환경에 대한 영향을 극소화시키기 위해 어떠한 방법을 택할 것인가를 결정해야만 한다.

아직도 많은 사람들은 공업기술이 모든 문제를 해결해 줄 것으로 확신하고 있나. 그러나 오늘날의 어려운 많은 문제들이 이 공업기술로 해결되리라는 보장도 없고, 더 나아가 내일의 문제를 해결하리라는 보장은 더더욱 없는 것이다. 좋은 기술이 더 개발되지 않을 것이라고 단정할 수는 없지만 확실한 보장이 없는 한 기술에만 의존해서는 안 된다. 공업기술의 개선은 몇 가지 문제해결에 도움은 될지언정 심각한 결점을 없앨 수는 없다. 공업기술이 긴장을 경감하고 시간을 단축할 수는 있겠지만 지구의 생태계가 그대로 유지되도록 인류의 기본문제를 궁극적으로 풀어줄 수는 없는 것이다. 다시 말하여 환경 친화적인 공업기술이라 할지라도 그 기술이 환경 친화되는 데는 한계가 있다.

표 7.1 연도별 유독물 유통현황 (단위 : 천톤)

	2002	2003	2004	2005	2006	2007	2008	2009	2010
계	24,446	25,833	31,068	31,788	32,294	35,064	34,250	34,447	37,995
제조	20,806	26,688	26,688	26,103	27,017	29,019	29,095	29,207	30,353
수입	3,640	4,370	4,370	5,685	5,277	6,045	5,155	5,240	7,642

표 7.2 국내농약생산 및 출하량

구 분		계	살균제	살충제	제초제	기 타
생산량	1995	26,676	8,085	9,527	5,756	3,308
	1996	25,085	7,138	8,400	6,338	3,209
	1997	25,300	7,079	9,493	6,264	2,464
	1998	22,073	6,153	8,753	5,594	1,573
	1999	26,264	8,287	9,976	5,431	2,570
	2000	29,459	9,482	10,563	5,978	3,436
	2001	27,790	9,728	9,647	6,468	1,947
	2002	26,585	9,137	9,017	5,729	2,702
	2004	23,910	7,220	8,367	5,655	2,668
	2005	23,969	8,210	7,738	6,461	1,560
출하량	1995	25,834	1,910	8,892	5,817	3,215
	1996	24,641	7,156	8,407	5,962	3,116
	1997	24,814	7,332	9,161	6,043	2,278
	1998	22,103	6,543	8,765	5,116	1,679
	1999	25,837	8,082	9,544	5,596	2,615
	2000	26,087	8,726	8,867	5,822	2,672
	2001	28,218	9,394	9,880	6,380	2,564
	2002	25,844	8,294	9,556	5,797	2,500
	2004	25,323	7,657	8,958	6,113	2,595
	2005	24,506	7,396	8,734	6,189	2,187

7.2 경제·산업화와 환경문제

(1) 경제·산업화에 따른 환경문제 발생

경제발전은 경제성장을 이룩하기 위한 과정적 행위이다. 즉, 한 국가 또는 한 지역의 경제적 수준을 향상시키고 경제적 구조를 개선하기 위한 노력의 집합을 경제발전이라고 할 수 있다. 경제발전의 궁극적 목표는 경제적 풍요에 있고, 경제적 풍요는 물질의 풍요 또는 소득의 고수준에 의해 확보된다.

물질의 풍부는 생산의 증대로써 이루어지고 소득의 고수준은 이윤의 제고로써 이루어진다. 생산의 증대와 이윤의 제고는 산업체제의 고도화에 의해 달성된다고 볼 수 있다. 따라서, 환경문제와의 관련성에 있어서도 경제발전부문 가운데에서 공업화가 차지하는 비중이 높은 것이다.

경제발전과 환경문제의 상호관계는 상호 수수적이라고 할 수 있다. 그리고 전자의 후자에 대한 영향이 후자의 전자에 대한 영향보다 더 강하다고 볼 수 있다. 또한 상호관계는 제약과 고려의 대상이 되는 반면에 환경문제에 있어서의 경제발전은 원인행위로서의 예비적 성격을 갖는다.

1) 자연자원의 감소

인구의 증가와 인간경쟁심의 증대는 경제발전을 촉진하게 되고, 경제성장의 추구는 공업화에 주력을 두게 되며, 이는 곧 자연자원의 이용에 박차를 가하게 되는 것이다. 이로 인한 부존자원의 유한성은 자원소멸을 자연히 촉진하게 된다.

2) 자연환경의 오염

폐기물은 생산과정에서 배출되어 직접 자연환경으로 유입되는 것과 제화로서 일단 인간에 의해서 이용되다가 효용가치가 소멸된 후에 자연환경으로 유입되어 오염을 일으킨다. 또한 과다한 에너지의 사용으로 인하여 공기는 심하게 오염될 수밖에 없다.

3) 토지 이용의 변경

국토의 구조와 토지이용의 형태를 변경시킨다. 경제발전에 따라 이러한 변경은 산업시설의 입지, 교통, 통신망의 확대, 수로의 정비 및 변화, 토지이용의 변경 등으로 나타나며, 이것은 능률과 편의에 초점을 둔 경제성의 제고에 기여하지만, 한편으로는 자연녹지 및 공원의 파괴와 농지의 침식 등으로 자연상태를 훼손시키고 정서와 위락공간을 감소시키는 부작용을 발생시킨다.

표 7.3 수도권 년도 별 아황산가스(SO_2) 농도 변화 (단위 : ppm)

지역	2006	2007	2008	2009	2010
서울	0.005	0.006	0.006	0.005	0.005
인천/경기	0.007	0.008	0.007	0.007	0.007
5대도시 평균	0.007	0.007	0.006	0.006	0.005

4) 사회에 대한 영향

경제발전은 조직화를 통한 사회질서의 확정과 분업화 또는 전문화에 의한 사회능률의 발전에 절대적 공헌을 한다. 그러나 경제발전의 강화는 기존 질서와 새로운 질서간의 마찰, 물질위주의 가치의식, 빈부격차의 심화, 인간 자연성의 소멸, 사고와 행위의 기계화 등과 같은 사회적 문제를 발생시키게 된다.

이외에도 인구와 자본의 일부지역으로의 집중을 촉진하는 등, 많은 영향을 주게 되며 다시 경제발전에 의해 야기되는 환경문제는 다시 환류되어 경제발전에 영향을 주게 된다.

(2) 개발과 환경문제

환경에 대한 모든 개발사업의 영향은 긍정적일 수도 있고 부정적일 수도 있다. 그리고 그것은 직접적인 영향일 수도 있다.

자연환경에 대한 개발의 영향은 비 재생자원의 경우 절대 부존량을 감소시키는 작용을 하고, 유동자원의 경우에는 질을 변화시키는 작용을 하며, 자연적 재생자원에 대해서는 재생률을 둔화시키는 작용을 한다. 자연환경에 대한 이러한 부정적 영향은 생성과 성장 및 소멸을 통하여 이루어지는 생태계의 균형과 조화를 교란시킨다. 이와 같이 자연 환경이 받는 영향은 생산과 건설의 양상으로 나타나게 된다. 인간에 의한 개발활동이 생태계에 대해서는 다분히 감소 또는 파괴의 의미로서 부정적인 영향을 주는 데 반하여 조형계에 대해서는 개선과 발전이라는 의미로

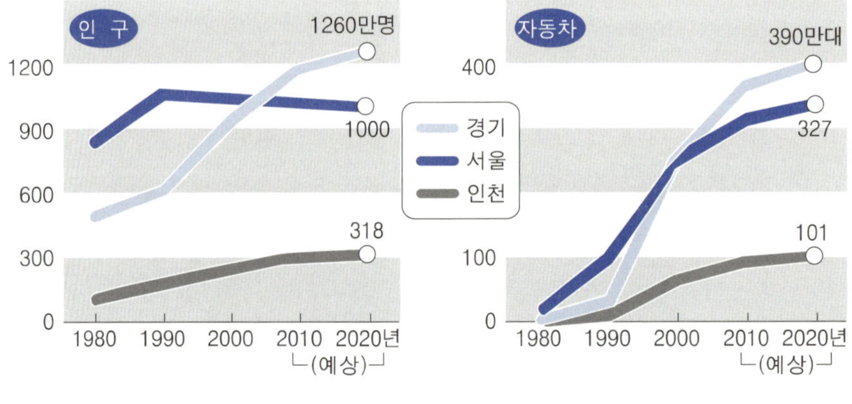

그림 7.1 수도권 인구 및 자동차 수 추이

서의 긍정적인 영향을 준다. 하나의 개발이 실현되면 그에 맞추어 제도의 신설 또는 보완이 뒤따르게 되고, 어느 기간 제도의 변질이 있은 후 새로운 관계가 구현된다. 정치·행정제도상 개발의 목표 및 체제, 경제·사회제도는 개발의 내용 및 정도, 과학의 기술제도는 개발의 수단 및 속도, 문화·관습제도는 개발의 가치 및 태도로, 각각 직접적인 환류(feedback) 관계로 유대되어 있다고 할 수 있다.

(3) 경제성장과 자연환경의 조화

경제성장이 인류복지의 향상을 가져온 것은 사실이지만 이에 따른 환경오염도 부인할 수 없다. 우리는 지속적인 경제성장을 멈출 수도 없지만 환경의 무절제한 파괴를 그대로 좌시할 수도 없는 것이다. 우리는 경제발전과 환경오염의 총 비용을 포함하는 환경정책을 성공적으로 시행하기 위하여 다음과 같은 몇 가지 중대한 변화를 예상하지 않으면 안 된다.

첫째, 재화의 가격, 특히 무거운 소비자 내구재 가격의 급속한 상승
둘째, 가정 및 업소의 에너지비용의 급속한 상승
셋째, 양질의 삶을 유지하는 데 필요한 비용의 부담가중

그러므로 경제성장의 방향은 과거에서처럼 재화 지향적(goods oriented)보다는 서비스 지향적(service oriented)으로 변해야만 할 것이다. 이러한 서비스 지향적인 성장은 생산량의 증가보다는 그 질을 개선하려는 형태를 취하게 될 것이며, 다수 재화의 개인 당 소비에 있어서의 작은 성장이나 성장 자체가 없게 되는 대신에 사람들은 보다 높은 질의 그리고 개선된 서비스를 받고자 기대하게 된다. 그리고 소비양상의 전환은 공기나 물과 같은 부족한 환경자원을 보전할 뿐만 아니라 사회가 보존론자 들이 절실히 바라던 쾌적성을 제공해주는 방향으로 지향하게 될 것이다. 경제의 지속적인 성장과 자연환경이 조화를 이루기 위한 장기적인 해결책을 몇 가지 제시해보면 인간이 환경에 주고 있는 심각한 오염으로부터 세계를 구할 수 있는 획기적인 기술혁신이 이루어지거나, 저개발국가의 출산율이 급속히 떨어져 경제성장이 둔화되거나, 저개발국가들이 스스로 산업화와 성장계획을 포기하거나, 세계의 개발국가와 저개발국가가 자국의 이익에 얽매이지 말고 상호협조·보완된 공동계획이나 국제 환경보호협약에 모두 동의하는 것 등인데 현재로서는 이상적인 제안일 뿐 실현가능성이 매우 희박하다.

(4) 우리나라의 환경변화

과거로부터 절대적 빈곤이 이어져온 우리나라는 1960년 대 초 실업과 빈곤으로부터 탈피하기 위하여 경제개발을 최우선 과제로 삼아 계획대로 추진하였으며, 환경문제는 위생적 차원에서 고려되는 정도였다. 1970년대에 들어와서야 산업화에 힘입어 경제성장이 어느 정도 진전되었을 때 공기와 강물이 오염되고 자연환경이 더럽혀지기 시작하면서 환경문제가 제기되기 시작했으며, 급기야는 1977년에 환경보전법이 제정되었다.

1980년에 들어와서는 환경정책을 입안하고 실천하는 정부부처(환경청)가 발족하였으나 경제성장 우선 정책 때문에 소극적일 수밖에 없었다. 1980년대 중반에 들어와서는 아시안게임과 올림픽을 준비하면서 환경문제에 대한 상당한 정책적 배려가 이루어져서 한강 종합개발사업과 병행하여 하수처리장 건설, 연료의 탈황에 의한 청정연료의 공급확대 등이 강하게 추진되었다.

그러나 1980년대 후반에 와서도 환경오염은 더욱 가속화, 광역화되었으며, 1989년 6월 5일 세계환경의 날을 기념한 대통령의 대 국민 메시지 발표로 환경보전에 대한 국가의 강한 의지가 표명되기에 이르렀다. 1992년 7월 미국 뉴스위크지의 세계 30여 개 국가의 환경문제 전반에 걸친 평가 결과를 발표한 바에 의하면 프랑스, 영국, 일본, 이탈리아가 비교적 좋은 평가를 받은 반면 미국, 중국, 태국 등 많은 나라들이 나쁜 점수를 받았다. 다행스럽게도 그 당시 우리나라는 조사대상국가에서 제외되었는데, 현재 우리나라의 환경문제를 우리 스스로 평가해 본다면 어느 부류에 속할지 우리 모두 한 번쯤 생각해 보아야 할 것이다.

08

대기 오염

인간이 살고 있는 지구상의 모든 곳에서는 대부분 공기가 오염된다. 그것은 인간의 활동이 자연 친화적 경향을 벗어나 다분히 환경 오염적 행태로 변화했기 때문이다. 우리의 지구사회를 싸고 있는 공기의 오염은 지구가 갖고 있는 정화능력을 넘어서 발생한 대기오염 물질의 과다한 양 및 농도 때문이다.

대기란 지구상에 존재하는 기체부분을 말하는데 대기의 질량은 5.5×10^{21}g이고 지상 5km 내에 50%, 20km 내에 95%가 존재하며 99%의 공기가 지상 40km 내에 분포되어 있다.

8.1 대기오염의 정의 및 원인과 역사

대기오염은 옥외 공기에 분진, 연기, 가스, 안개, 냄새, 매연, 증기 등이 한 가지 또는 그 이상 존재하여 존재량, 오염물의 특성 또는 존재기간에 따라 인간, 동물 및 식물에 피해를 주거나 재산상 피해를 주며, 일상생활과 안락한 즐거움을 부당하게 저해하는 것이라고 정의할 수 있다.
좀 더 구체적으로 정의하면 다음과 같다.

첫째, 일반적으로 산업 작업장 환경내의 것을 제외한 옥외 공기에 대한 것이다.
둘째, 대기오염은 가스상 오염 물질 또는 입자상 오염물질의 단독 또는 혼합 상태로 일어날 수 있다.
셋째, 오염물질의 농도와 양은 대기오염 효과를 측정하는 기본 사항이다.
넷째, 오염물질의 일정한 수준에서의 피폭시간 또는 지속시간은 대기오염의 영향을 측정하는 기본적인 사항이다.
다섯째, 대기오염 물질의 영향은 그 지역에서 생물체, 무생물체, 그리고 심미적 특색(aesthetic features)을 대상으로 하여 일어날 수 있다.

지구 대기오염의 주요한 원인은 과거에 있어서나 현재에 있어서나 화석연료, 즉, 석탄·석유연료의 연소에서 발생한다. 먼저 발생원으로서는 화력발전소, 제철제강소, 선박, 난방 등이 대기오염원이 되고, 다음으로는 석유정제공장이 있다. 그 밖에 연소공정으로서 쓰레기소각장이 있다. 다음으로 큰 원인이 되는 것으로는 생산공정으로부터의 자재, 중간생산물 및 생산물의 배출이 있다. 석유정제공장이나 중화학공장이 그것이다. 도시에서는 자동차가 주된 오염원이 된다. 공장 등을 고정발생원이라면 자동차를 이동 발생원으로서 지목할 수 있다.
말하자면, 대기오염원은 인위적이거나 자연적인 것이나 오염물 발생 횟수와 공간적 분산, 그리고 가스 또는 입자상 물질 등의 배출물의 종류에 의하여 분류될 수 있다. 횟수와 공간 분산의 범주는 단일 또는 점오염원(point source), 면오염원(area source) 또는 비점오염원(non-point source), 그리고 선오염원(line source)을 포함한다.
어떤 지역의 대기오염상태는 다음과 같은 조건에 따라 정하여 진다. 즉, 그 지역의 도시나 산업의 구조, 규모, 활동 등으로 지배되는 오염물질 총 배출량과 그 지역의 기상조건 등이다.

대기오염으로 인한 인간의 피해 역사는 매우 길다. 서기 79년에 이탈리아의 폼페이에서 10km 쯤 떨어진 베수비오 화산이 폭발하여 비처럼 내리는 화산재가 도시를 덮어 버렸으며 유독한 화산가스가 쏟아져 나와 불과 며칠 만에 폼페이는 사라져 버렸다.

대기오염에 대하여 최초로 기록된 것은 1300년에 영국에서 난방용으로 사용한 석탄의 연소과정에서 발생한 연소가스가 대기를 심하게 오염시킨 사건으로, 석탄 사용을 줄이기 위하여 석탄에 무거운 세금을 부과하도록 하는 등의 조치를 취하였으며(세계 최초의 탄소세임), 에드워드 1세는 1322년 영국 국회의 의회기간에 석탄 사용을 금지하는 법을 통과시켰다. 1866년에 대기오염에 의한 건강피해의 최초 보고가 있었으며, 1875년에는 대기오염으로 런던의 소 떼가 죽었다.

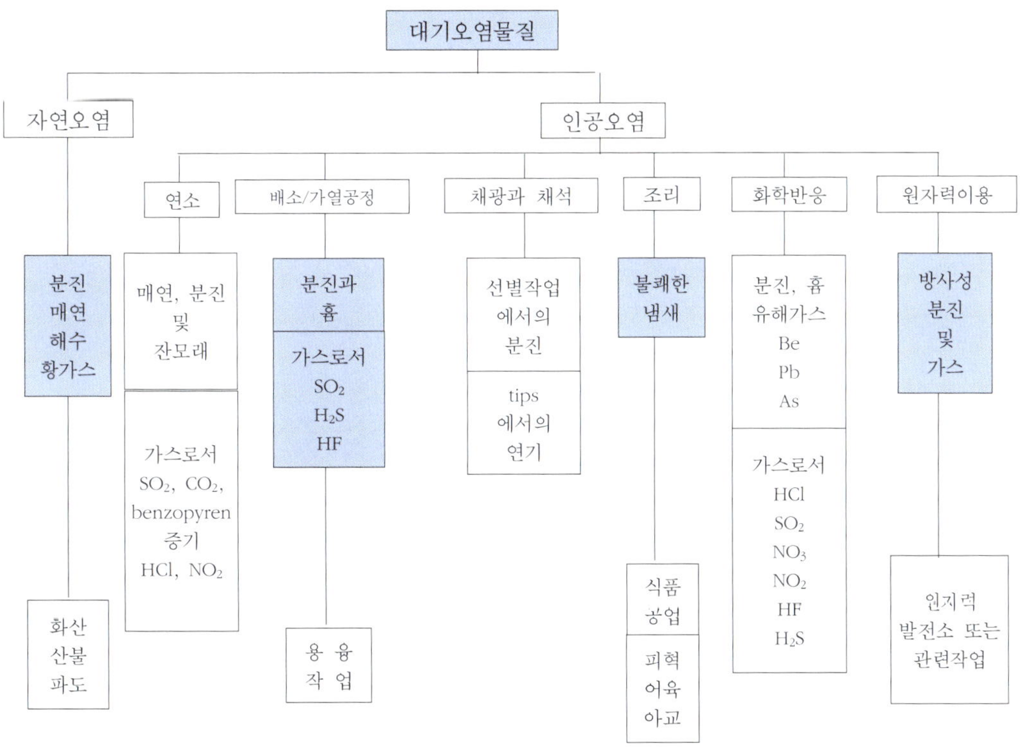

그림 8.1 대기오염원인과 물질

1900년대 초기에 연기안개라는 말이 쓰이기 시작하였는데 실제로 1911년 런던에서는 밤새 난방용으로 사용한 석탄연소로 대기가 심하게 오염된 사고가 발생하여 1,150여명이 사망하였다. 사고조사 보고서에서 스모그(smog = smoke + fog)라는 말이 처음 사용되었다. 최근에 와서는 석탄대신 석유를 연료로 사용하기 때문에 자동차와 공장에서 발생하는 대기오염 물질이 더 문제가 되고 있다.

대기오염은 사람과 자동차가 밀집되어 있는 대도시에서 특히 문제가 되고 있는데, 지구상의 거대도시는 하나같이 대기오염 때문에 골치를 앓고 있다. 그 중 멕시코시티는 세계에서 가장 대기오염이 심한 도시로 지명되고 있는데 해발 2200m의 고지대와 주변에 2개의 화산이 자리 잡고 있는 분지라는 지형적인 조건 때문에 대기 중의 산소는 평지에 비해 30%나 희박해서 연소공정에서 일산화탄소의 발생이 두 배나 많게 된다. 현재 인구는 약 1500만 명, 공장은 4만 여개, 자동차 대수는 300만 여대이므로 대기오염은 극에 달했다고 할 수 있다. 그래서 멕시코시티에 사는 사람은 누구나 하루에 담배 2갑을 피우는 정도의 대기오염 피해를 입는다고 한다. 1992년에 세계보건기구(WHO)는 서울이 멕시코시티에 이어 세계 두 번째로 대기오염이 심각한 도시라고 보고하여 우리를 놀랍고 슬프게 하였다. 1998년 11월 독일의 일간지 베를리너 모르겐 포스트지는 한국의 CO_2 배출 증가율이 1990년부터 1996년 사이 75%나 증가하여 세계최고의 탄산가스 배출국 이라고 보도하였다. 사람은 식량 없이도 1주일은 살 수 있으며 물이 없어도 2~3일은 견딜 수 있다. 그러나 공기 없이는 단 몇 분도 살 수 없다. 오염된 물과 불결한 음식은 우리 스스로 선택해서 안 먹으면 된다. 그러나 공기는 골라서 마실 수 없다.

8.2 대기오염물질

대기오염물질의 종류는 각 오염원에 따라 차이가 있다. 현재 대기 중에는 물리적·화학적 성질이 다른 많은 오염물질이 있지만 현재 우리는 그 양이 많은 것과 영향이 큰 것에 대한 지식을 갖고 있을 뿐이다. 대기오염을 일으키고 있는 오염물의 모든 종류와 그 물질의 물리·화학적 성질 등에 관한 충분한 지식을 갖고 있지 못하며, 갖고 있다 할지라도 약간의 지식일 뿐이다.

표 8.1 배출원 별 주요 대기 오염물질 (단위 : %)

발생원	이황산가스	이산화질소	먼지	일산화탄소	탄화수소
난방부문	10.2	4.9	3.0	13.9	1.0
산업부문	52.1	27.7	35.2	1.5	1.1
수송부문	17.3	56.6	23.3	83.1	89.0
발전부문	20.6	10.8	38.5	1.5	8.8

대기오염물질은 발생원으로부터 직접 배출된 것을 1차 오염물질이라 하고, 대기 중에서 두 종류 이상의 오염물질이 서로 태양에너지에 의해 광화학 반응을 일으켜서 형성된 오염물질을 2차 오염물질이라 한다.

(1) 1차 오염물질

1차 오염물질은 주로 화석연료의 연소가 원인이 되지만 고형폐기물의 소각, 생물 내사과정의 폐기가스, 화학공장의 폐가스 및 각종 분진 등이 주를 이룬다. 보통 7가지 종류의 화합물질 및 고형물질로 구분하는데 이 중에서 특히 세계적으로 큰 문제가 되고 있는 대기오염물질은 주로 기체상태의 물질이다.

1) **황산화물**(Sulfur oxides, SO_x)

황산화물 중 가장 대표적인 가스는 아황산가스(SO_2)로서, 이 물질은 자극성이 강하여 대기오염에서 중요하게 다루어지고 있다. 아황산가스의 생성은 황이 포함된 연료(석탄 및 석유)의 연소과정과 황을 취급하는 산업공정, 금속제련 공장 등에서 만들어진다. 석탄에는 황분이 중량비로 0.2~7%까지 포함되어 있고, 석유에도 0.2~0.6% 정도 포함되어 있기 때문에 대기 중에 배출되는 아황산가스 총량의 80%는 화석연료의 연소과정에서 생성된다. 아황산가스가 생성하는 이유는 연료에 함유된 황분이 연수과정에서 공기 중의 산소와 반응하여 산화되기 때문이다.

또한 아황산가스는 대기 중에서 태양광선의 영향으로 무수 황산(SO_3)이 되며 이것은 빗물이나 안개와 같은 수분에 녹아서 황산(H_2SO_4)이 되어 이른바 산성비를 내리게 한다.

• 아황산가스 생성반응

$$S(황) + O_2(산소) \longrightarrow SO_2(아황산가스)$$

2) 질소산화물(Nitrogen oxides, NO_x)

질소산화물(NO_x)은 최근 오염물질 중에서 SO_2, CO와 함께 중요시되고 있다. NO_x에는 아산화질소(N_2O), 일산화질소(NO), 삼산화질소(NO_3), 무수 아질산(N_2O_3), 이산화질소(NO_2), 사산화질소(N_2O_4) 및 무수 질산(N_2O_4)과 같은 산화물로 공기 중에 존재한다. 그러나 대기오염 분야에서는 NO와 NO_2가 주로 대상이 되고 있다. 대부분의 경우 NO와 NO_2는 동시에 발생하나 그 혼합비는 일정치 않다. 이 가스는 질소공장, 연실법 황산공장, 금속표면처리공장 또는 무기·유기화학처리공정 과정에서 생성되어 배출된다.

- 질소산화물 생성반응

N_2(질소)+O_2(산소) ⟶ NO(일산화질소) + O_2 ⟶ NO_2(이산화질소)

질소를 함유하는 화합물이 연소할 때에도 연소 산화되어 형성되지만 고온 처리 시에 대기의 질소가 직접 결합반응을 하기도 한다. NO_2는 호흡기를 대단히 자극하는 데 대기 중에서 탄화수소 및 O_3와 반응하여 스모그를 형성하여 가시거리를 감소시키고, 동식물에 피해를 주기도 한다. NO_2의 농도는 겨울에 높고 여름철에는 낮다.
서울 도심 큰길 옆은 자동차 배기가스에 의한 이산화질소 오염이 심각한 수준이어서 환경기준치인 0.05ppm을 70% 가량 초과한 0.085ppm에 달하는 것으로 측정되었다.

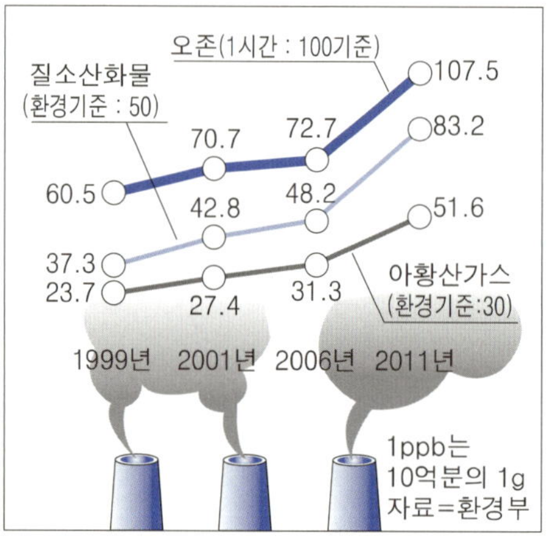

그림 8.2 광양만 권역의 대기오염 예측

3) 탄산가스와 일산화탄소(CO_2와 CO)

탄산가스(CO_2)는 대기 중의 정상성분으로서 동물의 호흡과정에서 배출되고 연료가 연소되면서 생성되는 최종물질이다. 한편 식물은 광합성(photo-synthesis)에서 탄산가스를 이용하기 때문에 대기 중의 CO_2 농도는 일정한 수준을 유지하여 왔다. 그러나 화석연료의 사용 양이 많아지면서 도시지역에서의 CO_2의 농도는 대기 중의 정상농도인 303~320ppm을 초과하고 있는 곳이 허다하며, 이 농도는 낮 시간 및 계절적으로 변화가 심하여 도시대기의 환기상태를 측정하는 간접적인 자료가 되며, 일반적으로 실내 환기량 측정이나 실내오염의 지표로 측정된다.

• 탄산가스 생성반응

$$C + O_2 \longrightarrow CO_2 : \text{완전연소}$$

일산화탄소(CO)는 우리나라의 도시지역에서 겨울철 난방연료로 연탄을 사용하는 과정에서 발생한 가스로 가스중독 사망 예가 많았기 때문에 CO가스에 관해서는 잘 알려져 있다. CO가스는 연소효율이 낮을 때, 즉 불완전 연소가 일어날 때에 발생한다. 우리나라 가정 연료로서의 연탄은 무연탄을 흙과 섞어 일정한 형태로 찍어 낸 것이며, 연소시 공기와의 접촉면이 적기 때문에 자연히 불완전연소가 일어나게 마련이다.

또한 도시 대기 중의 CO농도는 미국의 경우 90%가 자동차 배기에 기인하는데 우리나라의 경우도 서울의 도로변은 CO가스 농도가 높은 것으로 알려져 있으나 주택 난방에서 생성하는 CO가스의 양이 더 많은 것으로 나타났다.

• 일산화탄소 생성반응

$$C + \frac{1}{2}O_2 \longrightarrow CO : \text{불완전연소}$$

일산화탄소는 색깔이나 냄새가 없기 때문에 중독 증세를 느끼지 못하는 사이에 사고가 나게 된다. 사람이 일산화탄소를 호흡하게 되면 혈액중의 산소운반체인 헤모글로빈과 강력하게 결합하여 일산화탄소 헤모글로빈(COHb)을 형성하기 때문에 말단세포조직에 산소공급이 방해되어 두통과 구토증상을 일으키며 심하면 식물인간이 되거나 사망하게 된다.

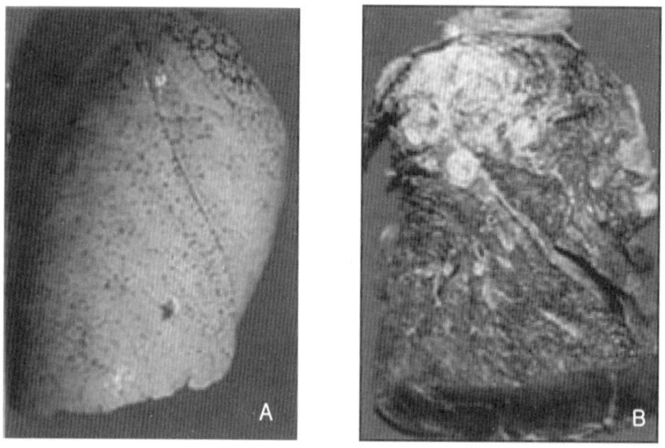

그림 8.3 흡연으로 인한 폐조직의 변화 (A : 정상폐 B : 폐암말기)

담배연기에는 지금까지 알려진 것만 해도 4000종류의 오염물질이 들어있는데, 그 중에서도 일산화탄소가 가장 많이 포함되어 있어서 담배 한 개비를 피울 때에 일산화탄소가 48~91 mg, 먼지가 10~18 mg 나온다고 한다. 담배를 피울 때 주변으로 확산되는 담배연기 속에는 빨아들이는 공기보다 일산화탄소가 1.5배, 발암물질인 벤조피렌이 3.5배나 더 많이 포함되어 있는 것으로 밝혀져 비흡연자의 간접흡연 피해가 발생하게 되므로 이러한 피해를 예방하기 위하여 금연구역이 더 확대되어야 한다.

4) 산화물과 탄화수소

오존(O_3), 탄화수소(HC) 및 그 외의 유기물들이 최근 도시 대기오염원으로 중요하게 취급되고 있다. 유기오염물에는 탄화수소 외에 알데히드, 케톤, 유기할로겐화물, 과산화물 등의 여러 종류가 있다. 오염물의 발생은 천연가스나 석유류의 불완전연소 또는 이런 것들을 취급할 때에 새어 나오는 것이 원인이 되고 있다. 탄화수소는 단일물질이 아닌 구조가 복잡한 여러 가지 물질들인데 대기 중에서 태양광선에 의해 PAN(peroxy acetyl nitrate)같은 물질로 변하여 저 농도에서도 시정거리의 감소, 물질적 손실, 농작물의 피해, 인간과 동물의 생리작용에 영향을 준다. 더욱이 자동차 배기, 아스팔트 등에서 배출되는 3,4-benzopyren은 폐암을 유발하는 물질로 알려져 있다. 또한 대기 중의 O_3농도는 해면에서 0.01~0.03 ppm으로 인간의 감각으로는 감지되지 않지만 이 가스는 대단히 산화성이 강하고 안정하며 냄새가 아주 자극적이고 불쾌하다. 또한 이 가스는 의복의 색깔을 퇴색하게 하는 인자 중의 하나이기도 하다.

최근에는 휘발성 유기화학물질(VOC)에 대한 관심도가 높아져 VOC발생 시설과 장치를 취급하는 곳에서는 이들 물질의 제거에 많은 노력을 기울이고 있다. 환경부에서도 휘발성 유기물질의 법적 규제(안)를 만들어 2004년부터 VOC 방출 방지설비를 의무화하고 있다.

5) 입자 상 물질

매연은 연료가 연소할 때에 타지 않거나 덜 탄 고체물질을 말하는 것으로, 석탄의 경우 석탄 자체에 2~10%의 광물질을 포함하는데, 이것은 연소 후에 아궁이에 남아 있거나 굴뚝으로 배출되기도 한다. 굴뚝으로 빠져나가는 것은 알맹이(입자)의 크기와 공장 굴뚝의 상승기류의 속도에 비례한다. 보통 공장 굴뚝의 상승기류는 초당 12 m이고 직경 0.2μm 정도의 입자가 굴뚝으로 배출된다. 이 직경 0.2μm의 입자는 공기 중에서 약 15초 이상을 체류하지 못하고 낙하한다. 검댕의 대부분은 공기 중에 머무르다가 지상에 떨어지면 공장 굴뚝 주변의 오염의 원인이 되기도 한다.

Mist는 적당한 핵 주위에 증기가 응결하여 생기는 경우와 액을 분리하는 경우에 생기는 액체상의 것으로 표면장력에 의해서 구상을 형성하여 공기 중에 부유하기도 하고, 큰 것은 침강하기도 하는데 고체미립자, 액체미립자, 이온(ion) 등이 있다.

Fume이라는 것은 어떤 물질이 연소, 승화, 증발할 때에 일단 고온상태에서 기체분자가 된 채 또는 화학반응으로 생긴 새로운 물질이 대기 중에서 냉각되어 colloid 상이 되는, 일종의 물리화학적 반응과정에 의해서 생성되는 고체상의 물질이라고 할 수 있다.

표 8.2 미세먼지(PM-10) (단위 : μL/m^3)

	'02	'03	'04	'05	'06	'07	'08	'09	'10
서울	76	69	61	58	60	61	55	54	49
부산	69	55	60	58	59	57	51	49	49
대구	71	59	58	55	54	53	57	58	51
인천	57	61	62	61	68	64	57	60	55
광주	52	36	46	49	55	52	50	46	45
대전	53	43	49	48	49	49	45	43	44
울산	54	40	50	50	52	53	54	49	48

분진은 비교적 무거워서 침강하기 쉬운 침강분진(dust fall)과, 너무 가벼워서 장시간 동안 공기 중에 떠다니는 부유 분진(suspended particle)으로 나눌 수 있다. 부유분진은 겨울철에 가장 많고 여름에는 가장 적은 편이다. 침강분진은 대부분의 중량을 가지는 입자상 물질을 포함하며 침강속도는 기상조건, 발생원 등에 따라 증감된다. 봄철이 되면 중국의 화북지방이나 몽고의 황토지대에서 직경 0.05mm 미만의 작은 모래 먼지가 강한 바람을 타고 상승하였다가 편서풍에 실려 우리나라로 이동하는 황사현상이 대표적인 분진 피해라고 할 수 있다. 황사현상의 부유 분진의 농도는 평상시 보다 3배 정도 높은 것으로 조사되었다.

(2) 2차 오염물질

2차 오염물질은 대기 중에 배출된 대기 오염물질 간의 상호작용이나 대기의 정상 성분과의 반응, 태양에너지에 의한 광화학 반응 등에 의하여 만들어져서 대기를 오염시키는 물질을 말한다. 즉 O_3, NOx 등의 산화물질, 알데히드, PAN, 아크로레인, SOx 등이다. 이들은 모두 광화학 스모그를 형성하는데 이와 같은 스모그는 크게 런던형 스모그와 LA형 스모그로 구분한다. 런던형 스모그는 석탄 연소과정에서 나오는 아황산가스가 주성분이며, LA형 스모그는 자동차 배기가스가 원인인 광화학적 스모그이다.

광화학 스모그는 대기가 안정되어 있는 상태에서 자동차 배기가스가 대기 중에 축적되면서 강렬한 햇빛의 작용(광화학 반응)으로 2차 오염물질이 생기는 현상이다. 광화학 스모그가 생기는 정확한 학설은 없으나 몇 가지 연구 결과를 종합하면 대기 중의 질소산화물과 탄화수소물질이 자외선에 의해 반응하여 O_3(오존)을 발생시키며 오존은 옥시던트를 만드는 중간체로 작용하여 결과적으로 대기 중에 스모그 물질을 발생시키는 것으로 보인다.

서울에서는 두 가지 스모그형이 모두 나타나는데 겨울에는 런던형 스모그가, 여름에는 LA형 스모그가 발생하여 1년 중 대부분이 서울도심을 광화학 스모그로 뒤덮고 있음을 확실히 알 수 있다.

그림 8.4 광화학 스모그가 낀 서울의 모습

표 8.3 오존(O_3) (단위 : ppm)

	'02	'03	'04	'05	'06	'07	'08	'09	'10
서울	0.014	0.014	0.014	0.017	0.018	0.018	0.019	0.021	0.019
부산	0.024	0.023	0.024	0.023	0.024	0.024	0.026	0.027	0.026
대구	0.018	0.020	0.022	0.022	0.020	0.021	0.023	0.023	0.022
인천	0.019	0.019	0.020	0.022	0.020	0.022	0.024	0.024	0.021
광주	0.016	0.018	0.022	0.022	0.021	0.022	0.023	0.026	0.024
대전	0.019	0.018	0.019	0.021	0.018	0.017	0.023	0.023	0.021
울산	0.021	0.021	0.022	0.022	0.021	0.021	0.023	0.024	0.023

8.3 대기오염과 기상변화

우리가 관찰할 수 있는 기상현상은 대류권에서만 이루어지며, 대류권에서는 위로 올라갈수록 온도가 낮아지는 것이 특징이어서 대략 100m 올라갈 때마다 기온은 약 1℃ 낮아진다. 지표면에서 발생한 대기오염물질은 대류권과 성층권의 경계까지만 올라가며 그곳에 정체된다.

(1) 기온역전

오염된 대기가 주변의 공기보다 따뜻하다면 위로 상승할 것이다. 왜냐하면 따뜻한 공기는 찬 공기보다 상대적으로 가볍기 때문이다. 대기가 이러한 상태라면 매우 바람직하여 자동차나 공장 굴뚝에서 발생한 대기오염물질이 공기에 섞여 위로 상승할 수 있게 된다. 그러나 반대로 아래층 대기온도보다 위층의 대기 온도가 높다라면 아래층 대기는 위로 상승하지 못하고 정체되게 된다. 이러한 대기 상태는 공기의 안정도에 의해 검토되는데, 전자(前者)의 경우를 불안정대기층(unstable air layer)라 부르며 후자(後者)의 경우를 안정대기층(stable air layer)이라 부른다.
대류권에서 대기의 안정도가 매우 커서 위로 올라갈수록 공기가 잘 섞이지 않는 상태를 기온역전(air temperature inversion) 현상이라 하며 기온역전상태로 되어

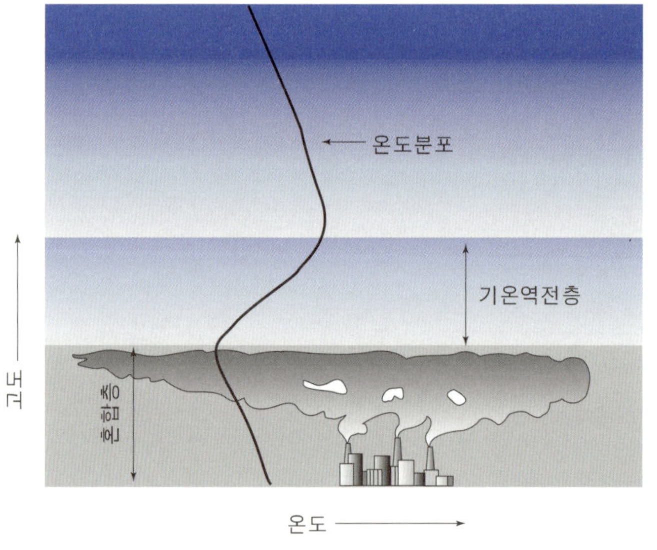

그림 8.5 기온역전과 연기분산형태

있는 대기층을 기온 역전층이라 한다.
기온역전현상은 한낮에 지표면온도가 대기온도보다 높아졌다가 밤이 되면 지표면은 대기보다 빨리 식어서 대기온도가 낮아지게 되어 발생한다. 이러한 기온역전현상은 새벽까지 계속되다가 지표면이 햇빛을 받아 더워지기 시작하면 해소된다.
기온역전현상에 의한 대기오염의 위험성은 계곡이나 분지에 자리잡은 도시에서 많이 나타나는데 이러한 현상이 오래 지속되면 오염물질의 농도가 치명적인 수준으로 축적되어 매우 위험하게 된다. 대표적인 기온역전현상에 의해 발생한 대기오염사고는 런던스모그인데, 1952년 12월 4일 아침기온은 영상 4℃ 정도로 안개가 낀 전형적인 겨울 날씨였다. 오후가 되자 기상변화가 일어나기 시작하여 템즈강변을 따라 차가운 대기가 지표면을 덮고 움직이지 않았다. 이때 기온역전현상이 발생하였으며 추워지는 날씨를 극복하기 위하여 모든 가정에서 난방용으로 사용한 석탄의 연소가스가 역전층에 막혀 상승하지 못하고 안개와 함께 스모그를 만들었다. 석탄의 연소가스에는 일산화탄소와 아황산가스가 포함되어 있었기 때문에 매우 유독한 물질의 스모그였다. 그 당시 런던 전 지역은 스모그 속에 묻혀 버렸으며 한치 앞을 볼 수 없을 정도의 시정거리에서 교통은 아수라장이 되었고 급기야는 차를 방치한 채 걸어서 집으로 갈 수밖에 없었다. 밤이 되자 기온은 차츰 영하로 떨어지기 시작했고 습도는 100%에 도달했다. 가정에서는 계속해서 난방용 석탄을 연소시켰으며 이러한 사태가 5일 동안 계속되었다가 8일 밤에 남풍이 불기 시작하여 9일 아침에야 스모그가 걷히고 모처럼 쾌청한 아침을 맞을 수 있었다. 5일 동안의 스모그 피해는 엄청나서 4,000여명이 목숨을 잃었으며, 다음달까지 스모그 후유증으로 사망한 인명 피해는 8,000여명이었다.

(2) 열섬 효과와 먼지지붕

대도시처럼 건물이 밀집되어 있는 곳의 기온은 도시주변 시골지역의 기온보다 일반적으로 약 0.7℃, 경우에 따라서는 1.5℃나 높다. 이것은 도시의 열원 밀도가 시골보다 높기 때문이며 도시의 대기오염을 가중시키는 원인이 되기도 한다. 이러한 도시기상변화의 현상을 도시 열섬 효과(urban heat island effect)라 하며, 기류 속에 포함된 먼지와 매연들이 도시상공을 덮고 있는 현상을 먼지모자(dust hat) 또는 먼지 돔(dust dome)이라고 한다. 서울의 경우 도심의 연평균 기온이 주변보다 2~3℃ 높은 것으로 나타났는데 특히 밤의 기온 차가 더 심하여 열대야 현상이 일어나기도 한다.

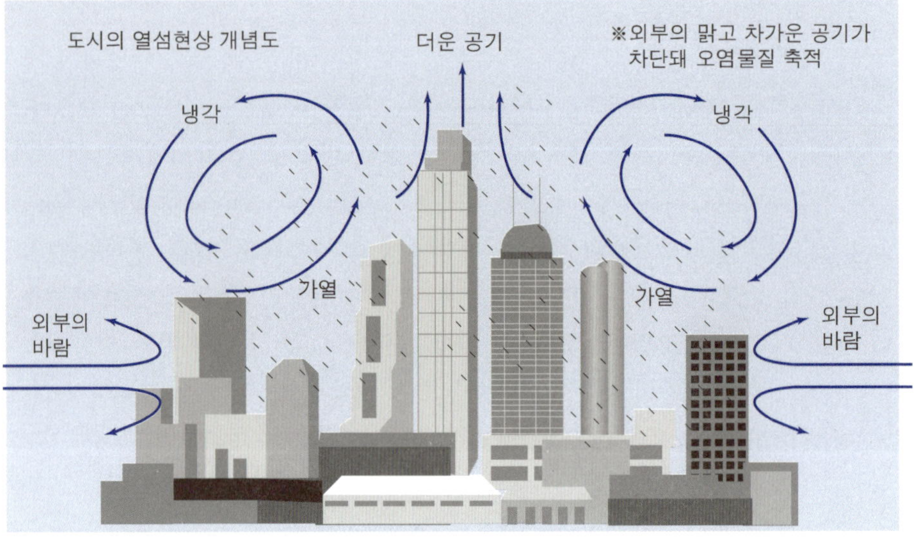

그림 8.6 도시의 열섬효과와 먼지지붕

8.4 대기환경기준 및 대기오염의 영향

(1) 대기환경기준

우리나라를 비롯한 세계 각국은 표 8.6과 같이 대기오염물질에 대해서 환경기준을 정하여 관리하고 있다.

표 8.4 아황산가스(SO_2) (단위 : ppm)

	'02	'03	'04	'05	'06	'07	'08	'09	'10
서울	0.005	0.005	0.005	0.005	0.005	0.006	0.006	0.005	0.005
부산	0.007	0.006	0.007	0.006	0.006	0.006	0.006	0.005	0.006
대구	0.006	0.006	0.006	0.006	0.006	0.006	0.005	0.005	0.005
인천	0.006	0.007	0.007	0.007	0.007	0.008	0.007	0.007	0.007
광주	0.004	0.004	0.004	0.004	0.004	0.004	0.004	0.004	0.004
대전	0.004	0.004	0.005	0.005	0.005	0.005	0.004	0.005	0.004
울산	0.010	0.011	0.010	0.008	0.008	0.008	0.008	0.008	0.008

표 8.5 이산화질소(NO_2) (단위 : ppm)

	'02	'03	'04	'05	'06	'07	'08	'09	'10
서울	0.036	0.038	0.037	0.034	0.036	0.038	0.038	0.035	0.034
부산	0.029	0.026	0.024	0.023	0.023	0.022	0.022	0.021	0.021
대구	0.023	0.026	0.026	0.023	0.023	0.024	0.024	0.024	0.025
인천	0.027	0.030	0.028	0.025	0.029	0.031	0.03	0.030	0.030
광주	0.021	0.019	0.019	0.021	0.024	0.023	0.022	0.021	0.020
대전	0.020	0.018	0.022	0.020	0.020	0.019	0.02	0.022	0.023
울산	0.019	0.016	0.022	0.024	0.022	0.023	0.024	0.022	0.023

표 8.6 각국의 대기환경기준

		한국	미국	캐나다	이탈리아	스위스	터키	일본
SO_2 (ppm)	연평균	0.02	0.03	0.02	0.03	0.01	0.06	-
	24시간 평균	0.05	0.14	0.11	0.10	0.04	0.15	0.04
	1시간 평균	0.15	-	0.34	-	-	-	0.10
PM10 ($\mu g/m^3$)	연평균	50	50	70	*150	70	-	-
	24시간 평균	100	150	120	*300	150	*300	100
	1시간 평균	-	-	-	-	-	-	200
O_3 (ppm)	연평균	-	-	0.015	-	-	-	-
	8시간 평균	0.06	0.08	0.025	-	-	-	0.06
	1시간 평균	0.10	0.12	0.08	0.10	0.06	0.12	0.10
NO_2 (ppm)	연평균	0.03	0.053	0.05	-	0.02	0.05	-
	24시간 평균	0.06	-	0.11	-	0.04	-	0.04~0.06
	1시간 평균	0.10	-	0.21	0.11	0.05/30분	0.16	-
CO (ppm)	연평균	-	-	-	-	7	-	10
	8시간 평균	9	9	13	9	-	9	20
	1시간 평균	25	35	31	35	-	26	-
HC (ppm)	연평균	-	-	-	-	-	-	-
	1시간 평균	-	-	-	-	-	0.26	-
Pb ($\mu g/m^3$)		0.5/년	1.5/3개월	-	2.0/년	1.0/년	-	-
벤젠 ($\mu g/m^3$)	연평균	5	-	-	-	-	-	-

대기환경기준은 우리나라 어느 곳에서도 우리가 숨 쉬는 공기의 오염농도가 기준을 초과하면 안 된다는 것을 설정한 것이기 때문에 기준을 초과하는 곳에서는 대기오염을 방지하기 위한 대책이 필요하다는 것을 의미하며, 오염배출을 규제하는 배출허용기준을 정하여 엄하게 지키도록 하고 있다.

대기오염물질 중에서 아황산가스는 발생량도 많지만 규제도 심한 편이다. 그러나 가장 빈번하게 기준을 초과하는 대기 오염물질이므로 시간적, 공간적, 계절적 발생량을 정확히 계량하여 연평균 값이 환경기준 이하가 되도록 관리해야 한다.

(2) 대기오염의 영향

자연 생태계는 대기오염에 의해 커다란 피해를 입게 되는데 동물보다 식물에 더 민감하게 피해 반응이 나타나는 것으로 알려져 있다. 이끼는 0.03 ppm의 아황산가스 농도에서는 살 수 없기 때문에 어느 곳에서 이끼가 생장하고 있는 것을 발견할 수 있다면 그곳은 아직 대기오염이 심하지 않다고 판단할 수 있다. 이끼처럼 오염의 정도를 판단하는 기준으로 활용할 수 있는 식물을 지표식물(indication plant)이라고 한다.

대기오염물질 중에서 아황산가스, 불화수소, 옥시던트 등은 식물의 잎 세포를 파괴하거나 기공 주위의 조직을 파괴한다. 식물의 잎 조직이 파괴되면 결과적으로 광합성이 줄어들어 농작물의 수확이 줄어들게 된다.

저농도의 아황산가스 농도에서 장시간 노출되어도 광합성이 방해되는데, 0.2 ppm에서 10일간 노출되면 광합성 작용은 10~24% 줄어든다고 한다. 특히 식물은 스스로 이동할 수가 없기 때문에 대기오염의 피해를 스스로 줄일 수 없어서 동물에 비해 매우 불리하다고 할 수 있다.

그림 8.7 대기오염으로 인한 잎 조직 파괴

표 8.7 아황산가스의 농도별 증상

농도 (ppm)	증 상
3~5	냄새로 가스의 존재를 알 수 있다.
8~12	목이 자극된다.
10	장시간 견딜 수 있는 한도
20	눈에 자극을 느끼고 기침이 나온다.
50~100	단시간 견딜 수 있는 한도
400~500	단시간으로 심한 중독

일반적으로 동물은 우리에 갇혀 있는 동물을 제외하고 스스로 대기오염이 심한 곳을 피해서 살아갈 수 있다. 사람의 경우 대기오염피해는 대도시에 사는 모두가 겪고 있지만 그 피해의 정도를 계량화하기가 쉽지 않다. 대기오염물질이 사람 또는 동물에 미치는 영향은 오염물의 종류, 오염조건, 인간의 감수성, 인구밀도, 생활환경 및 조건, 직업, 기후인자, 지역특성 등 물리적, 화학적 성질에 따라 달라지나 일반적으로 자극, 부식작용, 진폐형성, 중독작용, 감염증의 촉진, 발암작용, 과민증상 등으로 나타나고 있다. 아황산가스는 냄새와 자극성이 심하여 식물에서와 마찬가지로 동물에게도 가장 심각한 대기오염물질로 지목되고 있다.

대도시에 사는 사람들이 호소하는 가장 큰 대기오염 피해는 호흡기질환과 안과질환인데 대기오염이 현재와 같이 심각하지 않았던 때에 비해 호흡기질환자 발병율이 월등히 많아졌으며, 한 번 발병하면 오랫동안 고생한다고 한다.

일산화탄소는 혈액중의 헤모글로빈과 결합하는 능력이 산소보다 210배나 강한 대표적인 동물질식 오염물질로 10 ppm에서 수 시간 노출되었을 때 현기증, 두통, 감각마비증세를 나타내고, 300~400 ppm농도에서는 시각장애, 구토, 복통을 느끼며 750 ppm에서는 치명적이다. 질산화물질도 100 ppm에서 3~5분 노출되면 목에 자극이 와서 심한 기침을 하며 500 ppm에서 3~5분 노출되면 폐수종, 기관지 폐 염, 급성 폐 부종을 일으켜 만성 폐 질환이 되거나 수일 내에 사망하게 된다.

저 농도로 대기 중에 존재하는 대기오염물질이라 하여도 또 다른 많은 인자들과의 상승작용(synergistic action)에 의하여 그 피해는 더욱 가중되는 것이다.

대기오염 물질은 각종 제품에도 많은 피해를 줘서 여러 가지 재산상의 손실을 가져오는데, 농촌보다 도시에서 금속제품의 부식이 빠르게 진행되고, 고급 양모나 피혁제품을 손상시킨다. 천연가죽을 10 ppm의 아황산가스가 포함된 습한 공기 중에 노출시켜 6주가 지나면 부식되어 못쓰게 된다. 요즘같이 고가의 고급 모피를 즐겨 입는 사람은 대기오염이 심한 도시지역에서 살지 않는 것이 건강은 물론 모피 보호에도 좋을 것이다. 대기 중의 오존은 고무를 부식시키는 것으로 알려져 미국은 자동차 타이어에 오존부식방지를 위한 화합물을 첨가하고 있다.

공예품을 비롯한 각종 문화재도 대기오염의 피해를 입는데 그 피해의 정도를 정확히 파악하기가 힘들다.

대기오염의 영향으로 인한 경제적 피해를 계량화 하는 것은 매우 어려워서 금액으로 나타낼 수는 없지만, 대도시에 사는 모든 사람이 알게 모르게 건강과 물질의 손실을 입는 피해자인 것만은 분명하다.

8.5 대기오염현황 및 대책

(1) 대기오염현황

대기오염물질은 인류문명의 혜택을 제공하는 필수적인 시설 즉, 정유공장, 자동차, 발전소, 보일러 등 모든 부문에서 발생한다.

화석연료를 사용하는 산업시설이나 자동차에서는 아황산가스가 가장 많이 발생한다. 물론 탄화수소와 이산화질소, 일산화탄소 등도 많이 발생한다. 산업시설이란 우리가 소비하는 모든 공산품을 생산하는 시설이고, 자동차는 편리한 이동수단이며, 난방시설은 추위를 방지해 주는데 활용된다. 발전소는 현대문명을 지탱하며 움직이는 전기를 생산하는 시설이므로 인류가 활동하며 소비생활을 계속하는 한 대기오염물질은 계속 발생한다. 대도시는 대기오염 발생시설이 밀집되어 있는 곳이다. 서울의 대기오염 변화추이를 보면 아황산가스와 먼지에 의한 오염도는 감소하는 추세인 반면 오존의 오염도는 증가하고 있다.

이러한 현상은 자동차의 급격한 증가에 의한 것으로 자동차 운전 중 발생하는 이산화질소가 광 화학적 분해과정을 거쳐 오존을 생성하기 때문이며, 아황산가스의 감소는 원유의 정제과정에서 원유에 포함되어 있는 황 성분을 충분히 제거시키는 탈황시설을 정유공장에 설치하였기 때문이다. 일산화탄소의 오염지표는 1990년도에 2.6 ppm에서 1998년에는 1.0 ppm으로 눈에 띄게 감소하였는데 그 이유는 겨

표 8.8 일산화탄소(CO) 농도변화 (단위 : ppm)

	'02	'03	'04	'05	'06	'07	'08	'09	'10
서울	0.005	0.005	0.005	0.005	0.005	0.006	0.006	0.005	0.005
부산	0.007	0.006	0.007	0.006	0.006	0.006	0.006	0.005	0.006
대구	0.006	0.006	0.006	0.006	0.006	0.006	0.005	0.005	0.005
인천	0.006	0.007	0.007	0.007	0.007	0.008	0.007	0.007	0.007
광주	0.004	0.004	0.004	0.004	0.004	0.004	0.004	0.004	0.004
대전	0.004	0.004	0.005	0.005	0.004	0.005	0.004	0.005	0.004
울산	0.010	0.011	0.010	0.008	0.007	0.008	0.008	0.008	0.008

표 8.9 오존(O_3)발생 현황 (단위 : ppm)

	'02	'03	'04	'05	'06	'07	'08	'09	'10
서울	0.014	0.014	0.014	0.017	0.018	0.018	0.019	0.021	0.019
부산	0.024	0.023	0.024	0.023	0.024	0.024	0.026	0.027	0.026
대구	0.018	0.020	0.022	0.022	0.020	0.021	0.023	0.023	0.022
인천	0.019	0.019	0.020	0.022	0.020	0.022	0.024	0.024	0.021
광주	0.016	0.018	0.022	0.022	0.021	0.022	0.023	0.026	0.024
대전	0.019	0.018	0.019	0.021	0.018	0.017	0.023	0.023	0.021
울산	0.021	0.021	0.022	0.022	0.021	0.021	0.023	0.024	0.023

울철 난방용으로 연탄대신 등유를 사용하기 때문이며 미세 먼지의 감소도 같은 맥락인 것으로 보인다. 그러나 서울을 포함한 대도시에서는 대기오염물질의 복합적인 작용으로 여름에는 광화학 스모그현상이, 겨울철에는 안개형 스모그가 자주 발생하는 등 대기오염이 오히려 악화되어 있다. 특히 스모그현상은 미세 먼지를 다량 포함하고 있기 때문에 단순한 시각적 불쾌감뿐 아니라 호흡기 질환을 비롯한 시민 건강위협에 직결되어 있어서 그 대책이 시급하다.

산성비는 보통 pH 5.6 이하의 산도를 갖는 경우를 말하며, 대기 중에 탄산가스, 아황산가스, 질소산화물이 많이 포함되어 있을 때 비가 내리면 발생한다. 겨울철 화석연료 사용이 많을 때 산성비가 내리며, 대도시 중에서 부산, 서울, 대구 등의 순서로 산성비가 강하게 나타나고 있다.

최근에는 지역별 쓰레기소각시설에서 발생하는 배기가스 중에 다이옥신과 같은 유해성 가스가 포함되어 있어서 논란이 되고 있으며, 주유소와 같이 휘발성 유기물질을 취급하는 곳에서는 인체에 해를 주는 휘발성 유기물질 기체가 다량 발생하여 대기 중으로 분산되기 때문에 또 다른 대기오염물질로 규정되고 있다.

(2) 대기오염 방지대책

대기오염을 최소화하기 위해서는 오염물질이 대기로 방출되는 양을 줄이거나 또는 발생자체를 최소화 해야 한다. 예를 들면, 탈황기술을 개발하여 화석연료에서 황 성분을 제거하거나 집진 장치를 개선하여 미세 먼지까지도 제거할 수 있거나, 연소기술의 개선으로 완전연소에 가까운 연소효율을 가져올 수 있는 기술개발 등이다. 그러나 기술개발은 대기오염물질이 대기로 방출되는 양을 줄일 수는 있으나 걸러낸 오염물질은 독성 폐기물이므로 여전히 문제점으로 남는다. 결국 대기오염물질을 폐기물로 바꾼 것에 불과하다. 더욱이 현재의 기술로는 화석연료에서 발생하는 이산화탄소의 양은 거의 줄이지 못하기 때문에 지구온난화 등의 문제해결에는 별다른 도움이 되지 못한다.

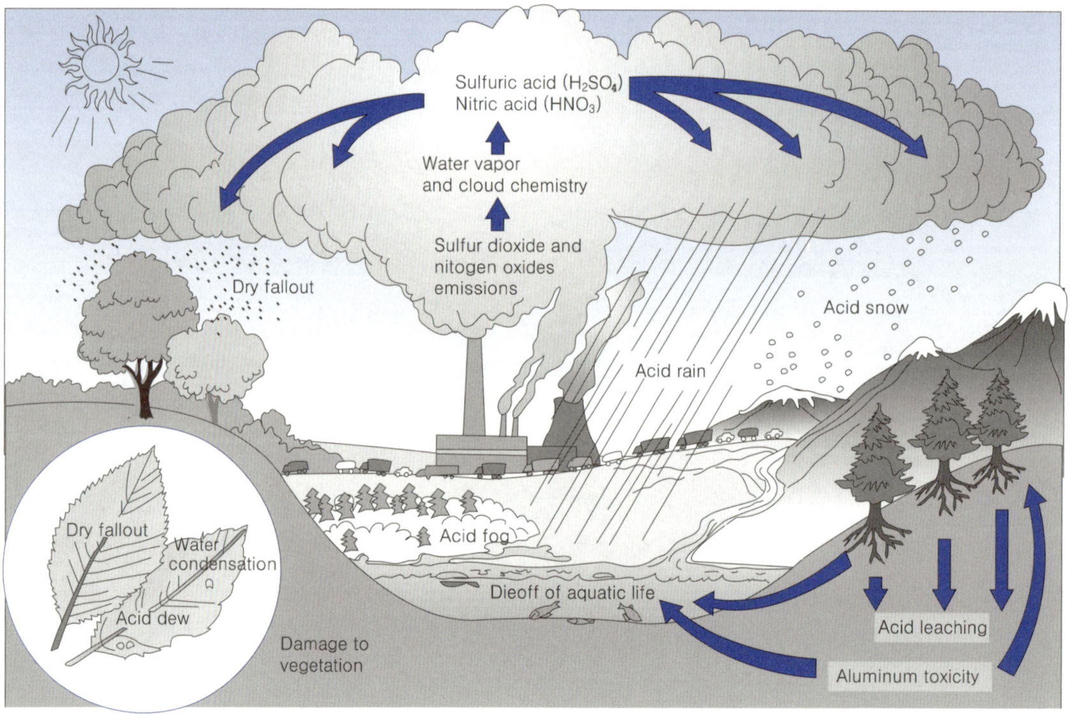

그림 8.8 산성비의 생성과정과 피해경로

현대 문명사회에서 발생하는 오염물질은 완전히 제거할 수는 없다. 최대한으로 줄일 수 있는 방법을 찾는 것이 최선의 길이며, 또한 무공해 대체에너지를 개발하여 사용하는 수밖에 없다. 도시지역에도 시골 산간지역처럼 나무가 많으면 경관이 좋을 뿐만 아니라 대기오염 감소효과도 크게 기대할 수 있다. 수명이 15~20년 된 나무 한 그루는 1년 동안에 아황산가스 280g, 이산화질소 370g을 정화할 수 있다는 연구결과가 보고되어 있다. 즉, 인위적인 기술에 의해 대기오염을 최소화하기보다는 자연현상에 의해 스스로 정화되는 기능을 활용하는 쪽으로 점차 변화되어야 한다.

표 8.10 대기오염물질 배출량 변화 (비산 먼지 제외/식생제외, 단위 : 천 톤)

	'02	'03	'04	'05	'06	'07	'08	'09	'10
CO	845	822.8	805.4	816.9	788.9	829.9	808.8	703.7	846.2
NO_x	1,219	1,242	1,362	1,277	1,307	1,275	1,187	1,045	1,062.2
SO_x	487.7	474.1	469.1	446.8	408.5	446.5	402.5	418	418.3
TSP	88	84.4	85.9	80.1	88.9	88.3	144.5	171.6	190.5
PM-10	67.4	65.1	66.4	62.5	67.3	64.8	98.1	110.8	124.3
VOC	734.8	741.6	758.5	797.2	756.4	794.2	874.7	857.9	851.6
NH_3	231.5	222.6	235.3	243.7	247.1	235.7	308.7	265.7	277.6

표 8.11 미세먼지(PM-10) 발생 현황 (단위 : $\mu L/m^3$)

	'02	'03	'04	'05	'06	'07	'08	'09	'10
서울	76	69	61	58	60	61	55	54	49
부산	69	55	60	58	59	57	51	49	49
대구	71	59	58	55	54	53	57	48	51
인천	57	61	62	61	68	64	57	60	55
광주	52	36	46	49	55	52	50	46	45
대전	53	43	49	48	49	49	45	43	44
울산	54	40	50	50	52	53	54	49	48

대기오염을 줄이기 위해 우리가 공헌할 수 있는 가장 좋은 방안은 스스로 소비를 줄이는 일과 에너지를 절약하는 일 및 자동차 이용을 가급적 안하는 일 등이 될 것이다. 그러나 인간은 편리함과 안락함 때문에 소비를 줄이는 일이 쉽게 강조될 수 있는 것은 아니다. 다만 과학기술에 의한 대기오염 방지대책에 우선 하더라도 그것에 비례하여 우리 모두 스스로 조금씩 소비를 줄이는데 노력해야 할 것이다.

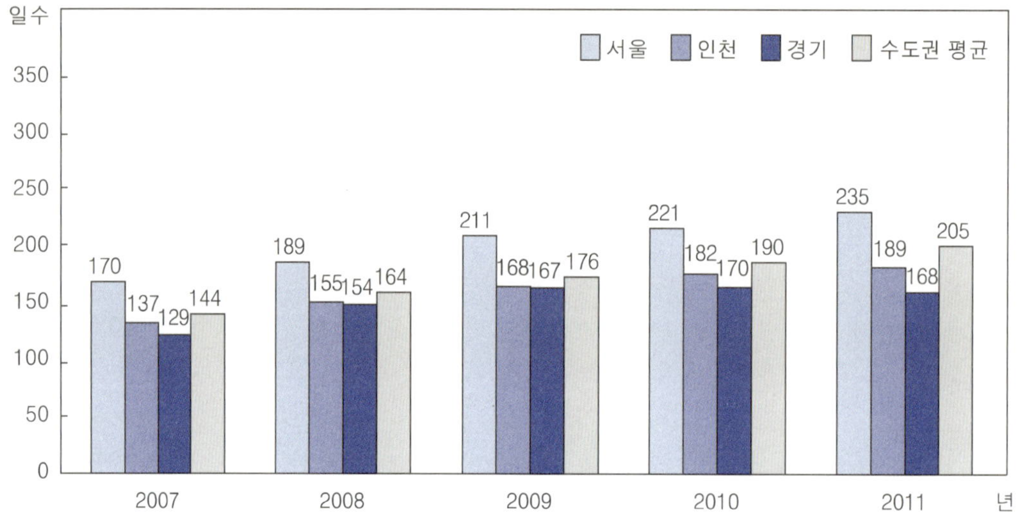

그림 8.9 미세먼지 환경기준(50μg/m^3) 만족 일수 현황

09

물 오염

인류의 변천과정에서 인간과 물의 관계는 매우 밀접하여 인류의 역사가 물과 더불어 시작되었다고 할 수 있다. 물은 생명의 근원이며 역사의 원동력이기 때문에 비단 인류뿐만이 아니라 모든 생명체에 있어서 물은 매우 중요한 물질인 것이다. 인간은 하루에 2L 정도의 물을 마셔야 하고 하루 평균 약 200~300L의 생활용수를 사용하고 있다.

9.1 물의 순환과 상호작용

(1) 물의 순환

지구상의 물의 총량은 약 13억 5천만 km^3(3.5×10^{20}gallon)으로 일정하다. 지구의 약 $\frac{2}{3}$의 면적을 차지하는 바다에는 지구상 수분의 약 97%가 존재하며, 이것이 지표수와 같이 태양열에 의해서 항상 증발하고 대기 중에 수증기를 형성한다. 이 수증기는 대기온도의 변화에 의해서 응결되면 구름이 되고 이것이 결집해서 비나 눈이 되어 바다와 육지로 다시 낙하된다. 바다에 낙하된 빗물은 그대로 해수를 구성하지만, 지표면에 낙하된 물은 지표의 식물에 차단되어 일부분은 다시 증발되어 대기 중에 수증기로 환원되고 나머지는 지표면을 흐르게 된다. 지표면에 도달한 물은 토양 중에 부분적으로 침투해서 토양을 적셔주고 더욱 침투하면 지하수를 형성하게 된다. 대부분의 지표수는 낮은 곳으로 흘러들어 호소를 이루거나 강을 따라 바다로 흐르게 된다.

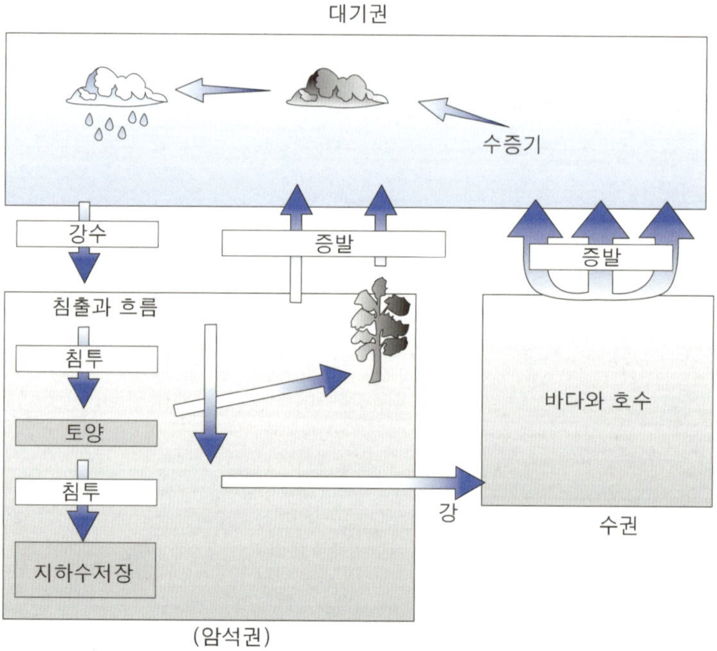

그림 9.1 물의 순환

지하에 침투한 물의 일부는 중간 유출과정(샘물)을 거쳐 하천으로 합류되는 것도 있지만 대부분은 지하의 수맥 속에 저장된다. 이와 같이 물의 순환은 대기, 육지 및 해양 사이의 계속적인 물의 흐름이며, 이 흐름상태는 안정된 것이 아니고 기상 조건에 따라 다양하게 변화한다.

물은 비열이 커서 증발열을 흡수하여 지구상의 기온을 적절히 유지하는 작용을 하며, 또 수증기는 태양광선을 적절히 차단하여 지구상에 도달하는 태양광선의 양을 조절하기도 한다. 또, 물은 광범위한 물질을 용해시키는 작용을 하여 물질순환에도 중요한 역할을 하고 있다. 다시 말해서 지구상의 모든 물질의 변화는 화학적 변화와 물리적 변화인데 화학적 변화는 화학반응에 의해서 이루어진다. 물은 화학반응을 가능케 해주는 중요한 용매인 것이다.

지구상의 담수의 양은 불공평하게 분포되어 있기 때문에 용수의 원활한 공급을 둘러싼 국내의 지역적인 문제 발생은 물론 국제적인 분쟁으로 비화될 우려가 매우 크다.

세계 800여 개의 하천이 2개국 이상에 의해 공유되어 있고 세계인구의 40%가 인접국가의 물에 의존하고 있기 때문에 물(水)권리 확보를 둘러싼 상·하류 국가간 분규가 끊이지 않고 있다. UN보고서에 따르면 세계인구의 40%를 차지하는 80여 개국이 필요한 용수를 확보하지 못하고 있다니 분쟁은 더욱 가속화 될 것이다.

우리나라도 현재 1년 동안 물 이용량이 3백 20억 톤 수준인데 연간 강수량에 비해 저수능력이 작기 때문에 2011년에는 약 20억 톤의 물이 부족할 것으로 전망하고 있다.

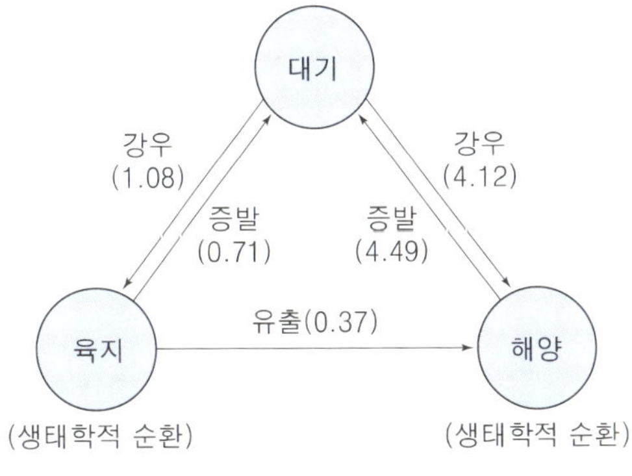

그림 9.2 물의 순환에 따른 자연계의 수량도

표 9.1 상수도보급현황 (단위 : %, L)

	`01	'02	'03	'04	'05	'06	'07	'08	'09	'10
상수도 보급률	87.8	88.7	98.4	90.1	90.7	91.3	92.1	92.7	93.5	97.7
1인 1일 급수량	361	362	359	365	363	346	340	337	332	333

(2) 물의 상승작용

이제 호수의 물이 순환작용을 거치는 동안 어떤 경로를 밟게 되는지 알아보자. 호수와 대기의 계면에서는 물 분자가 끊임없이 서로 교환되고 있다. 이때, 호수의 물이 대기권으로 들어가는 양이 대기권에서 호수로 들어가는 양보다 많다면 증발이 일어날 것이고, 따라서 물은 호수에서 공기 쪽으로 이동이 일어난다. 여기에서 호수로부터 수증기의 일부가 공급된 작은 공기 덩어리를 생각해 보자. 공기 덩어리 속에 혼합된 수증기의 양은 수증기의 질량을 건조증기의 질량으로 나눈 값으로 나타낼 수 있다. 이를 혼합비(mixing ratio, W)라고 하는데 건조공기 1kg 속에 혼합된 수증기의 gr수로 정의된다.

$$W = \frac{\text{수증기의 질량}}{\text{건조공기의 질량}}$$

호수의 표면에 접한 공기 덩어리는 실제혼합비(actual mixing ratio, W_a)와 잠재혼합비(potential mixing ratio, W_p)를 가질 수 있다. W_p는 공기 덩어리가 가지는 온도에서 포함될 수 있는 최대의 수증기의 양을 가질 때이다. W_p는 공기 덩어리의 온도가 높을수록 더 많은 수증기를 포함할 수 있다. 공기 덩어리가 대기 중에서 위로 상승하면 온도는 내려가는데, 온도가 하강함에 따라 W_p는 감소하지만 W_a는 그대로 일정하게 남는다. 공기 덩어리가 상승을 계속하면 W_p는 W_a의 값에 접근해 간다. W_p가 W_a와 같아지면 공기 덩어리는 그 공기가 지닐 수 있는 최대의 수증기량을 포함하게 되는데, 이때를 포화상태(saturation)에 도달하였다고 말한다. 상대습도(relative humidity, RH)는 잠재 혼합비에 대한 실제 혼합비의 비율을 백분율로 표시한 값으로 정의한다.

$$RH = \frac{W_a}{W_p} \times 100\%$$

상승하는 공기의 상대습도는 공기 덩어리가 냉각됨에 따라 증가하는 값을 갖는다. 포화 상태에서의 *RH*는 100%이다. 공기 덩어리가 포화 상태에 접근함에 따라 응결핵(condensation nuclei)에 응결이나 승화가 일어나게 되며, 응결 핵은 자그마한 고체 입자로 대기권 내에는 항상 많은 양이 존재한다. 이러한 응결 핵들은 모두가 흡습성(hydroscopic)이 있어서 물 분자들과 강한 친화력을 가진다. 그리하여 상대습도가 100%가 아닌 상태에서도 응결 핵을 중심으로 하여 응결이나 승화가 일어난다. 구름의 형성이나 구름으로부터의 강우과정은 흡습성이 강한 응결 핵이 충분히 있어야만 더욱 쉽게 일어난다. 각종 형태의 구름들은 대기권에서 발생한 응결과 승화의 표본과도 같다. 구름은 매우 작고 가벼운 물방울이나 빙정으로 구성되어 있으므로 공중에 떠 있을 수 있다. 그러나 물의 순환 과정이 되풀이되는 동안 구름을 이루고 있던 입자들은 점점 커져서 결국은 강우현상으로 지표 위에 떨어지게 된다.

(3) 물의 종류

1) 빗물

대기 중에 증발한 수분은 냉각·응결되어 빗물, 눈, 우박 등으로 낙하하는데 낙하 중에 대기 중에 떠 있는 각종 가스(산소, 탄산가스, 질소, 암모니아 등)와 대기 오염성분(분진, 아황산가스, 탄화수소, 황화수소, 질소 산화물, 세균 등)을 흡수한다.

특히 분진 중에는 각종 염류, 중금속 염류, 방사성 물질 등을 포함할 때가 있어 대기 오염이 심한 지역의 빗물은 오염의 정도가 심하고 낮은 pH, 고 산도(酸度)를 유지할 때가 많다. 그러나 비가 계속 내리면 대기 중의 오염물질은 감소되고 빗물도 깨끗해진다.

2) 지표수(surface water)

하천 수, 호소 수 등을 말하며, 빗물이 그 원천이다. 물이 지표면에 저장된 상태를 호수라 하고, 지표면을 흐르는 물을 하천 수라고 한다. 하천 수는 지표면의 빗물이 합류하는 것이므로 지표면의 각종 미생물, 유기물을 포함하며, 특히 공장, 도시의 폐하수가 유입될 가능성이 크다. 또 하천을 흐르는 동안에 주위의 지질의 영향을 받아 많은 광물질이 용해된다.

또 한편으로는, 하천의 자정작용 등으로 하천수중의 오염물질이 감소된다. 하천수의 자정작용은 물리적 현상(침전, 흡착, 증발 등)과 화학적 반응(산화, 분해, 환원 등)에 의해서 일어나고, 또 미생물의 작용에 의해서도 일어난다. 심한 오염을 받고 있는 수역에서는 오염물의 침전, 퇴적 현상과 더불어 활발한 오수성 미생물의 활동에 의해서 유기물이 분해된다.

이 상태를 분해역(zone of degradation)이라고 한다. 더욱 용존 산소가 없는 부패 상태에서는 곰팡이보다 혐기성 세균이 왕성하게 번식하게 되어 부패상태를 이룬다. 이 상태에서는 용존 산소는 없어진다. 이 상태를 활성 분해역(zone of active decomposition)이라고 한다.

하천이나 호수가 흐르는 동안에 점차로 공기 중의 산소를 흡수하고 용존 산소가 증가함에 따라 영양성분과 세균의 수가 감소하는 대신에 원생동물과 조류, 규조류(diaton)가 성장한다. 이 상태를 회복역(zone of recovery)이라고 부른다. 최종적으로 유기물이 거의 완전히 분해되고 투명한 상태에 도달하면 용존 산소는 원상태로 복구되고 호기성 세균이 번식하게 되면 수중 동물, 수중 식물도 번식한다. 이 상태를 정수역(zone of clean water)이라고 한다. 호수에서는 주위 지표면에서 유입하는 지표수와 오염물이 거의 유입되지 않고 저수되어 있는 상태이므로 하천과 같은 자정작용의 과정은 없으나 수심에 따른 온도변화, 밀도 차로 인한 물의 수직 운동이 발생할 수 있고, 이것이 자정작용의 요인이 된다.

호수 중에 유기·무기물함량이 증가하면 소위 부영양화현상(eutrophication)이 일어나고 조류가 번식하게 되어 악취·혼탁의 원인이 된다.

3) 지하수(ground water)

물은 빗물에 의해 직접 땅 속으로 스며들어 침수되거나 호수 혹은 하천으로 되었다가 지하로 스며든다. 이러한 과정으로 지하에 공급되는 물 때문에 지하수의 부존량이 유지되고 있다.

지하로 스며든 물이 보존되는 장소는 지층 부근에서 두 구역으로 나뉘는데, 상층부가 통기대(zone of aeration)로서 공극(pore) 속에 공기와 함께 들어 있는 물을 포함한다. 이러한 물은 암석이나 토양 입자에 의해 붙잡힌 물방울로서 지표에 사는 식물의 성장에 소요되는 물은 대부분이 통기대에서 공급된다. 통기대의 하부는 포화대(zone of saturation)인데 지하의 물을 저장하는 곳이다. 포화대를 이루고 있는 암석권 물질 내의 공극들은 물에 완전히 포화되어 있다.

표면수가 오염되기 쉽다는 점에서 볼 때, 지하수를 깨끗하게 보존해야 한다는 것은 명백한 사실이다. 그러나 지하수의 수질은 인간에 의하여 도처에서 위협을 받고 있다. 지하수의 깨끗한 보존을 위해서는 지하수의 분포와 흐름에 대한 물리적 특성을 정확히 파악해야 할 것이다.

지하에 있는 포화대의 상한을 지하수면(water table)이라 하는데, 지하수면은 수평으로부터는 지표의 구배에 평행하게 발달하여 있다. 즉, 구능지대 밑에서는 지하수면이 높고 계곡 아래에서는 낮은 경향을 보인다. 그러나 지하수면의 깊이는 강우량과 강우빈도에 따라 달라진다.

지하수면의 깊이는 대부분의 경우 30m 이내에 있으나, 건조한 지역에서는 100m 이상 내려 파야만 지하수면에 도달한다. 지하로부터 물을 뿜어 올리면 지하수면은 자연히 내려간다.

통기대나 포화대로 물을 이동시키는 성질을 투수성(permeability)이라 한다. 투수의 정도는 공극의 크기(porosity)와 공극의 배열 상태에 따라 다르다. 투수성이 매우 큰 곳을 대수층(aquifer)이라 하는데, 모래층은 일반적으로 대수층을 이루지만 점토나 또는 대부분의 화성암이나 변성암 층은 좋은 대수층을 이루지 못한다.

지역에 따라서는 대수 층이 두 불투수성 암석층 사이에 끼어 있는 경우가 있다. 이러한 암석층 속으로 구멍을 뚫어 대수 층에 도달하면 물은 중력에 따른 힘에 의해 솟아오른다. 이러한 대수 층이 자연적으로 형성되면 저절로 분출하는 자분정(샘물)이 된다.

지하수는 이동 속도가 느리기 때문에(15m/년간) 오염물질의 잔존기간이 길어지게 되고 한번 오염되면 정화될 때까지 매우 오랜 시간이 필요하다. 미국의 지질조사당국에 의하면 지하수 오염물질은 200~10,000년 주기로 남아있게 되므로 대수 층의 지하수가 일단 오염되면 후손들이 사용하게 될 지하수의 수질은 상당히 나빠질 것이라고 경고하고 있다.

9.2 수질기준과 수질오염의 지표

(1) 수질기준

물의 질은 물을 사용하는 인류의 공중보건과 복지증진에 커다란 영향을 미치기 때문에 환경법에서 수질환경기준과 수질규제기준으로 나누어서 정하고 있다. 수질환

E·N·V·I·R·O·N·M·E·N·T & P·O·L·L·U·T·I·O·N

경기준은 쾌적한 환경을 보전하여 수질오염으로부터 사람의 건강을 보호하는데 필요한 기준으로 환경행정의 목표가 되며, 모든 제도와 행정조치가 수질기준의 유지달성을 위하여 추진된다.

수역 별로는 하천, 호소, 해역으로 구분하고, 항목별로는 생활환경 기준항목 6개와 사람의 건강 보호기준 8개 항목으로 구분하여 각각 차등 하여 설정하고 있다.

수질규제기준은 환경기준 달성을 목표로 한 규제수단이며, 배출허용기준과 방류수 수질기준으로 나누어진다. 배출허용기준은 모든 배출업소에 적용되는 기준으로 수질오염물질을 배출할 때 준수해야 할 최대 배출허용 값 또는 허용 농도를 말하며, 배출허용기준의 설정은 배출되는 오염물질이 하천에 유입되어 하천과 혼합되었을 때 하천에 서식하는 생물이나 하천수를 사용하는 사람에게 해를 끼치지 않는 수준으로 정해진다.

방류수 수질기준은 하수처리장, 폐수 및 분뇨종말처리장처럼 오염물질을 다량 한 곳에 모아 처리하는 종말처리시설에 적용되는 기준으로, 배출수 허용기준보다 훨씬 엄격하게 규제 관리하고 있다.

표 9.2 하천의 수질환경 기준

구분	등급	이용목적별 적용대상	기준				
			수소이온농도 (pH)	생물화학적 산소요구량 (BOD)(mg/L)	부유 물질량 (SS)(mg/L)	용존 산소량 (DO)(mg/L)	대장균 군수 (MPN/100mL)
생활환경	I	상수원수 1급 자연환경보존	6.5~8.5	1 이하	25 이하	7.5 이상	50 이하
	II	상수원수 2급 수산용수 1급 수영용수	6.5~8.5	3 이하	25 이하	5 이상	1,000 이하
	III	상수원수 3급 수산용수 2급 공업용수 1급	6.5~8.5	6 이하	25 이하	5 이상	5,000 이하
	IV	공업용수 2급 농업용수	6.0~8.5	8 이하	100 이하	2 이상	
	V	공업용수 3급 생활환경보전	6.0~8.5	10 이하	쓰레기 등이 떠 있지 아니할 것	2 이상	

표 9.3 호소의 수질환경 기준

구분	등급	이용 목적별 적용 대상	기 준						
			수소 이온 농도 (pH)	생물화학적 산소요구량 (BOD)(mg/L)	부 유 물질량 (SS)(mg/L)	용 존 산소량 (DO)(mg/L)	대장균 군 수 (MPN/100mL)	총인 T-P (mg/L)	총 질소 T-N (mg/L)
생활 환경	I	상수원수 1급 자연환경보존	6.5~8.5	1 이하	25 이하	7.5 이상	50 이하	0.010 이하	0.200 이하
	II	상수원수 2급 수산용수 1급 수영용수	6.5~8.5	3 이하	25 이하	5 이상	1,000 이하	0.030 이하	0.400 이하
	III	상수원수 3급 수산용수 2급 공업용수 1급	6.5~8.5	6 이하	25 이하	5 이상	5,000 이하	0.050 이하	0.600 이하
	IV	공업용수 2급 농업용수	6.0~8.5	8 이하	100 이하	2 이상		0.100 이하	1.0 이하
	V	공업용수 3급 생활환경보전	6.0~8.5	10 이하	쓰레기 등이 떠 있지 아니할 것	2 이상		0.150 이하	1.5 이하

표 9.4 해역의 수질환경 기준

등급	기 준								
	수소 이온 농도 (pH)	화학적 산소요구량 (COD) (mg/L)	용존 산소량 (DO) (%)	부유 물질량 (SS) (mg/L)	대장균 군수 (MPN/ 100mL)	노말헥산 추출물질 (유분) (mg/L)	총질소 (mg/L)	총인 (mg/L)	무기질 등 (mg/L)
I	7.8~ 8.3	1 이하	포화율 95 이상	10 이하	200 이하	검출되어서는 안됨	0.05 이하	0.007 이하	6가크롬 (Cr^{6+}): 0.05 이하 비소(As) : 0.05 이하 카드뮴(Cd) : 0.01 이하 납(Pb) : 0.1 이하 아연(Zn) : 0.1 이하 구리(Cu) : 0.02 이하 시안(CN), 유기인, 수은(Hg), 폴리클로리네이티드비페닐 (PCB) : 검출되어서는 안됨
II	6.5~ 8.5	2 이하	포화율 85 이상	25 이하	1,000 이하	검출되어서는 안됨	0.1 이하	0.015 이하	
III	6.5~ 8.5	4 이하	포화율 80 이상	-	-		0.2 이하	0.03 이하	

표 9.5 배출수 허용기준

대상규모 / 항목 / 지역구분	1일 폐수배출량 3,000m³ 이상			1일 폐수배출량 3,000m³ 미만		
	생물화학적 산소요구량 (mg/L)	화학적 산소요구량 (mg/L)	부 유 물질량 (mg/L)	생물화학적 산소요구량 (mg/L)	화학적 산소요구량 (mg/L)	부 유 물질량 (mg/L)
청정지역 (Ⅰ등급수질보전)	50 이하 → 30 이하	50 이하 → 40 이하	50 이하 → 30 이하	50 이하 → 40 이하	50 이하 → 동일	50 이하 → 40 이하
가지역 (Ⅱ등급수질보전)	80 이하 → 60 이하	80 이하 → 70 이하	80 이하 → 60 이하	100 이하 → 80 이하	100 이하 → 90 이하	100 이하 → 80 이하
나지역 (Ⅲ,Ⅳ,Ⅴ등급 수질유지)	100 이하 → 80 이하	100 이하 → 90 이하	100 이하 → 80 이하	150 이하 → 120 이하	150 이하 → 130 이하	150 이하 → 120 이하
특례지역 (공단지역)	30 이하 → 동일	30 이하 → 40 이하	70 이하 → 30 이하	30 이하 → 동일	50 이하 → 40 이하	70 이하 → 30 이하

표 9.6 방류수 수질기준

구 분	생물학적 산소요구량 (BOD)(mg/L)	화학적 산소요구량 (COD)(mg/L)	부유물량 (SS) (mg/L)	기타 (mg/L)
하수종말처리시설	30 이하 → 20 이하	50 이하 → 40 이하	70 이하 → 20 이하	총질소 : 60 이하 총인 : 8 이하
폐수종말처리시설 (농공단지 오·폐수 종말처리시설을 포함한다)	30 이하 → 동일	50 이하 → 40 이하	70 이하 → 30 이하	테트라클로로에틸렌 : 0.1 이하 온도 : 40℃ 이하
				총질소 : 60 이하 총인 : 8 이하 음이온계면활성제 : 5 이하

비고 1. 공단폐수종말처리시설의 페놀류 등 오염물질의 방류수 수질기준은 당해 처리시설에서 처리할 수 있는 오염물질 항목에 한하여 별표 5 페놀류 등 오염물질의 표중 특혜지역에 적용되는 배출허용기준 이내에서 당해 처리시설 설치사업시행자의 요청에 따라 환경처장관이 정하여 고시된다.
2. 총질소 및 총인의 방류수 수질기준은 환경부장관이 지정하는 호소 등 지역에 대하여 적용한다.

(2) 수질오염의 지표

수질오염의 정도를 판단하는 수질오염지표는 물의 물리적, 화학적, 생물학적 특성에 따라 다음과 같이 나눌 수 있다.

1) 물리적 지표

물리적 지표란 눈으로 보거나 맛을 보고 냄새를 맡는 감각에 관계되는 물의 특성으로 현탁 고형물, 탁도, 색도, 맛과 냄새 등이 있다.
현탁 고형물(Suspended Solid, SS)은 물을 흐리게 하는 원인물질로서 입자의 크기가 1μm(micro meter) 이상이고 불용성인 물질을 말한다. 입자 크기가 1μm 이하이면 콜로이드성 고형물이라 하고, $10^{-3}$$\mu$m보다 작으면 용존 고형물이라고 한다. 이들 고형물은 모두 심미적으로 불쾌하며, 어패류의 호흡을 방해하고 빛의 투과성을 방해하며 침전되어 2차 오염을 유발한다. 현탁 물질에 의해 물에 색이 나타나는 색도를 겉보기색(apparent color)이라 하고, 현탁 물질을 제거한 후에 나타나는 색을 진색(true color)이라 한다.

2) 화학적 지표

화학적 지표에는 유기물에 의해 물이 오염된 정도를 측정할 수 있는 척도인 생화학적 산소요구량, 화학적 산소요구량, 산·알칼리도 등과 독성물질에 의한 지표 등이 있다.

① 생화학적 산소요구량(Biochemical Oxygen Demand, BOD)

생화학적 산소요구량이란 수중의 유기성 오염물질이 호기성 미생물에 의해 산화되는 과정에서 소비되는 산소량을 ppm으로 표시한 것이다. BOD값이 높으면 수중에 부패성 유기물이 많이 포함되어 있다는 것을 의미하며, 상대적으로 수중의 용존 산소는 낮아져서 혐기성 상태가 된다. BOD는 어느 특정한 오염물질의 양을 측정하는 것이 아니라 물속의 오염물질이 분해될 때 소비되는 산소의 양을 농도단위로 측정한 것이다. 예를 들면, 밥알이 하천 수에 버려지면 얼마 후 삭아 없어지는데 이것은 물속에 있는 미생물들이 밥알(유기물)을 영양분으로 섭취하기 위해 분해시키기 때문이며, 이때 미생물은 밥알을 분해시키기 위해 산소를 같이 소비하게 된다. 대략적으로 밥알 한 톨이 완전히 분해되려면 용존산소량은 3L가 필요하다.

표 9.7 오염폐수 종류 별 BOD 값

물 질	BOD (mg/L)	물 질	BOD (mg/L)
가정하수	200	축산폐수 (한우)	2800
공장폐수	2000~3000	축산폐수 (돼지)	2500
분뇨	20000	하수처리수	30

② 화학적 산소 요구량(Chemical Oxygen Demand, COD)

화학적 산소 요구량은 BOD처럼 미생물에 의해 소비되는 산소량의 측정값이 아니고 물 속에 포함되어 있는 유기물을 강력한 화학적 산화제에 의해 분해시킬 때 소비되는 산소 요구량을 ppm값으로 표시한 것이다.

COD는 수중에 포함된 모든 산화성 물질을 측정하는 것이므로 일반적으로 BOD값보다 높게 나타나며 산화제로는 과망간산칼륨($KMnO_4$) 또는 중크롬산칼륨($K_2Cr_2O_7$)이 사용된다.

③ 용존 산소(Dissolved Oxygen, DO)

용존 산소는 수중에 용해되어 있는 산소의 양을 말하며, 기압이나 수온에 큰 영향을 받는다. 오염된 물은 물속의 호기성 미생물에 의해 오염물질이 분해되기 위해 충분한 양의 산소를 용해하고 있어야 하는데 대부분 소비되어 부족한 상태이기 때문에 심하게 오염된 물은 혐기성이 되기 쉽다.

일반적으로 수중생물이 생존하기 위해서는 5ppm 이상의 용존산소량이 필요하다.

④ 산/알칼리도

산도는 염기를 중화시킬 수 있는 물의 능력이며, 반대로 알칼리도는 산을 중화시킬 수 있는 물의 능력의 척도이다. 물의 알칼리도가 높으면 쓴맛을 내고 물 속에서 다른 이온들과 반응하여 침전을 형성한다.

⑤ 독성물질

많은 화학물질 중에서 독성이 강하며 쉽게 수질을 악화시키는 물질을 지칭하여 독성물질이라 하며, 대표적인 물질로 시안(CN), 페놀, 구리, 납, 크롬, 비소, 망간, 카드뮴, 수은 등이 있다. 대부분 중금속류로서 생태계의 먹이연쇄를 거쳐 생체 내에 축적되어 만성 중독을 불러오는 경향이 많다.

⑥ **pH(수소이온지수)**

수소이온농도의 지수 값은 수질의 산성, 중성, 알칼리성을 나타내는 지표이다.

3) 생물학적지표

① **병원균**

물을 매개체로 하여 번식하는 병원균류는 박테리아, 바이러스, 원생동물 및 기생충 류가 있으며, 이러한 생명체들은 인간의 건강을 해치고 전염병을 유발시키기도 한다. 많은 종류의 병원균은 성장과 번식을 위해서 동물 숙주를 필요로 하며 인간도 예외가 아니다.

② **대장균**

대장균은 일반적으로 온혈동물의 내장에서 기생하며 분뇨에 의해 오염된다. 수인성 전염병을 발병시키는 대표적인 균이다.

③ **기타 생물상**

하천수 등이 오염되면 용존 산소의 소비가 증대되어 수중의 호기성 생물은 생존에 위해를 받아 점차 그 숫자가 감소하게 되고 반면에 혐기성 생물들이 증가하게 된다. 이렇듯 수질오염으로 인한 생물상의 변화과정은 하천의 오염상태와 자정능력을 측정하는 좋은 지표가 된다.

표 9.8 수질 오염 등급 별 지표 생물

등급	지표 생물
1급수	열목어, 산천어, 버들개, 금강모치
2급수	은어, 피라미, 쏘가리, 다슬기
3급수	붕어, 잉어, 메기, 뱀장어, 미꾸라지
4급수	실지렁이, 나방이류

9.3 물의 사용과 수질오염의 역사

물의 사용범위는 일반적으로 생활용수, 공업용수, 관계용수, 수산용수 등으로 분류되며, 인류가 물을 사용하는 시점부터 이미 물은 오염되기 시작하였다.

(1) 물의 사용

물은 생명의 근원이다. 태양계에서 오직 물이 존재하는 별은 지구뿐이며 최초의 생명체도 바다에서 생겼다. 이렇듯 모든 생명체는 물을 절대로 필요로 한다. 사람도 물을 마시지 못하면 1주일 이상 살기 힘들며, 동물들도 많은 종족을 희생시키면서 먹을 물을 찾아 먼 거리를 이동하고 있다. 식물도 수분이 조금이라도 오래 존재하는 쪽으로 뿌리를 길게 뻗으며 생명력을 유지하기 위해 물을 갈구한다.
우리는 돈을 포함한 물질을 헤프게 쓰면 꼭 "물 쓰듯 쓴다."라고 흔히 말해 왔다. 아직까지도 물은 흔하며 어려움 없이 사용할 수 있는 것으로 여겨져 왔으며 여기고 있다. 그러나 물의 소비가 늘어나고 깨끗한 물이 점차 귀해지자 요즘에는 물의 경제적 가치를 인정하여 수자원이라는 이름으로 귀한 자원처럼 취급하기에 이르렀다.

그림 9.3 시화호에 유입되는 오염폐수

우리가 일상적으로 매일 사용하는 가정용수는 가정에서 음료, 취사, 세수, 세탁, 청소, 수세식 변소용 등이 주를 이루는데, 가정용수는 생활양식과 관습에 따라 큰 차이가 있으며 현재보다 더 생활수준이 향상되면 계속해서 물의 수요는 증가할 것으로 보인다.

2006년 한국인의 4인 가족이 하루에 사용하는 물의 양은 830~1,000 L 정도이다. 가정용수는 대부분 취수장 에서 생산된 수돗물을 공급받아 사용하는데 수도권 대부분 도시가 한강물을 취수원으로 하기 때문에 한강수자원 보호에 큰 관심을 집중하고 있으나 뚜렷한 대책이 마련되지 못하고 있다. 급기야는 수혜자 부담원칙에 입각하여 수돗물 값 외에 물 이용 부담금을 부과하기로 결정하였다.

가종 공장에서는 생산활동에 물을 사용하는데, 사용량이 많은 업종은 주로 화학, 섬유, 식품, 금속, 피혁, 펄프 및 유리공업 등이다.

또한 농작물 생산에서도 많은 양의 관개용수가 사용되는데 대부분 하천이나 호소의 지표수를 사용하며 일부에서는 지하수를 이용하기도 한다. 한해의 농작물 생산량은 그 해에 쏟아진 강우량과 비례하는데 너무 많으면 홍수피해를, 너무 적으면 가뭄피해를 입게 되므로 적절한 관개용수 확보는 국가의 식량 확보를 위해 꼭 필요하다. 그러나 환경을 무시한 잘못된 계획에 의해 수자원을 확보해서는 안 된다. 태어나선 안 될 호수인 시화호가 그 좋은 보기인데, 농업용수확보를 위해 담수호로 건설한 시화호는 주변에 밀집된 공업단지와 대단위 주거시설로부터 방대한 양의 생활하수와 산업폐수가 유입되어 어떤 방법으로도 시화호의 오염을 막기가 불가능해져서 '담수호 포기'에 이르게 되었다.

(2) 수질오염의 역사

수질오염에 대한 인류의 관심을 역사적으로 살펴보면 고대 로마시대로부터 찾아볼 수 있다. 그 당시에 벌써 폐수처리 시설이 설치되어 오늘날까지 그 유적이 남아있다. 그러나 물의 실제적이 위생관리는 19세기 산업혁명 이후부터라고 할 수 있다. 산업혁명은 생활수준의 향상을 가져왔으나 도시빈민굴의 형성, 질병의 발병률과 사망률을 증가시키는 결과가 되었다. 그 당시 도시위생시설은 거의 미비하였다. 수인성 전염병으로 알려진 콜레라는 오랫동안 인류를 괴롭혀 왔는데 콜레라가 물을 통해 전염된다는 사실이 밝혀진 것은 19세기 중엽이었다. 당시(1849년)에 런던에서 콜레라가 발생하자 방역임무를 담당하던 직원이 콜레라 환자가 일부지역에만 집중되어 있는 것을 발견하고 공통점을 찾아보니 동일한 양수장의 물을 식수로 사용한 것이었다. 양수장 펌프의 작동을 중지시켜 그 물을 사용하지 못하게 함으로써 콜레라의 전염을 중지시킬 수 있었다.

이후 영국 등의 선진국들은 이에 대처하여 위생시설 및 행정적 조치를 취하기 시작하였다. 영국은 조직적으로 하수도를 정비하였으며, 하수처리장을 설치한 최초의 나라가 되었다.

우리나라에서는 1444년(세종 26년)에 수질오염 방지령에 해당하는 '하천에 오물투기 행위금지와 위반 시 엄벌'이라는 포고령이 내려졌는데, 당시 한성(현 서울) 도성 내의 개천에 주민들이 분뇨와 쓰레기, 심지어는 가축의 시체까지 마구 버려 오염이 심각했으며 시각적으로도 매우 보기 흉했다. 이에 도읍지 명당수가 썩는 것은 풍수지리설로는 모반이 일어날 징조라고 생각하여 하천오염 방지령을 내렸던 것이다. 그러나 얼마 후 풍수지리설의 길흉과 하천오염과는 관계가 없다고 하여 방지령이 철회되었다. 매우 안타까운 일이었다.

1960년대까지만 해도 도시를 통과하는 하천에서 고기 잡고 멱 감으며 즐겁게 뛰어 놀던 추억을 회상하는 사람이 많다. 그러나 지금은 도심 하천은 불구하고 시골지역의 하천까지 모두 하수도로 변하였으며 물고기 한 마리 살지 못하는 죽은 하천이 되고 말았다.

어느 사이엔가 우리는 수돗물을 안심하고 마실 수 없게 되어 끓여먹거나 정수기로 걸러 먹거나 아니면 아예 약수나 생수를 사먹게 되었다. 즉, 물을 마음 놓고 먹지 못하는 세상이 되고 만 것이다. 이러다가는 수돗물을 가정용수로도 사용 못하게 되는 것이 아닌지 걱정이 된다. 우리네 선조들이 우리국토를 일컫던 '삼천리금수강산'은 찾아볼 수 없게 될 것이고 후손에게도 되돌려주지 못할 것이다. 이러한 모든 책임이 물을 사용하는 우리 모두에게 있음을 깊이 새겨 모두가 물 사용량을 줄이거나 오염원 배출을 최소화하는데 앞장서야 한다.

9.4 중금속에 의한 수질오염과 생물농축

금속물질은 무기물로서 근본적으로 썩지 않기 때문에 문제가 되는데, 금속이 물에 배출되면 미생물이 이것을 먹이로 흡수하지만 미생물은 금속을 체내에서 분해시키지 못하고 그대로 가지고 있기 때문에 미생물을 먹이로 하는 동물의 먹이사슬을 통해 이동하여 체내에 치명적인 농도로 농축되게 된다.

산업의 발달은 광물의 소비를 가속화 시켰으며 금속오염의 기회를 빈번하게 하였다. 중금속은 무게가 물보다 5배 이상 무거운 금속으로 현대 산업에서 그 효용 가치가 커서 많이 사용하기 때문에 공장폐수에 섞여 배출된다. 오염된 수계에서 생육하는 많은 종류의 어패류는 폐수에 포함된 중금속을 섭취하고 체내에 유입된 중금속은 단백질 분자와 강하게 결합하여 배설되지 않고 체내에 농축된다. 따라서 소량이라도 계속해서 중금속이 체내로 유입되면 몸속에 축적되어 위험수준에 이르면 죽게 된다. 특히 수은, 카드뮴, 납, 아연, 망간, 구리 등은 체내에서 중추신경계에 이상을 초래하는 경우가 많은 해로운 중금속으로 간주되고 있다.

수은은 상온에서 액체인 금속이며 생명체가 생명을 유지하는 데에는 전혀 필요가 없는 물질이다. 수은으로 인한 대표적인 수질오염 및 생물계 농축사고는 일본의 구마모도 현의 어촌인 미나마타에서 발생한 미나마타병이다. 이 병은 미나마타에 있는 화학비료회사에서 방류한 공장폐수 중의 중금속인 수은에 의해 발생한 것으로 판명되었는데, 바다로 흘러 들어간 중금속을 물고기와 조개가 섭취하였고, 다시 어패류를 섭취한 주민들이 수은 중독을 일으킨 것이다. 1932년부터 1967년까지 36년 동안 바다에 버려진 수은의 총량은 약 200톤에 달하는데 수은은 자연 소

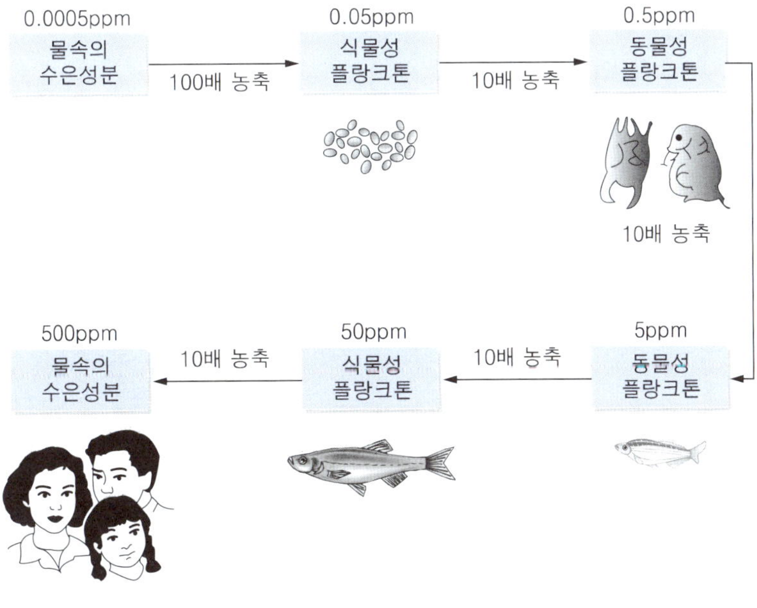

그림 9.4 수은의 생물농축과정

표 9.9 수중 중금속이 인체에 미치는 영향

중금속	급성 독성	만성 독성
카드뮴(Cd)	구토, 복통, 오심	폐, 신장질환, 암유발
비소(As)	설사, 혈압강하, 혼수	중추신경장애, 암유발
시안(CN)	호흡급박, 구토, 두통	신경질환, 신장장애
유기수은(Hg)	신경질환, 난청	신장장애, 환각증상
납(Pb)	황달, 근육통	환각, 시력장애
크롬(Cr)	복통, 심한갈증	비중격천공, 피부암

멸되지 않고 자연계에 그대로 존재하기 때문에 어패류를 섭취하는 한 수은 중독은 계속된다. 그 동안 미나마타병으로 사망한 사람은 모두 668명에 달하는데 오염된 해저를 완전히 준설하여 침전된 수은을 처리하여 1990년에야 비로서 수은 공해를 퇴치시킬 수 있게 되었다.

카드뮴은 이따이 이따이(아프다 아프다)병의 원인물질이며, 아연제련, 도금, 합성 등의 부산물로 생산된다. 카드뮴이 체내에 흡수되면 혈액에 의해 운반되어 간과 신장에 축적되기도 하며, 연골이나 뼈조직에 전달되면 골연화증(骨軟化症)을 일으키게 되며, 체내에서 잔류하는 기간이 16~33년이 되기 때문에 문제가 되고 있다.

납은 일상에서 쉽게 접할 수 있는 중금속 물질인데 축전지에 가장 많이 사용되고, 인쇄활자, 페인트, 합금 등에도 많이 사용된다. 사람은 음식물과 공기로부터 미량의 납을 흡수하게 되는데, 납이 공기 속에 포함되는 이유는 자동차 연료에 포함된 옥탄가 향상제인 4알킬 납이 연소될 때 납 분진이 발생하기 때문이다. 납이 체내에 흡수되면 뼈에 저장되거나 혈액 속을 순환하며 헤모글로빈의 합성을 방해하여 빈혈증상을 나타내게 된다.

유해화학물질로서 자주 거론되고 있는 PCB(poly-chlorinated biphenyl)는 1881년에 처음 실험실에서 합성되고 1930년대부터 널리 사용되기 시작하였다. PCB는 전기절연성이 우수하고 물에 녹지 않지만 유기 용제에는 녹아서 플라스틱 제조 등에 매우 다양하게 사용하고 있다. PCB분자 구조를 보면 결합하는 염소의 수에 따라 모두 209종의 합성화합물 생성이 가능한데 염소가 3개 이상 결합할 때 불연성을 나타낸다.

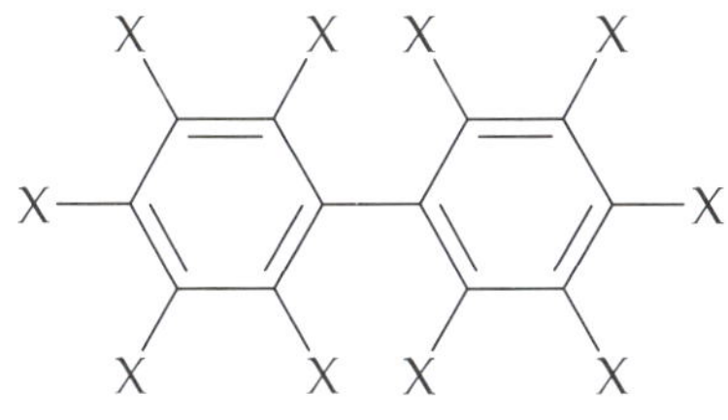

그림 9.5 PCB 기본구조식

PCB 사용용도는 형광등, 냉장고, 세탁기, 전자레인지, 변압기, 축전기, 전선피복, 복사지, 도료, 도자기, 플라스틱용기 등 매우 다양하다. 일반적으로 PCB를 포함한 제품은 최종적으로 쓰고 버려지면 소각로에서 소각처리 해야 되는데, PCB는 1000℃ 이하에서는 거의 분해되지 않고 대부분이 대기 속으로 확산되어 대기오염물질이 된다. 또한 물속에 버려졌을 때는 물에 녹지 않으며 먹이사슬을 통해 고등동물의 체내에까지 농축된다.

우리나라의 환경보전법에서는 PCB를 특정 수질 유해물질로 간주하여 공장폐수의 PCB 배출 허용기준을 0.003ppm 이하로 규정하고 있다. 먹이사슬을 통한 유해물질의 생물 농축에 따른 농축계수(concentration factor)는 다음 식과 같이 표시할 수 있다.

$$\text{농축계수(C.F)} = \frac{\text{수중생물 중의 유독물질농도}}{\text{자연수 중의 유독물질농도}}$$

중금속을 포함한 유독성 유해물질은 생명체내에 농축되어 일부는 환경호르몬(내분비계 교란 물질)으로 작용하는데, 환경호르몬 문제는 오존층 파괴, 지구온난화 문제 등과 함께 21세기의 지구를 위협하는 3대 환경문제가 되었다.

환경 호르몬 피해가 본격적으로 보고되기 시작한 것은 1991년부터이며, 1996년 3월 고르본 박사가 집필한 '잃어버린 미래'에서 환경호르몬의 역할을 소상히 설명하였는데, 이 책에서 "수컷에 대한 환경호르몬의 공격이 이미 광범위하게 진행되고 있다. 환경호르몬은 인체에 축적되어 수 세대까지 영향을 미치며 일부는 불가역성을 가지고 있다."고 고르본 박사는 주장하였다. 일단 환경 호르몬이 체내에 들어오면 완벽하게 원상회복이 불가능하다는 이야기다. 인간이 만들어낸 화학물질은 약 10만종정도인데 현재까지 판명된 환경호르몬은 67종류이지만 얼마나 더 늘어날지 아직 예측할 수 없다.

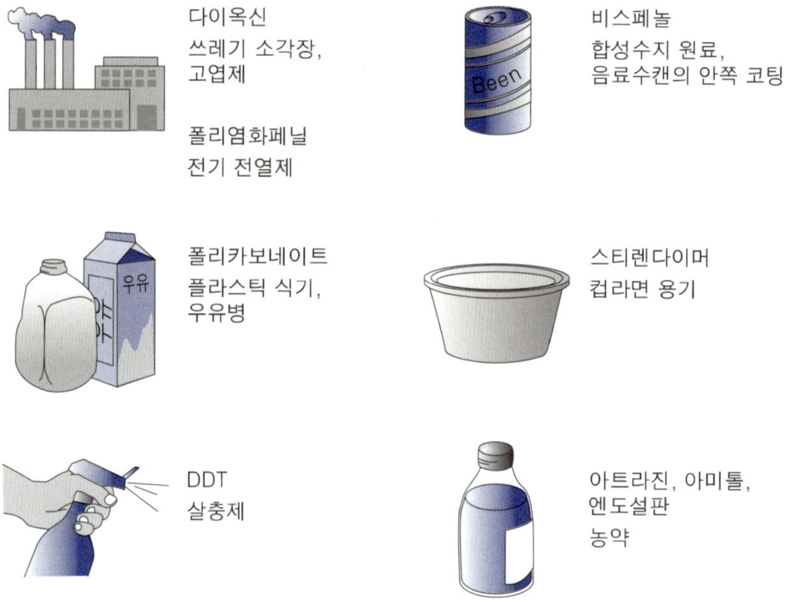

그림 9.6 주요 환경호르몬 물질과 용도

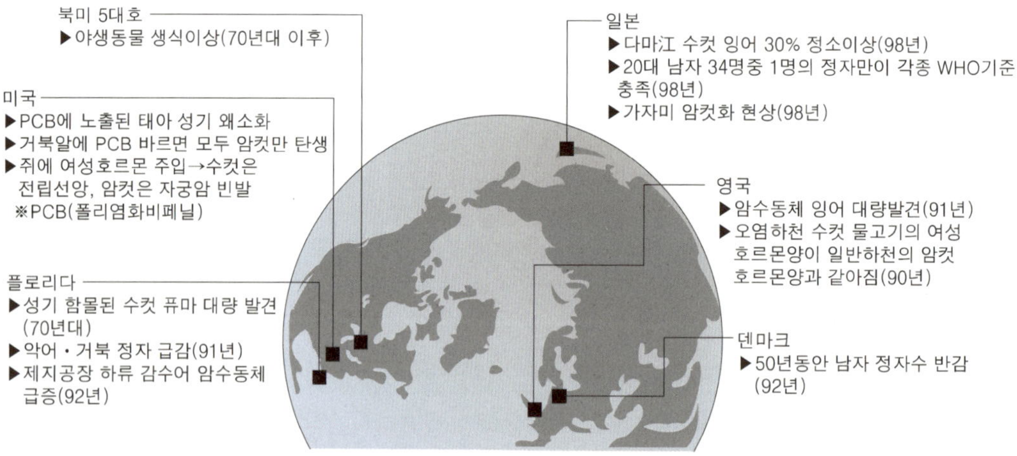

그림 9.7 환경호르몬 피해 현황

9.5 지표수의 오염

지표수는 빗물이 흐르거나 낮은 곳에 고여서 형성되는 수자원으로 인간 활동이나 동·식물의 생명유지에 매우 중요하다. 지표수가 형성되는 과정에서는 인간이 활발하게 지표 상에서 활동하기 때문에 많은 종류의 오염물질(오염원)과 접촉하게 되어 필연적으로 오염될 수밖에 없다.

(1) 하천수의 오염

수질오염의 발생원인은 크게 자연적인 것과 인위적인 것으로 분류할 수 있는데, 자연적인 원인으로는 강우량의 불균형으로 인한 하천수량의 감소와 하상(河床)의 형태에 따른 유속 및 유량의 불연속성, 하천으로 유입되는 각종 퇴적 물질이나 부유물질 등이 있으나 이것들은 모두 일시적인 것으로 큰 문제가 되지 않는다. 왜냐하면 자연수계는 자정능력이 있어서 시간이 어느 정도 경과하면 스스로 정화되기 때문이다.

그러나 인위적 오염물질의 지속적인 발생과 하천으로의 유입은 자연수계가 가지고 있는 자정능력을 교란시켜 상실케 하기 때문에 결국에는 자정능력에 버금가는 별도의 처리시설을 갖추어야만 한다. 인위적 오염물질의 배출은 인구증가와 집중현상, 각종 산업 활동과정 등에서 필연적으로 발생되기 때문에 인류가 지구상에 존재하는 한 지속될 것이다.

생활하수(domestic wastewater)는 인간의 일상생활로 인하여 발생되는 하수로서 가정오수(domestic sewage)와 폐수(wastewater)를 포함한다. 생활하수의 오염물질은 주로 주방의 음식찌꺼기, 세척 및 세탁하수, 화장실의 분뇨 등이며 세제류를 제외한 대부분의 물질이 천연유기성 물질이라 할 수 있다.

도시하수는 하천의 수질에 영향을 미치는 매우 중요한 요인이기 때문에 최종적으로 집중처리하는데, 문제는 각종 세제류의 무분별한 과다 사용으로 인해 집중처리공정에 지장을 주거나 거품 발생으로 도시하천의 미관을 해치고 있는 것이다. 세제(detergent)는 경성세제(ABS, 알킬벤젠술폰산)와 연성세제(LAS, 직쇄형 알킬벤젠 술폰산)로 구분하는데 경성세제는 미생물에 의한 분해가 어려워서 자연생태계에서 오랫동안 존재하는 반면 연성세제는 미생물에 의해 잘 분해되는 특징을 갖지만 부영양화(eutrophication)의 원인이 되고 있다. 최근에는 미생물세제와 같이 천연물질에 가까운 환경친화성 세제 개발이 이루어지고 있다.

하천수질오염의 가장 큰 오염원은 산업폐수(industrial wastewater)이다. 산업폐수는 산업의 다양화, 대규모화, 집단화 등으로 인하여 각종 중금속을 비롯한 고농도의 유해성, 난 분해성 화학물질이 복합해서 집중적으로 배출되기 때문에 기존 하천이나 호소 등에 유입되었을 때 자연적인 자정작용에 의한 정화는 기대할 수 없다. 또한 난 분해성 물질과 중금속류는 생물농축이라는 먹이연쇄 순환사이클을 통해 결국 인간의 몸속으로 돌아와 무서운 환경질환과 공해병을 유발시키게 된다. 현재 수질오염의 주된 산업으로 분류되고 있는 주요업종은 금속도금, 피혁, 섬유·염색, 펄프, 채광·채색, 유·무기약품제조, 석유화학 관련업종 등이다.

축산폐수(animal wastewater)는 도시하수의 분뇨와 마찬가지로 유기물질 함량이 매우 높으며 많은 나라들이 축산폐수의 처리에 어려움을 겪고 있다. 국토면적이 넓은 나라는 축산의 형태가 방목을 하기 때문에 가축분뇨가 자연 생태계에 환원되어 분해되지만 우리나라와 같이 땅이 좁아 토지이용에 한계가 있는 국가에서는 집단 사육을 하기 때문에 축산폐수가 발생되면 적정처리를 하지 않고 하천에 그대로 방류하는 경우가 빈번하게 발생되고 있다.

하천수질을 개선하기 위해서는 하수 발생원 별로 분리하여 처리하여야 한다. 생활

표 9.10 독성물질에 의한 물고기의 치사 농도

독성물질	치사농도(mg/L)	독성물질	치사농도(mg/L)
DDT	0.02~0.1	수은화합물(Hg)	0.1~0.9
BHC	0.03~0.02	아연화합물(Zn)	0.1~2.0
시안화물(CN)	0.03~0.25	납화합물(Pb)	0.2~10
구리화합물(Cu)	0.08~0.8	암모니아(NH_3)	0.3~3.0

표 9.11 4대강 주요지점의 수질현황(BOD) (단위 : ppm)

구분	'00	'01	'02	'03	'04	'05	'06	'07	'08	'09	'10
한강 (팔당)	1.4	1.3	1.4	1.3	1.3	1.1	1.2	1.2	1.3	1.3	1.2
낙동강 (물금)	2.7	3.0	2.6	2.1	2.6	2.6	2.7	2.6	2.4	2.4	2.4
금강 (대청댐)	1.0	1.0	1.0	1.1	1.0	1.1	1.1	1.0	1.0	1.0	1.0
영산강 (주암호)	0.8	0.7	0.9	1.2	1.0	0.9	1.1	0.8	0.6	0.6	1.0

하수는 비교적 처리하기가 쉽기 때문에 다른 오염원과 철저히 분리·처리 후 하천에 흘려보내야 한다. 우리나라 최초의 하수처리장은 1976년 청계천에 건설되었다. 하수처리시설은 1차 처리와 2차 처리로 나누는데 1차 처리란 물리적 처리로서 물에 떠있거나 물속에 포함되어 있는 고형물질을 제거시키는 방법을 말한다. 1차 처리에서는 물에 녹아있는 오염물질은 제거시킬 수가 없으며 BOD는 약 35% 정도 제거된다. 2차 처리는 생물학적 처리라고도 하는데 자연 생태계에서 미생물에 의해 오염물질이 분해되는 과정을 인공적으로 시설한 것으로 분해속도가 자연생태계보다 훨씬 빠르다. 가장 보편적인 2차 처리는 1차 처리를 거친 하수를 활성오니(activated sluge)라고 부르는 미생물 집단과 수 시간 동안 접촉시켜 하수중의 유기물질을 미생물에 의해 분해시키는 방법이다. 분해과정은 호기적(aerobic)이기 때문에 산소를 필요로 하여 폭기조에서 계속적으로 공기를 불어 넣어주어야 분해작용이 활발하게 일어난다. 분해된 오염물질과 활성오니는 침전되어 슬러지(sluge)를 형성하는데 이것은 정기적으로 걷어내어야 한다. 2차 처리까지 거친 하수의 BOD는 약 90%까지 제거된다. 최근에는 처리수질을 더욱 향상시키기 위하여 고도처리(advanced treatment)라고 하는 3차 처리까지 하는 경우가 있는데, 하수의 3차 처리에서는 질소와 인까지 제거시켜 부영양화 및 녹조·적조 현상을 방지하고 있다. 그러나 처리비용이 많이 들어서 모든 하수처리장에 적용되지는 못하고 있다.

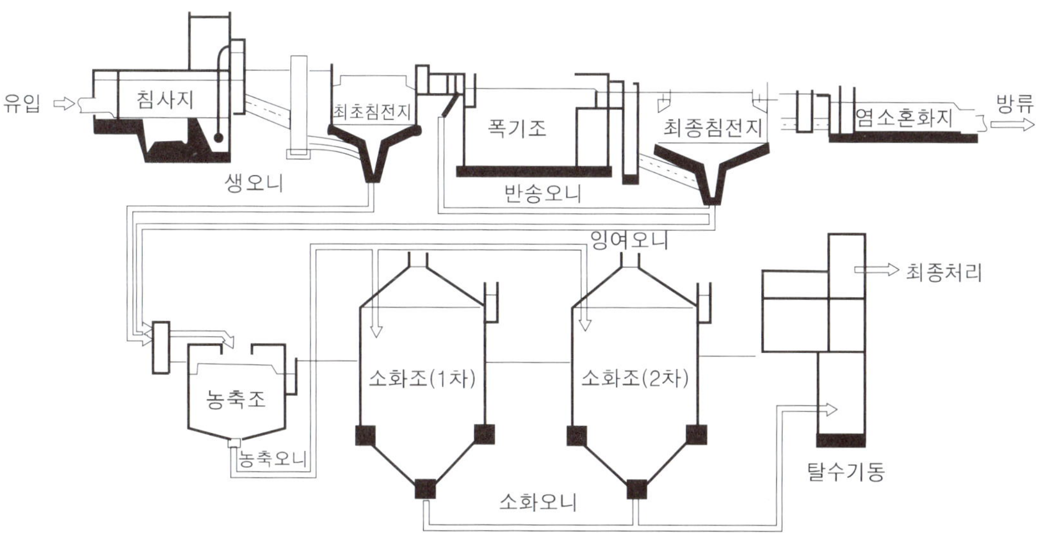

그림 9.8 하수처리공정 계통도

공장폐수의 처리에는 폐수의 종류에 따라 물리적 처리, 화학적 처리, 생물학적 처리를 모두 적용하는데 가장 많이 적용하는 처리방법은 화학적 처리방법이다. 공장폐수에는 유독성 물질이 함유되어 있어서 미생물의 생육을 보장할 수 없기 때문에 생물학적 처리방법은 많이 채택되지 않는데 최근에는 저농도 유독성 물질의 경우 이것을 섭생하는 미생물을 육종하여 분해 처리하는 공법이 다양하게 개발되고 있어서 점차 응용범위가 확대될 것으로 전망된다.

축산폐수는 고농도의 유기물질로 구성되어 있기 때문에 생물학적 처리방법이 적당할 것이다. 소가 하루에 발생하는 오염물질의 양을 BOD로 환산하면 640g에 해당하는데 이 양은 사람 14명이 발생시키는 오염물질의 양과 비슷해서 하천에 그대로 유입되었을 때 하천오염에 미치는 영향은 매우 크다.

축산폐수의 발생원은 여러 곳에 흩어져 있는 비점 오염원(non-pointed source)이어서 공장폐수처럼 한 곳에 모아 처리하기가 어렵겠지만 축산의 단지화 등으로 축산폐수공동처리시설을 설치/운영할 필요가 있다. 그러나 최근에 문제가 되고 있는 처리시설의 설계 잘못으로 인한 처리용량 부족 때문에 처리시설을 제대로 가동시키지 못한다면 아무런 효과가 없다.

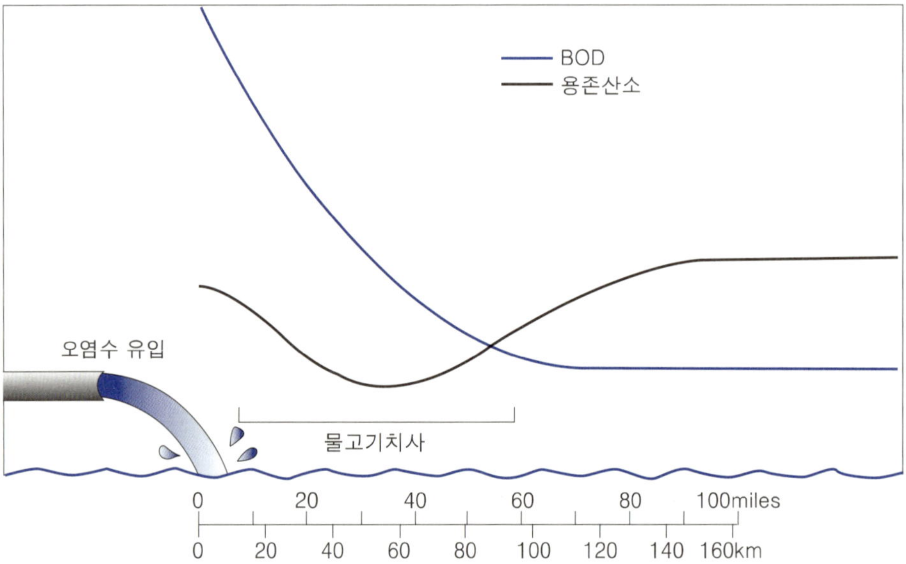

그림 9.9 오염원유입 하천의 용존산소와 BOD변화

각종 오·폐수에 섞인 여러 가지 유기물질은 사람을 기준으로 보면 오염물질이지만 수중 미생물에게는 영양물질이다. 오염물질이 하천에 유입되면 순차적으로 생명체에 의해 분해되어 정화된다. 초기에는 활발한 분해에 의해 산소소비가 증대되지만 시간이 지나면서 분해속도가 느려져서 산소소비가 줄어들고 수중의 용존 산소는 회복된다. 하천의 오염원 유입에 따른 BOD 변화와 용존 산소의 변화는 그림 9.9와 같다.

(2) 호소의 오염

지표수 중에서 호소는 호수(湖水)와 소(沼)를 함께 일컫는 것으로 하천수가 모여 정체된 담수를 말한다. 호수는 수심이 5m 이상 되는 담수호로서 가장자리에만 연안식물이 생장하는 것을 말하며, 수심이 5m 이하이며 규모가 작은 통상적으로 연못이라고 부르는 소와 구별되지만 일상적인 용어로 모두 호수라고 한다. 호수는 물이 계속 흐르는 하천과 달리 한 곳에 정체되어 있으므로 미생물 중에서도 여러 가시 소류(algae)가 많이 살고 있다.

오염된 하천수가 호수로 유입되면 물속에 영양염류가 증가하여 정상상태보다 과영양 상태가 되기 때문에 각종 조류가 증식되어 이른바 부영양화(eutrophication) 현상이 나타난다. 즉, 호소에 유기물 또는 질소, 인 등의 영양염류가 적당히 존재하면 희석, 침전, 생분해 등에 의해 자연정화 되지만 그 양이 과잉으로 공급되면 식물성 플랑크톤이나 조류의 이상번식을 촉진하여 물 색깔의 변화와 투명도를 저하시킨다. 호수의 부영양화현상은 사람의 비만증과 비교할 수 있다. 즉, 조류가 많아지면 먹이연쇄에 따라 물고기가 많아지는 등 호수의 생태계가 좋은 것 같지만 사실은 반대로 생태계를 교란시킨다. 조류는 수명이 짧아 활발한 번식을 한 후에는 곧 죽어서 호수바닥에 침적하여 부패한다. 조류의 사멸에 의한 잔해가 분해될 때 용존산소가 소모되어 다른 수중생물의 생육을 방해한다. 잔해의 분해과정에서 생기는 질소(N), 인(P) 등은 다른 살아있는 조류의 먹이가 되어 더욱 왕성하게 생장하는 악순환을 되풀이하게 되는 것이다.

일반적으로 부영양화가 진행되면 호수 윗면에는 깨끗한 호수에 사는 녹조류(green algae)대신 남조류(blue algae) 등이 많아져 물의 투명도가 떨어지고 녹·갈색으로 착색되어 소위 물꽃(water bloom)을 발생하며 심한 경우에는 냄새가 나기도 한다.

부영양화가 발생된 호수는 미관상 수려하지도 못하고 위락활동(慰樂活動)에 지장을 주는 외에도 여러 가지 경제적 손실을 초래하는데, 부영양화된 호수의 물을 상수원으로 사용하기 위해서는 정수작업 공정 중에 조류를 제거하는 시설이 추가되어야 하며, 조류가 여과장치를 메우기도 하여 정수비용은 가중되지만 완전히 처리되지 않는다. 또한 살조제로 황산구리, 황토 등을 사용하여야 하며 조류를 인위적으로 사멸시켜 제거하여도 불쾌한 냄새가 남게 된다. 생물량의 생산성 면에서는 조류가 적고 투명한 빈영양호수보다 조류가 많은 부영양호수가 생산성이 높다. 어류는 연어, 송어 등 고급 어종보다 잉어, 붕어, 메기 등 오염된 물에서도 생육할 수 있는 저급 어종이 늘어나며 대신 어종의 다양성은 낮아진다.

우리나라의 호소 및 댐 등에서 최근 문제가 되고 있는 것은 가두리 양식인데 1975년 내수면 어업개발 촉진법이 제정됨에 따라 주요 다목적 댐의 호수를 중심으로 활성화되어 현재는 전국적으로 약 300여 개의 가두리 양식장이 운영되고 있다. 가두리 양식장은 대부분 정체된 호수 내에 위치하며 영양염류인 질소와 인이 함유된 사료폐기물, 어류의 배설물, 폐사한 어류 등이 다량으로 배출되므로 부영양화의 직접적인 원인이 되고 있는 것으로 밝혀졌다. 더욱이 육지에서 발생된 오염물질은 유출과정에서 어느 정도 걸러지는데 비하여 호수 내에서 발생한 오염물질은 모두 오염부하량(汚染負荷量)으로 작용하므로 수질에 미치는 영향은 매우 크다. 그밖에도 낚시꾼 들이 분별없이 버리는 각종 쓰레기, 행락객이 버리는 유기성 쓰레기, 농업용 비료사용으로 인한 인산염의 유출, 가정에서 과다하게 사용하는 합성세제 등이 모두 호수를 오염시키는 원인이 된다.

최근의 조사결과를 보면 우리나라 호수 중에서 1급수는 하나도 없으며 특히 영산호, 아산호, 삽교호 등 하구에 위치한 호수의 오염이 심한 것을 알 수 있다. 팔당댐으로 유입되는 대부분의 하천수가 모두 3급수 이하로 조사되었으며, 상수원의 심각한 오염으로 수돗물에 대한 불신이 갈수록 커져 상수를 공급받는 가구 중 수돗물을 그대로 마시는 가구는 0.2~0.5 %에 그쳐 그 대책이 절실히 요구되고 있다.

표 9.12 호수의 수질 조사 결과

유역	지점	COD(mg/L)	유역	지점	COD(mg/L)
한 강	소양호	1.6	금 강	대청호	2.2
	충주호	1.6	영산강	영산호	5.4
	팔당호	2.1	섬진강	옥정호	2.6
낙동강	안동호	2.5	안성천	아산호	8.7
	남강호	3.3	삽교천	삽교호	5.4

또한 인공으로 조성한 시화호는 1997년 6월에 담수호수를 포기할 당시의 오염도가 COD 22.8ppm을 나타내었으며 결국에는 해수호수로 전환하여 2002년 12월에는 COD 4.7ppm까지 오염도를 낮출 수 있었다.

호수의 수질을 보존하고 부영양화를 제어하기 위해서는 상류유역에서 오염물질의 발생을 최대한 줄이고, 하수와 폐수가 직접 하천에 유입되는 것을 초기단계부터 근본적으로 차단시켜야 한다.

상수원 호수는 인간의 생명수를 공급하는 장소이기 때문에 종합적인 상수보호 대책이 마련되어야 하며 취수지점의 상류 일정면적을 보호구역으로 지정하고 그 안에서는 각종 오염발생행위를 더욱 엄격히 규제해야 한다. 1998년 11월 20일에 발표한 '한강수계 수질관리 특별종합대책'안을 보면 한강수계 양안 5백m~1km까지를 일률적으로 수변 구역으로 정하였는데 상류지역 지방자치단체와 주민의 반발로 최초 대책의 상당부분이 완화되어 1급수 달성이 어려울 것으로 전망된다. 그러나 우리 모두 이기적인 생각을 버리고 수질개선을 위해 지역주민은 엄격한 수질관리 대책에 호응해야 하며, 물 이용자는 수혜자 부담원칙에 입각하여 물 이용 부담금 징수에 동참해야 한다.

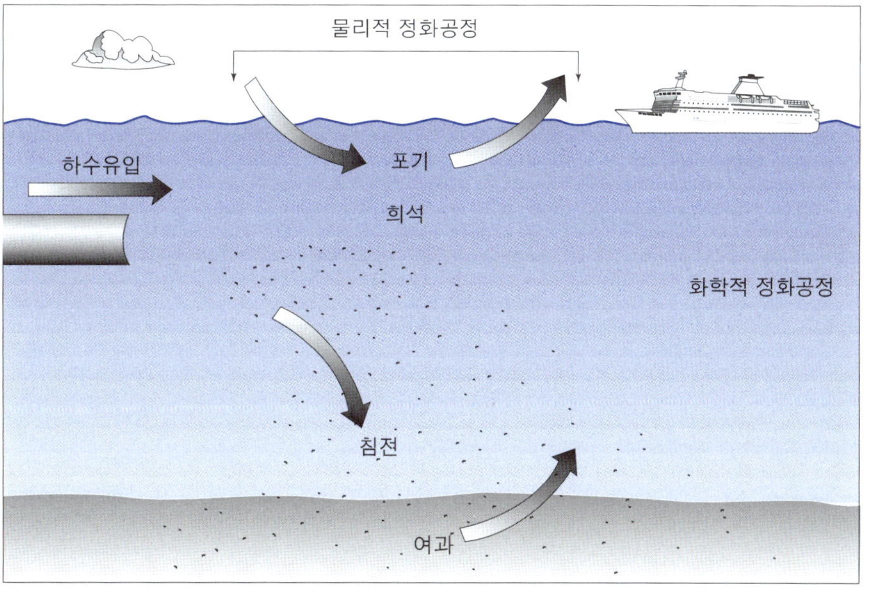

그림 9.10 오염된 하수의 유입 및 정화

9.6 지하수의 오염

지하수는 음·용수를 제공해주는 중요한 자원이기 때문에 일반적으로 하천이나 호수의 물에 비해 깨끗한 것으로 인식되고 있다. 그러나 인간은 경제발전을 추진하면서 환경오염을 확산시켜 나가는 과정 중에 땅 속의 물이라고 예외를 두지 않았다. 지하수는 땅을 파면 무한정 나오는 것이 아니라 지구상에 존재하는 물의 총량 중 일부로 유한한 자원이다. 빗물이 땅속에 스며들면 지하수를 형성하게 되고 가물어서 비가 오랫동안 내리지 않으면 지하수량도 줄어들며 비가 오면 다시 보충된다. 우리나라는 노년기 지형으로서 지하수를 포함하고 있는 대수층(帶水層 aquifers)이 발달되어 있지 않아서 평균적으로 강수량의 18% 정도가 지하수로 보충된다.

지금까지 국내에서는 지하수 고갈문제를 심각하게 생각하지 않았으나, 수돗물 불신에 따른 깨끗한 지하수에 대해 일반인의 관심이 높아져 먹는 샘물(생수) 개발이 가열되면서 차츰 지하수도 오염이 될 수 있음을 인식하게 되었다. 우리나라에서 광천수는 지하 암반층 아래의 원수를 취수하여 정수처리 등을 거쳐 음료수에 적합하게 한 것을 의미한다. 우리나라의 지하수 음료화 과정을 보면 1974년 생수를 보존음료수라는 이름으로 처음 유통시켰으며, 1991년에는 광천음료수, 1994년에는 먹는 샘물로 개칭되어 국내 시판이 정식으로 허용되었다.

우리나라에서는 외국에 비해 지하수를 많이 쓰지 않았기 때문에 지하수 오염에 대해 조사된 결과가 없다. 지하수는 대략 17~23%가 오염되어 있는 것으로 추정되는데 비록 추정 값이 작은 것 같지만 대부분의 오염된 대수층이 인구가 밀집된 지역이기 때문에 오염된 대수층은 500만~1천만 명에게 영향을 줄 수 있다. 일단 오염물질이 지하수에 이르게 되면 지하수는 운동비율이 대단히 느리기 때문에 오염물질이 효과적으로 희석되거나 확산되지 못하고 수 십 년 또는 수백 년은 그대로 남아있게 된다.

표 9.13 지하수 수질현황 (단위 : 개수, %)

구 분		'02	'03	'04	'05	'06	'07	'08	'09
조사시료수		3,882	3,934	3,865	4,760	4,740	4,828	4,827	4,847
기준초과수		142	142	212	230	299	260	335	296
초과율	전체	3.7	3.6	5.4	4.8	6.3	5.4	6.9	6.1
	오염우려지역*	5.7	5.0	7.1	5.6	9.4	7.7	9.7	10.5
	일반지역**	2.4	2.8	4.4	2.9	4.0	2.6	5.4	3.5

지하수는 두 가지 경로를 통해 오염될 수 있는데 침투와 같이 여러 오염출처로부터 스며드는 것과, 침출(seepage) 과정인 격리된 것으로부터의 스며 나옴 현상에 의해서 오염된다. 최근의 지하수 오염경로에는 폐공이 추가되는데, 용수와 생수공급을 목적으로 전국 방방곡곡에 시추한 폐 관정을 통하여 오염된 지표수가 흘러들어 이미 퍼 써버린 지하공간을 채우거나 또는 잔존하는 지하수와 섞여 지하수 자원을 오염시키는 것이다. 이미 국내에서는 전국의 인구밀집지역과 산업지역 등에서 국지적 지하수 고갈과 오염현상이 나타나고 있으며, 울산·포항 등 동해안이나 서해안, 제주도 지역에서는 지하수가 고갈되면서 바닷물이 역류하여 식수로 사용하지 못하는 사태까지 발생하고 있다.

쓰레기 매립지 등으로 인한 지하수 오염도 국민건강을 위협하고 있다. 1997년 조사결과에 의하면 조사대상 182곳 중 31%인 56곳의 지하수가 생활용수로도 사용할 수 없는 수준이었다. 이 때문에 개발된 지하수를 더 이상 이용할 수 없게 되는 경우가 증가하고 있어서 2006년 버려진 지하수 시추 폐 숫자가 무려 250만개에 이르고 있다. 우리나라에서는 1995년 말 지하수 관리를 위한 지하수법이 만들어져 운영되고 있으나 이 법에는 오염방지와 관련된 법 조항이 없어서 무방비 상태로 버려진 폐공을 복원시키는데 어려움이 있다. 일반적으로 지하수 개발자들은 시추성공률이 30%도 안 되기 때문에 수맥을 찾지 못하면 그대로 버려두고 다른 곳을 시추하여 지하수를 찾고 있어서 1개의 지하수맥을 확보하기 위하여 평균적으로 3~4개의 시추공을 뚫게 된다. 또한 폐공을 완벽하게 밀폐시키는 데는 약 2백만원 정도의 비용이 소요되기 때문에 콘크리트 덮개 등으로 형식적인 처리를 하게 된다.

지하수 오염은 지표수 오염보다 검사 또는 관리하기가 훨씬 더 어렵다. 지하수 오염을 찾아내고 감시하는 것은 비용이 많이 들며, 오염된 대수층으로부터 오염수를 펌핑하여 정수한 다음 다시 대수층으로 되돌려 보내는 등의 수고를 해야 된다. 그렇기 때문에 지하수 오염을 미연에 방지하는 길밖에 다른 방법이 없다.

지하수 오염은 우리의 고통이 아니라 우리 후손의 고통으로 되돌아온다. 그러므로 지하수 오염방지를 위한 노력에 너와 내가 따로 있을 수 없으며, 관과 민이 따로일 수 없다. 정부에서는 지하수 시추개발자에게는 복원에 필요한 비용을, 지하수 오염 유발자에게 지하수 복원을 위한 벌금을 물려야 하고, 기술적으로는 지하 관측기를 확대 설치하여 전국토의 수맥도를 완성시켜 시추성공률을 50% 이상으로 끌어올려 시추비용과 폐공을 줄일 수 있도록 해야 할 것이다. 지금처럼 무조건 시추하여 무조건 퍼 쓰고, 그대로 방치시켜 나가면 목 타는 지구촌의 물 전쟁에 우리가 가장 먼저 참여하게 될 것이다.

9.7 해양오염

바다는 너무 광활하고 깊기 때문에 인간이 버리는 모든 쓰레기와 하수와 오물을 모두 흡수할 수 있는 능력을 가지고 있다고 사람들은 생각해 왔다. 그래서 바다는 결코 오염되지 않는다고 생각했다. 그러나 인구가 폭발적으로 증가하고 산업과 공업이 발달되어 육지에서 발생되는 각종 오·폐수의 유입, 오염된 대기물질의 낙하, 해양을 운항하는 모든 선박 및 유조선에서 버려지는 선박폐기물, 유류 유출사고 등으로 인해서 현재 바다는 심각하게 오염되고 있으며 점차 시궁창으로 변해가고 있다.

해양의 주요 오염문제는 육지와 접해있는 항구, 해구, 습지 및 지중해와 같은 내해(內海), 대도시와 산업 중심지를 통과한 오염된 강하천의 입구 등에서 발생한다. 1970년 10월에 미국 캘리포니아 해변가에서 발견된 60마리의 죽은 바다사자의 몸에서는 4,000ppm의 DDT가 검출되어 과학자들을 깜짝 놀라게 했다. 바다사자는 깊은 바다에 살며 무인도를 제외한 육지 근처에는 좀처럼 접근하지 않는데도 육지에서 사용한 농약이 바다에 유입되어 먹이사슬을 따라 생물 농축되어 결국에는 바다사자를 죽게 한 것이다. 지금의 바다는 어느 곳도 오염되지 않은 곳이 없다.

비록 해양이 대량의 하수와 일부 형태의 산업폐기물을 깊은 물속으로 희석, 분산, 분쇄시켜 버릴 수 있지만 한계가 있다. 바다를 포함한 자연과정의 정화능력은 수많은 플라스틱, 인공합성물질, 농약, 무기성분물질 등을 제대로 퇴화시킬 수 없다. 매년 지구상의 바다에서는 이렇듯 인간에 의해 버려지는 물질들에 의해 바닷새와 고래, 바다사자, 돌고래 및 바다 포유동물들이 수십만에서 수백만 마리씩 죽어가고 있다.

우리가 무심코 버린 비닐봉투, 과자봉지, 담배꽁초, 종이컵, 빈 캔 등의 일용 쓰레기는 빗물에 씻겨 내려가 결국에는 바다로 유입되고, 바람과 해류에 밀려 아주 먼 곳까지 흘러가게 된다. 어부들은 가끔 바다로 떠내려 온 스티로폼을 먹이인줄 알고 삼켰다가 부력에 의해 잠수를 못하고 굶어죽은 바다거북을 목격한다고 말한다.

우리나라의 서해바다도 예외가 아니어서 황금어장이 각종 폐비닐이 뒤섞인 채 어류와 함께 그물에 담겨 올라와 새우젓에 각종 비닐 조각이 포함되어 있었던 해양 오염의 심각성을 매스컴에서 보도한 적이 있다. 그래서 지금은 바다를 물 반, 쓰레기 반이라고 한다. 바다에 투기되는 폐기물의 80%는 선박의 항로를 유지하기 위해 항구와 하천의 밑바닥에서 긁어낸 준설물질(dredge spoils)이며 나머지 20%는 대부분 산업폐기물과 바이러스가 있는 유기물, 유독성 금속물질, 유기합성물질 등의 하수 슬러지(sewage sludge)이다. 원유와 석유류는 사고이거나 또는 고의로 해양에 방출되는데 자주 왕래하는 유조선의 사고로 인한 기름오염이 매우 심각한 지경에 이르고 있다.

세계적으로 1970년 이후 약 2천 건 이상의 유조선사고가 발생하여 6백만 돈 이상의 기름이 유출되었다. 1989년 3월에 알라스카에서는 대형 유조선 발레스호가 암초에 부딪혀 원유가 유출되어 2천km의 해안선을 오염시켰다. 그 후 7개월 사이에 3만 6천 마리의 새, 1천 마리의 바다수달, 150마리의 독수리가 죽었으며, 엑슨 석유회사는 이 사고로 인하여 오염정화사업에 20억 달러를 투입하였다. 우리나라에서도 6개의 정유회사가 가동된 이래 크고 작은 석유류 오염사고가 빈번하게 발생하였는데, 1994년에는 365건의 해양 유류 오염사고가 발생하여 415kL의 기름을 유출시켰다.

그림 9.11 2004년 태풍 매기로 인한 동해안의 폐기물 유입풍경

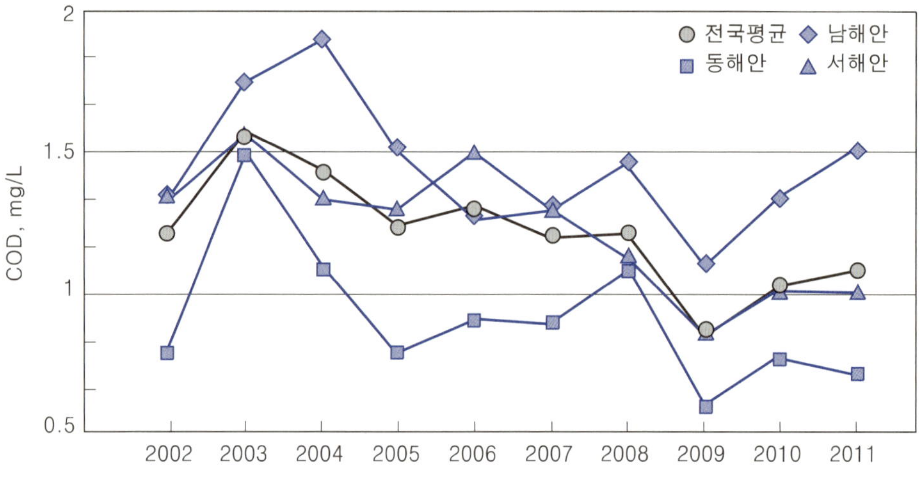

그림 9.12 전국 연안 수질 현황

이제는 육지 지표수의 오염을 줄이기 위해 대도시의 오·폐수를 대형 하수관을 통해 바다로 직송하는 방안까지 마련되고 있어서 해양오염을 더욱 가중시키게 되었다. 서해와 동해에 내다버리는 폐기물 총량은 1991년 139만 톤에 불과했으나 최근 6년간 연 평균 20%씩 증가하여 2003년에는 564만 톤으로 급증했다. 또한 원자력 발전소의 대부분이 해안에 위치하고 있어 해수의 방사능 오염과 열 오염현상이 발생되고 있다.

환경부에서는 해양오염방지법에 의거 2005년 전국의 63개 연안 254개지점에 대하여 연 4회 수질을 조사하고 있는데, 우리나라 해안은 1등급 (COD 1mg/L 이하)은 하나도 없으며 3등급(COD 41mg/L)을 초과하는 오염된 해역도 있다. 이렇듯 해양오염 중에서 심각한 것은 연안오염이다. 내수하천이 오염되자 우리나라의 모든 해안이 오염되어 가고 있다.

바다가 오염되면 경제적으로 많은 손실을 가져오게 된다. 갯벌지역은 먼 바다에 비해서 15~20배, 대륙붕에 비해서는 5~15배의 생산성이 높은 지역이기 때문에 바다를 근거로 하는 양식업이 가장 큰 피해를 입게 된다. 갯벌을 농지로 바꾸는 것은 결코 생산성을 높인다고 볼 수 없다. 간척지에 공장을 지으면 그곳에서 배출되는 폐수로 인하여 연안 오염은 더욱 심해져서 바다의 생산성을 저하시키게 된다. 1998년 11월에 농림부는 간척지를 환경농업단지로 개발하기 위하여 일부 유수지(비농업지역)를 환경 친화적 생태공원으로 조성하고, 간척지의 오염물질을 걸러주는 보존습지를 조성하여 간척과정에서 파괴된 갯벌과 습지의 생태복원과 친환경적 이

표 9.14 지구 진화와 생명체 생성의 비교

구분	1993	1994	1995	1996	1997	1998	1999	2000	2001	2002
계	2,465	3,291	4,170	5,014	5,643	5,976	6,444	7,104	7,671	8,475
서해병[1)]	726	868	1,049	1,613	2,013	2,429	2,380	2,423	2,390	2,424
동해병[2)]	707	1,236	1,740	1,998	2,216	2,140	2,325	2,862	3,394	4,088
동해정[3)]	1,032	1,187	1,381	1,403	1,414	1,407	1,739	1,819	1,887	1,963

* 주 : 1) 서해병해역 : 군산서방 약 200km EEZ상, 수심 80m 내외
2) 동해병해역 : 포항동방 약 125km EEZ상, 수심 1,000m 내외
3) 동해정해역 : 부산동방 약 90km EEZ상, 수심 150m 내외

용에 기여하고자 정책을 세워 지속적으로 추진하고 있다.

바다에서도 호수에서와 마찬가지로 적조 현상이 발생되는데, 식물성 플랑크톤이 통상 농도의 100~1000배로 증식하여 수면의 색깔이 변화하는 현상이며 바다의 부영양화 현상이라고 볼 수 있다. 적조발생조류의 농도가 높아지면 바다는 붉게 변하게 되고, 조류의 수명을 다하면 갑자기 많은 양의 조류가 죽게 되어 이것들이 분해되는 과정에서 용존산소가 과도하게 소비된다. 적조가 발생하면 용존산소의 부족 외에도 조류자체의 독성물질로 인한 호흡장애 등으로 바다 속의 어패류는 질식사하게 되어 양식업과 바다생태계에 많은 피해를 준다.

바다양식 역시 내수면의 가두리 양식처럼 인공사료의 투입에 의해 물고기가 사육되고 있으므로 에너지 수지계산에 의하면 분명 손해이다. 육지에서 부하되는 오염이 줄어들지 않고, 과다사료의 사용으로 인한 바다오염이 계속되는 한 바다에서의 양식산업은 앞으로 계속 생산성이 떨어질 전망이다.

해양오염방지를 효과적으로 추진하여 목표를 달성하기 위해서는 국제적인 협력이 필요하므로 국제해사기구(IMO)를 중심으로 대처방안이 모색되어 왔다. 육상에서 발생하는 폐기물의 해양투기 및 해상소각에 대해서는 중금속이나 유기염소 화합물 등 유해한 물질을 포함한 폐기물의 투기를 금지하거나 허가대상으로 하여 소각하도록 규제할 것을 정한 런던 덤핑협약이 1972년에 채택되었다. 또한 전 세계를 대상으로 하는 국제조약과는 별도로 해저 유전개발 등에 의해 오염이 집중적으로 발생하는 해역에 대해서는 그 지역에 한정된 지역조약이 체결되어 왔다.

우리나라와 일본은 동해를 공유하는 러시아에서 핵폐기물을 동해바다에 불법 투

기하는데 대한 공동대처 방안을 협의하는 등 해양오염은 인접국가간의 분쟁이 될 소지가 있어 국제적으로도 매우 민감한 사안이 되고 있다.

지구전체 물의 97.4%에 해당하는 바닷물마저 심하게 오염된다면 지구상에서 인간의 생존은 영원히 불가능해질 것이다. 나의 작은 무관심이 드넓은 바다를 오염시키고 있다는 것을 모두 같이 인식해야 한다.

9.8 오·폐수의 처리

생활하수를 포함한 각종 오염수와 폐수에는 이루 헤아릴 수 없이 많은 물질이 포함되어 있어서 그대로 자연수계인 강이나 호수로 방출시켰을 때는 자연생태계를 황폐화시키는 결과를 가져오게 된다. 따라서 이들 물질을 오·폐수로부터 분리·제거하여 가능한 한 원상으로 되돌리는 노력이 필요하며 우리 모두가 동참해야만 한다. 오·폐수처리 기술에는 오·폐수의 구성에 따라 물리적 처리, 화학적 처리, 생물학적 처리로 체계화시킨 처리방법이 도입되며, 현재에는 처리수의 수질기준이 한층 강화되어서 고도처리를 요구하고 있다.

(1) 물리적 처리 방법

일반적으로 오·폐수에 포함되어 있는 부피가 큰 고형물질 및 모래 등의 침전성 물질을 전 처리하는 과정으로 스크린, 침전, 침사지, 부상(floatation), 여과, 흡착 등의 공정으로 처리된다.

① **스크린(screen)**

정수장이나 오·폐수처리장의 첫 번째 처리공정으로 스크린을 사용하여 부피가 큰 부유물질을 제거하는 것이다. 이들 물질이 제거되지 않고 처리계통에 유입되면 펌프를 막히게 하거나 망가지게 하기 때문에 꼭 거쳐야 한다. 스크린에 의해 제거된 물질은 매립이나 소각공정에 의해서 처분된다.

② **침전**

부유물질 중에서 중력에 의해 분리할 수 있는 침전성 고형물을 제거하는 공정이며, 침전 조, 응집 침전 조, 농축 조 등을 갖추어 청정수를 만드는 데 공정의 목적을 두고 있다.

③ 침사지

침사지는 모래, 자갈 등을 제거하는 공정으로, 폐수처리장치의 마모와 관 막힘을 미리 예방하기 위하여 필수적으로 설치한다.

④ 부상(floatation)

폐수 내에 포함되어 있는 물보다 가벼운 물질을 물 위에 뜨게 하여 제거하는 방법이다. 부상은 일반적으로 작은 공기방울을 용액에 주입시켜 액체 내의 입자가 엉켜 붙게 하여 부력에 의해 상승시킨다.

⑤ 여과

여과는 공극(기공)이 있는 매질층을 통하여 물을 통과시킬 때 공극이 부유물질을 잡아서 제거하는 방법이다. 여과재로는 모래, 무연단, 규조도, 부직포심유 등이 사용된다.

⑥ 흡착

흡착이란 흡착제를 사용하여 흡착성이 있는 물질을 제거하는 공정을 말한다. 흡착제는 다공성 물질로서 각 공극의 표면에 흡착성물질이 접촉하면 흡착하게 되는데 흡착제는 단위 부피당 비 표면적이 클수록 좋다.

수 처리 등의 흡착제에는 활성탄, 골탄, 이온교환수지, 합성제올라이트 등이 있으나 가격과 성능을 모두 고려하였을 때 활성탄이 가장 많이 쓰인다. 정수처리장에서는 원수의 맛과 냄새, 기타 유독성 유기물질을 제거하기 위하여 사용하며, 폐수처리장에서는 생물학적 처리를 거친 폐수 내에 남아있는 유기물을 제거하기 위하여 흡착제를 사용한다.

(2) 화학적 처리방법

① 중화

산성이나 알칼리성이 강한 물은 생명체에 해로운 뿐만 아니라, 철이나 콘크리트를 부식하므로 가능한 한 중성이 되도록 중화제를 사용하여 중화하여야 한다.

알칼리성 물의 중화제로는 보통 황산이나 염산이 사용되며, 산성물의 중화제로는 가성소다, 탄산칼슘, 소석회 등이 사용된다.

② **살균**

살균은 유해한 병원균만을 죽이는 것을 말하며, 모든 균을 전부 죽이는 것은 멸균이라고 한다. 상수처리에서는 반드시 살균처리하며 하·폐수 처리에서도 종종 살균이 적용된다. 자주 사용되는 살균제는 염소(Cl_2), 이산화염소(ClO_2), 차아염소산염($NaOCl$, $Ca(OCl)_2$) 및 오존이다. 이중 상수처리에서는 염소처리법이 가장 많이 사용되고 있는데 염소가스는 물과 즉시 반응하여 차아염소산($HOCl$)을 생성하며 이것이 유리 잔류염소를 만들고 물 속의 암모니아와 결합하여 결합잔류 염소를 형성하는데 유리잔류 염소와 결합잔류 염소 모두 살균력을 가진다.

하수처리에 있어서는 경제적인 이유 외에 방류수역에서의 수서 생물에 대한 피해를 막기 위하여 염소 주입량을 작게 해야 한다. 최근에는 폐수 중에 유기물과 주입된 염소가 반응하여 발암성 물질인 트리할로메탄(THM, Trihalomethane)을 생성하는 것으로 알려져 문제가 되고 있다. 오존으로 살균한 경우는 2차 오염물질발생이 없고 산화력과 살균효과가 뛰어난 장점이 있으나 지속성이 없으며 가격도 비싸다.

③ **약품응집**

오·폐수에는 지름이 0.001mm 이하의 현탁 고형물이 콜로이드 입자상태로 존재하는데 정상적인 침전법으로는 침전이 되지 않으므로 약품을 주입하여 응집침전시켜 제거한다. 약품응집의 원리는 약품에 의하여 미립자를 응집시키고 이들이 엉켜서 부유물 덩어리인 플록(floc)을 만들어 침전토록 하는 것이다.

약품응집에 사용되는 응집제로는 무기 응집제와 고분자 응집제가 있는데 무기 응집제에는 알루미늄염, 철염 등이 있다. 약품응집효과를 증가시키기 위해서 점토, 알칼리제 등과 같은 보조 응집제를 주입한다. 고분자 응집제는 고분자내의 여러 곳에 콜로이드 입자들이 흡착되어 큰 플록을 형성하기 때문에 응집제로서 가장 많이 사용한다.

(3) 생물학적 처리방법

생물학적 오·폐수처리는 물 속에 존재하는 유기물 중에서 생물에 의해 분해 가능한 유기물을 미생물을 이용하여 제거시키는 방법이며, 이때 이용되는 미생물은 균류, 조류, 원생동물 등이 있다. 처리공정에서 미생물이 산소를 요구하는 정도에 따라 호기성, 임의성 및 혐기성 처리방법으로 나누며, 호기성 처리에서는 물 속에 용존 산소가 필요하므로 공기를 주입시켜 주어야 한다. 오·폐수의 생물학적 처리공정기술에는 살수여상법, 활성슬러지법, 산화지법, 소화법 등이 있다.

① **활성슬러지법**

활성슬러지법은 1차 처리된 폐수의 2차 처리, 또는 1차 처리를 거치지 않은 폐수를 호기성으로 완전처리하기 위하여 이용된다. 처리방법은 미생물이 생장하는 폭기조에 폐수를 계속 유입시켜 미생물로 하여금 유기물을 섭취·분해토록 하고 성장한 미생물은 응결되게 한다. 응결된 미생물은 종말침전지에서 침전되어 활성슬러지로서 폭기조로 일부는 반송되고 나머지는 폐슬러지로 처리된다. 종말침전지의 처리수는 깨끗해져서 처리장 밖으로 방류된다.

우리나라의 경우도 하수종말처리장, 공장폐수 종말처리장 등의 대규모 처리시설에서는 모두 활성슬러지법을 채택하고 있다.

② **회전원판 접촉법**

호기성 생물학적 처리법의 일종으로 PVC 등 플라스틱 제재의 회전 원판에 미생물을 부착시키고 이 부착된 미생물을 이용하여 오·폐수 중의 유기물질을 처리하는 방법이다. 1950년대 독일에서 처음 개발되었으며 처리효율이 높고 운전 및 유지관리가 편리하며 소규모 처리에 적합하다.

③ **산화지법**

산화지법은 연못과 같이 넓은 면적의 공간에 오·폐수를 유입시켜 세균과 녹조류의 상호작용에 의해 유기물을 제거하는 방법이다. 이 때 유기물질 제거는 세균이 담당하고 필요한 산소는 광합성 작용에 의한 녹조류가 생성한다. 산화지법은 자연의 기능을 최대한 활용한 방법으로 운영관리가 저렴하고 운전이 편리하며, 부지면적이 넓은 농·어촌 지역의 오·폐수 처리에 적당하다.

④ **소화법**

소화법은 고농도의 유기성 오·폐수를 처리하는데 적합하며, 호기성 소화법과 혐기성 소화법이 있다. 우리나라에서는 하수처리장의 슬러지 처리와 분뇨처리장의 처리법으로 많이 이용되고 있다. 혐기성 소화법에서는 부산물로 메탄(CH_4) 가스가 발생하기 때문에 에너지원으로 이용할 수 있는 장점이 있다. 대체에너지 개발에서 메탄가스 생성기술에 이용되는 방법이기도 하다.

(4) 고도처리

오·폐수는 물리적, 화학적 및 생물학적처리 등의 여러 단계를 거쳐 처리하여도 제거되지 않는 물질이 잔류하게 되는데 주로 질소와 인 등의 영양염류들이다. 질소와 인의 영양염류가 하천, 호소 및 해안에 유입되면 부영양화가 발생하기 때문에 수질을 악화시키는 원인이 된다.

고도처리는 오·폐수의 최종처리과정으로 전 단계의 처리과정에서 제거되지 않은 잔류물질을 제거하는 기술을 말한다. 고도처리방법은 앞에서 설명되었던 물리적, 화학적, 생물학적 처리방법을 모두 이용하며, 가정용 정수기의 처리공정과 유사한 방법이다.

현재 우리나라에서는 고도처리를 전면적으로 실시하지 못하고 있어서 하천 및 호수와 해안 수계에 부영양화 현상이 자주 발생하고 있는 실정이다. 그러나 고도처리 비용이 저렴하며, 처리효율이 좋은 실용화 처리기술을 개발하여 저 비용 고 효율의 고도처리공정이 모든 오·폐수 처리과정에 도입되도록 추진해야 한다.

9.9 수질오염관리대책

물은 모든 생명체가 필요로 하기 때문에 물이 오염된다는 것은 모든 생명체의 생존을 위협하는 것이다. 오염된 농업용수를 사용하면 생산되는 농산물은 필연적으로 오염이 될 것이며, 결국에는 먹을거리를 통해 체내로 들어오게 된다. 공업용수가 오염되면 양질의 제품을 생산할 수 없게 되며 처리비용이 추가된다. 생활용수의 오염은 사람의 건강을 위협하게 되며 물을 필요로 하는 생활용품을 훼손시키게 된다.

우리나라의 수자원총량은 1,267억m^3인데, 이 중 손실량이 570억m^3이고 연간 하천 유출량은 697억m^3이다. 우리나라의 물 관리는 다원화되어 있어서 건설교통부는 다목적 댐, 광역 상수도 건설, 운하 건설, 하천 관리, 홍수 및 저수 관리, 지하수 관리, 수량 관리 등의 업무를 주관하며, 환경부는 도시하수 처리장 및 공단 폐수 처리장의 건설, 각종 개발에 따른 환경영향평가 업무, 하수·폐수 처리장 관리감독, 수질규제, 음·용수 수질기준 관리, 수질 측정조사 등의 업무를 주관한다. 농림부는 농업용 댐의 건설과 관리, 간척지 담수호개발, 농업용 지하수 개발 등의 업무를 주관하며 해양수산부는 주로 해양오염과 관련된 업무를 주관하는 등 여러 부처에서 각각 유사하거나 서로 다른 업무를 분담하고 있다. 한편 국무총리실에는 수질개선 기획단이 만들어져 전국의 수자원관리를 총괄하고 있다.

인류가 지구상에 존재하는 한 환경오염을 완전히 제거할 수는 없다. 그러나 쾌적한 환경을 만드는 복지국가 건설이 우리 모두의 궁극적인 목표라면 수자원 관리에 더 많은 투자와 노력을 기울여야 할 것이다.

오·폐수 처리시설이 있음에도 불구하고 운전비용이 과다하다는 핑계로 처리하지 않고 그대로 방류하거나, 몰지각한 경영주의 욕심 때문에 악성 폐수를 모아 두었다가 홍수 때에 몰래 방류하는 등의 행태로 인해서 하천의 물고기가 떼죽음을 당하는 등의 폐해는 사라져야 한다.

이와 같은 행태를 막기 위해서는 환경기준을 위반하여 적발되었을 때 물어야 할 벌금이 폐수처리 시설을 정상적으로 가동했을 때 소용되는 비용보다 훨씬 많도록 법을 개정해야 한다. 선진국의 경우는 환경법규를 준수하는 것이 위반하는 것보다 훨씬 경제적으로 이득이 되도록 되어 있다. 즉, 제도가 환경법규를 준수하도록 유도하고 있는 것이다.

수자원의 수질을 보전하기 위해서는 많은 비용이 든다. 이 비용은 모두가 국민이 낸 세금이기 때문에 더 많은 세금을 강요당하면 누구라도 달갑게 생각하지 않는다. 결국 "어느 정도의 수질을 유지해야 하는가"라는 문제는 국민들이 "어느 정도의 수질을 원하고 있느냐"에 달려있다고 볼 수 있다. 우리들이 깨끗한 물을 원한다면 깨끗한 물을 보전하기 위한 노력에 함께 동참해야 하며, 깨끗한 물을 유지하는데 소용되는 비용을 분담해야 할 것이다. 더럽혀진 물을 깨끗이 하는 것이 수질개선이라면 처음부터 물을 더럽히지 않는 것은 수질보전일 것이다. 우리는 모두 내가 가정이나 공공장소에서 발생시킨 하수가 결국은 하천으로 흘러들어 수질을 오염시킨다는 사실을 기억해야 하며, 무심코 버린 각종 쓰레기도 수질오염을 더욱 가중시킴을 우리 모두 명심해야 한다.

각 개인이 수질개선이나 수질보전을 위해 할 수 있는 일은 무엇일까? 우선 각 가정에서는 생활하수의 발생을 최소화하도록 노력해야 할 것이다. 합성 세제류, 식용유와 같은 난 분해성 물질사용을 억제하거나 하수로 버리지 말아야 하며, 음식물 찌꺼기 등을 마구 방류시키지 말아야 한다. 소규모 사업장에서도 소량의 오염물질을 마구 버리지 말아야 한다. 1998년 1년 동안에 하수구를 통해 몰래 버린 맹독성 폐 부동액의 양이 매년 2만 톤에 이르고 있는데, 이것을 정화하기 위해서는 깨끗한 물 31억 톤(소양호 저수량만큼)이 필요하기 때문에 환경부에서는 1999년부터 강력히 단속하고 있다.

대기업이든 중소기업이든 한 번이라도 폐수를 무단 방류하여 적발되는 기업이 밝혀지면 국민들은 강력하게 대응해야 한다. 그 기업에서 생산하는 물건을 구입하지 말아야 하며, 다시는 폐수를 무단으로 방류하고자 하는 생각조차 못 하게 해야 한다.

물은 모든 생명체의 생명자체이다. 생명수의 오염은 우리 모두가 가해자이므로 깨끗한 물을 지키고 보전하는 것이 우리 모두의 책임이며 의무임을 명심하자.

10

폐기물 오염

인류의 복지 증진을 위한 우리의 노력은 경제 성장과 사회발전을 가져왔으며, 그 과정에서 다양한 종류의 폐기물을 발생하게 되었다.
과거 전통 농경사회에서는 쓰레기라는 것이 따로 없었다. 식량을 비롯한 모든 자원이 부족한 그때에는 생태계의 자연순리에 따르는 생활 방식을 터득하여 살았기 때문에 처리해야 할 쓰레기가 따로 없었던 것이다. 집에서 기르는 가축은 가계를 살찌우는 재산인 동시에 가축으로부터 발생된 축분 등은 농업용 비료로 사용되었으며, 음식찌꺼기는 가축의 먹이로 전량 소비되었다. 또한 인간의 분뇨는 전통적인 농사용 퇴비로 사용되는 등 하나도 버릴 것이 없이 물질의 순환이 이루어졌다. 그러나 지금의 우리 주변은 어떠한가. 한마디로 온통 쓰레기 천지 아닌가. 사방을 둘러봐도 쓰레기가 안 보이는 곳이 없다. 이제 폐기물 문제는 대기오염, 수질오염과 함께 제3의 공해라 불리면서 우리의 생활환경을 위협하고 있다.

10.1 폐기물의 정의와 분류

폐기물이란, 쓰레기라는 평범한 말을 전문적인 용어로 표현한 것이다. 폐기물도 처음에는 상품으로서 돈을 주고 구입한 것으로 물질의 구성으로 볼 때 상품과 폐기물은 별 차이가 없으며 단지 우리가 부여하는 가치가 달라졌을 뿐이다. 이런 관점에서 보면 폐기물이란 상품가치가 0 또는 부(−)인 물건이라고 정의할 수 있다. 상품에 부여하는 가치는 주관적인 측면이 있으므로 똑같은 물건을 두고서 어떤 사람은 쓰레기라고 판단하지만 어떤 사람은 아직 쓸 만한 가치가 있다고 판단하여 계속 사용하는 경우도 있다. 그렇다 하여도 분명한 사실은 단지 사용기간의 차이가 있을 뿐이지 모든 상품은 결국 시간이 지나면 폐기물이 된다는 것이다.

폐기물 관리법에서는 폐기물을 '쓰레기, 연소재, 오니, 폐유, 폐산, 폐알칼리, 동물의 사체 등으로서 사람의 생활이나 산업 활동에 필요하지 아니하게 된 물질' 이라고 정의하고 있다. 이러한 폐기물에는 여러 종류의 물질이 포함되는데 특성에 따라 지정폐기물과 생활폐기물(또는 일반폐기물)로 구분한다.

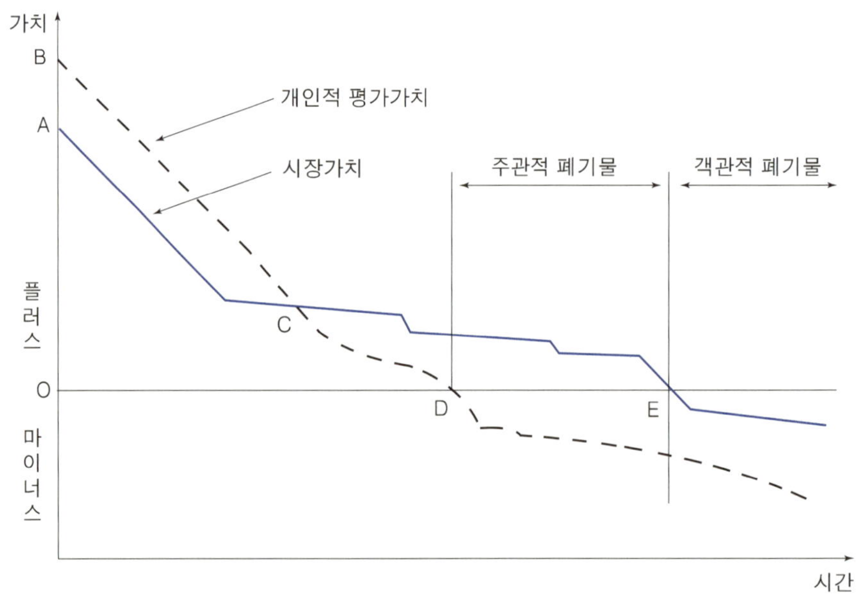

그림 10.1 상품과 폐기물의 차이

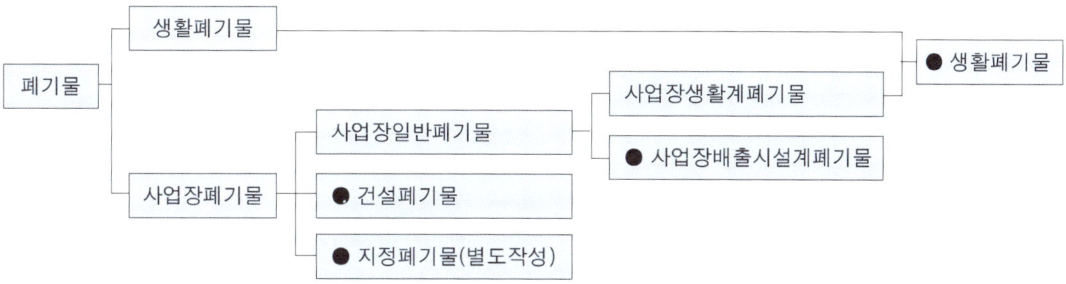

그림 10.2 폐기물 관리법상 폐기물 분류와 폐기물 통계 작성상 폐기물 분류 비교

지정 폐기물은 '산업 활동에 수반하여 발생하는 오니, 폐유, 폐산, 폐알칼리, 폐고무, 폐합성수지 등 환경 및 국민보건에 유해한 물질'이라고 정의하는데 우리나라에서는 모두 21가지를 지정하고 있다. 지정폐기물은 산업발전과 더불어 그 성분이 점차 다양화되고 있으며 질적으로도 악화되어있어 처리하는 데에 고도의 기술이 요구된다.
생활폐기물은 지정 폐기물 외의 폐기물을 말하는데 가정에서 나오는 생활쓰레기 또는 공장에서 나오는 폐기물 중 지정폐기물이 아닌 모든 것을 포함한다.

10.2 폐기물 문제의 대두

우리나라에서 폐기물 문제가 대두되기 시작한 시기는 경제개발계획이 성공하기 시작 한 때부터 일 것이다. 1950년대까지만 해도 여전히 옛날의 가치관이 그대로 남아 있었고 버릴 쓰레기가 없을 정도로 가난했기 때문에 정부에서 쓰레기 치우는 일에 관여하지도 않았다. 그러나 1960년대에 이르러 경제발전을 추진하면서 화학비료가 퇴비를 대체하기 시작했고, 가축과 농경지가 점차 사라지면서 생태학적인 물질의 순환이 불가능해졌다. 1970년대에는 경제적으로 윤택한 도시지역으로 늘어난 인구가 집중되면서 쓰레기 양이 많아지고 또한 화학공업 등의 발달로 자연에서 썩지 않는 새로운 성질의 쓰레기가 발생하게 되자 정부에서는 쓰레기 처리문제에 관심을 갖기 시작하였다. 1970년에 국민 한사람이 하루에 1kg의 쓰레기를 버린 것으로 조사되었는데 1990년에는 쓰레기 발생량이 2.2kg으로 증가하여 쓰레기

표 10.1 연도별 폐기물 발생현황 (단위 : 톤/일)

구분		2004	2005	2006	2007	2008	2009
총계	발생량	303,514	295,723	318,928	337,158	359,296	357,861
	전년대비 증감율(%)	2.9	−12.6	7.8	5.7	6.6	−10.4
생활 폐기물화	발생량	50,007	48,398	48,844	50,346	52,072	50,906
	전년대비 증감률(%)	−1.4	−13.2	0.9	3.1	3.4	−12.2
사업장 매출시설계 폐기물	발생량	105,018	112,419	101,099	114,807	130,777	123,604
	전년대비 증감율(%)	6.2	7.0	−110.1	13.6	13.9	−15.5
건설 폐기물	발생량	148,489	134,906	168,985	172,005	176,447	183,351
	전년대비 증감율(%)	2.1	−19.1	25.3	1.8	2.6	3.9

선진국에 이르게 되었다. 다행히 정부에서 쓰레기 종량제가 도입되면서부터 1997년에는 전국평균으로 1인당 1일 1.1kg으로 크게 줄어들었으며 1999년에는 0.97kg이 되었으나 2002년에는 다시 1인당 1.04kg이었으며, 2005년에는 1.08kg으로 증가하였다.

쓰레기 발생에는 우리 민족의 고유근성도 한 몫을 하였다. 항상 푸짐하게 차려야 잘 차린 것으로 여기고, 포장도 여러 겹 정성스럽게 하여야 예의를 갖추고 잘한 것으로 간주하였기 때문에 막대한 양의 음식 쓰레기와 포장재 폐기물을 발생케 하였다.

각 가정에서 발생되는 쓰레기는 청소차로 수집하여 대부분 매립장으로 보내어지거나 소각장에서 소각처리하고 있다. 그러나 매립장 운영을 위해서 필요한 매립지 확보가 어려우며 어느 누구도 자기 집 주변에 매립장이 들어서는 것을 찬성하지 않는다. 또한 매립장에서 발생되는 침출수는 주변의 수질을 오염시키는 원인이 되기도 한다. 소각장도 마찬가지이다. 정부는 지역에서 발생되는 쓰레기를 소각처리하기 위하여 막대한 비용을 투자하여 소각장을 건설하고 운전하고자 하였다. 소각공정은 대기오염을 유발시키는 연소가스를 발생하는데 다이옥신 등 인체에 치명적인 가스가 포함되어 배출되기 때문에 지역주민들의 집단 반발에 부딪쳐 소각장

가동이 원활하지 못한 상황이다.

폐기물 문제는 우리나라뿐만이 아니라 선진국, 후진국 구분 없이 모든 나라가 공통적으로 겪고 있는 문제이다. 그것은 인간의 생활 속에서 필연적으로 배출되는 결과이기 때문이다.

10.3 폐기물의 발생과 처리방법

(1) 일반폐기물의 발생과 처리

일반폐기물은 일상생활 속에서 배출되는 것으로 음식 쓰레기, 연탄재, 폐지 등이 혼합된 형태와 산업현장의 생활 쓰레기를 모두 포함한다. 우리나라의 생활쓰레기 발생은 2001년에는 하루 평균 48,500톤이었으나, 2005년에는 50,117톤으로 증가하였으며, 이를 성상별로 구분하면 그림 10.3과 같다. 쓰레기 발생량은 도시가 많은데 특히 서울사람은 하루에 만4천 톤의 쓰레기를 버리는 것으로 나타났다. 물론 쓰레기 중에는 연탄재가 차지하는 비중이 2.1%, 음식물 등의 찌꺼기가 31.1%를 차지하는 특수한 사정이 있지만 일본과 서유럽의 쓰레기 배출량에 비하면 문제가 아닐 수 없다.

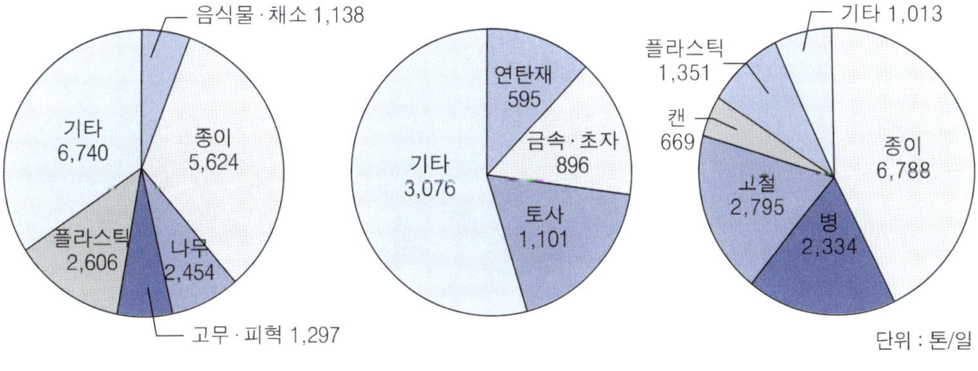

(a) 가연성 19,859 (b) 불연성 5,668 (c) 재활용품 14,950

그림 10.3 생활폐기물 배출 실태(자료 : 환경부)

표 10.2 생활, 사업장(일반, 건설) 폐기물 발생 및 처리 (단위 : 톤/일)

		'04	'05	'06	'07	'08	'09	´10
발생 및 처리(총계)		303,514	295,723	318,928	337,158	359,296	357,861	365,154
발생	생활폐기물	50,007	48,398	48,844	50,346	52,072	50,906	49,159
	1인당 발생량 (kg/일)	1.03	0.99	0.99	1.02	1.04	1.02	0.96
	사업장 일반폐기물	105,018	112,419	101,099	114,807	130,777	123,604	137,875
	건설폐기물	148,489	134,906	168,985	172,005	176,447	183,351	178,120
처리	매립	42,817	33,497	25,433	37,554	37,784	39,794	34,306
	소각	17,217	15,950	17,209	17,957	18,709	18,518	19,511
	재활용	232,334	234,651	266,554	273,561	295,863	292,557	304,381
	해역배출	11,146	11,625	9,732	8,086	6,940	6,992	6,956

표 10.3 국가별 도시쓰레기 발생량과 조성

나라별	발생량 (kg/인·일)	쓰 레 기 조 성 (%)					
		음식물	종이	플라스틱	섬유·목재	유리금속	회분기타
한 국	1.3	31.1	21.5	8.9	5.2	5.6	9.5
일 본	1.0	29.8	45.6	8.1	9.9	2.3	4.3
대 만	1.6	27.5	20.0	18.0	12.5	20.5	1.5
싱가포르	1.0	44.4	28.2	11.8	3.0	10.5	4.3
독 일	0.9	30.0	27.0	13.0	1.0	18.0	11.0
영 국	0.9	29.0	37.0	5.0	5.0	18.0	12.0
미 국	1.8	18.9	36.6	7.3	21.5	17.3	8.4
뉴질랜드	-	200	28.9	-	27.0	14.0	11.0

표 10.4 지정폐기물 발생 및 처리 (단 : 톤/일)

		2004년	2005년	2006년	2007년	2008년	2009년	2010년
발생량		8,152	8,634	10,026	9,594	9,594	9,060	9,488
처리	매립	1,421	1,537	1,814	2,131	2,131	1,876	1,831
	소각	1,348	1,472	1,805	1,742	1,742	1,551	1,704
	재활용	4,982	5,273	5,499	5,419	5,419	5,141	5,327
	기타	401	352	908	302	302	492	627

폐기물의 처리는 단순히 발생된 폐기물을 처분하는 것으로 끝나서는 안 되고 발생과정 단계에서부터 철저한 관리가 더 중요하고, 단순 처리보다는 같은 목적으로 또 다른 목적에 재이용하는 것이 보다 바람직하기 때문에 폐기물 관리라고 하는 것이 더 적절한 것이다.

폐기물의 발생에서부터 최종처리까지는 여러 단계를 거치게 되는데 단계별 흐름도를 보면 다음과 같다.

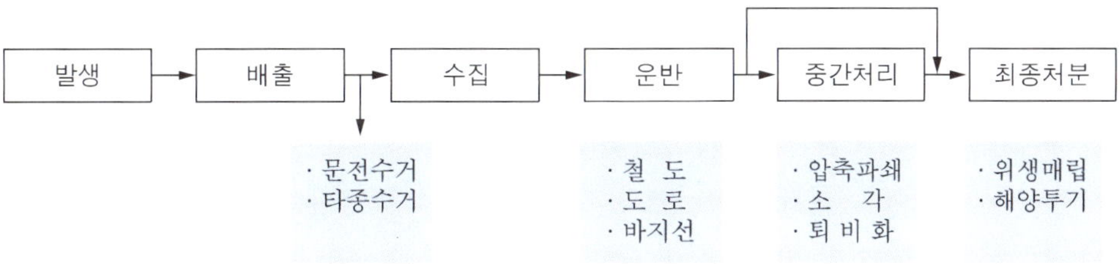

그림 10.4 폐기물처리 흐름도

1) 폐기물의 발생 및 배출

폐기물이 발생하는 시점은 어떤 물건이 불필요하게 된 때로 볼 수 있다. 가정 또는 사무실 내에서 유용하게 사용된 후 버려지는 일반 폐기물은 가능하면 재활용하는 것이 좋으며, 발생된 장소에서 소각, 가축사료 등의 형태로 자가처리 함으로써 자연생태계로 배출시키지 않도록 하는 것이 가장 바람직하다. 또는 감량화로 발생단계부터 발생량을 최소화하는 노력이 절대적으로 필요하다.

배출은 혼합배출과 분리배출로 구분되며, 분리배출은 소각시설의 유무, 재활용 여건, 지역적 특성 등을 감안하여 재활용 쓰레기, 가연성 쓰레기, 불연성 쓰레기로 나눌 수 있다.

2) 수집

쓰레기는 특성에 따라 여러 가지로 분리하여 수거하면 가장 이상적이지만 분리대상 종류를 많게 하면 그만큼 수거비용이 늘어나게 되어 주민의 부담을 가중시키며 수집계획을 복잡하게 한다.

현재 우리나라에서는 쓰레기 소각시설의 설치여부에 따라 지역을 구분하여 분리수거를 실시하고 있다. 쓰레기 소각시설이 설치된 지역은 재활용 쓰레기, 연탄재,

가연성 쓰레기, 기타 쓰레기로 구분하고 있으며 소각시설이 설치되지 않은 지역에서는 재활용 쓰레기, 연탄재, 기타 쓰레기로만 구분한다.

앞으로 쓰레기를 수집할 때는 주방 음식물 쓰레기는 퇴비화나 사료화하고, 재활용 쓰레기는 재활용 비율을 높여 분리수집이 뒤따르도록 하는 등의 정책적인 배려가 있어야 할 것이다.

이제 쓰레기는 단순히 폐기물이 아니라 폐기물 자원이라는 인식을 가지고 발생과 수집과정에서부터 자원화 계획이 세워져야 한다.

3) 중간처리

중간처리는 기본적으로 수집된 폐기물의 양을 줄여서 최종처리 비용을 줄이자는 것으로, 파쇄, 압축, 소각 퇴비화 등의 처리방법이 있다. 소각(incineration)은 설치비용과 운영비가 많이 들며 발생가스의 유해성 시비로 문제가 되고 있지만 쓰레기의 부피와 무게를 동시에 줄일 수 있고 위생적으로 안전한 방법이다. 혼합 수집된 쓰레기를 소각 처리할 경우 중량은 1/4로 줄어들고 부피는 1/5로 줄어들게 된다. 우리나라에서는 1986년 서울의 목동에 쓰레기를 태워서 열과 전기를 얻는 열 병합 발전소가 처음으로 건설되었다. 그러나 이 시설이 주택단지에 자리 잡고 있어서 주민들의 민원이 끊이지 않고 있으며 환경호르몬의 일종인 다이옥신을 포함한 유해가스의 발생이 주요 분쟁 쟁점이어서 앞으로 대규모 소각시설의 건설은 경제성은 물론 주민의 호응을 얻기가 매우 어려울 것으로 전망된다.

폐기물 소각 방식에는 화격자식, 유동상 연소식, 로타리 킬른식 등이 있는데, 화격자식은 도시쓰레기 처리에, 유동상 연소식은 도시 쓰레기는 물론 슬러지와 산업폐기물 소각에, 로타리 킬른식은 산업폐기물과 도시쓰레기의 소각에 주로 사용된다.

퇴비화(composting)는 미생물에 의해서 유기물질을 분해하여 이용 가능한 비료로 전환시키는 중간처리법의 일종이다. 우리나라의 음식 쓰레기는 전체 쓰레기의 31.1%를 차지하므로 이러한 음식 쓰레기를 그냥 버리지 않고 가축분, 농업 잔재물 등과 함께 섞어 퇴비를 만들면 환경오염도 줄이고 질 좋은 유기비료도 얻을 수 있다. 이러한 방법은 이미 옛날부터 내려온 방법인데 값싼 합성화학비료에 밀려 한동안 잊혔다가 쓰레기 문제가 심각해지면서 최근에 다시 관심의 대상이 되고 있다. 퇴비화 방법에서 가장 중요한 것은 함수율과 염분 농도를 낮추는 것이며, 호기성 미생물이 활발하게 생육할 수 있도록 통기가 잘 되게 유지하는 것이다.

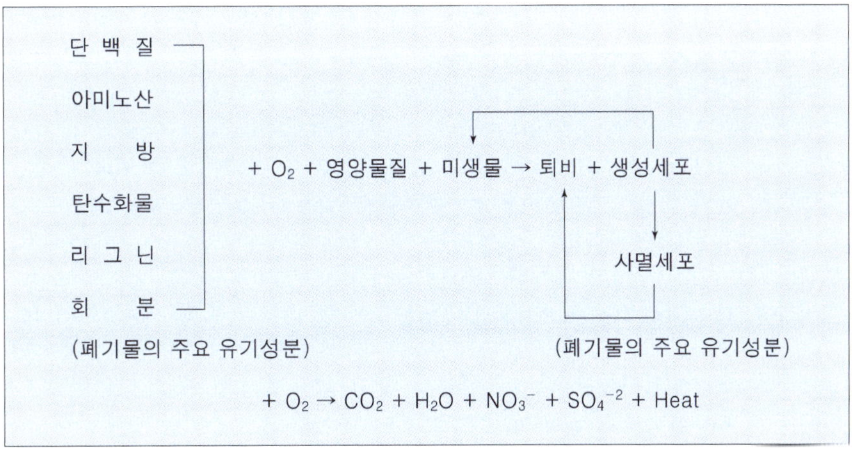

그림 10.5 폐기물의 퇴비화 반응과정

이렇게 만들어진 퇴비는 화학비료에 비해 경제성은 없지만 비료로서의 가치와 함께 찌들은 토양의 개량제로서 가치가 있기 때문에 앞으로는 음식물 찌꺼기를 비롯한 농업 부산물 및 가축의 분뇨까지를 모두 퇴비화하는 관점에서 연구되어야 할 것이다.

4) 최종처리

중간 처리까지 끝난 폐기물은 최종 처분하여 더 이상 폐기물로 존재하지 못하도록 해야 한다. 최종 처분에는 땅, 바다, 대기, 우주공간을 이용하는 방법 등이 있는데 가장 손쉬운 방법은 매립과 해양처분일 것이다. 해양처분은 주로 유해하지 않은 폐기물을 처분하는데 이용해 왔으며 대기에 의한 처분은 열에 의해 기체상태로 전환시켜 처리하는 방법이다. 그러나 무엇보다도 매립처분이 가장 많이 이용되고 있는데 가장 손쉬운 쓰레기 처리 방법은 수거하여 구덩이를 파고 매립하는 방법이다. 매립은 단순매립과 위생매립 및 안전매립으로 구분하는데, 단순매립(open dumping)은 그냥 구덩이를 파고 각종 쓰레기를 쌓은 후 흙으로 덮는 방법이며, 위생매립(sanitary landfill)은 바닥에 침출수가 스며들지 않도록 차단막을 깔고 그 위에 쓰레기와 흙을 교대로 쌓는 매립 방법으로 비용이 많이 든다. 최종 매립 후에는 50cm 이상의 복토를 하여 폐기물이 노출되지 않도록 해야 하며, 침출수를 집수하는 집수정과 수처리 시설도 갖추어야 한다. 또한 매립지에서 나오는 가스를 모아 처리할 수 있는 시설도 갖추어야 한다.

우리나라의 경우 난지도 매립장에서 발생되는 가스의 양은 하루 28만 8천m^3이며, 이중 도시가스와 성분이 같은 메탄가스는 40% 정도로 정제과정을 거친 뒤 2002년 완공된 마포 쓰레기 소각장의 에너지로 활용하고 있다.

완전매립(secure landfill)은 유해폐기물의 최종처분 방법으로 환경오염을 최소화하기 위하여 유해폐기물을 자연계와 완전 차단하는 방법이다.

(2) 사업장폐기물의 발생과 처리

사업장폐기물은 산업현장에서 발생되는 폐기물 중에서 일반폐기물에 속하지 않는 지정폐기물을 말한다.

우리나라에서 사업장 폐기물을 발생시키는 업소는 대부분이 중소기업을 포함한 생산공정을 갖춘 곳으로서 산, 알칼리, 유기용제 등을 취급하는 곳이다. 중소기업은 산업폐기물을 자체 처리하는 시설을 갖추는데 비용이 많이 들기 때문에 대개는 폐기물 처리업자에게 위탁처리하고 있다. 우리나라의 유해산업 폐기물 처리장은 수도권의 화성시와 지방의 온산, 광양, 군산 등 4곳이 있을 뿐이었다. 2002년 최종처리 업소는 23개로 증가하여 운영되고 있다. 1986년에 준공된 환경관리공단 화성사업소는 산업폐기물을 처리하기 위한 최초의 현대식 시설이다. 그런데 1991년 3월에 유해성 폐수가 방출되어 인근 바닷가 어장의 어패류가 떼죽음을 당하자 주민들이 항의농성하며 사업소 진입로를 봉쇄해 7개월 동안 운전이 중단되기도 하였다. 결국 전문가 등의 참여 하에 정밀 진단을 하여 인체나 가축, 농작물 등에 직접적인 피해가 없도록 조치를 취하고, 사업소의 연간 매출액의 10%를 지역 발전기금으로 내놓기로 합의하였다. 이러한 사례에서 알 수 있듯이 주민들의 환경의식수준이 점차 높아지고 있으므로 이에 따라 환경정책의 실행이 완벽해야 할 것이다. 이러한 현상을 NIMBY 현상이라고 하는데 이것을 단순히 지역 이기주의라고 매도해서는 안되고 자기 보호의 무해주의라고 받아들여야 한다.

사업장 폐기물을 매립하는 것은 환경적으로 위험성이 따른다. 대표적인 사업장 폐기물 매립사고는 1970년대에 미국 나이아가라 폭포 근처의 러브 커낼에서 독성 화학물질이 스며 나오기 시작하며 일어났다. 러브 커낼은 폭포에 인접한 폐기된 운하인데 1940년대 초부터 후커 화학회사가 구입하여 사업장폐기물 매립장소로 이용하였다. 후커 화학회사는 이곳에 드럼통에 담은 1만9천 톤의 유해화학물질 폐기물을 매립하고 흙으로 덮은 후 1953년에 시 교육위원회에 1만 달러에 매각하였다. 시 교육위원회는 이곳에 학교와 운동장을 건설하였으며 주변에는 자연스럽게 주거지가 형성되었다. 그 후 20여 년이 지난 1977년 봄에 폭우가 내려 이곳이 침수되었으며, 매립된 폐기물에서 유해물질이 녹아 나와 주변의 토양과 물을 오염시켰다. 그 결과 학생과 인근 주민들은 피부병, 간 기능 저하, 조산, 선천성 기형아 출산 등의 고통을 겪게 되었는데 모두가 매립 폐기물로부터 용출된 유해성 화학물질의 침출수가 지하수를 오염시킨 것이 원인이었다. 뉴욕주에서는 1978년에 3700만 달러의 예산을 투입하여 주민을 이주시키기로 결정했으며, 카터 대통령은 1980년에 이 지역을 재해지역으로 지정하고 주민에게는 3000만 달러의 보상금을 지불하였다.

폐기물은 일단 환경에 버려지면 빨리 썩어서 분해되는 것이 바람직하다. 그러나 과학기술의 발달은 썩지 않고 오래 사용할 수 있는 물질인 플라스틱을 만들어 냈는데, 1909년 이후 가볍고 튼튼하며 전기를 통하지 않고 잘 썩지 않는다는 성질과 가공하기가 쉽다는 이유 때문에 대단한 환영을 받았다. 플라스틱은 석유를 원료로 하여 대량생산되었으며, 용도와 응용분야가 점차 확대되어 갔다. 최근에는 종이, 나무, 유리, 천, 철물대신에 플라스틱이 대체 사용되고 있으며 특히 각종 1회용 제품으로 사용이 확대되어 쓰고 버린 폐 플라스틱의 처리 문제가 심각한 지경에 이르게 되었다. 이렇듯 다양하게 사용되고 있는 플라스틱의 썩지 않는 성질은 오히려 환경문제를 야기하고 있는데, 플라스틱 용기가 썩어서 분해되는데 50~80년이 걸리며 1회용 기저귀류가 완전히 분해되는데 수백 년이 걸리고 스티로폼이라고 불리는 발포 플라스틱은 영영 썩지 않는다고 알려져 있다. 이렇듯 쉽게 분해되지 않

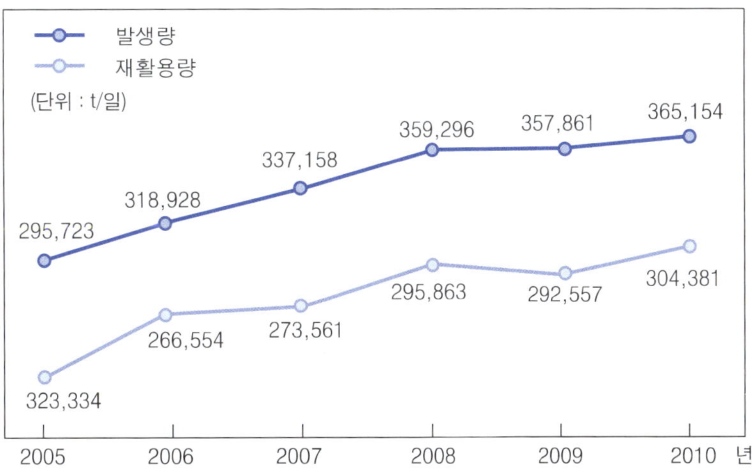

그림 10.6 최근 6년간 폐기물 발생 및 재활용 현황(자료 : 환경부)

는 플라스틱 폐기물은 소각처리하기도 하지만 유독가스가 발생하므로 좋은 방법은 못된다. 그래서 개발된 플라스틱이 생분해성 플라스틱과 광분해성 플라스틱이다. 생분해성 플라스틱은 사용하고 자연 생태계에 버려졌을 때 분해자인 미생물에 의해 분해되는 플라스틱을 말하며, 광분해성 플라스틱은 태양광선이 일정시간 이상 쬐면 분해가 되는 플라스틱을 말한다.

사업장폐기물은 산업 활동이 지속되는 한 발생될 것이다. 지금부터 우리가 해야 할 일은 폐기물을 산업 쓰레기로 취급하지 말고 폐자원 또는 재활용 자원으로 인정하여 최대한 재생시켜 활용하여야 하므로 우리 모두 이러한 폐기물 재활용 운동에 적극 동참해야 할 것이다.

(3) 방사성 폐기물의 발생과 처리

원자력 발전소에서 필연적으로 발생하는 방사성 폐기물은 대부분 원자로 부근의 대형 냉각수조에 저장하였다가 열이 식으면 별도의 격리된 보관시설에 저장한다. 방사성 폐기물은 고준위 폐기물(10 rem 이상, rem ; rőntgen equivalent to man, 인체에 피해를 주는 정도에 입각한 방사선량 단위)과 저준위 폐기물(10rem 이하)로 구분하는데 고준위 폐기물에는 세슘, 스트론튬 등이 포함되며, 이것들을 오래 저장하면 반감기가 30년 이하인 방사성 물질이 되는데, 이를 저준위 폐기물이라고 한다. 모두 강도는 약하지만 발생량이 많아지면 위험하기는 마찬가지이다.

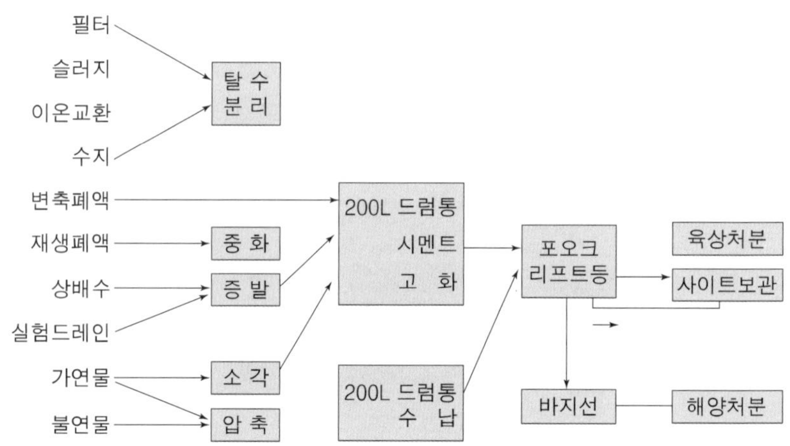

그림 10.7 저 준위 폐기물의 처리계통

우리나라의 경우도 방사성 폐기물 처리문제로 고심하고 있는데 1989년에는 충남 서해안의 안면도에 저준위 방사성 폐기물 영구 처리장을 건설코자 하였는데, 이에 주민들의 격렬한 반대시위가 일어나 주무장관이 경질되기도 하였고, 2003년에는 전라북도 부안군에 위치한 위도에 방사성 폐기물 처리장을 건설하고자 했으나 군민들의 강력한 반대에 부딪혀 추진되지 못하였으며, 2006년에 비로소 경북 경주시 인근에 방폐장(방사성 폐기물 처리장)을 건설하기로 결정하였다.

외국에서는 방사성 폐기물을 철근 콘크리트 컨테이너에 넣어 4500m 깊이의 바다에 침강 저장하거나 또는 암염을 채취한 동굴 속에 밀봉 저장 처리하는 방법이 채택되고 있지만 더 오랜 시간이 지나봐야 위해성 여부를 판단할 수 있을 것으로 보인다. 그러나 방사성 폐기물의 해양 투기는 한 번의 방사성 폐기물 누출로 광범위한 해양오염을 발생시키기 때문에 완벽한 방비가 필요하다.

(4) 분뇨 및 슬러지 처리

분뇨는 인분과 오줌을 일괄해서 말하는 통칭이며, 사람은 1일 평균 100g의 인분과 700~800g의 오줌을 배출한다. 화학비료가 활발하게 공급되기 이전의 분뇨(인분, 축분)는 농업 생산성을 향상시키는 수단으로 비료 대신 사용되었다. 그 당시만 해도 분뇨를 사고팔 정도로 분뇨 확보가 1년 농사의 성패를 좌우할 정도로 중요한 비료 자원이었다. 그래서 도시 지역의 화장실 인분수거 경쟁이 벌어졌으며 들판에 흩어져 있는 개똥을 주워 모으기에 열심이었다. 가정에서 사육하는 가축분뇨도 모두 분뇨 통에 모아서 관리하였다.

과거의 분뇨가 모두 자연에 환원되어 토양을 살찌우는 역할을 했던 것에 비해 현재의 분뇨는 인공적으로 막대한 비용을 들여 처리해야 할 폐기물로 변해버렸다. 수세식 화장실이 널리 보급되어 있는 도시 지역의 분뇨는 정화조에 저장되었다가 안정화되면 일정 주기별로 수거하여 분뇨처리장에서 최종 처리를 하며, 수거식 화장실의 분뇨는 곧바로 분뇨처리장으로 보내져 마찬가지로 처리하게 된다. 그러나 농촌지역의 분뇨는 아직도 농사용 비료대신 사용하고 있다.

분뇨를 처리하고자 할 때는 다음의 조건을 만족해야만 한다.

첫째, 위생적으로 그리고 생화학적으로 안전할 것
둘째, 공중에 혐오감을 주지 않을 것
셋째, 처리 후 최종생성물의 감량화에 만전을 기할 것

넷째, 재이용 자원으로의 가치를 향상시킬 것

분뇨의 최종 처리 시설은 주로 전처리시설, 1단계처리시설, 2단계처리시설과 소독시설로 구분된다. 전처리시설은 운영시 악취가 심하여 탈취장치가 필요하며, 1,2단계 처리시설로부터 배출되는 슬러지 처리시설이 필요하다. 또한 처리과정에서 발생되는 가스(암모니아성)를 제거하는 장치가 부가되어야 한다. 1단계 처리방법에는 혐기성소화, 호기성소화, 습식산화법 등이 있는데 혐기성 및 호기성 소화방법은 미생물을 이용한 생물학적 처리 방법인 반면에 습식 산화법은 고온, 고압 상태의 수중에서 분뇨를 산화 처리하는 방법이다.
현재 문제가 되고 있는 것은 축산 분뇨의 처리이다. 예전과 달리 지금의 축산 시설은 사육두수의 확대로 매우 커서 마치 가축 사육 공장처럼 변해버렸다. 젖소는 하루에 15~25kg의 사료를 먹고 70~130 L의 물을 소비하여 매일 40~50kg의 분뇨를 배출한다. 소, 돼지 할 것 없이 몸무게의 5~8%에 해당하는 분뇨를 매일 배출하기 때문에 사육장에서 종합적으로 배출되는 축산 분뇨의 양은 어마어마해서 매일 1억 2천만 L 나 된다.
그러나 마땅히 축산 분뇨를 처리하는 기술이 개발되지 않고 있어서 잠시 저장하였다가 하천이나 자연토지로 그대로 무단 방류하는 경우가 비일비재하다.

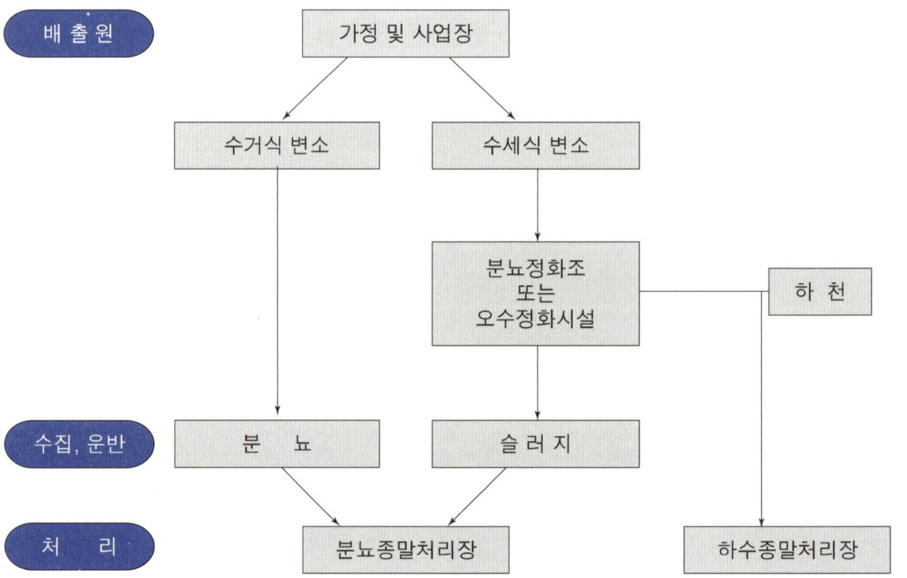

그림 10.8 분뇨의 배출 및 수거처리계통

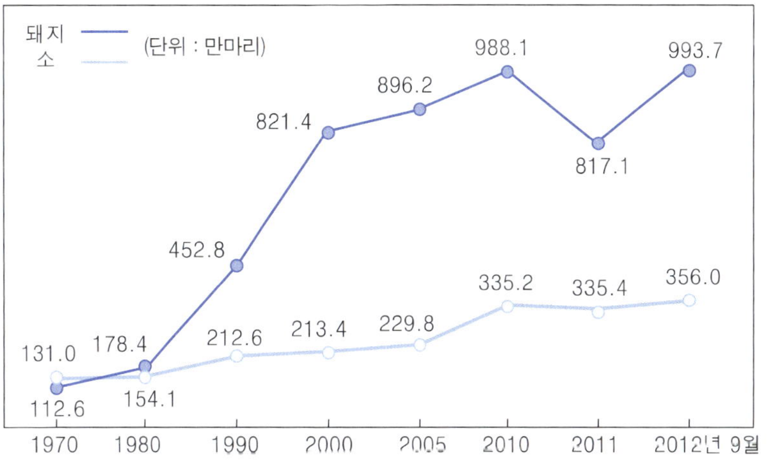

그림 10.9 소·돼지 사육규모(자료 : 통계청)

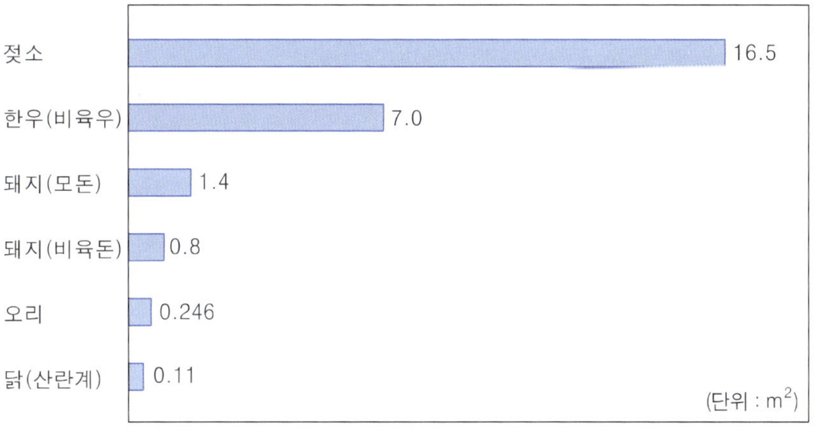

그림 10.10 가축 1마리당 최소 면적(자료 : 농림수산식품부)

환경부와 지방자치 단체에서는 지역별로 축산 분뇨의 처리시설을 설치하여 운영하고는 있으나, 축산 분뇨 발생량을 적절히 산출하지 못했는지 처리 용량이 작아 시설자체가 있으나 마나한 또는 아예 가동하지도 않고 방치되어버린 무용지물이 되어버린 실정이다. 축산 분뇨는 다양한 유기물질로 되어있기 때문에 미생물에 의해 유기물질을 분해시키면 토양 친화적인 유기질 비료가 될 수 있다. 완전한 처리를 기대할 수 없다면 자원으로 변화시켜 이용하는 기술의 개발이 필요하다. 1999년 3월의 TV 뉴스에서는 축산 분뇨를 수집하여 여기에 미생물을 접종시킨 후 공기를 불어 넣어주면 일정시간 후 분뇨의 유기물 성분이 미생물에 의해 완전히 분해되어 토양을 비옥하게 해주는 액체 비료로 만들어져서 농지에 살포하는 과정을 보여주었다. 전국의 축산분뇨를 모두 이와 같이 토양 친화적 비료로 사용할 수 있다면 분뇨처리 문제와 축산폐수 문제 해결은 물론 토양의 힘을 되살려서 유기농산물 생산에도 크게 기여할 수 있을 것이다.

슬러지(sludge, 오니)는 정수 및 폐수 처리과정과 분뇨의 최종처리과정에서 액체로부터 분리되어 형성된 고형 물질을 말하는데, 처리시설의 규모와 처리방법에 따라 슬러지 생성량이 달라진다. 슬러지 처리방법에는 일반적으로 농축, 안정화, 개량, 탈수, 건조, 소각, 토양처리방법 등이 있다. 그러나 슬러지의 특성에 따라 필요한 처리방법에는 큰 차이가 있을 수 있다. 슬러지는 함수율이 높으므로 농축을 시켜 용적을 감소시킨 다음 혐기성 혹은 호기성 소화나 화학적 방법에 의하여 안정화시킨다. 안정화를 거친 슬러지는 개량을 하여 탈수시킨 다음 자연건조나 가열건조시켜 소각처리 하거나 매립 처리하게 된다. 슬러지의 최종 처리방법은 매립이지만 외국의 경우는 토양 개량제, 지력향상제로 사용할 수도 있는데 이 때는 비교적 넓은 토지가 필요하다.

국내에서는 지렁이를 이용한 슬러지 퇴비화 방법이 시험단계를 거쳐 성공적으로 활용되고 있다. 지렁이는 슬러지를 먹어치워 각종 비료나 사료로 만들기 때문에 훌륭한 환경파수꾼 노릇을 한다. 지렁이 사육장을 설치하여 여기에 정화조 등에서 나오는 슬러지를 넣어주면 지렁이가 슬러지를 먹고 지렁이 분변토로 바꾸어 처리한다. 이때 나오는 오니양의 반에 해당하는 분변토가 발생하는데 모두 골프장, 정원잔디, 원예작물, 식용작물, 분재 및 화분 등의 비료와 가축사료, 탈취제원료, 버섯배지 등의 다양한 용도로 사용할 수 있다.

10.4 폐기물의 자원화

도시 쓰레기를 매립 처분하는 데에는 용지 확보가 너무 어렵거나 침출수 처리 문제가 대두되며, 소각처리는 소각로 배출 가스의 배출기준을 만족시킬 수 있는 방지 시설을 완비하지 않으면 안 되게 되어 있어서 두 가지 모두 폐기물의 최적처리 방법이라고 할 수 없게 되었다. 이 때문에 전통적인 처리 방법을 탈피하고 폐기물을 버리는 대상이 아닌 자원으로 생각하여 재활용하는 대체기술 개발이 활발히 전개되고 있다.

생활 폐기물 중에서 음식물 찌꺼기는 금속 물질이나 플라스틱류와 분리하여 혐기 분해를 시키면 메탄가스를 생성하여 에너지로 사용할 수 있으며 고형 찌꺼기는 건조시켜 양질의 것은 사료로, 질이 나쁜 것은 퇴비로 사용할 수 있어서 모두 자원화가 가능하다. 산업 쓰레기 중에서 석유로부터 출발하여 형성된 물질의 폐기물은 대부분 에너지로 재생시켜 자원화 할 수 있다. 폐타이어(폐고무)류는 여러 용도로 재활용 될 수 있는데, 대표적인 재활용 기술은 열분해 액화기술로서 폐타이어 조각과 폐유를 혼합하여 밀폐된 반응기 내에서 고온으로 처리하면 액체 연료 물질이 얻어지는 기술이다. 현재 소규모 예비 공장 규모로까지 발전되어 있으나 투입되는 에너지양이 생성되는 에너지양에 비하여 너무 과다한 것이 결점이다. 도로 포장재료의 개발은 폐타이어를 분말로 만들어 여기에 자갈과 접착제를 혼합하여 고무자갈을 만든 후 도로 바닥에 깔면 된다. 그러나 이 기술도 아직은 많은 시행착오와 검증을 거쳐야 될 것으로 생각된다.

합성 수지계 폐기물의 자원화기술은 대체 에너지 개발이 주를 이루고 있는데 평균 발열량이 8,250kcal/kg 이기 때문에 여러 각도로 에너지화 기술개발이 이루어져야 한다. 폐타이어의 액화기술과 마찬가지로 폐 합성수지류도 액화기술이 개발되어 현재 실험실용 규모의 운전장치가 개발되어 있다. 액상이 아닌 가스화 연료 생성 기술도 개발이 된다면 에너지 자원화로 타당할 것이다.

폐지나 폐 목재 등은 연소성이 있기 때문에 직접 연소시켜 에너지를 생성시킬 수 있을 것이다. 그러나 고 부가가치를 부여시킨 자원화 기술이 개발되어야 하며 실용화 될 수 있도록 다양한 기술이 개발되어 집적되어야 한다.

금속 폐기물의 경우는 분리수거가 잘 되면 잘 될수록 자원화율은 높아져서 모두 재활용 할 수 있다. 폐 무기물질(자기류, 빈병, 유리 등) 자원은 재활용 방법이 간단하여 원형 그대로 폐기된 것은 수집하여 세척 후 재활용하면 되고, 파손된 것은 분쇄하여 초기원료로 사용할 수 있다. 이때도 수집, 운반 및 재사용 비용이 초기원료 사용 비용보다 낮아야 하며 불순물이 제거된 상태로 수집되어야 한다.

기타 폐기물로서 축산분뇨, 슬러지류 등은 앞에서 설명한 바와 같이 미생물, 지렁이 등에 의해 분해시켜 최소한 퇴비로 사용할 수 있기 때문에 비료화 기술 개발을 위하여 더욱 많은 노력을 기울여야 한다.

10.5 우리나라의 폐기물 관리현황

우리나라에서 폐기물 문제를 다룬 것은 1961년부터이며 폐기물관리법을 따로 제정하여 폐기물의 체계적인 관리를 하기 시작하였다. 폐기물 문제가 심각하게 대두되기 시작한 것은 우리나라가 경제적으로 개발도상국 수준에 진입하기 시작한 때부터이며, 그 후 경제규모의 확대와 대량소비 및 고급화 추세에 따라 폐기물의 발생이 급격히 증가하여서 그 처리 문제가 매우 심각한 과제였다. 정부에서는 대량 발생되는 폐기물 문제에 보다 효과적으로 대처하기 위하여 1991년에 폐기물 관리법을 전면 개정하였으며 일반폐기물과 특정 폐기물을 구분하여 산업 폐기물 중 유해성이 없는 것은 생활쓰레기와 함께 일반 폐기물로 분류하여 가급적 지방자치 단체에서 관리하도록 하였다. 또한 생활쓰레기 발생을 최대한 억제하기 위하여 쓰레기 종량제를 실시하기에 이르렀으며 그 결과 가정생활쓰레기의 배출량이 많은 부분 감소하였다. 생활이 풍요로워지면서 난방용 연료사용 양상이 연탄에서 석유류로 바뀌면서 연탄재 발생이 현저히 줄어들었기 때문에 일반 폐기물의 발생량은 1991년을 기점으로 서서히 감소하는 경향을 보이고 있으며, 국민의 의식 수준이 어느 정도 폐기물 문제의 심각성을 인식하면서 점차 폐기물 발생량이 감소하고 있어 매우 바람직하다고 하겠다. 그러나 아직도 물질(또는 제품)이 가지고 있는 가치가 완전히 상실되지 않았는데도 즉, 사용가능한데도 폐기 처분하는 부분이 상당히 많으며 재사용 또는 재활용가치가 잔존하는 물건을 폐기하는 경우가 비일비재하여 폐기물 총량의 지속적인 감소를 위해 별도의 법적 조치가 요구되어왔다.

일반 폐기물은 지방자치 단체장의 책임 하에 거의 매립위주로 처리되고 있어서 80% 이상이 위생 매립지에 매립되고 있다.

산업장에서 발생하는 모든 폐기물을 종합한 처리 현황 및 재활용 현황을 보면 다음 표와 같다.

표 10.5 폐기물 매립지별 처리현황

매립지명	면적 (천m²)	용량 (천m³)	침출수처리시설(톤/일)	사업비 (백만원)
계	6,098	99,163		179,746
수도권매립지 (제1공구)	4,089	65,691	3,500	78,619
부산 을숙도	298	2,090	하수처리장 이송처리	28,964
대구 다사	597	18,750	800	16,909
광주 운정동	286	4,369	하수처리장 이송처리(413)	28,665
경기 성남	51	481	70	4,386
충북 보은	28	130	35	2,675
전남 순철	149	1,879	140	4,754
경남 창원	353	3,811	360	9,897
제주 회천동	247	1,962	하수처리장 이송처리(200)	4,877

표 10.6 폐기물 종류별 처리 현황

구 분	계	매 립	소 각	재활용	기 타
계	144,535	93,272 (64.5)	4,746 (3.3)	43,142 (29.8)	3,375 (2.4)
생활폐기물	75,096	66,965 (89.2)	1,132 (1.5)	5,912 (7.9)	1,087 (1.4)
사 업 장 산업폐기물	48,058	20,104 (41.8)	866 (1.8)	27,088 (56.4)	-
특정폐기물	21,381	6,203 (29.0)	2,748 (12.9)	10,142 (47.4)	2,288 (10.7)

표 10.7 폐기물 재활용 현황

구 분		발생량	재활용량	재활용률(%)
계		144,535	43,142	29.8
일반폐기물 (생활)		75,096	5,912	7.9
사업장 폐기물	소 계	69,439	37,230	53.6
	일반폐기물	48,058	27,088	56.4
	특정폐기물	21,381	10,142	47.4

10.6 폐기물 관리대책

폐기물은 주로 개인이나 가정 또는 단체에서의 소비활동에 의해 발생하며 대기오염이나 수질오염에 비해 분리수거, 재활용 기술 개발 등을 통해 개인이 공헌할 수 있는 부분이 많기 때문에 폐기물의 양을 상당량 줄일 수 있다. 그래서 우리나라에서도 쓰레기 종량제 실시, 쓰레기 분리수거 운동 등이 활발하게 추진되어 정착되어가고 있으며 각종 학교에서도 '쓰레기 함부로 버리지 않는' 교육을 시키고 있다. 폐기물 관리 대책의 핵심은 발생된 폐기물을 어떻게 처리할 것인가도 중요하지만 폐기물의 발생을 원천적으로 줄이는 것일 것이다. 즉, 발생량을 최소화하고 발생된 폐기물을 재활용하기 위하여 철저한 분리수거를 해야 하며, 재활용 자원화 기술을 다양하게 개발해야 할 것이다. 구체적인 내용을 요약해보면 다음과 같다.

첫째, 폐기물 발생을 최소화하기 위해서는 정부의 쓰레기 감량화 정책 추진과 민간인의 과소비 추방 운동이 확산되어야 할 것이다.

정부는 쓰레기의 감량화 정책을 적극 추진하여 발생원에서부터 쓰레기 배출을 억제해야 한다. 쓰레기의 감량화에 있어서는 우선 1회 용품의 사용을 억제토록 해야 한다. 1회 용품의 제조업체에 오염부담금을 물리게 하여 제품의 가격을 인상시키면 소비자들이 1회 용품의 사용을 덜 선호하게 될 것이다. 현재 1회 용품 중에서 양적으로나 질적으로나 환경에 상당한 영향을 주는 것이 플라스틱제 청량음료수

병이다. 이것은 그 양도 많고 버려졌을 때 부피도 많이 차지하고 잘 압축되지도 않기 때문에 쓰레기의 부피를 크게 할 뿐만 아니라 매립지의 공간도 크게 차지한다. 그러므로 이러한 폐기물은 오염처리비용을 제품가격에 포함시키거나 사용을 억제시켜야 한다. 1회용 청량음료수병을 재사용이 가능한 유리병으로 전면 교체하는 것도 한 가지 방법이다.

상품의 과대포장을 억제하고 포장재를 재회수, 재 사용하는 방안을 마련하는 것이 폐기물 감량화 정책에 있어서 또 하나의 주요한 요인이 된다. 통상 하나의 상품을 이중 삼중으로 포장하는 현재의 상품판매 관행을 억제시키기 위해서 과대포장을 규제하고 이중포장 이상의 상품에 대해서는 폐기물처리세를 과세하여야 한다. 상품의 포장은 구입한 후 즉시 벗겨 버리는 것이 대부분이므로 백화점이나 상점 앞에 포장재 수집통을 설치하여 소비자들이 상품구입 후 나가면서 포장재를 이곳에 버릴 수 있도록 해야 한다.

또한 포장용으로 흔히 사용되는 비닐백에 대해서도 이의 사용을 억제시키기 위해서 비닐백을 무료로 주지 말고 여기에 값을 매기도록 해야 한다. 이렇게 하면 한 번 사용했던 비닐백을 다시 가져와서 물건을 담아 가는 사람들의 숫자가 늘게 되며 상점이나 백화점의 포장재 비용도 줄고 쓰레기의 양도 줄게 될 것이다.

산업폐기물의 감량화는 생산공정을 검토하여 간소화시키고 생산원료를 폐기물발생량이 적은 원료로 대체하여 공정을 개선하거나 자동화하는 방법에 의해 달성된다. 미국의 경우에는 대표적인 산업공정별로 감량화 편람이 나와 있다. 우리나라에서도 이러한 감량화 지침을 개발하여 산업체에 보급시킬 수 있을 것이다.

두 번째는 분리수거를 통해 폐기물을 자원화 하는 정책에 대해서 그 대책을 살펴보자.

우리나라는 현재 일부 대도시를 제외하고는 분리수거제도가 정착되어 있지 않기 때문에 폐기물의 재활용에 커다란 장해가 되고 있다. 특히 쓰레기 중에서 주방쓰레기는 유기물 조성분이 상당히 높기 때문에 이것이 분리 수거되지 않고 일반 쓰레기와 섞일 경우 부패하게 되어 다른 재활용성 성분을 더럽히므로 중간 적환장이나 매립지에서의 자원회수를 어렵게 한다. 또한 주방쓰레기는 발열량이 낮고 물기가 많기 때문에 이것이 섞이게 되면 소각할 경우에는 잘 타지 않아서 보조연료를 필요로 한다. 분리수거통은 각 지역별로 배출성분에 상응하여 설치하되 연탄재 + 주방쓰레기 + 재활용성(유리, 빈병류+플라스틱류+금속류+종이, 헝겊류) + 기타로 분류하여야 하며 상가지역이나 공원지역 또는 회사 내의 사무실에도 쓰레기 분리 수거통을 설치하여야 한다. 재활용성 품목의 수거통에 있어서는 종이류의 수집통을 다른 품목에 비해 3~5배 정도로 크게 하고 다음은 플라스틱류 수집통, 유리·빈병류 수집통의 순으로 해야 할 것이다.

가정에서 흔히 사용되는 살충제, 페인트, 화공약품, 수은전지, 형광등과 같은 유해성 폐기물이 따로 분리 수거되지 않고 일반폐기물에 섞이는 경우가 많다는 것이 문제점으로 지적되고 있다. 그러므로 요즈음의 일반폐기물은 예전과 달리 독성 중금속이나 기타 유해성분의 함량이 늘어가고 있다. 이를 방지하기 위해서는 이러한 유해폐기물을 철저히 분리 수거해야 하는데 가장 좋은 방법은 이것을 구입한 상점에 반환하는 제도라고 생각된다. 즉, 새 수은전지나 형광등을 구입할 때 헌 것을 반환하면 새 물건값에서 10~20% 할인해 주는 제도를 확립하면 재회수에 큰 도움이 될 것이다.

분리수거와 자원의 재활용을 촉진하기 위해서는 주민조직을 확립시켜야 한다. 현재 통, 반별로 조직되어 있는 반상회조직을 집단분리수거 및 재활용조직으로 활용할 수 있으며 아파트 부녀회, 노인회 등을 활용할 수 있도록 조직을 재정비하고 일정기간별로 성과를 검토, 기획하도록 하면 분리수거와 자원 재활용을 크게 증진시킬 수 있을 것이다.

세 번째는 재활용 기술의 개발이다.

1993년도 통계를 볼 때 우리나라 쓰레기 조성의 31.4%가 주방쓰레기이고 종이류가 18.3%, 나무류가 4.5%, 기타 성분이 24.3%로 부패성 쓰레기의 조성은 약 50%에 이르고 있다. 이 중에서 특히 문제가 되는 것은 음식물로서 부패성이 강하여 이를 분리하지 않으면 다른 재활용품의 회수에도 지장을 초래하는데 이제는 이와 같이 썩는 유기성 쓰레기도 매립이나 소각에 의해 처리할 것이 아니라 퇴비화 또는 사료화하여 재활용하여야 한다. 이것은 폐기물의 감량화, 토양의 지력증진, 매립지 공간의 절약 등 여러 가지 면에서 유리한 결과를 가져온다. 농촌이나 독립가옥의 가정에서는 음식물과 기타 퇴비화 할 수 있는 유기성 쓰레기들을 모아서 정원이나 뒤뜰에서 퇴비화할 수 있는 소규모 퇴비화통을 보급시키며 아파트단지나 식당가 등에도 중규모의 퇴비화 시설을 보급하여 완숙한 퇴비를 주변의 녹지에 살포토록 하면 쓰레기의 감량화에 상당한 공헌을 할 것이다. 앞으로는 전국을 몇 개 권역으로 구분하여 퇴비화 단지를 만들고 여기에서 생산되는 퇴비를 처음 단계에서는 골프장이나 산림, 조경 시설에 사용하도록 하고 점차 그 사용범위를 확대시켜 화훼작물을 비롯한 원예작물과 식용작물에까지 사용하는 방법이 실용적일 것으로 생각된다. 이 퇴비화 시설의 경우에 있어서도 처음에는 정부주도형으로 하되 보조금, 융자금 등의 재정지원을 하여 점차 민간주도형 시설로 전환하고 생산된 퇴비의 사용분야를 넓혀가도록 해야 할 것이다.

산업장폐기물은 그 종류가 다양하고 처리가 곤란한 것이 많기 때문에 자연히 처리비용이 높고 처리기술의 개발이 쉽지가 않다. 그러므로 이러한 폐기물들을 저렴한 비용으로 처리할 수 있는 국내기술을 조속히 향상시켜야 한다. 대표적인 처리법에는 물리화학적 처리(침전, 산화, 환원, 여과 등), 소각·열분해 처리, 고형화, 유리화 처리 등이 있는데 하루속히 국내기술을 향상·보급시켜 처리비용을 경감시키고 위탁처리가 아닌 자체처리를 완벽하게 할 수 있도록 정책적인 지원이 뒤따라야 한다.

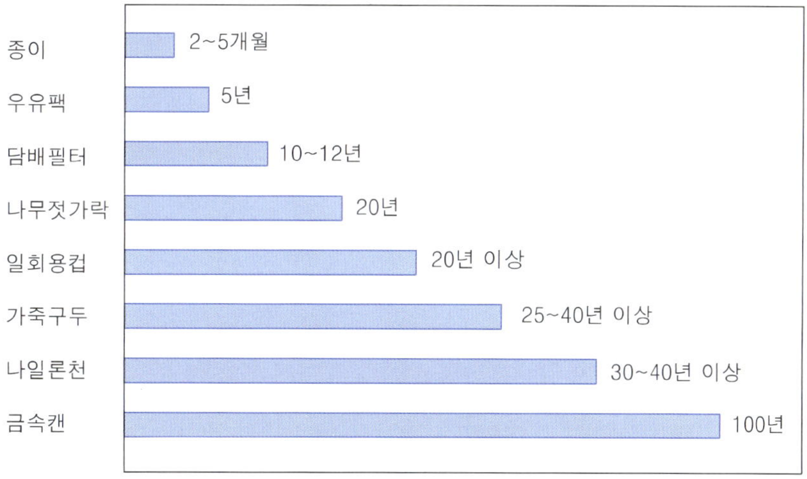

그림 10.11 생활폐기물이 썩는데 걸리는 시간

• 쓰레기 종량제

종량제란 쓰레기의 배출량에 따라 돈을 부과하는 방식으로 쓰레기를 많이 배출하는 사람일수록 그만큼 더 많이 수거료를 내도록 하는 제도이다. 배출량은 부피 또는 중량을 기준으로 하며 우리나라에서는 부피를 기준으로 하고 있다. 종량제는 쓰레기 감량화와 재활용에 경제적인 인센티브를 부여하는 방식으로 보통 규격 봉투나 스티커의 가격을 정하여 판매함으로써 실시한다. 우리나라에서는 규격봉투를 사용한다.

우리나라는 1995년 1월 1일부터 쓰레기 종량제를 전국적으로 실시하였다. 봉투의 종류는 다음과 같이 가정용과 사업장용, 공공용의 3종으로 구분되어 있다.

① 가정용(흰색) : 단독 및 공동주택에서 사용

② 사업자용(오렌지색) : 다량배출자가 아닌 일반 사업장에서 사용

③ 공공용(엷은 청색) : 골목길 등 공동청소용

11

토양 오염

인간은 토양과 밀접한 관계를 지닌 채 토양에 의존하며 살아간다. 그러나 물질적 풍요를 누리기 위한 인간 활동의 결과 어떤 특정한 성분이나 물질이 일정 한계량 이상으로 토양에 집적됨에 따라 환경 구성요소로서 토양 본래의 기능이 상실되어 가고 있다.

토양에 오염물질이 유입되면 토양은 물리, 화학, 생물학적 작용에 의한 기본적인 자정능력은 있으나 그 속도가 매우 완만하여 토양 중에 장기간 잔류하므로 지하수에 침투하거나 하천이나 해양에 유출되고 농작물에 흡수되어 자연생태계뿐 아니라 인체에 해를 주기도 한다.

수목이 우거져 있는 자정능력이 강한 지역이라도 일단 토양이 유해물질에 오염되면 지표 10cm의 토양을 재생하는데 1백년에서 4백년까지 걸린다. 따라서 국민 모두가 토양오염에 대한 인식을 바르게 하여 오염방지를 위한 관심과 노력을 가져야 한다.

11.1 토양의 구성

토양은 암석이 오랜 동안 물·바람·생물체 등에 의해 물리적·화학적·생물학적 작용을 받아 형성된 것으로 토양무기물, 토양유기물, 토양 수, 토양 공기와 토양생물체로 구성되어 있다.

1) 토양무기물

지각층에 있는 암석은 풍화되어 부스러지면 토양무기물을 형성하게 되는데 크기에 따라 자갈, 모래, 미사, 점토로 구분되며 규산이 화학적 조성의 대부분을 차지한다. 따라서 토양무기물은 모암의 성분과 유사하나 풍화에 의해 토양이 형성되는 과정에서 용해성에 따라 모암과 토양의 화학적 조성이 변하게 된다. 물, 산소, 탄산가스는 토양과 접촉하는 가장 풍부한 화학물질로 풍화속도는 토양과 이들 물질 간의 가수분해, 산화, 탄산화 속도에 의해 결정된다.

표 11.1 토양의 구성

종 류	크기 (직경, mm)
자 갈	2 이상
모 래	0.05~2
미 사	0.01~0.05
점 토	0.01 이하

2) 토양유기물

토양유기물은 주로 식물의 뿌리, 잎, 줄기 등이 분해되어 퇴적한 것으로 토양 중에 1~7%가 함유되어 있다. 이중 토양에서 중요한 의미를 가지는 것은 부식질이다. 부식질은 유기물을 구성하는 탄소, 수소, 물이 부분적으로 빠져나가 변형되어 가루가 된 것으로 갈색 또는 암갈색의 일정한 형태가 없는 다공성 물질로서 질소성분을 3~6% 포함하고 있다. 부식질은 반응성이 낮기 때문에 질소성분이 서서히 유출되어 식물의 양분과 토양미생물의 영양원이 된다. 일부 점토와 마찬가지로 부식질은 다량의 물을 흡수하며, 토양을 응집시켜 토양에 공기가 충분히 유입되도록 하는 역할도 한다.

3) 토양수

토양수는 여러 종류의 화학적, 물리적 작용을 촉진하고 영양분의 용매로서 그리고 이동의 매체로서 역할을 하며 토양내외를 순환한다. 그러므로 오염물질을 비롯한 거의 모든 물질이 물에 의하여 토양 중에서 이동된다고 할 수 있다. 식물의 원활한 생육을 위해서 토양수는 필수적이며, 일정량 이상의 물이 토양 중에 함유되어 있어야 한다.

4) 토양공기

토양 중에서 식물의 뿌리나 토양생물체의 호흡에 도움을 주는 공기가 있는데 이를 토양공기라 한다. 토양공기중의 산소는 호흡에 의해 소모되면서 탄산가스로 변환되며 바람이나 토양수의 작용에 의해 토양중의 공기는 교체된다.

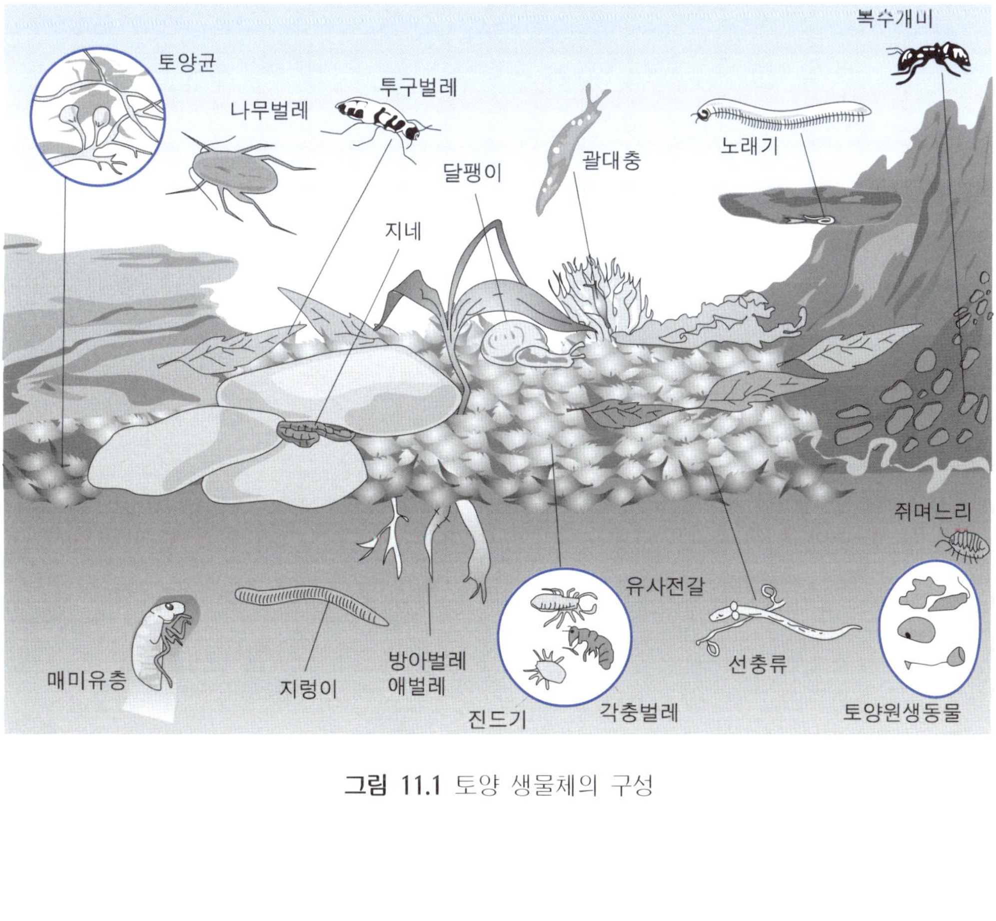

그림 11.1 토양 생물체의 구성

5) 토양생물체

토양 중에는 토양중량의 0.1%에 해당되는 각종 생물체가 생존하고 있는데 이들은 크게 박테리아균, 진균, 방사선균 등의 토양미생물과 원생동물, 성충, 무척추동물 등의 토양동물로 분류된다.

토양미생물은 토양 유기물을 분해하여 양분을 제공하므로 토양을 비옥하게 만드는데 큰 기여를 한다. 따라서 미생물의 개체수가 많은 토양이 비옥한 토양이다. 지렁이와 같은 토양동물은 유기물의 함량이 높고 수분이 많은 토양에서 서식하는데 토양을 먹고 장을 통해 배출시킨다. 이때 토양은 파쇄되고 유기물은 분해되어 비옥한 부식질 토양으로 전환된다.

11.2 토양오염물질

산업 활동이나 인간 활동에 의해 배출되는 유해물질에 의해 토양이 오염되어 생태계와 인간에 피해를 주는 현상을 토양오염이라 한다. 자연상태에서 토양은 외적 요인에 대하여 기본적으로 완충능력을 갖는데, 토양오염은 오염물질의 빠른 유입으로 인해 토양의 자정능력이 그 한계를 넘어선 것이다.

토양오염은 유기성 오염물질과 무기성 오염물질에 의해 일어날 수 있다. 무기성 오염물질로는 중금속, 황산염과 같은 음이온 등이 있으며 유기성 오염물질은 산업 활동으로 발생되는 오염과 농업활동으로부터 유출된 살충제와 같은 농약 오염에 이르기까지 다양하다.

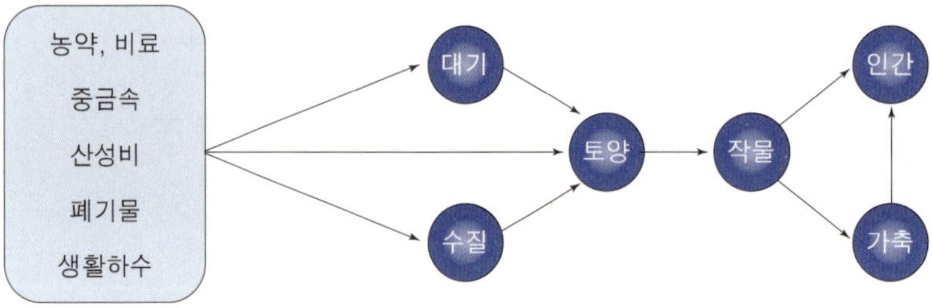

그림 11.2 토양을 통한 오염물질의 이동

(1) 농약

농약은 식량 생산에 불가피하게 사용되는 이른바 경제적 독약이다. 농약의 무절제한 사용으로 환경오염이 심화되고 있는데 이는 농약의 사용량이 매년 증가하고 있을 뿐 아니라 자연 환경 하에서 매우 안정되어 토양에 잔류, 축적되기 때문이다. 농약은 사용목적에 따라 살균제, 살충제, 제초제로 구분된다.

살충제는 해충에 대한 독 작용을 나타내므로 비교적 약제자체의 독성이 클 뿐 아니라 인·축 등에 대한 독성도 크므로 사용 시 주의하여야 한다. 또한 분자적 안정성이 높아 화학적으로나 생물체내에서 장기간 잔류하게 되며 생태계의 여러 장소로 이동하기도 한다.

예로서 남극지방을 중심으로 사방 1,000마일 이내에서는 살충제를 살포하지 않았음에도 불구하고 남극지방의 물고기, 펭귄, 그 밖의 조류의 몸 속에서 DDT 등 살충제가 검출되는 것은 살충제가 원거리까지 이동한다는 사실을 증명하는 것이다.

살균제는 식물의 질병을 방제하기 위해 사용하므로 대체적으로 독성이 크지 않으나 잔효성이 길고 안정하여 장기간 환경에 잔류하는 종류도 있으며 제초제는 직접 토양에 사용한다는 특성 때문에 환경오염의 가능성이 매우 높다.

1) 유기 인계 농약

유기 인계 농약은 C, H, O, P의 합성물질로서 파라치온, 말라치온, 디아지논 등이 있는데 이들은 일반적으로 수주일 내에 토양 내에서 쉽게 분해된다. 그러나 유기 염소계 농약에 비해 5~10배 큰 독성을 가지고 있어서 짧은 잔류 기간에 비하여 훨씬 커다란 환경문제를 일으킨다.

E-CTP와 *p*-니트로페놀에 의해 합성되는 파라치온은 인·축에 대한 독성이 매우 강하다.

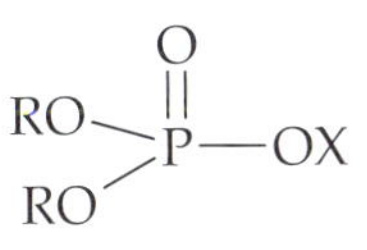

그림 11.3 유기 인계 농약의 화학구조

2) 유기 염소계 농약

C, H, Cl의 합성물질로 DDT, BHC, 알드린, 클로딘, 앤드린 등이 있다. 유기 염소계 농약은 다른 농약보다 잔류성이 커서 6년간 계속 DDT를 살포한 토양 중에는

사용한 DDT 전량의 50%가 검출되고 12년간 계속 살포한 토양 중에는 사용한 DDT 전량의 30%가 잔류한다.

표 11.2 농약의 잔류 율(%)

살충제	14년 후의 잔류율(%)
DDT	39
BHC	10
알드린	40
클로딘	40
엔드린	41

3) 카르바메이트계 농약

카르바메이트계 농약으로 세빈, 카르보푸란, 바사 등이 있으며 카르바메이트계 농약의 일반식은 다음과 같다.

카르바메이트계 농약은 유기 인계 비하여 저 독성이며 환경 중에서의 분해가 비교적 용이하여 환경오염의 문제는 크지 않다.

$$R_3O\overset{\overset{\displaystyle O}{\|}}{C}N\begin{matrix} \diagup R_1 \\ \diagdown R_2 \end{matrix}$$

그림 11.4 카르바메이트계 농약의 화학구조

4) 유기 수은계 농약

중금속인 수은을 함유하고 있는 농약으로 MMC, PMA, EMP, PMF 등이 있다. 수은계 농약은 종자소독제 외에는 사용이 금지되어 있는데 과거에는 도열병 예방에 다량 사용되기도 하였다. 가축과 어류에 독성이 강한 농약으로 토양 및 농작물 체내에서 분해되어 무기수은으로 축적되기도 있다.

메틸기와 수은이 결합된 메틸수은은 일본에서 발생하여 사회적 물의를 빚었던 미나마타병의 원인 물질로 독성이 강하다.

(2) 비료

식물의 성장에 필요한 원소는 약 17종(O, H, C, N, P, K, Ca, Mg, S, Fe, Mn, B, Zn, Mo, Cu, Cl, Si)인데 그중 C, H, O는 물과 이산화탄소에 의해 얻어진다. 그 밖의 원소는 토양으로부터 주로 이온의 형태로 흡수되지만, 이중에서 질소(N), 인(P_2O_5), 칼륨(K_2O)의 3성분은 가장 결핍되기 쉬우므로 비료로서 공급할 필요가 있는데 이를 비료의 3요소라 한다.

비료에는 다음과 같은 3종류가 있다.

① 자급비료 : 농가에서 만들어 쓰는 퇴비, 닭똥 등의 유기질 비료

② 유기질 판매비료 : 대두 찌꺼기 등의 질소질 비료, 뼛가루 등의 인산질 비료, 초목회 등의 칼륨질 비료

③ 화학비료 : 화학적으로 합성된 비료로 유안, 요소, 과인산석회와 같은 단순비료, 단비의 혼합물인 복합비료

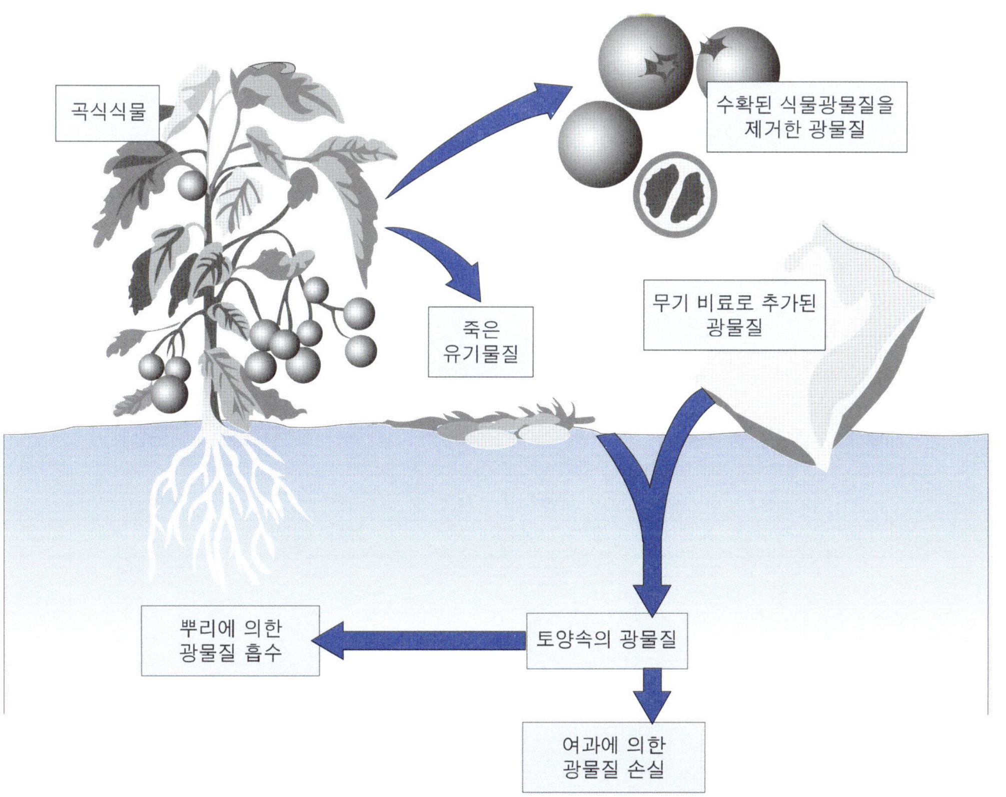

그림 11.5 토양이 비료를 필요로 하는 모형

비료의 과다사용 뿐 아니라 유안, 황안, 과인산석회와 같은 황산 기를 함유한 비료의 사용은 토양을 오염시키는 원인이 된다. 과다 사용된 비료는 토양 속에서 3~10년간 잔류하게 되어 유기물을 분해시키는 토양미생물의 개체 수를 감소시킬 뿐 아니라 생리활성을 저하시켜 불모지의 땅으로 만든다.

유안[$(NH_4)_2SO_4$], K_2SO_4와 같은 비료를 사용하면 NH_4^+, K^+ 등은 토양과 식물체에 의해 흡수되고 SO_4^{2-}만 남게 되어 토양의 산성화를 초래하며 토양입자를 응집시켜 토양중의 호기성 미생물을 감소시킨다.

(3) 중금속

토양오염 물질 중 산업 활동과 관련하여 원인이 되는 것 중 하나는 비소, 카드뮴, 아연, 수은, 납, 크롬 등과 같은 유해 중금속류이다.

중금속이란 비중이 5 이상인 원소의 주기율표에서 전이원소에 속하는 금속으로 토양 속에서 분해되지 않고 장기간 잔류하며 농작물을 오염시켜 가축과 인체에 축적되기 때문에 만성적인 피해를 주는 경우가 많다.

토양중의 중금속은 유리이온의 상태 및 수용성 킬레이트 이온의 상태로 존재하는데 이들은 고등식물이나 미생물에 흡수될 수 있으며 점토나 부식토양에 침전, 고정, 흡착되기도 하는데 일단 중금속에 오염된 토양은 정상적으로 복구되기 어렵기 때문에 오염원을 차단시키기 위해 노력을 기울여야 할 것이다.

우리나라 토양 중 지역에 따른 중금속의 평균함유량을 표 11.3에 나타내었다.

전지역 모두 농작물의 생산량 감소를 초래하는 농도인 농작물 생육피해 한계농도 이내이지만 오염이 되지 않은 토양의 중금속 농도인 자연 함유량에 비해 지역에 따라 최대 2.7배 정도 높게 나타나고 있다.

표 11.3 토양 중 중금속 함유 농도 [mg/kg]

구 분	카드뮴	구 리	비 소
영농지역	0.034~0.430	0.137~10.29	0.000~0.973
공단지역	0.035~1.84	0.040~13.06	0.010~1.433
광산지역	0.010~2.58	0.134~64.64	0.085~4.970
일반생활지역	0.030~0.32	0.150~12.07	0.000~2.258
농작물 생육피해정도	25	125	15
자연함유량	0.135	3.995	0.560

1) 비소

비소화합물은 염색과 피혁공장 폐수, 광산폐수, 도자기의 제조과정 중에 함유되어 있어 이들이 관개수 중에 함유되면 토양이 오염된다. 일반적으로 토양에는 5~6ppm의 비소가 함유되어 있으며 15ppm이 되면 식물의 성장을 저해한다. 점토에 존재하는 철, 알루미늄, 칼슘 등은 토양중의 비소고정에 중요한 역할을 한다.

2) 카드뮴

카드뮴은 안료, 사진재료 뿐 아니라 전기도금, 농약 등으로 널리 사용되며 이들의 폐기물은 토양을 오염시킨다. 또한 자동차의 타이어와 윤활유에는 20~90 μg/g의 카드뮴이 함유되어 있어 도로변 토양에 상대적으로 많이 집적된다. 토양 중 카드뮴의 함량이 25ppm 이상이면 식물의 성장을 저해한다.

카드뮴에 의한 토양오염의 피해를 줄이기 위해서는 오염이 심한 경우 배토나 객토 같은 기본적인 수단을 이용한다. 또한 석회로 토양의 pH를 높여 수산화카드뮴으로 불용화 시키기도 한다.

$$Cd^{2+} + 2OH^{-} \longrightarrow Cd(OH)_2(\downarrow)$$

3) 아연

아연은 주로 페인트, 화장품, 염료 살충제의 원료로 이용되며 공업단지로부터의 폐기물 등에 의해 토양이 오염된다. 일반적으로 토양 중에는 30~50ppm의 아연이 함유되어 있으며 50ppm 이상이 되면 인체에 독성을 나타낸다.

아연으로 오염된 토양의 경우 석회로 토양의 pH를 높여 침적시키거나 토양환원을 통해 황화물로 불용화 시킨다. 오염정도가 심할 경우 객토하여 아연의 독성을 감소시킨다.

4) 납

납은 구부림과 가공이 쉽기 때문에 고대 이집트 시대 이래로 많이 사용되어 왔으며 용도가 다양하게 개발됨에 따라 연간 생산량이 급격히 커져 오늘날 100만 톤에 이르고 있다.

납은 다양한 산업 활동을 통해 토양을 오염시키고 있다. 가솔린이 연소될 때 대기 중으로 방출된 납이 빗물에 씻겨 토양으로 유입되어 토양을 오염시키기도 한다. 사람은 보통 채소나 육류를 통해 납을 섭취하는데 성인의 경우 하루 1.0mg 이상 섭취할 경우 중독증상을 보인다. 섭취된 납은 대부분 분뇨로 배설되지만 일부가 뼈 속에 축적되기도 한다.

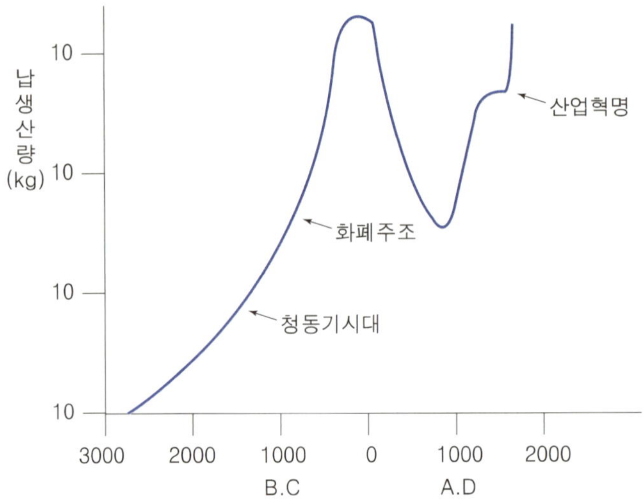

그림 11.6 납 생산량의 변화과정

5) 크롬

크롬은 잉크, 염료, 도금, 제지공장 등에서 널리 사용하여 물을 오염시키고 순차적으로 토양을 오염시킨다.

식물 뿐 아니라 인체에도 강한 독성을 나타낸다. 비료의 원료로 쓰이는 삼중인산(triple phosphate) 내의 크롬은 식물에 대한 독성이 큰데 석회를 가하면 독성을 줄일 수 있다.

(4) 산성비에 의한 토양오염

대기로 방출된 황산화물(SO_x)과 질소산화물(NO_x)과 같은 오염물질이 강우에 의해 토양에 흡착되면 토양을 오염시킬 수 있다. 이들은 대기 중에 존재하다 태양에너지에 의해 수증기, 산소 등과 반응하면 묽은 황산이나 질산으로 변화된다.

$$SO_2 + H_2O \rightarrow H_2SO_3 + O_2 \rightarrow H_2SO_4$$

$$NO_2 + H_2O \rightarrow HNO_3$$

표 11.4 토지용도별오염도(토양측정망, 2010년) (단위 : mg/kg)

토지용도	카드뮴	구리	비소	수은	납
계	1.094	19.934	4.821	0.03	26.763
임야	1.089	16.616	4.708	0.036	24.614
답	1.146	16.657	5.297	0.035	22.013
전	1.136	21.376	5.23	0.031	25.051
과수원	1.13	31.468	6.949	0.049	21.496
목장용지	1.031	14.731	4.173	0.027	22.584
잡종지	1.097	18.017	4.808	0.023	28.37
대지	1.106	21.666	4.75	0.031	27.341
공장용지	1.29	37.587	5.346	0.02	39.176
학교용지	0.959	13.672	3.41	0.034	25.259
공원	0.99	19.094	5.828	0.074	28.652
체육용지	1.086	13.126	4.527	0.017	23.456
유원지	0.973	12.984	4.855	0.02	20.84
도로	1.076	19.905	5.776	0.021	28.853
철도용지	1.231	26.497	6.602	0.027	32.669
하천부지	1.083	14.782	4.75	0.021	21.227

pH 5.5 이하의 비를 산성비라 한다. 정상적인 비는 pH가 5.6 정도로 알려져 있다. 빗물이 약산성인 까닭은 대기 중의 이산화탄소가 물에 용해되어 약산인 탄산이 생성되기 때문이다.

$$H_2O + CO_2 \rightarrow H_2CO_3$$

산성비에 의해 토양이 산성화되면 다음의 결과가 초래된다.

첫째, 토양미생물의 균형이 깨지며, 질소 고정균과 같은 유용한 미생물의 기능이 저하된다.

둘째, 토양 내의 Al^{3+}과 Mn^{2+}이 용해되어 식물의 Ca^{2+} 이온 흡수를 방해한다.

셋째, 토양 내 용해된 Al^{3+} 이온과 인산이 결합하여 비 용해성 화합물로 되어 식물에 인 결핍 현상이 나타난다.

넷째, 산성용액이 식물의 뿌리로 흡수되어 식물체내 단백질을 용해시켜 식물을 병들게 한다.

석회를 사용하여 토양의 산성화를 부분적으로 막을 수 있다. 황산이 석회와 반응하면 석고의 주성분인 황산 칼슘과 물, 이산화탄소가 생성된다.

$$H_2SO_4 + CaCO_3 \rightarrow CaSO_4 + H_2O + CO_2$$

황산칼슘은 다른 석회물질에 비해 용해가 잘 되므로 지층으로 흘러 들어가 심토 중의 H^+를 Ca^{2+}로 치환시켜 토양을 중화시킨다.

(5) 생활하수에 의한 토양오염

생활하수를 농업용수로 사용하면 질소나 인이 공급되어 농작물의 생육에 도움이 되기도 하나 합성세제 성분이 과다하게 섞여 있거나 질소와 인이 과다하게 함유된 것, 또는 중금속 등이 함유된 생활하수를 토양에 방류하면 토양을 오염시키고 이러한 오염물질이 식물체에 축적된다.
분뇨가 토양에 연속적으로 유입되면 분뇨 중 Na^+ 이온이 토양내의 Ca^{2+} 이온을 치환시키고 또한 Na^+는 H^+ 이온에 쉽게 치환되어 토양이 산성화되기 쉽다.

(6) 플라스틱에 의한 토양오염

플라스틱이란 안정성이 높으며 분해가 되지 않는 합성수지로 PVC, 폴리에틸렌, 폴리스티렌 등이 있다. 이들은 일상생활에 크게 기여한 점도 있으나 플라스틱제품의 수명에 따라 폐기하게 되면 토양 속에서 분해되지 않고 축적이 되어 생태계의 평형은 파괴되며 토양이 오염되므로 토양의 성질을 변화시키게 된다. 최근 토양미생물에 의해 분해될 수 있는 PHB(poly-β-hydroxybutyric acid)와 같은 생분해성 플라스틱류가 개발되고 있다.

(7) 방사성물질에 의한 토양오염

방사성물질에 의한 토양오염은 첫째, 대기 중의 핵분열 생성물에 의한 방사선 핵종과 둘째, 핵발전소, 병원, 연구소 등에서 배출되는 방사성 폐기물에 의한 오염으로 나눌 수 있는데 전자의 경우를 자연적 오염, 후자를 인공적 오염이라 할 수 있다. 이들은 ^{60}Co, ^{90}Sr, ^{137}Cs, ^{238}Pu, ^{131}I, ^{32}P 등으로 반감기가 길고, 식물체내에서 이동성이 높을 뿐 아니라 생활환경과 식품을 오염시키고 직접, 간접적으로 인체에 해를 미치는 극히 위험한 물질들이다.

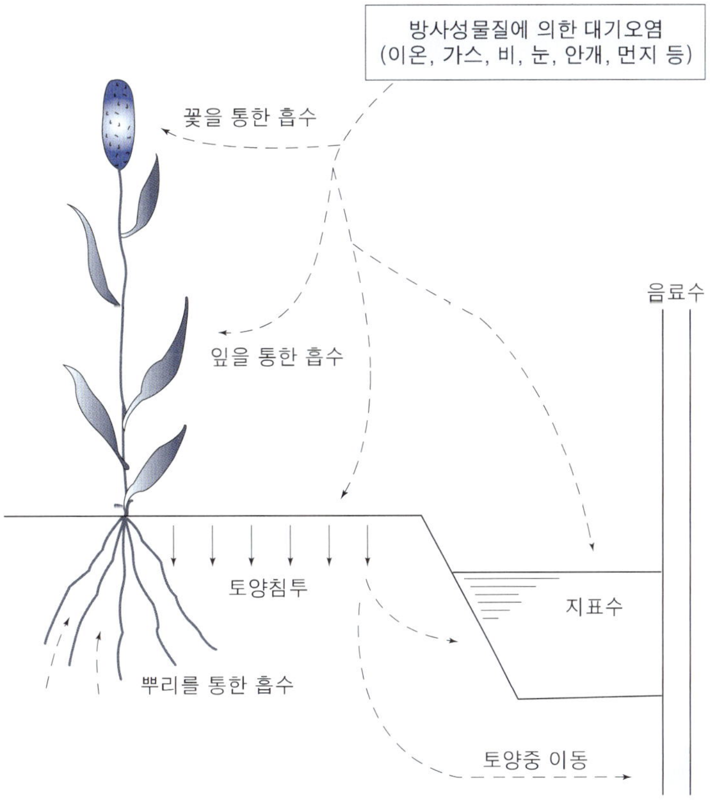

그림 11.7 방사성 물질에 의한 토양오염경로

11.3 오염토양의 복원과 관리대책

(1) 토양 정화기술

오염된 토양의 정화기술에는 토양 내에서 처리하는 in-situ과 토양 외부에서 처리하는 ex-situ 방법이 있다. 기술적으로는 물리적 처리기술인 표면제거, 양수처리, 세척, 굴착제거, 고화처리, 수압 파쇄, 진공추출 등이 있으며, 화학적 처리 기술인

산화, 중화, 이온 교환, 플라즈마, 열분해, 약품사용, 유리화 등이 있다. 또한 영양분 주입, 미생물 이용, 토양 생물 이용의 생물학적 처리기술이 이용되고 있으며 전기 삼투법 등의 새로운 기술이 개발되어 응용되고 있다.

(2) 토양오염 관리 대책

토양오염을 관리하는 데에는 사전 관리와 사후관리로 구분하여 그 대책을 마련할 수 있다.

■ 사전 관리 대책

- 농약의 과다사용을 피한다. 난분해성 농약보다 잔류성이 짧고 토양 축적성이 없는 농약을 선정한다.
- 산성비료의 사용을 최대한으로 줄이고 화학비료보다 자연 친화적인 퇴비와 같은 유기질 비료를 사용하도록 한다.
- 산업폐수는 물론 가정하수를 함부로 토양에 버리지 않도록 한다.
- 산업폐기물, 독성물질 등을 무분별하게 토양에 버리지 않도록 한다.
- 농업용 기계류에서 유류 등이 누출되지 않도록 한다.

■ 사후 관리 대책

- 농업지역의 토양을 고려하여 재배식물을 권장한다.
- 논과 밭을 주기적으로 전환하여 토양의 성질을 바꿔준다.
- 오염된 토양을 비 오염 토양으로 교환한다.
- 토양오염도의 상시 측정체계를 수립한다.

12

환경과 건강

12.1 환경오염이 인체에 미치는 영향

환경오염에 의해서 암질환을 위시한 많은 불치의 만성질환이 발생되고 있다. WHO 보고는 암질환의 70% 이상이 환경오염에 의해서 발생되고 있다고 발표하고 있다. Lave와 Seskin은 폐암 사망률이 대도시의 경우 농촌보다도 2~3배나 높다고 발표한 바 있고, Brodine은 대기오염 지역의 주민이 비오염 지역 주민보다 만성기관지염 환자발생이 2~3배나 높다고 조사·발표하고 있다.

인체에 유해한 화학물질을 오용 또는 고의적으로 식품에 혼용하거나, 자연적으로 존재하는 것이라 하더라도 혼입되어 일으키는 중독을 화학 식품중독(chemical food poisoning)이라 하는데, 감염형식에 의한 중독을 제외한 모든 중독원인 물질은 화학물질에 의한 것이라고 할 수 있다.

화학물질에 의한 중독에는 외부로부터 식품에 혼입된 유독물질과 식품 자체에 함유된 고유의 유독물질 및 미생물 대사에 의해 생성된 유독물질에 의한 것과 변질에 의해 형성된 유독물질에 의한 것들이 있다.

화학물질에 의한 중독을 크게 나누면 첨가혼합에 의한 것과 자연독에 의한 것으로 대별되는데, 첨가혼합독에는 인위적으로 첨가되는 유독성 불량·불법 첨가물, 본의 아니게 잔류 혼합되는 농약, 중금속 등과 기구·용기·포장으로부터 이행되는 유독물질, 환경오염으로 인하여 축적되는 유독물질 등이 있고, 자연독에는 독물질을 함유한 어패류 등의 유독독물과 독버섯, 기타 유독 알칼로이드 배당체를 함유한 고등식물, 기타 자동산화 등 식품의 취급, 보존 중에 생성되는 유독물질도 있다.

식품에 화학물질이 포함되는 원인은 첫째로 고의로 식품가공, 저장, 판매, 조리 등의 과정에서 화학물질을 첨가하는 경우를 들 수 있다. 둘째로 농작물을 재배, 경작할 때 병해충을 방제하기 위해 살포되는 살충제, 제초제, 살균제 등과 같은 농약이 농산물에 흡수되거나 표면에 잔류하여 이에 의한 급만성 식중독 발생 예가 많다. 셋째로 유독화학물질과 함께 수송·저장되는 도중에 식품에 혼입되는 경우가 있어 집단식중독이 야기된 예가 있다. 넷째로 과실로 인한 식중독에는 유독화학물질을 식품으로 오인하여 섭취함으로써 급성중독을 일으키는 예가 있다.

대개 화학물질에 의한 식중독은 독성물질의 체내 흡수가 빠르고 체내 분포가 빨라서 중독량에 달하면 특이한 작용에 의한 급성증상이 나타나며, 치사량을 초과하면 사망한다. 그러나 원인물질의 흡수가 소량이고, 연속적으로 섭취되어 체내에 축적되는 경우 또는 소량이 미치는 작용이 누적되는 경우에는 만성중독이 일어난다.

오염물질이 인체에 흡수되어 나타내는 생물학적 반응은 다음의 7종류로 대별할 수가 있다.

① 자극물질로서의 반응
② 섬유화 반응
③ 질식 반응
④ 알레르기성 반응
⑤ 돌연변이 유발성 반응, 기형발원성 반응
⑥ 발암성 반응
⑦ 전신작용성 반응

그러나 이러한 생물학적 생체반응은 일률적으로 모든 사람에게 똑같이 나타나는 것이 아니고, 연령, 성별 등 다음과 같은 조건에 따라 차이가 있으므로 오염물질에 노출되는 대상에 따라 서로 다른 인체반응이 나타나고 있다.

① 연령(노령, 신생아, 임산부)
② 건강상태(질병 유무)
③ 영양상태
④ 환자(피노출자)의 면역상태
⑤ 성별(여자) 및 유전인자
⑥ 심리학적 상태(스트레스, 불안요소 등)
⑦ 생활습관(흡연, 음주, 약품상용 등)

오염물질이 인체에 흡수되는 데는 3가지 경로가 있는데, 첫째, 호흡기를 통해서, 즉 숨 쉬는 공기를 통해서 흡수되는 경우와 둘째, 음식물, 식수 등을 통해서 흡수되는 경우 셋째, 피부접촉에 의한 피부흡수 등이 있다.
이런 경로를 통해서 인체 내에 흡수된 오염물질은 다음과 같은 3가지 대사경로를 통해서 처리된다. 즉, 생체 내 형질진환(biotransformation), 생체내서상(storage), 배설(excretion)이다.
생체 내 형질전환은 위의 세 대사과정 중 가장 중요한 것으로 이것은 주로 간에서 이루어지는데, 여러 가지 효소에 의해 촉진된다. 간장조직 내에는 마이크로좀(microsome)이 있어서 생체 내 형질전환반응에 필요한 효소를 보유하고 있으며, 필요할 때에는 활성화되어 사용된다. 그런데 여러 종류의 오염물질이 인체에 흡수되면 이 마이크로좀내 효소의 양과 활성도를 증가시켜 생체 내 형질전환반응을 촉진시키고 때로는 대사 후 물질이 더욱 유독한 물질로 변질되어 인체에 위해작용을 나타내게 된다. 마이크로좀의 효소를 비정상적으로 활성화시키는 오염물질로는 DDT같은 유기염소계 농약, 제초제, 식품첨가물, 벤조파이렌 등이 있고, 오존, 일산화탄소 등이 알려져 있다. 생체 내 형질전환은 효소에 의해 중재되지 않고도 일어나는데, 그 예가 위장관에서 방향성 니트로 물질이 세균에 의해서 방향성 아민 물질로 환원되는 반응으로, 이 때 형성되는 물질은 발암물질로 알려져 있다.

인체내에 흡수된 오염물질의 체내축적은 오염물질의 용해도, 흡수도 등에 따른 선택성 때문에 특정한 내부장기에 만이 축적되는 경향을 보이는 데, 이것을 표적기관(target organ)이라 한다. 그 예로서 DDT, PCB는 주로 지방조직에, 무기상태의 납은 골조직에, 카드뮴은 간장에 주로 축적된다.

인체 내에 흡수된 오염물질은 대부분이 간장을 통해서 배설되고, 간장 이외의 위장을 통해 들어와 간장에서 독성이 제거된 후 체내 순환으로 들어가거나 위장 밖으로 배설되기도 한다. 그 외는 피부, 체액(타액, 점액 등) 등을 통해 소량씩 배설되기도 한다. 폐를 통해서는 가스상태로 배출되는데, 폐포를 통한 배설기능은 그리 큰 부분을 차지하지는 않는다.

이와 같은 기작으로 인체에 발생되는 환경유인성 질환은 주로 성인병의 형태로 성인 연령층에 발생되고 있는데, 수년 내지 약 10년 이상의 장기간에 걸쳐 발생하는 만성질환이고, 초기 확진이 어렵다는 특징이 있다.

12.2 유해물질배출 및 환경체계로의 이동경로

1970년도 이전의 환경문제는 오염물질의 특성에 상관없이 양적인 측면에서의 오염문제가 주요한 관심이 되었다. 즉, 환경매체 내에 들어있는 오염물질의 총량-예를 들면 공기 중에 들어있는 분진의 양, 물 속에 들어있는 고형물질의 총량, 음용수 중 병원성 미생물의 수 등이 주된 환경문제로 부각되었다. 따라서 환경오염이 인간에게 미치는 영향 역시 콜레라, 장티푸스, 이질 등과 같이 곤충의 매개 혹은 미생물에 의해 발생되는 질병과 전염병의 예방·관리가 주요한 과제가 되었다. 그러나 최근에 산업화가 급속히 진행됨에 따라 환경매체 내로 유입되는 오염물질의 종류가 다양해지고 있다. 특히 화학산업의 발달로 자연에는 존재하지 않은 새로운 물질의 합성과 사용이 증가함에 따라 생태계의 자정작용만으로는 분해되지 않는 유해물질들이 환경매체 내로 많이 유입되고 있는 실정이다. 따라서 환경문제 역시 유해물질로 인하여 발생하는 인간과 생태계에 미치는 치명적인 악영향, 즉 발암성, 돌연변이성, 최기형성, 생물종변이 등이 새로운 주요 과제로 제기되고 있다.

최근 유해물질로 인한 환경문제는 한 나라에만 국한되는 것이 아니라 전 인류에 영향을 미친다는 인식하에 유엔환경개발계획(UNCED, united nations conference on environment and development) 주관으로 1992년 브라질 리우회담에서 "유해물질의 국가간 이동을 감시하고 범세계적으로 유해물질관리체계를 구축하기 위한 각국의 유해물질관리 강화 방안"을 Agenda 21로 채택하였다.

미국을 비롯한 선진 각국에서는 이미 산업 폐기물에 의한 신종 환경질환의 발생 사건과 PCBs를 비롯한 유기염소계 살충제에 의한 전 지구적인 오염사건을 계기로 유해물질이 인간 건강 및 생태계에 미치는 영향과 새로운 합성 화학물질에 대한 안전성을 평가하기 위한 입법 조치를 완료하였다. 아울러 이를 효과적으로 수행하기 위하여 다양한 분야의 전문가 집단을 구성하여 체계적으로 운영하고 있다.

한국의 경우는 1990년대에 들어서 환경관련 제도의 정비를 통하여 환경매체 내로 유입되는 유해물질에 대한 위해성을 정성적·정량적으로 평가한 다음 환경오염 예방이나 기존의 오염에 대한 대책을 수립하였다.

유해물질이란 "대기환경, 수질환경, 토양환경 및 식품 등에 오염되어 질병을 발생시키거나 심한 경우 죽음을 일으키는 등 인간의 건강에 직접적으로 악영향을 미치는 모든 물질"로 정의하고 있다. 참고로 유해물질에 관한 정의로서 미국의 자원보존 및 재활용에 관한 법령(RCRA, resource conservation and recovery act)에는 "반응성, 부식성, 인화성, 독성 중 어느 하나의 특성이라도 지닌 물질"로 정의하고 있다. 그러나 환경위해성평가 분야에서는 유해물질이 갖는 물리화학적 특성을 전제하고 있는 RCRA 정의보다 생체(인간을 포함한 생물체)에 노출 될 경우, 생체의 입장에서 바람직하지 않은 작용의 여부를 기준으로 정의하고 있다. 따라서 RCRA에 따르면 유해물질이 아닌 경우에도 생체에 노출되었을 경우 나타나는 생체반응을 기준으로 유해물질을 분류할 수도 있다.

일반적으로 유해물질의 경우 생체에 대하여 즉각적으로 독성을 유발하기도 하지만 때로는 10년 혹은 그 이상의 장기간이 경과한 다음 독성을 나타내는 경우도 많다. 대표적인 유해물질의 종류와 독성의 상대적 크기 그리고 배출원에 대한 예를 표 12.1에 표시하였다.

표 12.1 대표적 환경 유해물질의 독성과 배출원

유해물질	LD_{50}용량(mg/kg)	분류	배출원 또는 용도
Ethyl alcohol	10,000	저독성	술
Morphine sulfate	900	중독성	식물(꽃)
DDT	100	고독성	살충제
Picrotoxin	5	초 맹독성	식물(종자)
Strychnine sulfate	2		식물(종자)
Nicotine	1		담배
Tetrodotoxin	0.1		복어(난소)
Dioxin	0.001		소각장
Botylinus toxin	0.00001		미생물(통조림)

LD_{50} 용량(mg/kg)은 다음과 같은 특성을 갖고 있다.

① 독성의 크기를 상대적으로 표시하는 대표적인 독성 지표

② 실험동물에 투여하였을 때 50%가 치사하는 용량

③ 수치가 작을수록 독성이 크다

유해물질의 배출원은 크게 두 가지로 나눌 수 있다. 첫 번째는 자연적인 배출원으로서 각종 광산에서 나오는 광물질과 금속류 등이 대표적인 예가 될 수 있다. 또한 특정지역에서 발견되는 방사선 라돈 및 곡식이나 마른 과자류에 서식하는 곰팡이가 생산하는 아플라톡신 등도 이에 해당된다. 두 번째는 인간의 활동에 의하여 배출되는 인위적인 배출원으로서 상업적 목적으로 생산, 처리, 저장, 사용 및 폐기 과정에서 발생하는 유해물질 및 하수처리, 상수처리 등의 오염처리시설에서 발생하는 유해물질 그리고 가정용 소비물품에서 발생되는 휘발유, 가정용 세척액, 농약, 살충제, 페인트, 용매 등이 여기에 해당된다.

유해물질이 환경매체 내로 유입되는 방식은 정기적으로 유입되는 경우와 부정기적으로 유입되는 경우가 있다. 정기적 유입은 다시 지표면 근처에서 방사성의 광물질로부터 자연적으로 방출되어 환경에 유입되는 라돈과 같은 자연적 경로와 차량의 배기가스, 하수 처리용 약품의 투입, 흡연 등과 같은 인위적 경로가 있다.

부정기적 유입은 대부분 사고로 인해 환경매체 내로 유입되는 경우로서 유해물질을 생산하는 공장이나 혹은 수송과정 중에 발생하는 유출사고 등이 대표적인 예가 될 수 있다. 특히 부정기적 유입은 주로 짧은 시간 내에 발생하기 때문에 예측이 불가능 할 뿐만 아니라 만약 장시간 유출사고를 인지하지 못할 경우에는 심각한

결과를 초래할 수도 있다. 대표적인 유출사고로서는 국내의 경우는 낙동강 페놀 유출사고와 최근에 자주 발생하는 원유의 해양 유출사고 등을 들 수가 있다. 국외의 경우는 메틸-아이소시아네이트의 대기 중 유출 사건과 미국 캘리포니아에서 유해물질 수송기차 사고로 강물에 다량의 포름알데하이드가 유입된 사건 등을 예를 들 수가 있다.

12.3 식품첨가물(Food additives)오염과 식중독

수백 년간 식품에는 캐러멜 색소같이 동·식물을 기원으로 한 천연색소가 사용되어 왔다. 그러다가 1885년 헨리 퍼킨스(Heny Perkins)가 타르색소를 합성하여 처음에는 의료용으로 염색에 사용하였으나, 곧 식품의 착색에도 사용하기에 이르렀다. 1900년에는 약 80여종의 염료가 안전성이나 불순물 등을 크게 고려하지 않고 식품이나 음료에 사용하였는데 당시에 착색은 식품에 매력을 준다기보다는 품질을 속이거나 부패된 물건을 위장하기 위해 사용하였기 때문에 어느 누구도 발암성이나 돌연변이 가능성을 고려하지 않았다.

우리나라에서 현재 사용하도록 허가된 식품 첨가물은 260종이다.

식품 첨가물이란 식품 위생법에 의하면 "식품의 제조과정에 있어서 또는 식품 가공이나 식품보존의 목적으로 식품에 첨가, 혼합, 침윤 또는 그 이외의 방법으로 사용되는 것"으로 정의되어 협의로는 고의적인 식품 첨가물만을 의미하나, 광의로는 식품에 첨가되는 모든 것, 즉 고의적인 것과 비고의적인 것 모두를 포함한다.

(1) 식품 첨가물의 장·단점

식품 첨가물에는 장·단점이 있어 잘 이용하면 이로울 수가 있으나, 잘못 이용하면 인간의 건강을 위협할 수가 있다. 보존료를 예로 들어 그 장점을 들면 다음과 같다.

① 미생물의 번식을 억제하므로 식중독의 발생을 줄일 수 있다.

② 방부제의 사용으로 식품의 대량생산, 유통, 판매가 가능하여 가격을 저렴하게 안정시킬 수 있다

③ 보존료를 사용하지 않으면 부패하여 폐기해 버려야 하는 막대한 식량자원을, 보존료를 사용함으로써 식량자원의 손실을 줄일 수 있다.

단점은 다음과 같다.

① 인간에 독성을 줄 수 있다는 것이다. 보존료가 미생물의 번식을 억제한다는 사람의 세포도 미생물과 기본적인 차이가 없으므로 사람이 과량 섭취하면 유해할 수가 있다.

② 보존료를 과신하여 식품제조, 가공시에 위생 관리를 소홀히 할 수가 있다.

(2) 식품 첨가물의 종류

식품 첨가물은 사용 목적에 따라 분류할 수 있는데, 중요한 것을 살펴보기로 하자.

1) 보존료(Preservatives)

흔히 방부제라고 하는 것으로 식품의 부패를 일으키는 미생물의 증식을 억제한다. 섭취량이 많으면 인체에 해를 끼칠 수 있으므로 사용기준을 정하고 있다. 주로 소르빈산류, 안식향산류, 디하이드로산류가 사용되고 있다. 최근에는 냉동·냉장 설비의 발달로 보존료의 사용은 감소 추세에 있다.

2) 산화방지제(Antioxidants)

지방의 구성성분인 불포화 지방산은 산화되기 쉬우며, 산화되면 고약한 냄새가 날 뿐만 아니라 독성이 강한 과산화지질을 생성하므로 산화를 방지하기 위해 첨가하는데, 식용유지를 함유한 식품에는 BHA(Butylated Hydroxy Anisole), BHT (Butylated Hydroxy Toluene) 및 d-α-토코페롤 등이 사용된다.

3) 강화제

비타민의 일부가 손실되는 경우에 식품 가공과정에서 이를 보충해 준다. 흰 빵의 제조과정에서 손실된 디아민 및 리보플라빈을 첨가해 주거나 곡물에 비타민을 첨가해 준다.

이러한 비타민의 보충은 전혀 해가 없는 것은 아니며, 비타민 A, D 같은 것은 많은 양을 섭취하면 몸에 축적되어 신체의 이상을 가져올 수 있는데, 이것은 비타민이 첨가된 식품을 동시에 여러 가지 섭취하게 되면 일어날 수 있는 현상이다. 그러므로 소비자들은 비타민이 첨가된 식품을 피하고, 가공되지 않은 식품이 건강에 좋다는 것을 인식할 필요가 있다.

4) 유화제(Emulsifier)

마가린이나 마요네즈에서와 같이 물과 기름을 유화시켜 장기간 유상으로 보존하기 위해서는 유화제가 필요하다. 유화제 분자는 양쪽에 친수기와 소수기를 반드시 가지고 있어야 한다. 유화제로서는 레시틴(lecithin), 프로필렌글라이콜(propylene glycol), 모노글리세라이드(monoglyceride)와 다이글리세라이드(diglyceride) 등이 사용된다.

5) 착향료

식품의 향기를 증진시키기 위한 것으로 과거에는 천연 과실에서 분리·정제하여 사용하였으나 요즈음은 천연성분보다는 화학적인 합성품이 값이 싸므로 널리 사용하고 있다.

6) 착색료

식품의 가공 과정에서 손실된 색을 복원하거나 미화하여 상품가치와 식욕을 돋우기 위해서 사용된다. 누구나 녹색의 귤보다는 주황색의 귤을 좋아할 것이며, 포도소다는 보라색이면 더 맛이 날 것이고, 레몬 사탕은 노란색이면 더 맛있게 느껴질 것이다.

1800년대에는 치즈의 색깔을 내기 위해 황화수은과 적납이, 사탕에 색소를 내기 위해 백납, 적납, 또는 크롬산 납이 사용된 적도 있다.

7) 감미료(Sweetner)

저칼로리식, 당뇨병 환자용 식품에 단맛을 내기 위해 사용되는 것으로 사카린과 아스팔탐이 있다.

이전에 사용되던 사이클라메이트(cyclamate)가 1969년 FDA로부터 사용이 금지된 이래로 사카린이 사용되어 왔으나, 사카린이 쥐에서 방광암을 일으킨다는 새로운 보고가 나왔다. 그런데 사카린은 세균에서는 돌연변이를 일으키지는 않으나, 시험관에서 배양한 햄스터 세포와 사람세포에서는 돌연변이를 일으켰다. 이것은 사카린이 발암물질이라는 증거는 아니나 의심할 만하다. 아직도 이에 관해서는 논란이 많으나, FDA에서는 사카린의 위험성을 경고하고 있으며, 캐나다에서는 1977년 식품에서의 사카린 사용을 금지하고 있다. 그 후 인공 감미료로서 아스파탐(aspartame)이 제시되고 있다.

표 12.2 아이스크림에 사용되는 식품 첨가물

첨가물	사용량	사용기준	비고
유화제			
글리세린지방산에스테르	0.1%~0.3%		
자당지방산에스테르	지방에 대하여 7~12%		병용하는 경우가 많다.
소르비탄지방산에스테르	0.2~0.3%		
프로필렌글라이콜지방산에스테르			
안정제		식품의 2% 이하	보통 2종 이상을 배합하여 사용한다. 병용할 때에는 그 합계가 2% 이하
젤라틴	0.2%~0.5%		
아르긴산나트륨	0.1%~0.2%		
CMC(카르복시메틸셀룰로오스)	0.2%~0.5%		
착향료			
바닐라 에센스	0.1%~0.2%		
기타 에센스류	0.002%		
착색료			
β-카로틴	0.001% 이하		
합성착색료			
감미료			
설탕	12~18%		

8) 비 고의적인 첨가물

식품에 독성물질이 비 고의적으로 들어가는 경우가 있다.

첫째는 저장기간 동안 자연적으로 발생되는 독성물질로, 습하게 저장된 상태에서는 곰팡이에 의해 마이코톡신(mycotoxin)이 생성되는 경우가 있다. 쌀, 땅콩, 옥수수, 밀에서 발견되는 아플라톡신(aflatoxin)은 곰팡이인 Aspergillus fluvus에 의해 생기는 것이다.

둘째는 농작물에 뿌린 살충제의 잔존물이다. 농작물이나 가축을 기를 때 이용했던 살충제의 소량이 시장에서 판매되는 생산품이나 고기에 남아 있는 경우가 있다. 즉 고기나 우유, 치즈에 DDT가 함유되어 있기도 하다. 한편으로는 농작물에 사용되지 않은 살충제가 먼지나 빗방울에 섞여 있다가 농작물에 떨어져서 오염되는 경우도 있다.

셋째는 동물사료 속에 첨가된 화학물질의 일부가 고기 속에 남아 있는 것이다. 가축의 성장을 촉진하기 위해 값비싼 사료 대신에 합성 호르몬인 DES(diethylstylbestrol)를 사용하였는데, 이들 성분의 일부가 가축의 몸속에 남아 그대로 우리의 식탁에 오르는 수가 있다. DES가 산모에게 섭취되면 출생되는 아기나 산모에게 암을 일으킨다고 알려졌다. 또 사료에 항생물질이 첨가되는 경우가 있어 역시 고기 속에 남아 있는 경우가 있다. 그러나 항생제가 첨가된 사료는 오히려 사용된 항생제에 대해 내성이 강한 세균이 생길 가능성을 증가시킬 뿐이다.

9) 질산과 아질산

질산 (NO_3^-)과 아질산 (NO_2^-)은 원래는 베이컨이나 햄, 핫도그, 콘비프 같은 육가공식품의 붉은 색 유지와 방부제 효과를 위해 첨가되었다. 그러나 이제는 오히려 사람들이 이러한 첨가물의 향기를 더 좋아하게 되어 지금은 고기를 안전하게 유지하기 위해서 뿐만이 아니라 냄새를 내기 위해서도 사용한다.

질산은 대부분이 우리가 흔히 먹는 야채(무, 시금치, 상치, 샐러리) 등에 포함되어 있는데, 독성은 없으나 어떤 경우에 세균에 의해 아질산으로 변화되면 문제가 된다. 아질산은 혈액속의 산소운반 기능을 가진 헤모글로빈과 결합하면 메트헤모글로빈(methemoglobin)을 형성하므로 산소운반능력을 떨어뜨린다. 메트헤모글로빈의 농도가 높으면 어지럽거나 호흡곤란이 오며, 70%에 다다르면 질식한다.

표 12.3 인스턴트 라면에 사용되는 식품 첨가물

첨가물	사용량	사용기준	비고
결착제	밀가루 1kg에 대하여 0.5~1kg		탄산나트륨 70~90%
폴리인산염			
기타 축합인산염			
면류첨가알칼리제	밀가루 1kg에 대하여 25~40mL		탄산나트륨 10~30%외혼합물
산화방지제			
BHA	유지에 대하여 0.2g/kg 이하		
BHT			
착색료 강화제 라이신염산염	밀가루에 대하여 150mg/100kg		
호료			
카제인나트륨	밀가루에 대하여 10~20g/kg	2%	
폴리아크릴산나트륨	밀가루에 대하여 0.1~0.5%	이하	

또한 아질산은 섭취된 후 식품에 흔히 존재하는 아민(amine)과 결합하면 나이트로소아민(nitrosoamine)을 생성하는데, 나이트로소아민의 75%가 발암성으로 실험한 모든 동물에서 암을 일으켰다. 이 나이트로소아민은 대기 중에도 흔하며, 담배연기나 몇몇 살충제, 의약품, 화장품에 들어 있기도 하다.

음식물을 섭취하는 과정에서 빈번하게 발생되는 식중독에 대하여 알아보자. 식중독이란 음식물에 함유된 미생물, 유독물질, 화학물질이 음식물에 섞여 섭취됨으로써 생리적 이상을 일으키는 것으로, 주로 구토, 복통 및 설사 등의 위장염과 소화기계의 증상을 일으키는 것이 많으며, 보툴리누스 중독과 같은 신경 중독인 것도 있다.

식중독을 일으키는 물질에 따라 다음과 같이 대별할 수 있다.

- 식중독
  - 세균성 식중독
    - 감염형
    - 독소형
  - 자연성 식중독
    - 식물성 식중독
    - 동물성 식중독
  - 화학물질에 의한 식중독

(3) 세균성 식중독

1) **감염형 식중독**

세균이 장내에 침입, 증식하여 독소를 생산하는 것으로 다음과 같은 것들이 있다.

① **살모넬라균**(Salmonella) **속**

1885년 돼지 콜레라에서 분리하였으며, 장티푸스균, 파라티푸스균 등이 살모넬라균 속에 속한다. 쥐, 소, 돼지 및 어류에 광범위하게 분포하며 하수나 하천, 인가 부근에서 쉽게 검출된다. 특히 동물에서는 장내균의 일종이나 사람에서만은 급성 장염을 일으킨다.

주로 여름 및 가을철에 많이 발생하여 어육제품, 수육제품, 유제품, 어패류, 달걀, 콩 제품 등을 매개로 일어나며 살모넬라 보균자, 가축, 쥐의 분뇨에 의해서 오염된 식품이 감염원이 된다. 일단 감염되면, 구토, 설사, 복통, 발열을 일으키며, 열은

2~5일간 계속된다. 균은 열에 약하므로, 식품은 충분히 가열 조리 후 즉시 섭취하거나 냉장보관이 바람직하다.

② **장염 비브리오**(Vibrio parahaemolyticus)

연안의 해수, 해저, 플랑크톤 등에 분포하며 이 균에 의한 식중독은 여름에 집중된다. 근해산의 문어, 오징어, 고등어, 부시리(전갱이과) 등의 어패류에서 많이 발견되는데, 2차적으로 조리 기구, 즉 생선을 조리한 도마, 칼 또는 행주를 매개로 전파되기도 한다. 복통, 위의 작열감, 구토, 설사의 급성 위장증세가 나타난다. 열에 약하며, 생수에서도 속히 사멸하므로 해산물의 경우 생식을 금하고 가열·조리하여 먹는 것이 좋다.

2) **독소형 식중독**

식품 중에서 세균이 증식하여 생산하는 독소에 의해 중독을 일으킨다. 따라서 식품에 세균이 없어도 독소가 있으면 중독된다. 이 독소는 위산에도 독성이 약해지지 않고 장에 도달한다.

① **포도상 구균**(Staphylococcus aureus)

이 균은 자연환경에 저항력이 강하기 때문에 사람이나 동물의 피부, 비·구강 및 실내에 분포하며, 비공, 후두 오염된 타월 등을 통하여 음식물이 오염될 기회가 많다. 그러나 그 상태는 무해하며, 이 균이 식품에 부착하여 증식하면 장독소(enterotoxin)를 생성하는데, 이 독소가 식중독의 원인이 된다.
두통 설사, 구토, 복통 등의 위장 증세가 있으며, 발열은 없고 사망하는 경우는 드물다. 장독소는 저항력이 강해서 100℃에서 30분 가열해도 독성을 잃지 않으며, 산과 알칼리에도 저항성이 강하다. 균의 증식을 억제하기 위해 냉장이 필요하며, 손과 몸에 화농이 있는 사람은 식품 취급을 금하고 식품 기구의 멸균 및 조리장 내의 청결이 필요하다.

② **보툴리누스균**(Clostridium botulism)

이 균에 의한 식중독의 발생건수는 적으나 한번 발생하면 사망률이 높다. 토양 중에 널리 분포하고 있는 혐기성 균으로 식품이 토양에 오염되면 혐기성 상태에서 독소가 산출되어 중독의 원인이 된다. 이 균은 포자를 형성하는데 내열성이 강하여 100℃에서도 사멸하지 않는다. 집에서 병조림이나 통조림을 하는 경우에 살균조작이 불충분하면 잘 발생한다. 사람에게 식중독을 일으키는 균형은 A, B, C, D, E, F 중 A, B 및 E 형으로 알려졌다.
증상은 특유의 신경증상으로 처음에는 복통, 구토가 있으며, 후에 설사, 복부 팽만감, 언어장애, 기립 곤란, 시력 장애가 일어나며 나중에는 호흡 중추 마비로 사망할 수 있다. 보툴리누스균의 독소는 열에 불안정하므로 섭식 전에 가열하면 예방이 가능하다.

3) 기타

기타에는 웰치균(Clostridium welchii)이 있다.
감염형인지 독소형인지 아직 불분명하다. 돼지나 가축의 장내에 존재하는 균으로 내열성이 있다. 식품과 함께 섭취된 균이 소장 상부에서 증식하여 아포를 형성하여 장독소를 생성하며, 균체의 용해와 함께 독소가 유리되면 장의 진동이 커져 설사를 한다.
혐기성 균으로 학교급식과 같이 대량으로 조리한 스프 등에 의해 식중독이 일어나기 쉽다. 복통, 설사 등이 주로 나타나며, 조리식품을 오래 방치하지 말고, 급랭하여 저온 보존하는 것이 좋다.

(4) 자연독에 의한 식중독

1) 식물성 자연독에 의한 중독

① 감자에 의한 중독

감자의 씨눈 및 녹색부분에 함유된 솔라닌(solanine)이 중독을 일으킨다. 이것은 복통, 위장장애, 허탈, 현기증 등을 일으킬 수 있다.

② 독버섯에 의한 중독

버섯은 식용버섯과 독버섯 등 여러 종류가 있는데 옛날부터 색이 선명한 것, 줄기가 세로로 갈라지지 않는 것, 줄기에 테가 있는 것, 악취가 나는 것 등 독버섯의 식별은 여러 가지 방법이 있으나, 어느 경우나 절대적인 것이 되지 못하며 자칫 오판으로 버섯 식중독에 걸릴 수도 있다.
독버섯은 종류에 따라 유독성분이 다르고 이에 의한 중독 증상이 다르다. 주요 유독성분은 무스카린(muscarin), 무스카리딘(muscaridine), 팔린(phalin) 등이다.

중독은 위장계 증상이 많으나 무스카린은 부교감 신경 말초를 흥분시켜 각종 분비액을 증진시킨다.

2) 동물성 자연독에 의한 중독

① 복어 중독

복은 장기의 종류에 따라 유독 성분의 함유량이 각각 다르나, 난소가 독성이 가장 많고 다음은 간, 장 및 표피 등에 있으며 육질에는 독성분이 극히 미량 존재하는 종류가 있다.

복의 독성물질은 테트로도톡신(tetrodotoxin)으로 열에 저항성이 강해서 100℃에서 4시간 가열하여도 파괴되지 않는다. 중독증상은 입술 및 혀끝의 지각 마비, 사지의 운동 마비, 언어장애, 호흡마비 등이 있으며 잠이 온다. 중증이면 호흡 불능으로 1~24시간 이내에 사망한다.

음식 조리자에게 충분한 지식을 지도·계몽하며, 조리사 자격이 없는 사람은 조리하지 못하도록 하고 있으나 현실적으로는 무자격자에 의한 조리가 성행하고 있는 실정이다.

② 독 꼬치고기에 의한 중독

유독 성분은 불명이나 복과 달리 육질부에 독성분이 함유되어 있다. 식후 30분~수시간 이내에 안면 및 입술 주변의 마비와 언어장애, 보행곤란 등의 증세가 있다. 이의 독성분은 열에 약해서 조리의 가열처리로 파괴된다.

(5) 화학물질에 의한 식중독

식품의 정상성분 이외의 화학물질에 의하여 식중독이 발생하는 경우가 있는데, 이는 각종 화학물질의 고의, 우연, 혹은 잘못에 의한 유독 화학물질의 혼입으로 일어날 수 있다.

근래에 발생된 사례로 보아 세균성 식중독에 비해 그 발생건수는 훨씬 적으나, 한번 발생하면 대규모로 발생되며, 환자에게 후유증을 남기는 등 비참한 결과를 가져오는 수가 많다.

화학물질에 의한 식중독을 원인별로 살펴보면 다음과 같다.

1) 제조, 가공, 저장시의 혼입

식품의 제조, 가공, 저장시에 이물질이 혼입되어 식중독을 일으킬 수가 있다.

1955년 6월 일본의 오까야마현과 히로시마현을 중심으로 한 지역에서 분유를 먹은 아기들이 식욕부진, 빈혈, 설사, 미열, 간장 확대, 색소 침착 등의 증상을 나타냈다. 원인은 모리나가 유업의 분유 제조과정에서 유질 안정제로 제2인산나트륨($Na_2HPO_4 \cdot 12H_2O$)을 첨가하였는데, 이 중에 다량의 비소가 함유되어 있었던 것이다.

2) 용기·포장 재료로부터의 혼입

식중독은 용기나 포장 재료에 들어있는 독성성분이 용출·혼입되어 발생할 수도 있다.

1963년 일본에서 과즙 음료를 담은 블리크캔(강철에 주석을 도금한 것)으로부터 주석이 용출되어 이것을 먹은 사람들에게서 식중독이 발생하였다. 블리크캔 내면은 주석 도금이 있어 산성식품을 장기 보존함에 따라 주석이 서서히 용출된다. 또 사용물이나 내용식품 중의 질산 농도가 높을 때나, 캔을 연 후 공기에 의해 산화되면 급격히 주석이 용출되어 중독을 일으킬 수 있다.

용기 및 식기류에 다량의 납이나 안티몬이 첨가되면 식품에 혼입되어 식중독을 일으키는 경우가 있다. 납이 10% 이상, 안티몬이 5% 이상 함유된 금속으로 식기 및 조리기구를 제조하는 것을 금해야 한다.

구리로 제조된 식기는 녹청인 염기성 탄산구리가 생길 수 있는데, 이것이 심한 경우에 중독을 일으킨다. 구리나 구리합금으로 되어 있는 식기류는 식품이 접촉되는 부분만이라도 도금하여 녹청이 생기지 않도록 하는 것이 좋다.

나무나 종이로 된 용기는 재료 자체가 흡수성이 크기 때문에 부패균, 병원균의 침투가 용이하고, 플라스틱, PVC 등을 재료로 한 용기는 그 수지의 합성과정에서 첨가된 PCB, Pb, Hg 등이 음식에 침투할 가능성이 있다. 또한 요즈음 일회용으로 많이 사용되는 종이 용기는 물기에 젖지 않도록 파라핀 처리를 하기 때문에 뜨거운 물이나 음식을 담게 될 경우 녹아 나올 우려가 있다.

3) 무허가 식품 첨가물의 사용

식품 첨가물 중 허용되지 않은 것이 식품에 포함되어 인체에 섭취될 경우 건강장해를 일으킨다.

1966년 11월에 식품 첨가가 금지된 둘신(dulcin)은 감미가 설탕의 250배나 되지만, 섭취되면 소화효소를 억제하며 장기간 사용하면 혈액독을 일으키며, 동물실험 결과에서는 간종양이 발생하였다.

에틸렌글라이콜은 원래 엔진 냉각용수의 부동액으로 사용되는데, 수용액은 감미가 있고 알코올 같은 감이 있어 설탕이 부족할 때 감미료로 사용된 적이 있다. 일본에서는 에틸렌글라이콜을 5배 희석하여 먹은 후 호흡곤란, 구토 의식불명, 자주 오줌이 마렵고 거동 불능으로 3명이 사망하기도 하였다.

4) 식품 첨가물의 일시 다량 섭취

허용된 식품 첨가물이라 하더라도 너무 많은 양을 일시에 섭취하면 식중독의 원인이 될 수 있다.

1968년 미국의 중화요리점에서 완단 스프를 섭취한 후 두통, 작열감, 안면 압박감, 흉통을 호소하였는데, 이것을 중화요리점 증후군(Chinese Restaurant Syndrome : CRS)이라 한다. 1971년 일본에서도 중화요리나 주미 다시마를 먹고 비슷한 증상을 나타냈었다. 이것은 다시마가 값이 비싸 값싼 글루타민산나트륨을 증량한 것인데, 공복시에 한꺼번에 화학조미료인 글루타민산나트륨을 다량 섭취하였기 때문이다.

알코올 발효시에 펙틴으로부터 생성되는 메탄올(methanol : CH_3OH)은 포도주, 사과주와 같은 과실주와 부정주류, 그리고 증류주에 미량 함유되어 있다. 주류의 메탄올은 0.5mg/mL를 넘어서는 안 되며, 개인차가 있으나 중독량은 5~10mL이고 치사량은 30~100mL이다.

중독 증상은 두통, 복통, 설사가 일어나며 시신경 염 및 시신경 위축으로 실명하는 경우도 있다. 심하면 호흡장애, 심장마비로 사망할 수 있다. 메탄올이 독성을 일으키는 원인은 체외로 배출시간이 늦고, 체내에서 독성이 큰 포름산(formic acid)이 생기기 때문이다.

5) 독성물질의 취급 부주의

1976년 경북에서 농약인 파라티온을 파리약으로 오인하여 실내에 살포한 후 10~20시간 후에 10명의 환자가 발생하였다.

12.4 실내오염(Indoor pollution)

1979년 미국 환경보호국(EPA)의 정책 분석관인 제임스 L. 리페이스는 자신을 실험 대상으로 하여 집과 근무처에서 하루 종일 정밀한 공기오염 측정기를 몸에 지니고 다녔다. 러시아워에 매연으로 뒤덮인 워싱턴 시가의 복잡한 차량 행렬 속을 헤치고 나갈 때나 사무실에서도 오염 측정기가 그의 옆에 놓여 있었다. 리페이스는 이날 하루 중 자신이 가장 심한 공기오염에 노출된 것은 자기집 부엌에서 저녁식사를 기다리는 때였다는 것을 알고는 크게 놀랐다.

많은 과학자들은 집과 근무처의 실내오염 상태가 옥외라면 법으로 규제되었을 정도까지 심해지는 일이 흔히 있다고 경고하고 있다. 대부분의 사람들은 하루를 거의 실내에서 보내고 있는 만큼 실내의 공기오염은 분명 심각한 문제가 아닐 수 없다. 더구나 실내오염은 에너지 절약과 효율성을 인식한 시민들이 단열재를 쓰고, 틈을 막거나 아니면 생활공간을 밀폐시켜 연료비를 절약하겠다는 노력 때문에 더 악화되고 있다.

실내오염의 원인과 그로 인해 일어날 수 있는 건강상의 위험은 다음과 같다.

(1) 흡연

흡연은 개인적 유형의 대기오염이라 할 수 있는데, 일반 사무실 내에서의 분진 중의 60~70%는 담배 연기이며, 흡연자가 많은 휴게실에서는 거의 전부가 담배 연기라고 할 수 있다.

1) 담배연기의 성질

흡연에 의해 분산되는 오염물질은 가스상 물질과 입자상 물질로 대별되는데, 그 중에는 발암성으로 알려진 것들도 많다. 담배연기의 구성물질은 3,600여종이며 그 중 중요한 것은 표 12.4와 같다.

특히 흡연자는 고농도의 일산화탄소에 노출되는데, 앞에서 설명한 것과 같이 일산화탄소는 헤모글로빈과 결합하여 산소운반능력을 떨어뜨린다. 대기 중의 일산화탄소 허용 농도는 10mg/m^3인데, 이 농도를 흡입하면 헤모글로빈의 2%가 일산화탄소와 결합되는 셈이 된다.

표 12.4 담배연기 속의 주요 독성물질과 발암원

가 스 상		입 자 상	
일산화탄소	유 독	벤조피렌	발암원
질소산화물	유 독	5-메틸크리신	발암성
시안화수소	유 독	플로늄-210(방사성)	발암성
아크로레인(Acroletin)	유 독	카드뮴	유 독
아세트알데하이드	유 독		
폼알데하이드	발암성		
하이드라진	발암성		
염화바이닐	발암성		
우레탄	발암성		
2-나이트로프로판	발암성		
퀴놀린	발암성		
나이트로소아민	발암성		
니켈카보닐	발암성		

담배를 하루에 한 갑 피우는 사람은 헤모글로빈의 6%가 일산화탄소와 결합하므로 흡입하는 공기 중의 산소를 체내에 정상적으로 공급하지 못하게 된다. 좁은 사무실에서 여러 사람이 흡연을 하게 되면 실내 공기 중의 일산화탄소 농도는 더욱 높아지며, 특히 차를 타고 지하차고나 터널을 통과하게 될 경우에는 더욱 그러하다. 이때의 일산화탄소 농도가 10mg/m^3 이상이면 헤모글로빈의 10%가 일산화탄소와 결합하게 되어 자동차의 감속이나 브레이크, 빛 등에 신속히 반응하지 못하게 되며 이때 차내에서 흡연할 경우 운전능력은 더욱 떨어져 위험할 수 있다. 혈액 중의 일산화탄소-헤모글로빈량에 대한 중독 증상은 표 12.5와 같다.

표 12.5 혈액 중 일산화탄-헤모글로빈 양과 중독 증상

혈액 중 CO-Hb 양 (%)	중 독 증 상
10	거의 무증상, 운동하면 호흡곤란
20	가벼운 두통, 심한 운동 후 호흡곤란
40~50	두통, 피로, 허탈
60~70	의식상실, 호흡지체, 혼수, 방치하면 사망
80	급격한 맥박, 호흡정지
80이상	즉사

2) 흡연과 건강

흡연자는 비흡연자에 비하여 더 건강장해를 나타내지만 첫째, 흡연자는 비흡연자에 비하여 남녀 모두 사망률이 높으며, 특히 폐암에 걸려 사망하는 확률이 높다. 둘째, 흡연자는 심장질환과 폐질환에 걸릴 확률이 높다. 이는 일산화탄소에 의한 산소운반 감소 때문으로 생각된다. 셋째, 흡연자는 뇌출혈의 가능성이 높다. 넷째, 흡연자는 위·십이지장 궤양 등의 소화기 궤양에 걸리기 쉽다. 다섯째, 흡연자는 기관지염, 폐기종 같은 호흡기계 질환에 걸리기 쉬우며, 특히 폐기종은 흡연이 주원인이라고 한다.

흡연은 태아에도 영향을 미쳐 흡연을 하는 산모가 아이를 가진 경우는 자연유산이 되기 쉬우며, 아이를 낳아도 체중 미달인 아이를 낳는 수가 많다.

흡연자는 간과 콩팥에는 비흡연자에 비해 카드뮴이 두 배 이상이나 축적된다.

3) 간접적 흡연

담배에서 나오는 연기의 2/3는 대기로 방출되며, 실제로 담배연기 중의 카드뮴과 니켈은 흡연자 자신이 들이키는 양보다 담배연기로 빠져나가는 양이 더 많다. 또 타르와 니코틴은 흡연자가 들이키는 연기보다 내뿜는 연기 속에 2배나 더 많으며, 벤조파이렌은 3배, 일산화탄소는 5배나 더 많다. 그러므로 담배연기로 가득 찬 방안에 있는 비흡연자는 자신은 담배를 피우지 않더라도 흡연자와 같은 정도로 오염물질에 노출된다. 그래서 이것을 일반적으로 '간접적 흡연(passive smoking)'이라 한다.

최근 연구에 의하면 담배연기로 가득 찬 사무실에서 일하는 사람은 폐기능에 영향을 받을 수 있다고 하며, 흡연자의 아내는 비흡연자의 아내에 비하여 폐암에 걸릴 확률이 2배나 된다고 한다. 또한 흡연자가 있는 가정의 어린이는 비흡연자가 있는 가정의 어린이에 비하여 호흡기 질병에 걸릴 확률이 크다.

(2) 건축자재

생활양식의 변화로 종래와는 다른 실내오염물질이 출현하였다. 신축된 건물이나 새로운 가구에 의해서 실내에서 눈이 따갑고 목이 아픈 경우가 있다(새집 증후군이라고 함). 이것은 주택이나 가구에 사용되고 있는 단열재, 합판에서 발생하는 포름알데하이드 때문인 경우가 많다. 포름알데하이드가 0.1 ppm만 되어도 목과 기관지에 자극을 받는 사람이 있으며, 0.25 ppm이 되면 천식을 일으키며 어린이들은 건강상에 심각한 위험이 생긴다. 미국 직업안전위생연구소(NIOSH)는 포름알데하이드를 발암물질로 취급하여 접촉량을 낮추도록 권고하고 있다.

흙이나 대리석, 벽돌, 시멘트, 콘크리트 같은 일반 건축자재에는 천연적으로 방사능을 가진 라돈과 그 부산물인 폴로늄, 납, 비스무쓰 등이 들어있다. 공교롭게도 이들은 에너지 절약을 위해 건축되는 태양열 주택에 쓰이는 건축자재에도 들어있다. 태양열 주택은 마치 뚜껑이 덮여 있어 빈틈이 없기 때문에 자연적으로 발생하는 라돈가스가 빠져나가지 못하고 옥내에 계속 쌓이게 되기 때문에 매우 우려되고 있다.

(3) 유기용제

과거에는 유기용제의 이용이 공장 등에 제한되어 있었으나 최근에는 도료를 비롯한 각종 스프레이, 연료 및 접착제 등 유기용제를 함유한 상품이 많이 나와 일반 소비자도 간단히 접촉할 수 있게 되었다. 따라서 사용법이 적절하지 않아 두통 또는 눈이나 목의 따가움을 호소하는 일이 많이 생겼다. 유기용제를 함유한 최신 상품을 보면 표 12.6과 같다.

깡통식 스프레이로 살충제를 실내에 뿌려 미세한 약물이 몇 시간씩 공기 중에 떠 있는 경우가 있으며, 그 후에 양탄자나 가구에 내려앉게 된다. 또 헤어스프레이나, 방제용 스프레이 등의 제품들은 화학물질을 남기는데, 이것이 호흡기를 통해 흡입되어 혀 안에 녹아 들어가기도 한다.

표 12.6 유기용제를 함유한 상품 예

종류	예
도료	유성도료
접착제	도료희석액
펜	유성펜, 형광펜
스프레이상품	도료(페인트 스프레이)
	세척제(유리 세척제, 양탄자 세척제)
	정전방지제
	방수 스프레이
	레코드 스프레이
	곰팡이 방지제
	살충제
	방향제

(4) 냉·난방 장치

냉방에 이용되는 에어컨은 세균, 곰팡이, 바이러스 등 인체에 유해한 미생물이 실내공기를 오염시키고 있다. 에너지 효율을 높이기 위해 창문을 열지 못하게 만든 현대식 빌딩에서 냉방장치와 가습기가 폐질환을 만연시키는 원인이 되고 있다.

난방에 이용되는 석유난로는 연소의 부산물로 생기는 화학물질을 곧바로 주변 공기 속으로 방출한다. 1982년도 미국 「소비자 보고서」에 따르면 좁은 방에 켜놓은 석유난로는 평균 13 ppm의 일산화탄소, 1.8 ppm의 이산화질소 및 12 ppm의 아황산가스를 발생하는 것으로 밝혀졌는데, 이는 EPA가 규정한 허용 한계량보다 상당히 높은 농도이다. 아황산가스의 경우 1 ppm으로도 가벼운 천식환자는 10분 안에 호흡장애를 일으킬 수 있다.

벽난로나 석탄난로의 굴뚝이 기온 역전층 등으로 연기를 잘 뽑아내지 못하는 때가 있는데, 이런 경우 실내에 이산화탄소가 더 많이 들어차고, 벤조파이렌을 뿜어낸다. 또 아무 것이나 탈만한 것들을 난로 속에 넣는 경우가 있는데, 이 때 방충제로 처리된 나뭇조각 등을 태우면 유독성 가스가 발생할 수 있다.

(5) 가스를 사용하는 제품

이전에 사용하던 석탄이나 장작보다 훨씬 연소가 잘 되는 가스는 눈에 보이는 연기로는 거의 나오지 않기 때문에 오늘날 가정에서는 가스난로, 가스 오븐, 가스 곤로 등 여러 가지 제품에 이용하고 있다.

가스의 연소에서 배출되는 오염물질은 환기시설이 부실한 부엌의 경우 연무가 낀 로스앤젤레스의 대기만큼이나 많은 일산화탄소와 이산화질소로 금방 가득 차게 된다. 일산화탄소와 이산화질소가 인체에 미치는 영향은 앞에서 설명한 바와 같다. 가스를 사용하는 가정에서 호흡기계통의 환자가 늘어나는 주원인은 바로 이와 같은 이산화질소 등의 발생에 의한 추측되고 있다.

12.5 직업병

(1) 작업장에서의 독성물질

1977년 NIOSH는 미국 작업자 4명 중의 1명은 작업하는 과정에서 질병이나 죽음을 유발시킬 독성물질 용매, 수은, 납 및 살충제 등에 노출될 수 있다고 하였다. 더욱이 발암원으로 알려진 물질, 즉 석면, 크롬 화합물, 비소, 클로로폼(표 12.7)에 노출될 수도 있다. 이들 작업자는 자신들이 다루고 있는 것이 위험하다는 것도 잘 모른다. 그러므로 원칙적으로는 작업수행시 제조공정에서 발생하는 유해인자 유무, 업종별 유해인자에 의해서 발생될 수 있는 질병(부상, 중독 및 직업병)과 작업조건별로 각 개인에게 각각 다른 건강진단항목을 정하여 건강진단을 실시하는 것이 바람직하다. 이 때 작업 환경조사를 실시하여 최대허용한계를 초과하였는지의 여부를 밝히고 유해 작업부서에서의 근무를 결정한다.
참고로 석면, 크롬 및 비소가 인체에 미치는 건강 피해를 살펴본다.

표 12.7 가장 해로운 산업과 그곳에서 사용되는 발암물질

산업종류	발암물질
산업기기와 과학기기	땜납, 석면, 탈륨(Tl^{81})
금속조립 상품	납, 니켈, 용매, 크롬산, 석면
전기설비와 시설	납, 수은, 용매, 클로로하이드로카본, 땜납
기계류	절단기름(cutting oil), 달구는 기름(quench oil), 윤활유
운송설비	포름알데하이드, 페놀, 이소시안산, 아민
석유와 석유산물	벤젠, 나프탈렌, 다양성 방향족 물질
가죽제품	크롬 염, 무두질 하는 유기물
파이프 수송	석유 유도체, 용접금속

1) 석면(Asbestos)

석면은 직경이 0.02~0.03μm의 크기의 섬유 모양을 하고 있으며, 다른 섬유에 비하여 섬세하고 부드러워 광택이 있고, 항장력이 뛰어나 쉽게 방적할 수 있다. 또한 단열성과 절연성이 우수하여 방화복, 방열 장갑, 전선 피복제, 단열제, 온수 파이프, 석유난로 심지, 천장과 바닥의 타일, 자동차의 브레이크 라이닝 등 석면 함유제품은 3,000종이 넘는다. 석면은 강하게 결합되어 떨어지지 않는 것도 있으나,

대부분은 오랜 기간이 지나면 마모되어 부서져서 미세한 섬유입자로서 대기 중이나 물로 들어가 환경에 존재하게 된다.

환경에 존재하는 석면섬유입자가 호흡과정을 통하여 사람의 폐로 들어가게 되면 석면폐증(Asbestosis)에 걸리게 되는데, 석면폐증이란 석면섬유입자가 폐로 들어가 호흡이 곤란해지고 기침, 각혈 등의 증세를 보이는 것으로 체내에 들어간 석면섬유입자 주위의 조직이 단단해져서 조직에 의하여 산소가 운반되지 못하기 때문이다. 석면폐증은 보통 석면에 노출된 지 20년 이상인 사람에게 많이 나타난다. 심하면 폐를 덮는 막에 암을 유발시킬 수도 있다. 남아프리카의 한 소녀는 어린 시절 석면 작업장 근처에 있는 학교를 잠시 다닌 적이 있었는데, 그녀는 친구들과 집에 가는 길에 석면 폐기물 위에서 미끄럼을 타곤 했었다. 그녀는 곧 다른 곳으로 이주한 후 전혀 석면을 접촉한 일이 없었으나, 50년 후에 어릴 때 흡입한 석면섬유에 의한 중피종(Mesithelioma, 폐암의 일종)으로 사망하였다. 석면과 관련된 질병은 석면을 생산하거나 취급하는 사업장에서 일하는 사람들에서만 나타나는 것이 아니며, 석면 취급자의 가족에서도 나타날 수 있다. 석면이 옷에 붙어서 집으로 운반되기 때문이다. 또 대기 중에도 낮은 농도이기는 하나 석면 섬유가 존재하는데, 이것은 석면제품을 사용한 건물을 건설·붕괴할 때나, 석면제품을 생산하는 과정에서 생성되기 때문인 것이다.

그러나 아직 석면을 완벽히 대체하는 것이 불가능하다. 1973년 EPA는 방화제로서 석면의 사용을 금지하였으며, 건물을 헐거나 고칠 때 작업자들이 석면방진마스크를 사용하도록 하고 있고, 1976년 스웨덴에서도 특정 시멘트 파이프 이외의 모든 석면 시멘트 생산을 금지시켰다. 우리나라에서는 석면 취급작업장에서 허용 농도는 0.2개/cm^3이나 대부분의 석면 제품 관련업자들이 영세하므로 이 기준이 잘 지켜지지 않고 있는 것이 문제이다.

2) 크롬(Cr)

크롬은 생체에 필수 금속으로 부족하면 당뇨병이나 아테롬성 동맥경화증을 일으키는 것으로 알려지고 있다. 지각에도 100 ppm 정도로 비교적 다량 존재하고 있다. 그러나 필수 금속이라 하더라도 체내 섭취량이 많아지면 건강장해를 일으킨다. 크롬에 의한 건강장해는 피부, 연골 및 호흡기계의 장해이다. 피부장해는 크롬산염에 일정기간 접촉함에 따라 과민성 염증이 일어난다.

호흡기계 장해는 코에서부터 허파에 이르기까지의 호흡경로 전체 부위에서 일어난다.

좌우비강을 나누는 부위(비중격)는 신경분포도 적고 통증감각도 적기 때문에 자각 증상 없이 그대로 궤양이 진행되어 비중격 천공이 된다. 일본에서는 1920년 후반부터 크롬도금 공장에서 가끔 발생하였으나, 최근까지 이 천공은 숙련공의 심볼로만 생각되어 왔다. 역학조사에 의해 크롬제조업 종사자의 폐암 발생이 많다는 것도 확실해졌다.

크롬은 3가(Cr^{3+})와 6가(Cr^{6+})의 2종이 있는데, 그 독성에 차이가 있다. 3가 크롬은 인체에 필요하나 6가 크롬은 독성이 강하여 농업용수의 수질기준 이외에는 6가 크롬에 대한 규제치가 있다. 6가 크롬은 세포막을 통과하기 쉬워 독성이 더 강할 것이다. 그러나 3가 크롬도 염색체 이상 발암 작용이 있다. 생체 내에서 산화·환원 반응에 의해 상호변화가 가능하므로 총 크롬(total chrome) 양으로서 규제하는 것이 일반적이다.

3) 비소(As)

비소는 3가 비소화합물과 5가 비소화합물이 있으며, 여러 가지 용도로 사용된다. 의약품으로서는 기원전부터 히포크라테스에 의해 사용된 이래로 금세기에 이르러 매독 치료약으로서 살바르산(606호)이 발견되기까지 오랜 역사가 있다. 그 반면에 독살수단으로서도 잘 이용되었으며, 전시에는 독가스로서도 이용되었다.

비소중독증상으로서는 피부의 색소이상, 비점막 반흔, 비중격 천공, 또는 다발성 신경염 외에 빈혈, 결막염, 백내장 등도 많이 발생한다.

사무실에서도 전혀 위험이 없는 것은 아니다. 작업자의 작업복에 묻어오는 독성물질에 노출될 수 있다. 특히 콩팥이나 간에 질병과 암이 일어날 확률이 높다.

(2) PCB

1) PCB의 특징

PCB는 Poly Chlorinated Biphenyl(폴리 염화 바이페닐)의 약칭이다. 그림 12.1의 구조식에서 X의 위치에 Cl 또는 수소가 들어가는데, 염소는 최대 10개까지 결합될 수 있다. 염소수가 같아도 결합 위치에 따라 이론적으로는 209종의 화합물이 존재할 수 있다. 화학적으로는 대단히 안정하여 생물에 의해 분해되지 않으며, 3염화물 이상은 불연성이다.

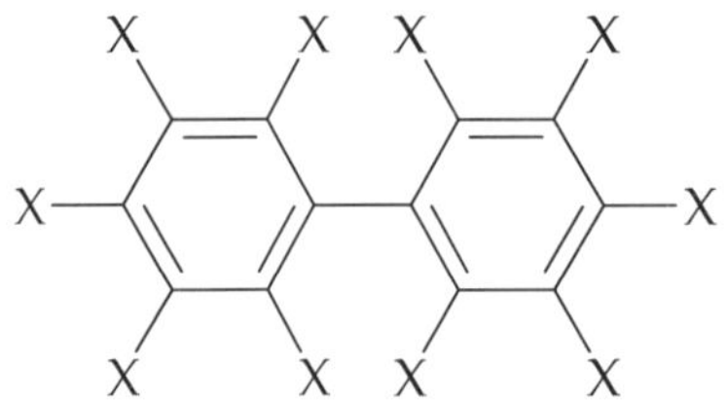

그림 12.1 PCB의 구조

전기 절연성이 좋고 물에 녹지 않으나 유기용제나 플라스틱 등에는 자유로 혼입되어 여러 가지 용도로 사용되고 있다. PCB가 사용되는 용도로는 화재 위험이 있는 장소(광산, 병원, 지하설비, 차량)의 변압기, 축전기, 형광등, 수은등, 세탁기, 냉장고, 전자레인지, 드라이어, 저선 피복, 절연 테이프, 폴리에스텔 수지, 종이나 직물의 코팅, 카본 복사지, 비카본 복사지, 전자복사지 도료, 도자기 등으로 다양하다.

2) PCB에 의한 환경오염

1929년부터 PCB의 우수성이 알려진 후 미국에서부터 대량 생산되어 사용되어 왔다. 그러나 농약에 의한 오염조사를 진행하는 과정에서 환경중의 오염물질 중에 농약 이외의 유기염소화합물이 존재하는 것에 주의하게 되었으며, 1966년에 스웨덴의 얀센(Jansen)에 의해 그것이 PCB라고 밝혀진 이래로 세계 각지에서 PCB에 의한 환경오염이 확인되었다.

일본에서는 1968년에 PCB에 의한 급성중독 사건인 가네미유증 사건이 발생하였으며, 그 후 일본 각지의 PCB 오염실태에 관한 보고에 따르면, 유럽의 어류에서는 1 ppm인데 반하여 일본에서는 수 ppm, 때로는 수십 ppm이나 오염되어 있다는 것이 밝혀졌다.

또한 오오사카의 주부 15명의 모유에서도 0.1~0.7 ppm의 PCB가 검출되었다(그 후 후생성은 모유의 PCB 농도의 규제치를 0.033 ppm으로 하고 있다). 그 후 1974년에 PCB는 특정화학물질로 지정되어 철도차량의 변압기, 정류기 이외의 사용을 전면적으로 금지하였다.

3) 가네미유증 사건

1968년 10월 일본에서 원인 불명의 피부병 환자가 발생하였다(인정환자 1,291명, 사망 29명). 그 원인은 가네미 창고 주식회사 제유부가 제조·판매한 식용유 제조공정에서 열매체로 사용된 PCB가 탈취탑 내의 파이프에서 누출되어 식용유에 혼입되었고, 이 식용유를 섭취하여 발병한 것으로 나타났다.

그 증상은 몸 전체에서 추출물이 나오며, 특히 얼굴에는 가네미유증 특유의 여드름 증상의 피부장애 외의 수족마비, 언어장애, 생식 불능, 「검은 아이」 출생(12명) 또는 사산(2명) 등이다. 더욱이 발병 후 15년이 경과하도록 가네미유증 환자에 대한 근본적 치료법이 확립되지 않았다.

(3) 약과 화장품 중의 독성 물질

1) 머리 염색약

화장품은 몸 표면에 바르므로 음식이나 약보다는 해가 거의 없을 것으로 생각되었다. 그러나 실제로는 많은 물질들은 피부를 통하여 흡수된다. 머리염색약은 미국에서 1938년 제정된 식품, 의약품 및 화장품 법의 적용대상에서 제외되었다. 그러나 1975년 일부 머리염색약은 세균에서 돌연변이를 일으킨다는 것을 발견하였다. 이것은 발암원이 될 수 있다는 얘기이다. FDA는 이미 염색약이 두피를 통하여 흡수된다는 것을 알고 있었으며, 가발을 쓰는 사람들은 암 발생이 더 적었다고 지적하였다. FDA에서는 몇 가지 염색약에 대해서 2,4-DAA (Diaminoanisole), 4-MMPD(Methoxy-*m*-phenylenediamine)이나, 4-amino-2-nitro phenol을 함유한 제품의 사용을 경고하고 있다.

2) 알코올 음료

때때로 약으로 분류되기도 하나 약품, 의약품, 화장품 법률에서 제외된 것이 알코올이다.

FDA는 맥주, 포도주와 독한 증류주에 함유율을 명기할 것을 요구하고 있다. 이것은 특정한 함유물을 포함한 상품이 해롭다는 것을 상기시키기에 충분하다. 게다가 일부의 사람들은 알코올음료의 몇 가지 함유물에 알레르기를 일으키기도 한다.

포도주 업자와 증류주 업자들은 명기요구를 반대하는데 부분적으로는 발효 후 최종 생산품에 어떤 새로운 물질이 생성되어 남아 있는지를 알아보기 위해 비싼 비용을 들여 조사하지 않아 확실히 모르기 때문이기도 하다.

알코올이 태아에 미치는 영향에 대한 새로운 자료가 나오고 있다. 임신 중 하루에 알코올을 90 mL 섭취하면 태아는 성장이 더디고, 지능 저해, 머리가 작고, 다른 기관에도 손상이 나타난다는 자료가 나오고 있다.

3) 라돈(Radon)

실내 오염물 중에 가장 위해한 물질 중의 하나는 라돈가스이다. 라돈은 자연적으로 존재하는 방사성 가스로서, 우리가 살고 있는 어느 곳에서나 존재한다. 라돈(Radon-222)은 우라늄-238로부터 붕괴 생성된 물질로서, 반감기가 3.84일이 되는 알파선을 방출하는 희귀가스이다. 그 자신이 플로늄-218, 214와 같이 붕괴 생성물을 갖는다. 라돈은 화학적으로 비활성이지만 폐암을 일으키는 주된 인자가 된다. 따라서 최근 라돈에 대한 연구는 호흡기 내의 방사선 노출량과 라돈 붕괴 생성물의 입자 크기와의 관계에 집중되고 있으며, 실내에서의 라돈 농도 실측에 많은 노력을 하고 있다.

과거에는 특정 장소에서 높은 농도의 라돈만이 관심의 대상이 되었다. 예를 들어, 미국 콜로라도에서 우라늄의 제련 찌꺼기가 우수한 콘크리트를 만들 수 있었기 때문에 가옥·보도블록·공공건물 등에서 사용되어 고농도의 라돈을 방출시킨 적이 있었다. 따라서 1970년대까지는 건축자재로부터의 라돈방출에 많은 조사가 이루어졌었다. 라돈은 인광의 폐기물이나 라디움 정제공장의 폐기물이 묻혀 있는 지역의 가옥에서도 대량 검출되었다. 그러므로 라돈에 대한 위해도가 인식되기 전에 폐기물 매립지 위에 건축된 건물 및 가옥은 많은 주의를 기울여야 한다.

하지만 앞에서 서술했듯이 라돈은 천연 방사성원소이기 때문에 건축자재나 폐기물의 매립지와는 관계없이 지역에 따라 자연 토양에서 고농도의 라돈이 검출되었다는 많은 연구결과가 발표되고 있다. 자연토양은 잠정적, 실지적인 실내 라돈의 오염발생원이고, 인간의 평균 방사선 노출량의 많은 부분을 차지한다.

일반적으로 라돈은 스칸디나비아에서 높은 수준을 보이고 있다. 하지만 우리나라에서는 라돈에 대한 연구는 극히 미진하여 라돈의 평균 농도마저 파악하기 힘든 형편이다.

12.6 환경호르몬(Environmental hormone)

(1) 환경호르몬의 유래

최근 미국, 유럽, 일본 등에서는 인간 및 동물 수컷의 정자 수를 감소시키거나 수컷의 암컷화, 다음 세대의 성장 억제 등을 초래하는 인위적인 생성물질을 발견하게 되었다. 이러한 물질을 학술용어로는 내분비계 교란물질(endocrine distruptors)이라고 부르는데 1997년 5월 일본학자들이 NHK 방송에 출연하여 "환경 중에 배출된 화학물질이 생물체 내에 유입되어 마치 호르몬처럼 작용한다"고 하여 환경호르몬(environmental hormone)이라는 신조어를 만들어 내었다.

환경호르몬은 1996년 3월 '도둑맞은 미래(Our Stolen Future)'라는 책이 발간되면서 전 세계적으로 주목을 받게 되었으며 1991년 세계자연보호기금이 야생동물의 생태를 조사한 결과를 보도하면서 그 피해가 본격적으로 보고되기 시작하였다.

현재 내분비계장애물질에는 광범위한 합성화학물질 의약품 및 일부 천연물질들을 포함하는 것으로 거론되고 있으며 이러한 물질들은 생체 내의 섬세한 호르몬계에 영향을 주기 때문에 극미량으로도 생식기능에 이상을 가져올 수 있으며, 급·만성 독성과는 달리 차세대에 영향이 발현될 수 있다는 특성 때문에 인류에게 경각심을 일으키고 있다.

또한 유기염소계 살충제 및 PCB와 같이 잔류성이 큰 물질은 자연의 먹이사슬을 통해 동물이나 사람의 체내에 축적되어 생식 기능 저하와 기형 등을 유발하는 것으로 알려졌다.

환경호르몬의 설명에 앞서서 일반적인 호르몬에 대해 살펴보면 다음과 같다.

호르몬(hormone)이란 생물의 특정된 기관이나 조직의 세포에서 분비되는 유기물로 체액 속으로 들어가 생체내의 각 부분으로 퍼져 미량으로도 효과가 나타나서 각 부분을 돕는 구실을 하는 물질을 말한다. 호르몬은 배출관 없이 혈액 속으로 분비되는 내분비의 과정 중에서 여러 가지 기관을 조절하고 물질대사의 상태를 변화시키며 성장이나 발육에 영향을 끼친다.

호르몬이 분비되는 기관인 내분비계는 생체의 항상성, 생식, 발생, 행동 등에 관여하는 각종 호르몬을 생산, 방출하는 기관이다. 내분비계는 크게 선(gland), 호르몬(hormones), 표적세포(target cell) 등 3가지 부분으로 나뉘는데, 호르몬은 내분비선으로부터 생산, 방출되어 혈액을 통해 유출된 후 먼 곳에 있는 표적세포(target cell)에 도달하여 생화학적인 효과를 나타내게 된다.

이러한 호르몬의 반응은 외부 자극에 대한 반응과 같이 수초 이내에 이루어지기도 하며, 성장 및 발육, 암수분화 등과 같이 장시간에 걸쳐 이루어지기도 한다. 모든 척추동물(어류에서 포유류까지)은 같이 내분비계를 가지고 있으며, 이들은 각기 유사한 호르몬을 분비하고 있다.

내분비계의 활동은 신경계와의 협력을 통해 이루어지며, 내분비계의 기능으로는 체내의 항상성 유지(영양, 대사, 분비활동, 수분과 염의 균형 유지), 외부자극에 대한 반응, 성장, 발육, 생식에 대한 조절, 체내 에너지 생산, 이용, 저장 등을 들 수 있다.

(2) 환경호르몬의 특성

환경호르몬(environmental hormone)이란 생물체에서 정상적으로 생성, 분비되는 물질이 아니라 인위적으로 만들어진 화학물질로서 체내에서 유인되어 마치 호르몬과 같은 작용을 하면서 내분비계의 정상적인 기능을 방해하는 물질을 말한다. 학술적용어로는 내분비계 교란물질이라고 하며, 영어로는 엔도크라인 디스럽터(Endocrine disruptor)라 한다. 일반적으로는 내분비계 교란물질 또는 내분비계 장애물질이라는 말로 흔히 번역되기도 하는데 환경호르몬이라는 용어는 일본에서 만들어진 신조어이다.

환경호르몬은 생체는 물론 그 자손의 건강에도 변화를 가져올 수 있는 외인성 물질이며, 특히 성호르몬의 기능에 영향을 많이 주기 때문에 생체의 건강뿐만 아니라 생식능력을 감소시켜 생물군의 개체 수까지도 줄일 수 있어 생태계의 존속을 위협하는 물질이다.

환경호르몬은 기존의 독성화학물질들보다 훨씬 저농도에서도 생체에 영향을 미칠 수 있으며, 먹이사슬을 통해 농축되기 때문에 더욱 위험하다. 이들은 대부분 지방친화성이 있어 생체내의 지방 내에 축적된다.

대표적인 반응 기작(작용)으로는 이들이 세포의 호르몬 수용체(hormone receptor)와 결합하여 호르몬과 같은 작용을 하거나 정상적인 호르몬이 수용체에 결합하는 것을 막는 것 등이 널리 알려져 있다.

이러한 환경호르몬은 생체호르몬과는 달리 쉽게 분해되지 않고 안정되며, 환경 및 생체 내에 잔존하여 오랫동안 지속되고 인체 등 생물체의 지방 및 조직에 농축된다는 점에서 그 특징을 찾을 수 있다.

환경호르몬은 생태계 및 인간의 생식기능저하, 기형, 성장장애, 암 등을 유발하는 물질로 추정되고 있으며 생태계 및 인간의 호르몬계에 영향을 미쳐 전 세계적으로 생물종에 위협이 될 수 있다는 경각심을 일으켜 오존층 파괴, 지구온난화 문제와 함께 세계 3대 환경문제로 등장하였다.

(3) 환경호르몬으로 추정되는 물질들

현재 내분비계 장애를 일으킬 수 있다고 추정되는 물질로는 각종 산업용화학물질(원료물질), 살충제 및 제초제 등의 농약류, 유기중금속류, 소각장의 다이옥신류, 식물에 존재하는 식물성에스트로젠(phytoestrogen) 등의 호르몬유사물질, DES(diethyl stilbestrol)과 같은 의약품으로 사용되는 합성 에스트로젠류 및 기타 식품, 식품첨가물 등을 들 수 있다.

현재 세계생태보전기금(WWF, World Wildlife Fund) 목록에는 67종의 화학물질이 등재되어 있으며, 일본 후생성에서는 산업용화학물질, 의약품, 식품첨가물 등의 142종의 물질을 내분비계장애물질로 분류하고 있다.

내분비계장애와 관련해 연구결과 및 그 사례가 보고된 대표적 물질로는 식품이나 음료수 캔의 코팅물질 등에 사용되는 비스페놀A와 과거 농약이나 변압기절연유로 사용되었으나 현재 사용이 금지된 DDT와 PCB, 소각장에서 주로 발생되는 다이옥신류, 합성세제 원료인 알킬페놀, 플라스틱가소제로 이용되는 프탈레이트 에스터 및 그밖에 스티로폼의 성분인 스타이렌 다량체 등이 내분비계장애물질로 의심을 받고 있다.

표 12.8 환경호르몬으로 추정되는 물질 및 주변 생활용기

세계생태보전기금(WWF) 분류 (67종)	일본 후생성의 분류 (142종)	내분비계장애물질 용출 우려가 되는 생활용품
• 다이옥신류 등 유기염소물질 6종 • DDT 등 농약류 44종 • 펜타-노닐 페놀 • 비스페놀A • 다이에틸헥시프탈레이트 등 프탈레이트 8종 • 벤조피렌 • 수은 등 중금속 3종	• 프탈레이트류 등 가소제 9종 • 플라스틱에 존재하는 물질 17종 • 다이옥신 등 산업장 및 환경 오염물질 21종 • 농약류 75종 • 수은 등 중금속 3종 • DES 등 합성에스트로젠 8종 • 식물 및 식품첨가물 3종 • 식물에 존재하는 에스트로젠 유사호르몬 6종	• 플라스틱 용기, 음료캔, 병마개, 수도관의 내장코팅제, 치과치료시 이용되는 코팅제 : 비스페놀 A • 합성세제 : 알킬페놀 • 컵라면 용기 : 스타이렌 다이머, 트리머 · 폐건전지 : 수은

자료 : 1998. 6 국립환경연구원, 환경위해성연구과

(4) 환경호르몬의 피해 사례

현재 우리가 널리 사용하고 있는 합성물질 또는 식물에서 만들어지는 천연물질 중 상당수가 내분비계에 대한 장애물질로 밝혀지고 있다. 이들 물질들은 파충류, 어류, 조류 및 포유류 등의 야생동물에 심각한 영향을 주어 개체 수 감소 및 성(性)의 혼란 등을 야기하는 것으로 지적되고 있으며, 이러한 관점에서 볼 때 정자수 감소 등을 포함한 현재와 미래의 인간 건강에 대해서도 심각한 영향을 끼칠 것으로 염려하고 있다.

인간을 포함한 생태계에 대해 나타낼 수 있는 내분비계장애 물질의 대표적인 영향으로는 호르몬 분비의 불균형, 생식기능 저하 및 생식기관 기형, 생장저해, 암유발, 면역기능 저해 등을 들 수 있다.

표 12.9 내분기계 장애로 의심되는 야생동물에 대한 주요 보고사례

	생 물	장 소	영 향	추정되는 원인물질
패류	고동	일본해안	웅성화, 개체수 감소	유기주석화합물
	옥새송어	영국하천	자성화, 개체수 감소	노닐페놀 ※판정되지 않음
어류	잉어	영국하천	자웅동체화	노닐페놀 ※판정되지 않음
	연어	미국오대호	갑상선비대형성, 개체수 감소	불명
파충류	악어	미국플로리다주 호수	음경왜소화, 알의 부화율 저하, 개체수 감소	호수에 유입된 DDT등 유기염소계 농약
	갈매기	미국오대호	자성화, 갑상선종양	DDT, PCBs ※판정되지 않음
조류	미국 가마우지	미국미시간호	알의 부하율 저하	DDT, PCBs ※판정되지 않음
	바다표범	네덜란드	개체수감소, 면역기능저하	PCBs
포유류	흰돌고래	캐나다	개체수감소, 면역기능저하	PCBs
	아메리카 표범	미국	저유정소, 정자수 감소	불명
	양	호주 (1940년대)	다발성사산, 기형발생	클로버 유래의 식물성 에스트로겐

자료 : 1998. 6 국립환경연구원, 환경위해성연구과

현재까지 환경호르몬이 인간에게 영향을 나타낼 수 있는 양에 대해서는 정확히 밝혀져 있지 않지만, 내분비계는 우리 몸을 조절하는 중추적인 역할을 한다는 점에서 중요한 환경문제로 다루어지고 있다.

환경호르몬으로 인한 인간의 피해 사례로는 다음과 같은 예가 있다.

1970년대 합성에스트로젠인 DES(diethyl stilbestrol)라는 유산방지제를 복용한 임산부의 2세들에게서 나타난 사건을 들 수 있다. 당시 이 약을 복용한 임산부는 자신에게서는 아무런 영향이 나타나진 않았으나 이들의 2세에게서 생식 기능이 감소되는 현상을 보였고, 딸의 경우 자궁기형, 불임, 면역기능 이상이 증가하는 사례가 발생했다.

덴마크에서는 1992년 과거 50년 동안 남자들의 정자수가 반감되었다는 보고가 있었으며, 일본에서 최근 동경(Tokyo) 대학 의학부 조사에 따르면 20대 남성 34명의 정액을 조사한 결과 정자의 농도와 운동성에서 세계보건기구(WHO)의 기준을 충족시킨 사람은 1명에 불과했다는 사실이 발견되었다.

환경호르몬은 이와 같이 정자수의 급격한 감소 이외에도 정소종양(고환암)이나 요도하열과 같은 기형의 증가를 유발시키며, 여성의 유방암의 증가도 이와 관련된 것으로 보는 경향이 있는데 이를 증명하기 위한 연구는 계속 진행 중이다.

(5) 환경호르몬에 대한 대처 방안

환경호르몬에 대한 처방안은 다음과 같다.

1) 음식물 및 용기에 대한 대처방안

① 육류보다 곡류, 채소, 과일이 풍부한 식단을 이용한다.
② 플라스틱 및 랩의 사용을 억제한다.
③ 과일과 야채는 껍질을 벗겨서 먹는다.
④ 1회용 식품용기의 사용을 자제한다.

2) 생활주변의 관리대책

① 금연을 한다.
② 파리, 모기 등 해충구제를 위한 살충제의 사용을 자제하고 방충망, 모기장을 이용한다.
③ 정원이나 텃밭에 농약사용을 자제한다.

④ 폐건전지, 파손된 형광등을 적절히 처리한다.
⑤ 강력한 세제의 사용을 자제한다.

3) 소비자로서의 대책

① 치아 치료시 아말감의 사용을 자제한다.
② 내분비계 장애물질 함유 세제사용을 자제한다.
③ PVC가 함유된 어린이용 장난감의 구매를 자제한다.

12.7 환경위해성평가

1980년 후반 이후 선진 각국에서는 환경으로 유입되는 수많은 유해물질에 대한 과학적이면서 객관적인 위해성평가를 수행함으로써 유해물질로부터 인간과 생태계를 보호하기 위한 제도적 장치를 마련하고 있다. 환경위해성평가는 인간에 대한 건강위해성평가(HRA, human health risk assessment)와 생태계에 대한 생태위해성평가(ERA, ecological risk assessmet)로 나누어진다.

HRA는 유해물질에 노출되었을 때 인간의 건강에 미치는 위해 특성 분석과 위해 정도를 결정하기 위한 일련의 과정으로서 보통 4단계로, 즉 위험성확인(hazard identification) 단계, 용량-반응평가 단계(dose-response assessment), 노출평가(exposure assessment), 위해도결정(risk characterization) 단계로 나누어진다.

ERA는 유해물질(여기서 유해물질은 인간의 필요에 의하여 만든 혹은 활동 결과 발생되는 인위적인 화학물질이 대부분임)에 의해 생태계에 미치는 위해특성과 위해정도의 분석을 목적으로 수행하며 보통 3단계, 즉 유해물질에 의한 문제의 공식화 단계(problem formulation), 분석단계(analysis), 위해도결정(risk characterizaion) 단계로 나누어진다.

인간은 주로 공기, 물, 토양, 식품 등의 간접적인 경로를 통하여 유해물질에 노출되고 있다. 물론 사고로 인하여 유출된 유해물질에 직접 접촉되는 경로도 있지만 대부분은 환경매체를 통한 간접 노출이다. 따라서 환경매체에 존재하는 유해물질이 인간에게 유입되어 체외로 배설되기까지의 일련의 과정을 몇 단계로 표시하면 그림 12.2와 같다.

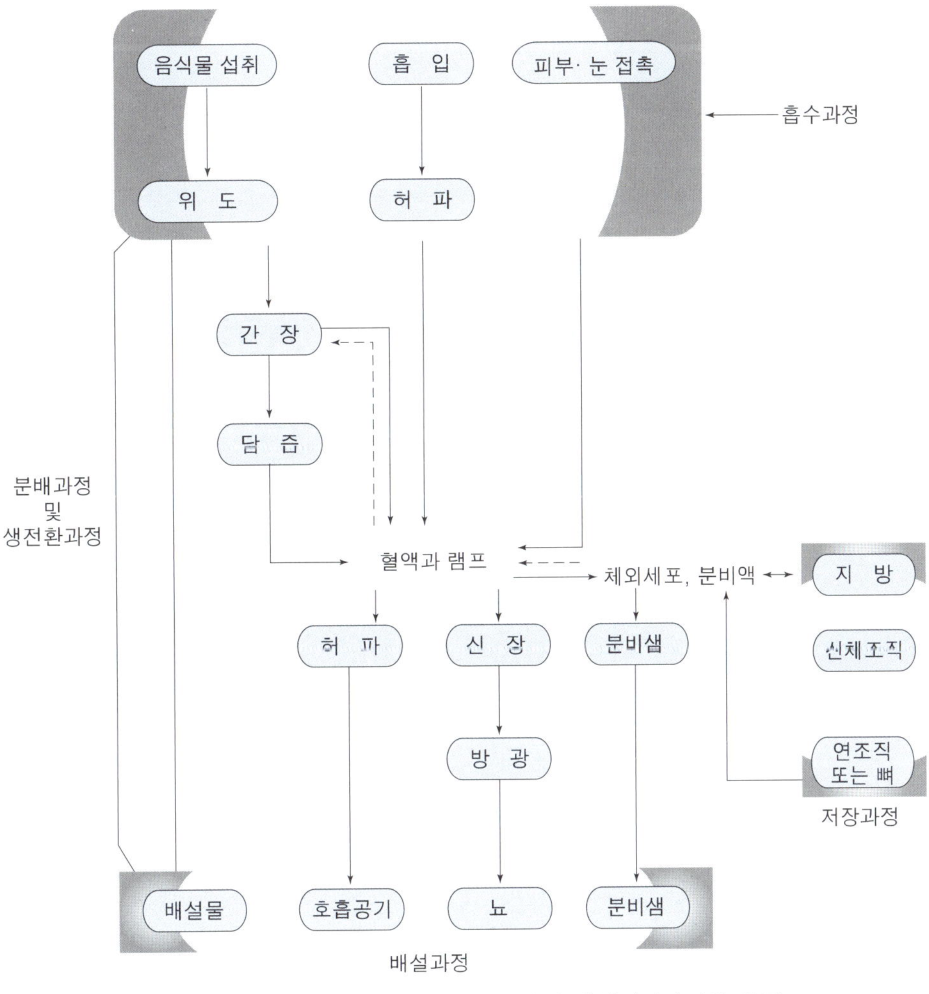

그림 12.2 유해물질이 생체에 유입되어 배설되기까지의 과정

제1단계는 유해물질이 체내로 유입되는 단계로서 여기에는 음식물 혹은 식수를 통하여 입으로 들어오는 경로와(경구경로 : 수질오염물질의 주 노출경로)와 폐를 통하여 들어오는 경로(호흡기 경로 : 대기오염물질의 주 노출경로) 그리고 피부접촉을 통하는 경로(피부경로)를 대표적으로 들 수 있다.

제2단계는 체내로 흡수된 대부분의 유해물질들이 혈액을 따라 간으로 이동한 다음 간에 존재하는 다양한 효소들에 의하여 체외로 배설이 되기 쉬운 형태로 변하는 생화학적 변환단계로서 생전환과정이라 부른다. 유해물질이 생전환과정을 거치게 되면 수용성과 이온성이 증가하는 방향으로 물리화학적 특성이 변하게 되어 쉽게 체외로 배설될 수 있게 된다. 일반적으로 유해물질의 경우 원래의 형태가 독성을 지닌 물질이 많지만 생전환과정에서 불가피하게 독성을 지닌 대사산물이 형성되는 경우가 대부분이다. 따라서 유해물질에 의한 독성 발현은 생체내로 유입된 유해물질을 제거하는 과정 중에 발생하는 불가피한 결과로 해석할 수 있다.

제3단계는 생전환과정을 거친 유해물질이 혈액과 림프 혹은 분비액등을 통하여 체외로 나가는 과정에서 체내에 산재한 다양한 조직과 장기에 걸쳐 분포 혹은 저장되는 단계이다. 이때 유해물질의 특성에 따라 특정 장기에 주로 분포 혹은 저장되는 경향을 보이기도 한다. 이러한 장기의 경우, 우리는 넓은 의미로 어떤 유해물질에 대한 표적장기라 부른다. 표적장기의 예로서는 납의 경우 주로 뼈에 축적되는 경향이 있기 때문에 뼈는 납에 대한 표적장기가 된다. 제 2단계와 3단계는 대부분 거의 동시에 일어나는 과정인 만큼 여기에서의 순서는 엄밀한 의미가 아닌 편의상의 분류라 볼 수 있다.

제4단계는 생전환과정을 거친 유해물질이 체외로 배설되는 단계로서 주요한 배설경로로는 소변을 통한 배설경로와 담즙을 통한 배설경로를 들 수 있다. 특히 일산화탄소와 같은 가스상의 대사물질은 폐를 통하여 배설되기도 하며 그 외에도 땀이나 모유 등을 통하여 배설되는 물질도 있다. 보다 상세한 내용은 환경독성학 혹은 환경위해성평가 과목을 통하여 습득할 수 있다.

인간에게 위해성을 초래하는 유해물질의 농도를 결정하는데 있어서 다음과 같은 두 가지 농도가 일반적으로 통용되고 있다. 첫 번째는 여러 환경매체 내에 존재하는 유해물질의 양으로서 흔히 환경농도라 한다. 두 번째는 유해물질과의 접촉 빈도와 기간 그리고 노출된 집단의 크기 등을 고려하여 생체네 유입되는 유해물질의 양으로 생체농도라 한다. 관례상 환경농도와 생체농도는 다 같이 노출농도로 통용되고 있으나 엄격한 의미에서 HRA에서는 생체농도가 더 중요한 의미를 지니다. HRA에서는 환경매체 내 유해물질의 농도와 인간이 생활하면서 마시는 물이나 흡입하는 공기의 양을 통하여 노출농도를 쉽게 계산할 수 있다.

예를 들어 음용수내 유해물질의 경우를 살펴보면 다음과 같다. 인간이 매일 마시는 물의 양은 활동 조건에 따라서 다소 차이는 있지만 대개 성인은 2 L, 어린이 1L 정도이다. 만일 어떤 유해물질이 물에 10 mg/L로 오염되어 있다면 성인은 하루에 약 20 mg의 용량에 노출된다고 볼 수 있다. 참고로 모든 생물은 각각 체중이 다르므로 각 종별로 크기 차이를 감안하여 노출농도를 표시할 필요가 있다. 이 경우 성인 남자의 평균체중을 70 kg으로 가정하면 최종 노출농도는 0.29 mg/kg/일(유해물질의 농도 / 일 ÷ 체중)로 표시할 수 있다. 이 경우 만약 노출되는 환경농도가 같다면 크기가 작은 생물체일수록 노출되는 농도가 커진다는 사실을 알 수가 있다. 즉, 체중이 작은 생물체일수록 같은 노출농도에서도 독성의 발현 가능성이 커진다는 의미가 된다.

여기서 대기나 토양과 같은 환경매체의 경우는 물의 경우보다 노출농도 결정이 다소 복잡하지만 보통 개인에게 유입되는 유해물질의 총량은 모든 노출경로를 통하여 들어온 유해물질 농도의 합으로 생각할 수 있다.

그러나 이런 방법이 모든 경우에 적용되는 것은 아니다. 왜냐하면 노출경로에 따라서 유해성이 달라지는 물질의 경우에는 모든 노출량의 합보다는 유해성이 발현되는 주된 노출경로를 통하여 들어오는 양의 비율이 중요하다. 예를 들어 크롬의 경우, 호흡기 경로를 통하여 흡입될 경우에는 폐암이 발생하지만 경구경로로 노출되면 암이 발생하지 않는다. 이 경우 유해물질의 총량보다는 호흡기를 통하여 얼마나 많은 양이 들어오는 지를 측정하는 것이 위해성평가의 신뢰도를 높일 수 있기 때문이다.

따라서 노출농도를 결정하는데 있어서 가장 중요한 사항 두 가지를 요약하면 다음과 같다.

첫째는 노출경로도 중요하지만 체내에 실제적으로 흡수되는 정도, 즉 흡수용량을 결정하는 일이다. 만일 유해물질이 음식 및 음료를 통하여 체내에 유입된다면 위장관으로 들어가게 되지만 공기 중에 존재한다면(가스상, 에어로졸, 입자상, 먼지, 연기 등) 상기도를 통하여 폐로 들어가게 된다. 또한 액체 및 고체상의 유해물질은 피부를 통하거나 신체의 기타 다른 부위와의 접촉을 통하여 체내로 유입되기도 한다. 실제로 유해물질이 고농도로 존재할 경우 피부접촉만으로도 자극을 일으키기도 하지만 대부분의 유해물질들의 경우는 피부, 위장관 등으로 유입된 후 혈액이나 임파관을 통하여 인체의 표적장기에 도달하여 독성을 나타내게 된다.

각종 신체기관에 도달한 물질들은 체내 분포과정과 배설을 통하여 체외로 제거되지만 지용성이 강한 물질들은(예를 들면, DDT 등) 체내에 산재한 지방조직에 장시간 머무르게 된다. 환경매체 내 존재하는 유해물질에 대한 노출용량을 계산하는 이상적인 방법은 노출되는 생체가 유해물질을 생체 내에서 얼마만큼 흡수하는 가를 정확히 아는 것이다. 그러나 인간의 경우에는 이러한 자료가 부족한 관계로 유

표 12.10 EPA가 제시한 최대노출에 대한 합리적 가정

고려인자	가 정	
몸무게	성 인 70 kg	어린이(1~6세) ~16 kg
음용수	성 인 2L /하루	어린이 1L /하루
호흡률(공기흡입량)	성 인 20 m^3/하루	어린이 5 m^3/하루
식사량	어 류 54 g/하루	육 류 0.112 kg/식사
노출시간	목욕시 12분/하루	수영시 2.6시간/하루
노출빈도	통상적으로 년간 350일	
노출기간	성인기준 30년	

해물질의 물리화학적 특성에 따른 일반적인 원칙에 준하여 흡수용량을 결정하거나 계산하게 된다. 표 12.10은 EPA에서 선정한 다양한 환경매체를 통한 흡수용량 결정시의 전제조건들이다.

둘째는 하나의 노출경로를 통하여 나타나는 유해성을 기초로 하여 다른 경로로 노출될 경우 예상되는 유해성을 구하는 기법인 외삽(extrapolation)-일정 조건하에서 얻은 독성자료를 활용하여 조건이 달라질 경우 발생하는 독성을 예측하는 기술로서 예를 들면 시험동물의 자료를 인간 혹은 다른 생물종으로 변환하는 방법- 기법에 대한 문제점 역시 고려할 사항이다. 일반적으로 동물과 인간의 노출 경로가 동일한 경우에는 동물실험 결과를 직접적으로 인간에게 적용할 수 있으나 그렇지 않을 경우에는 동물실험의 결과를 인간에게 적용시킬 때 여러 가지 외삽기법을 통한 보정이 필요하다.

위험성확인(hazard identification)

위험성확인은 HRA의 첫 단계로서 어떤 유해물질이 갖는 고유의 악영향을 확인하는 단계이다. 여기에서는 유해물질에 의하여 발생 가능한 질병과 건강상 장애의 종류를 파악하는 것은 물론 노출 환경에 대한 정보와 자료를 수집하는 과정이 필요하다. 즉, 두 종류의 정보(건강장애·질병과 관련된 자료와 노출조건) 수집을 통하여 유해성과 위해성 여부를 보다 확실히 할 수 있기 때문이다. 왜냐하면 인체에 해로운 작용이 이미 알려진 유해물질일 경우라도 만약 전혀 노출되지 않는다면 위해성평가를 진행할 필요가 없기 때문이다. 그러나 현실적으로는 유해물질들의 경우 인간에게 치명적이라 할 수 있는 기형아 출산, 정신적 결함, 암, 돌연변이부터

일부 장기나 생리 기능을 일시적 혹은 국소적으로 저하시키는 덜 치명적인 독성인 장기독성, 피부자극, 효소억제까지 다양한 독성작용을 관찰할 수 있다.

일반적으로 유해물질의 독성에 관한 자료는 동물실험이나 인간 집단에 대한 역학조사, 임상 연구 및 인간에 대한 사례연구 등과 같은 생체 내 실험을 통하여 주로 이루어지고 있다. 이외에도 생체외적인 실험법으로서 유해물질의 구조와 유해성과의 상관관계 연구를 통해서도 얻을 수 있다. HRA에서는 주로 인간을 대상으로 하기 때문에 주로 임상 연구나 사례 연구를 통하여 유해성을 확인하고 있으나 결정적인 자료로 활용되기에는 미흡하다. 따라서 이를 보완하기 위하여 동물을 이용한 실험과 인간에 대한 역학조사를 병행하고 있다.

용량－반응평가(dose-response assessment)

HRA의 두 번째 단계는 동물실험을 통하여 유해물질의 노출용량과 독성반응과의 상관관계를 파악하는 용량－반응평가이다.

이 단계는 역하조사만을 통해서는 짧은 기간에 정확한 자료를 확보할 수 없기 때문에 대부분 동물실험에 의존하고 있다. 용량-반응평가는 다음과 같이 실시한다.

위해성평가에 사용되는 독성값은 일반적으로 NOAEL(최대수영향농도)근처의 용량을 선정하여 평가한다. 또한 동물실험에서 얻어진 NOAEL에는 불확실한 요인들이 포함된 관계로 신뢰성을 높이기 위하여 이를 보정할 필요가 있다. 이때 사용되는 계수가 안전계수로서 일반적으로 10, 100, 1,000, 10,000을 사용한다. 일반적으로 어떤 유해물질의 NOAEL을 안전계수로 나눈 값을 인간에 대한 기준노출량(RfD : reference dose)으로 삼는다. RfD는 한계치가 있는 유해물질의 위해성을 평가하는 참고 독성치로서 인간이 평생에 걸쳐 매일 노출되어도 안전한 용량을 말하며, 1일 허용섭취량 (ADI, Acceptable Daily Intake)과 같은 의미로 볼 수 있다. 물론 RfD 이하의 경우일지라도 완전히 안전하다고 말할 수 없으며, 또한 RfD 이상의 용량일 경우라고 항상 독성이 나타난다고 보장할 수는 없다. 따라서 RfD는 참고용량 이하로 노출되면 독성이 나타날 가능성이 매우 낮기 때문에 허용될 수는 있다는 의미일 뿐이다.

$$RfD = NOAEL/SF \qquad (\text{단위} : mg/kg \cdot \text{일})$$

여기서, NOAEL : 최대무영향농도

SF : 안전계수

노출평가(exposure assessment)

노출평가는 인체에 노출된 유해물질의 양을 추정하는 과정으로서 유해물질의 정량, 노출 경로 및 환경매체 내 거동 등에 관한 사항을 분석한다. 또한 노출평가는 과거의 노출, 현재의 노출뿐만 아니라 미래의 노출 가능성에 대해서도 평가해야 한다. 대부분의 경우 인간에 대한 노출평가를 위해서는 노출에 관련된 요인들에 대한 상세한 정보가 필요하다. 인간에 대한 노출평가시 필요한 주요 정보들을 기술하면 다음과 같다.

(1) 유해물질 생산 관리와 환경으로의 배출 관리에 관한 정보
(2) 배출양과 배출지역 그리고 배출시점에 관한 정보
(3) 환경으로의 배출 후 이동, 지속성, 분해와 관련되는 요인들에 관한 정보(왜냐하면 분해되는 경우 원래의 독성에 변화가 발생하기 때문에)
(4) 인간의 유해물질 흡수도에 관한 정보

그러나 대부분의 경우 이들 자료를 완전히 확보한다는 것이 간단하지 않는 관계로 유해물질의 물리·화학적인 성질을 이용한 수학적 모델을 이용하여 평가하는 경향이 많다. 따라서 아직은 노출평가 단계가 과학적으로 완전성을 갖추지는 못하고 있는 실정이다. 향후 노출에 관련된 여러 가지 요인을 파악할 수 있는 제도적 장치가 마련된다면 정확한 노출평가가 수행될 수 있을 것이다.

위해성분석(risk analysis)

이 단계는 유해물질에 대한 노출 및 독성에 대한 특성을 평가하는 단계이다. 따라서 노출특성과 독성특성을 분석하기 위해서는 유해물질의 생산, 분배, 사용, 폐기 등과 같은 물질순환의 일련의 과정은 물론 각 단계별에 필요한 정보를 확보하는 것 역시 중요하다.

① 유해물질의 생태계 노출에 대한 특성 분석

노출특성 평가는 물질의 환경매체로의 유입 및 그 양과 농도를 측정하고 물질에 노출된 생물상을 규명하는 과정이다. 노출평가시 필요한 사항은 물질의 최초 배출비율과 환경에서 생기는 생물학적·화학적 변화, 환경 내 지속성, 용해성, 휘발성 및 광분해성 등이다. 노출기간과 노출강도 역시 중요한 사항이다. 노출평가의 최종 결과는 산출된 환경 중 농도를 mg/L , g/m^3, g/ha, mg/kg 등으로 나타내며 노

출크기와 기간 등을 종합한다.

노출평가에서 알 수 있는 것은 유해물질에 노출된 생물종에 대한 위해성의 정도이다. 즉 농약과 같은 물질의 경우는 살포된 지리학적 위치, 노출된 생물종의 규명, 위협받는 생물종 등에 대한 평가가 가능하며 세제류의 노출은 어류, 수생 무척추 생물, 식물성 플랑크톤 등에 대한 평가가 가능하다.

② 유해물질의 생태독성에 대한 특성 분석

독성특성을 분석하기 위해서는 다음과 같은 정보가 필요하다.

① 생태학적인 반응에 대한 정보 : 스트레스에 대한 노출과 생태학적인 독성 작용과의 상관관계, 노출 결과 발생될 수 있는 독성에 대한 가능성의 평가, 평가의 종말점고 연관지어서 측정 가능한 독성지표를 선정하는 과정이 필요하다.

② 스트레스와 생태반응에 관한 일련의 정보 : 어떤 스트레스에 대하여 단일 생물종만이 영향을 받을 경우에는 치사율, 성장률, 번식률 등을 독성의 지표로 삼을 수 있다. 그러나 스트레스에 반응하는 것이 특정 생물집단 혹은 먹이사슬 중 일정 부분인 경우에는 그 집단의 생태계내의 기능, 구조 이상 등이 지표가 된다.

일반적으로 생태계에 대한 화학물질의 독성을 평가할 경우 종말점의 선정은 생태학적으로 관련성이 높은 지표를 선택하는 것이 좋다. 생태학적으로 주로 활용되고 있는 대표적인 종말점 지표는 다음과 같다.

첫째, 어떤 생물종에 대하여 LC_{50}(반수치사농도)이나 LD_{50}(반수치사량)으로 표시한 급성 혹은 만성 독성자료

둘째, 어떤 생물종에 대하여 NOEC로 표시한 만성 혹은 아만성 독성자료

셋째, 포유동물 또는 다른 동물에 대하여 LC_{50}, LD_{50} 혹은 NOAEL로 표시한 급성 혹은 만성 독성자료

여기서 만성독성시험 자료가 급성독성시험 자료보다 우선적으로 활용될 수 있다. 만성독성 시험에 관한 신뢰도를 높이기 위한 측면에서는 생태무영향농도(PNECs)를 구할 때 아만성 독성시험 등 보다 단기간에 걸쳐 실시한 시험결과의 여러 인자들을 고려하는 것도 좋다. 다만 통계적 외삽기법에서는 일반적으로 장기간에 걸친 시험에서 얻은 PNECs만이 사용되고 있다. 이는 생태계에서 가장 독성물질에 민감한 종이 보호된다면 생태계 구조와 기능이 유지된다고 가정하기 때문이다. 따라서

평가에 관련된 인자들을 가장 민감한 종 혹은 가장 민감한 종말점 지표에 적용하는 것이 관례이다. 만약 어떤 생물종을 대상으로 실험한 종말점에 대한 독성치가 다를 경우에는 기하학적 평균값을 사용할 수 있다. 유해물질의 생태계 독성에 관한 정보는 환경매체에 따라 현저한 차이를 보이기도 한다. 환경매체 중 수계분야는 가장 많은 정보가 축적되어 있으며 토양과 침전물에 대한 정보는 상대적으로 빈약한 실정이다. 특히 대기오염을 통하여 노출된 생물종에 대한 독성 자료는 전무하다고 할 수 있다. 따라서 대부분의 화학물질에 대한 독성자료의 축적 정도가 차이가 난다. 만약 생태계에 대한 독성자료가 불충분하면 정량적 구조활성 관계(QSARs, quantitative structure-activity relationships)－유해물질의 화학 구조적 특성에 따른 독성작용을 정량적으로 분석하여 상관성을 도출하는 기법-를 활용할 수 있으며 특히 수계 환경일 경우 권장되고 있다.

화학물질의 생태계에 대한 독성평가는 일련의 자료 중 미흡한 점을 보완함은 물론 기존의 독성시험과 자료에 대한 평가나 PNECs를 구하기 위한 외삽기법 등에 활용된다.

유해물질로부터 생태계 전체가 안전한 농도를 구하기 위해서는 단일 생물종에서 얻은 자료를 다양한 생물들로 구성된 군집에 나아가서는 생태계 전체에 대하여 외삽할 필요가 있다.

위해도 결정(risk characterization)

위해도결정 단계는 노출평가를 바탕으로 노출에 따른 독성 발생 가능성을 확정하는 과정으로써 다양한 방법이 제시되고 있다. 다음은 가장 보편적으로 활용되고 있는 방법들로써 원리는 다음 몇 가지의 독성학적 지표들에 대한 종말점 농도를 추산한 환경농도에 나눈 값(어떤 몫)을 비교하는 것이다.

추산된 환경농도/독성학적 종말점 농도 = 어떤 몫(quotient)

여기서 어떤 몫(quotient)의 값이 1보다 작으면 위해성이 작다고 판단한다.

환경위해성평가는 제한된 정보의 분석·평가를 통하여 인간 및 환경에 대한 위해성을 밝히는 가장 효과적인 방법인 동시에 환경문제를 해결하는데 있어 합리적인 수단을 제공한다. 물론 환경위해성평가가 환경문제를 완전히 해결할 수 있는 유일한 방법은 아니지만 적어도 인간 건강에 대한 안전성 확보와 환경규제 측면에 있어서 추측에 의한 정책 시행의 불합리성을 상당 부분 감소시킬 수 있다. 왜냐하면 대부분의 선진국에서는 환경위해성평가 결과는 곧바로 환경정책의 결정으로 이어지기 때문이다.

따라서 환경위해성평가의 결과는 각종 오염규제 기준치의 설정, 환경오염의 정량화, 오염문제 해결의 우선순위 결정, 위해성 감소 계획과 이로 인한 경제적 손익관계의 분석 등에 이용된다. 환경위해성평가의 결과를 활용할 수 있는 분야들은 다음과 같다.

① 대기오염물질 배출기준 설정시
② 하·폐수 오염물질 배출기준 설정시
③ 각종 환경기준 설정시
④ 유해물질에 대한 노출기준 설정시
⑤ 음용수의 오염허용농도 설정시
⑥ 유해물질에 대한 환경권고치 설정시
⑦ 유해물질 노출에 따른 인체 위해성 감소계획 수립시

잠시 쉬어가기

건강한 삶을 위한 …

머리를 쓰는 두뇌 활동을 꾸준히 해야

사람의 뇌는 신경세포와 신경섬유 그리고 그 사이를 채우고 있는 신경 교 조직으로 구성된다. 신경세포는 사람의 정신활동을 관장하는 것으로 약 140억 개나 된다. 뇌 신경세포는 나이가 들어감에 따라 조금씩 파괴되는데 파괴와 재생을 반복하는 다른 세포와는 달리 한 번 파괴되면 재생되지 않는다. 미세한 뇌혈관 손상, 음주, 흡연 등은 뇌세포 파괴를 촉진시킨다.

또 충격이나 동맥경화 등으로 뇌혈관이 미세하게 손상되면 그 혈관을 통해 산소와 영양분을 공급받는 부위의 뇌세포가 파괴된다.

알코올을 그 자체가 뇌세포를 파괴하지만 비타민 결핍증을 유발해 이차적으로 뇌세포를 파괴하기도 한다. 이 밖에 약물중독이나 갑상선질환 등으로 뇌세포가 파괴될 수 있다.

뇌의 노화와 파괴를 방지하기 위해서는 뇌졸중예방에 주의하고 두뇌활동을 꾸준히 해야 한다. 예를 들어 바둑이나 장기를 두거나 단어를 암기하는 등을 두뇌활동에 큰 도움을 준다.

야채 위주의 식생활로 혈관을 튼튼하게

마치 오래된 쇠파이프에 녹이 슬어 찌꺼기가 끼듯 말랑말랑하던 혈관을 노화가 진행되면서 점차 딱딱해지고 직경이 좁아진다. 담배나 고혈압 등으로 혈관 벽이 손상되면 혈관은 아무는 과정에서 상처가 생기고 그 상처에 콜레스테롤 덩어리 등이 끼어 혈관 벽이 점차 좁아지게 된다. 이런 현상을 초래하는 대표적인 위험인자가 고혈압과 흡연·콜레스테롤·당뇨 등 네 가지이다.

특히 담배는 혈관에 상처를 내는 물질인 에피네프린 분비를 촉진시키며 핏속 콜레스테롤이나 기타 지방성분은 혈관 벽에 달라붙어 혈관 내부를 좁힌다.

관련전문가들도 혈관의 노화는 나이와 정비례되지 않는 경우가 많으며 나이가 들어도 얼마든지 젊게 관리할 수 있다고 말한다. 이를 위해 금연과 규칙적인 운동, 야채 위주의 식생활 등이 필요하다. 또 비타민 C와 비타민 E, 마그네슘, 은행잎 추출물 등도 혈관 노화방지에 도움이 된다.

13

환경문제의 종합대책

13.1 환경영향평가

환경영향평가라 함은 '환경에 영향을 미칠 수 있는 개발사업의 계획을 수립함에 있어서 그 사업이 환경에 미칠 영향을 미리 예측·평가하여 환경에 미치는 영향을 저감시킬 수 있는 여러 대안을 비교·검토하여 최선의 대안을 선택함으로써 환경보전대책을 강구하는 것'이라고 할 수 있다.

환경영향평가제도는 1969년 미국에서 최초로 법제화되었는데 이 제도의 가치를 인식하기 시작하면서 각국은 이를 자국법의 체계 내에 수용하는 경향이 늘어나고 있으나, 그 수용과정에서 상당한 변형이 가해지고 있다.

우리나라도 1977년 제정된 환경보전법에서 우리 법 체계 내에 수용하여 1981년부터 실시하고 있으나 적잖은 변형과 더불어 수차례의 보완을 하여왔다. 1993년 6월 단일 법으로 환경영향평가법이 제정되어 16개 분야 59개 사업으로 그 범위가 확대되었고 그 후 지자체 실시, OECD가입 등 환경영향평가를 둘러싼 국내외적인 여건이 크게 변화함에 따라 1997년 3월 환경영향평가법이 개정되어 17개 분야 63개 사업으로 평가 대상사업의 범위가 확대되었으며, 또한 한국 환경정책평가연구원을 설립하여 평가서의 전문적 검토, 환경영향재평가의 실시, 환경관련 정책 및 기법의 연구·개발 등을 위한 특수법인을 설립하여 운영하고 있다.

환경영향평가 제도가 개발 등 계획의 수행으로 인하여 환경에 미치는 현저한 영향을 회피시키는 방안을 강구함으로써 환경보전에 기여케 하려는 데에 그 기본목적이 있음은 의문의 여지가 없다. 이러한 기본목적을 달성하기 위한 수단으로서 작성되는 환경영향평가서(EIS, Environmental Impact Statement)는 다음 몇 가지의 사항을 목적으로 작성되어야 한다.

(1) 제안된 활동으로 인하여 환경에 미치는 결과를 밝혀내고, 그렇게 함으로써 정책 결정자, 일반인 그리고 궁극적으로는 정책 최고 결정자에게까지 그 위험성을 경고하는 목적
(2) 개발활동의 계획과정에서 작성함으로써 실제적 변화가 야기되기 전에서부터 장래 개발활동을 추진하는 경우에 일어날 수 있는 영향을 사전에 문서화하는 목적
(3) 어떤 개발활동에 관한 제안에 대해 이에 관련된 모든 환경에 미치는 좋은 영향과 나쁜 영향을 모두 밝혀 계획과정에서 일련의 활동을 채택하는 데 있어서 고려 될 수 있는 정보를 제공하고자 하는 목적

(4) 평가서 자체가 환경관리의 수단으로 활용될 수 있도록 하는 목적.

우리나라의 경우 특히 심하다고 생각되지만, 환경영향평가제도가 마련되기 이전에는 대체로 개발활동의 성질과 분야에 따라 각각의 행정조직과 공공기관에 의하여 거의 독자적으로 집행되어 왔다. 예컨대 농지의 관리와 전용은 농림부가, 도로의 건설·치수는 건설교통부가 하는 식으로 각기 그 고유업무를 추진함에 있어서 그 고유목적에 따라 개발활동을 추진하면서 그것으로 만족하였으므로 결과적으로 심각한 환경파괴를 초래하였다. 각종의 개발활동에서 환경적 측면을 고려토록 한 환경영향평가제도가 도입되면서 시간이 흐를수록 그 목적에 충실하고자 하는 경향이 있기는 하나 아직 미흡한 부분이 너무나 많은 것이 사실이다. 환경관리의 과학적 근거를 명백히 하고, 그것에 상응한 관리계획을 세워, 녹석에 석합한 성책결성을 하려면 아직 제도적으로 보완해야 할 점도 많이 있을뿐더러 환경에 대한 의식수준의 향상이 무엇보다도 필요하다고 하겠다.

우리나라의 환경영향평가 대상사업은 다음의 사업으로 제도적으로 명백히 규정하고 있다. 즉 '① 도시의 개발 ② 산업입지 및 공업단지의 조성 ③ 에너지 개발 ④ 항만건설 ⑤ 도로건설 ⑥ 수자원개발 ⑦ 도시철도를 포함한 철도의 건설 ⑧ 공항의 건설 ⑨ 하천의 이용 및 개발 ⑩ 매립 및 개간사업 ⑪ 관광단지의 개발 ⑫ 체육시설의 설치 ⑬ 산지의 개발 ⑭ 특정지역의 개발 ⑮ 폐기물처리시설 및 분뇨처리시설의 설치 ⑯ 국방·군사 시설의 설치 ⑰ 토·석 등의 채취' 등이다.

우리나라는 개발활동 위주로 되었음이 특징이고 그런 의미에서 미국에 비하여 대상이 한정적이라고 하겠다. 위에서 나열한 17종의 환경영향평가 대상은 그 건수로 볼 때에는 실로 엄청난 숫자가 된다. 그렇게 많은 건수를 모두 환경영향평가를 하도록 하는 것은 불가능할 뿐만 아니라 무의미하기도 하다. 그러므로 일정규모이상의 것만을 환경영향평가서를 작성하도록 하고 있다.

환경영향평가의 대상이 되는 사업을 추진하고자 하는 자가 환경영향평가서를 작성하는 환경영향평가의 주체가 된다. 환경영향평가 제도는 환경관리수단으로서의 목적을 가지고 있기 때문에 사업주체는 자기의 사업이 환경에 어떠한 영향을 미치게 되는가에 관하여 인식을 구체적으로 하여야 할 필요가 있을 뿐 아니라 그 사업의 소상한 계획과 추진과정을 가장 깊이 알고 있기 때문이다.

그런데 환경영향평가서의 작성에는 다양한 학문적 지식과 실험·연구를 필요로 하는 경우가 매우 많지만 이러한 능력을 사업수행자로 하여금 모두 갖추도록 기대하기는 현실적으로 어려운 면이 있다. 따라서 전문가에 의한 지원책이 필요하게 된다. 이른바, 환경영향평가서 작성의 대행 기관이 필요한 것이다. 환경영향평가법 제 26조에서는 이를 위하여 "사업에 의하여 국·공립연구기관, 정부출연연구기관 등 환경영향평가 능력이 있다고 환경부장관이 지정·고시하는 자로 하여금 대행할 수 있다."고 규정하고 있으며, 환경부장관은 관계 기술용역업의 등록을 한 자, 기타 환경보전을 목적으로 설리 된 법인 중에서 평가대행기관을 지정한다.

환경영향평가서의 작성주체는 당해 사업을 수행하고자 하는 자가 되기 때문에 대행기관에 의하여 작성되는 평가서의 경우에도 환경영향평가서의 내용과 그 평가서에 포함된 계획 등 각종 사항에 대하여는 환경영향평가의 주체, 즉 사업수행자에게 전적인 책임이 있게 된다.

환경영향평가의 대상이 되는 사업을 수행하고자 하는 자가 환경영향평가서를 작성하게 될 경우, 그 작성시기가 언제인가 하는 것은 중요한 의미를 가진다. 당해 사업으로 인하여 환경에 미치는 영향을 밝혀내고, 이를 문서화하며, 좋은 영향과 나쁜 영향을 모두 밝혀 계획과정에서 일련의 활동을 채택하는 데에 고려될 수 있는 정보를 제공하며, 궁극적으로 정책 결정 자·일반인 그리고 최고 결정자에게까지 위험성을 경고하는 최선 안을 채택하도록 할 필요성이 있기 때문이다. 이러한 관점에서 본다면 작성 시기는 될수록 조기에 이루어지는 것이 바람직하다.

환경영향평가는 궁극적으로 대상사업활동으로 인한 환경상의 악영향을 최소화하기 위한 대안을 선택하는 데에 그 목적이 있으므로 그 내용은 이러한 목적에 가장 효과적으로 접근할 수 있는 것이어야 한다. 환경영향 평가서의 내용에는 다음의 사항이 포함되어야 한다.

(1) 제안되는 행위의 환경영향
(2) 당해 제안이 실시되는 경우의 불가피하게 초래될 수 있는 불리한 환경영향
(3) 제안된 행위에 대한 대안
(4) 인간환경의 국지적·단기적 이용과 장기적인 생산성 유지 및 증대와의 상호 관계
(5) 제안된 행위가 시행되는 경우 그 행위에 포함된 자원의 보존불가능 및 회복불가능의 상태를 초래하는 행위

환경평가서는 ① 요약문 ② 사업의 개요 ③ 지역의 상황 ④ 환경영향요소 및 환경인자 횡열식 대조표 ⑤ 주민의견 수렴 ⑥ 환경현황조사, 예측평가, 저감 방안 및 사후 환경관리 ⑦ 환경에 미치는 영향의 저감방안(총괄) ⑧ 불가피한 환경영향 ⑨

사후 환경관리계획 ⑩ 대안설정 및 평가 ⑪ 종합평가 및 결론 ⑫ 사업과 관련된 상위계획 및 관계법령 ⑬ 기타 ⑭ 부록으로 구성하도록 하고, 그 내용에서는 ① 평가서 초안의 내용에 관한 구체적인 분석 및 평가 ② 사업계획에 대한 대안이 있는 경우 그에 대한 분석 및 평가 ③ 환경에 미치는 불가피한 영향의 분석 ④ 주민의견 수렴절차(공람, 설명회, 공청회)에 의하여 제출된 의견이 포함되도록 하되, 구체적인 기재사항과 작성법을 "환경영향평가서 작성 등에 관한 규정"(환경부 고시)에 명시하고 있다.

뿐만 아니라 사업자는 환경영향평가를 실시함에 있어 대상사업의 특성, 지역의 환경적 특성 및 사업장소의 특성 등을 고려하여 사업별 중점 평가사항으로 정한 항목에 대하여는 중점적으로 분석·평가하도록 의무화하는 한편, 사업별로 환경영향평가서 작성지침을 참고하여 경우에 따라서는 평가항목을 추가 또는 생략할 수 있도록 신축성을 부여하고 있다.

사업의 주체가 환경영향평가서를 작성하여 그 평가서의 협의주체로 하여금 이를 검토케 하고, 궁극적으로 악영향을 최소화하는 방안을 마련하여 사업을 시행하도록 하는 과정을 살펴볼 때, 이러한 각 단체에서의 충실한 노력이 환경영향평가제도의 목적을 달성할 수 있는 요체가 된다는 점은 말할 나위가 없다. 이러한 뜻에서 환경영향평가서의 작성에서 협의 내지 사업수행을 하는 일련의 과정은 매우 중요한 의미를 가지는 것이다.

우리나라의 경우 환경영향평가 대상 사업자는 평가서 초안을 작성하고 주민의견 수렴절차를 거쳐 최종적으로 환경영향평가서를 작성하여 환경부에 협의요청을 하면, 환경부장관은 평가서 접수 후 그 기본요건, 내용적 충실성을 검토하는데, 검토 시 한국환경정책 평가연구원 등의 의견을 들어 수정, 추가 및 보완에 관한 최종 협의 내용을 결정하여 사업 승인기관에게 통보하면 사업승인기관은 동 협의 내용을 사업계획 승인 시 사업계획 등에 반영하도록 하는 협의단계를 거쳐 협의내용을 통보 받아 사업에 착수하게 된다.

환경영향평가서에 대한 협의내용을 통보 받은 사업자는 30일 이내에 협의내용에 대한 이행계획서를 작성하여 환경부장관에게 제출하여야 한다. 이는 환경영향평가에 의한 악영향의 저감 내지 최선 안의 선택이 그 의도대로 이행되도록 확인하기 위한 조치이다. 이행계획서 내용 내지 협의내용의 이행여부를 확인하는 행위는 지방환경청에 의하여 수행되는데, 조사확인 결과 협의내용을 이행하지 않은 사업자에 대하여는 그 이행을 촉구하고, 그 내용을 관계행정기관장에게 통보하여, 촉구하였음에도 불이행한 때에는 관계행정기관의 장에게 사업의 일시중지 등 필요한 조치를 할 것을 요청하게 된다.

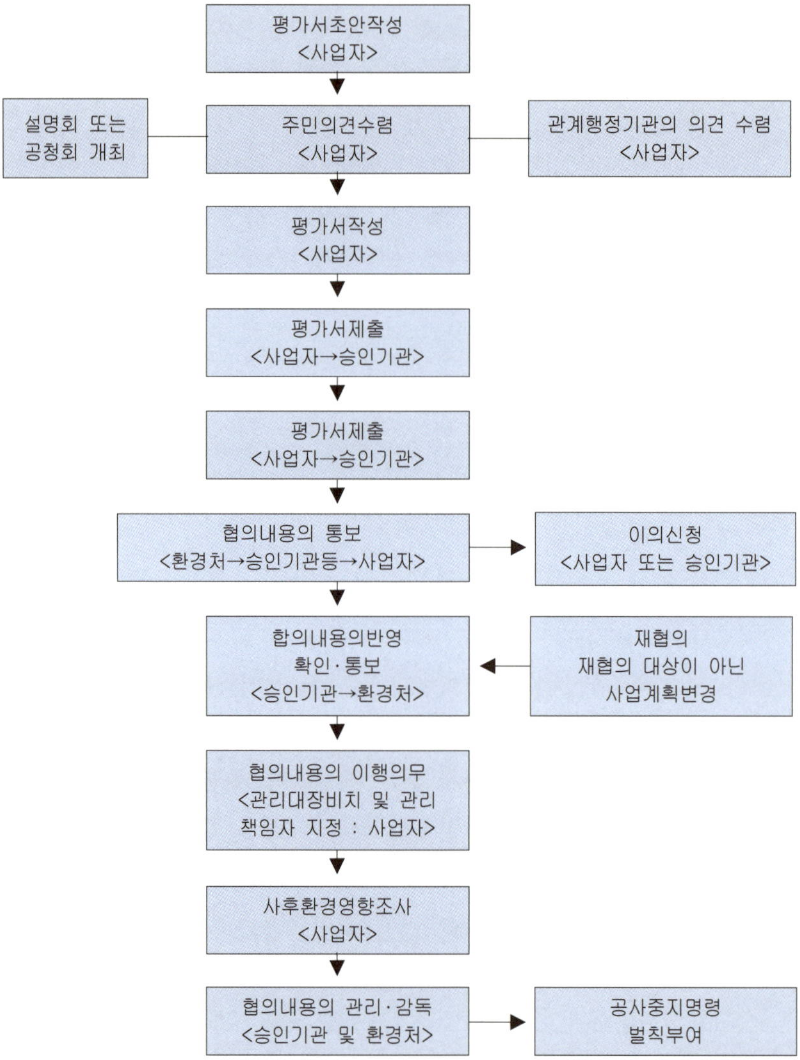

그림 13.1 환경영향평가의 절차

13.2 환경행정

환경행정이 환경보호라는 목적을 달성하기 위해서는, 환경을 오염시키는 행동이 개인에게 금전적으로 손해가 안가고 환경을 보호하는 행동이 경제적으로는 이익이 되도록 유도하는 정책을 개발하여야 한다.

우리나라 환경법의 효시는 1963년에 제정된 공해 방지법이다. 그러나 당시는 경제개발 최우선 정책에 밀려 실효성을 기대할 수 없었으며 1969년에야 겨우 그 시행령이 제정되었다. 환경오염을 다루는 본격적인 환경법은 1977년에 제정된 환경보전법이라고 말할 수 있다. 해양오염을 다루기 위한 해양오염방지법은 1978년 제정되었다. 1986년에는, 도시화에 따르는 쓰레기와 분뇨의 처리를 위하여 그전에 제정하였던 오물청소법을 폐지하고, 산업폐기물도 함께 다루는 폐기물관리법이 제정되었다.

환경보전법은 대기, 수질, 소음진동 등 오염요인이 다른 이질적인 분야를 하나의 법으로 다루었기 때문에 빈번한 개정이 불가피하였고, 복잡한 산업 활동에서 발생하는 다양한 환경오염문제를 적절하게 대처하기가 어려웠다. 이러한 문제점을 근원적으로 해결하기 위하여 1990년 환경보전법을 나누어 환경정책기본법, 환경오염피해분쟁조정법, 대기환경보전법, 수질환경보전법, 소음·진동규제법, 유해화학물질관리법 등의 개별법을 제정하였다.

환경정책기본법은 국가환경보전정책의 기본이념과 방향을 제시해 주고 환경보전에 관하여 기본적인 사항을 정해 놓은 환경법의 근간이 되는 법률이다. 이 법에 따라서 정부는 주요환경보전시책의 추진상황에 관한 보고서를 매년 국회에 제출하도록 하였으며, 환경보전장기계획을 수립하고 있다. 그 밖에도 대기, 수질, 소음의 환경기준을 이 법에서 정하고 있으며 환경오염이 현저한 지역을 특별대책지역으로 지정할 수 있도록 하였다.

환경오염피해분쟁조정법은 나날이 늘어나는 환경분쟁을 해결하기 위하여 분쟁조정기구의 독립성과 전문성을 확립하고 공정한 분쟁조정 절차를 마련하기 위하여 제정되었다. 이 법에 따라 환경부에는 중앙환경분쟁조정위원회가 설치되어 있으며 시·도에는 지방환경분쟁조정위원회가 설치되어 있다. 분쟁조정절차로서는 알선, 조정 및 재정절차를 마련하여 환경오염피해분쟁을 신속히 처리하도록 하고 있다. 1991년에 낙동강의 페놀 오염사고가 발생했을 때 대구시민이 두산전자를 대상으로 제기한 피해보상에 관한 분쟁을 이 법에 따라 처리한 사례가 있다.

대기환경보전법은 대기오염관리에 관한 근거법이다. 이 법에서는 대기오염물질 배출시설의 규정, 대기오염물질 정화를 위한 방지시설의 설치, 대기오염물질의 배출허용기준을 정하고 있으며 배출허용기준치 초과에 대한 행정명령, 배출 부과 금에 관한 사항들을 규정하고 있다. 이 법에서 정하는 대기오염물질은 47개 항목에 달하며 카드뮴, 시안, 납 등 16개 물질은 특정대기오염물질로 따로 규정하고 있다.

환경법에서는 오염된 물을 크게 3가지로 분류하고 있다. 공장에서 나오는 오염된 물을 폐수, 가정에서 나오는 오염된 물을 오수, 오수가 하수도에 유입되어 빗물과 합쳐진 상태를 하수라고 구분한다. 공장에서 나오는 폐수는 수질환경보전법에서 취급하며, 오수는 '오수·분뇨 및 축산폐수의 처리에 관한 법'에서, 하수는 하수도법에서 다루고 있다.

수질환경보전법에서는 수질오염물질의 정의, 배출시설, 배출허용기준, 행정명령, 배출 부과 금 등에 관한 사항을 정하고 있다. 수질오염물질로는 구리, 납 등 29개 항목을 정하고 있으며 페놀, 수은, 납, PCB 등 12개 물질은 특정수질유해물질로서 배출 부과 금, 행정조치 등에서 특히 엄격히 규제하고 있다. 그 밖에도 호소수질 보전을 위하여 환경부장관은 특정호소 또는 특정호소수질관리구역을 지정할 수 있도록 규정하였다.

생활오수, 분뇨 및 축산폐수는 오염원이 전국에 산재되어 있고 주민의 일상생활과 밀접하게 관련되어 있으며 이른바 비 점 오염원으로서 수질에 영향을 미치는데 오수·분뇨 및 축산폐수의 처리에 관한 법률에서 취급하고 있다. 가정이나 건물에서 나오는 생활오수에 대해서는 일정규모 이상(건축 연면적 1600m^2)의 건축물에는 오수정화시설의 설치를 의무화하였으며, 규모가 작은 건물에는 정화조를 설치하도록 하였다. 분뇨에 대하여는 시장, 군수, 구청장으로 하여금 관할 지역 내의 발생분뇨를 수집, 운반하여 처리하도록 규정하였다. 축산폐수에 대하여는 축사면적을 기준으로 하여 일정규모 이상의 경우 폐수발생시설로 인정하고 정화시설을 설치하도록 하였다.

폐기물관리법은 처음에는 폐기물의 발생원을 기준으로 생활폐기물과 산업폐기물로 구분하여 처리하도록 규정하였다. 그러나 폐기물의 유해성에 관계없이 사업장에서 나오는 산업 폐기물을 산업폐기물처리장에서 처리하도록 함으로써 매립지 확보의 어려움에 직면했다. 이를 개선하기 위하여 법을 개정하여 지금은 폐기물 분류방식을 유해성의 정도에 따라 일반폐기물과 특정폐기물로 구분하여 일반폐기물은 발생원에 관계없이 지방자치단체가 관리하도록 하고 특정폐기물은 국가가 관리하도록 하고 있다.

해양오염방지법은 산업의 발달과 경제규모의 확대에 따라 해상운송 및 연안의 개발과 이용이 증가되고 기름유출사고가 빈발하게 되자 해양오염을 관리하기 위하여 제정되었다. 이 법에서는 액체물질, 유해액체물질, 미 평가 액체물질을 따로 정하여 선박으로부터의 배출규제, 선박의 해양오염방지설비 검사에 관한 사항을 담고 있으며 해양오염방제도 규정하고 있다.

지구상에는 약 800만 종의 화학물질이 존재하고 그 중 8만여 종이 상업적으로 생산, 판매되고 있다고 한다. 우리나라에서 사용되는 화학물질의 종류는 1만여 종으로서 매년 증가하고 있다. 유해화학물질관리법은 1963년에 제정된 독물 및 극물에 관한 법률과 환경보전법에 포함된 내용을 통합하여 1990년 일원화한 것이다. 이 법에서는 유독물을 따로 정하여 제조, 수입, 판매, 사용에 관한 규제를 철저히 하도록 규정하고 있다. 유독물은 사람의 건강 또는 환경에 유해를 미치는 독성이 있는 화학물질이라고 정의하는데 벤젠 등 427종의 유독물을 정하고 있다. 그 중 132종은 유해 정도가 큰 특정 유독물로 규정되어 있다.

환경오염을 막기 위한 정책은 크게 두 가지로 나누어 볼 수 있다. 첫째는 직접적인 규제방식으로서 각 공장이나 사업장에서 준수해야 할 기준을 정해 놓고 이를 위반하지 않도록 감시하며 만일 환경법규를 위반할 때에는 벌금, 영업정지, 영업취소, 징역 등의 벌을 가하는 방법이다.

배출부과금제도는 대기 및 수질오염의 배출기준을 정하고 이를 초과하여 오염물질을 배출하면 초과량에 비례하여 부담금을 물리는 제도이다. 사업자 입장에서 보면 부과금을 물지 않기 위해서라도 배출기준을 달성하려고 노력하게 된다. 그러나 현행 제도는 기준을 초과하여 적발될 때에 내는 부과금이 처리시설운영비보다 싸서 사업자로 하여금 "적발되어 부과금이나 벌금을 무는 것이 더 경제적이다"라고 생각하도록 유혹한다는 것이 문제점으로 지적되고 있다. 이러한 유혹을 뿌리치도록 하는 방법은 부과금을 대폭 올리거나, 또는 시민들이 환경법규를 위반하여 적발되는 기업의 제품에 대해서 불매운동을 벌임으로서 법이 무서워서보다는 소비자가 무서워서 환경기준을 준수하도록 유도하는 것이 바람직하다.

오염물질을 배출하는 업소는 곳곳에 흩어져 있고 한정된 수의 단속요원으로서는 철저한 단속이 어렵다. 그러므로 환경부처에서는 명예환경감시원제도를 두어 지역사회의 환경오염 발생원을 지역주민이 감시하도록 유도하고 있다. 1992년 말에는 환경보전에 관심이 많은 사회 각계각층 인사 18,000명을 명예환경감시원으로 지정하여 이들로 하여금 환경오염행위의 감시와 신고 그리고 환경보전활동을 전개하도록 하였다.

두 번째 접근방법은 간접적인 규제방식이다. 우리나라의 환경법규가 미비하고 벌칙이 약하여 환경의 질이 악화되는 것은 아니다. 간접규제는 경제적인 유인책을 통하여 사람들로 하여금 환경기준을 달성하고 환경을 보호하는 행동을 하도록 유도하는 방법이다. 한 마디로 말해서 환경보호 그 자체가 경제적으로 이익이 되도록 유도하는 방법이다. 환경규제는 우리나라에서 점점 직접 규제방식에서 간접 규제방식으로 전환되어 가는 추세인데 예치금제도, 부담금제도, 환경마크제도 등이 시행되고 있다.

폐기물예치금제도는 산업 활동의 증가에 따라 폐기물의 발생량이 늘어나고 각종 1회용 제품이 늘어나 폐기물의 처리가 사회 문제화하면서 1991년부터 도입된 제도로서 현재 유리병, 건전지, 타이어, 윤활유, 종이 팩 등 재활용할 수 있는 17종에 대해 기업에게 예치금을 부담시키고 있다. 예치금제도는 폐기물의 양을 줄이는데 상당한 공헌을 하고 있는 것으로 평가되고 있다. 기업에서는 물론 예치금제도의 확대를 반대하는 입장이지만 환경을 보존하려는 입장에서 보면 예치금 부과대상 품목을 더 늘리며 예치금도 더 올리는 것이 바람직하다.

폐기물부담금제도는 예치금제도보다 더 근본적인 제도로서 환경오염을 유발하는 제품 자체에 일종의 조세성격의 비용을 부담시키는 제도이다. 우리나라에서는 1979년에 제정된 합성수지폐기물처리사업법에 근거하여 합성수지제품의 제조업자에게 연간 제품 생산량을 토대로 부과하기 시작하였는데, 1992년에 제정된 자원절약과 재활용 촉진에 관한 법률에 따라 껌, 일회용기저귀, 화장품용기, 합성수지 등에 대해서 부담금을 부과하고 있다. 부담금제도는 쓰레기가 되는 상품은 쓰레기처리의 사회적 비용을 제품가격에 미리 포함시킨다는 제도로서, 경제학적으로 말하면 외부비용의 내부화를 목표로 한다고 말할 수 있다.

환경마크제도는 상품에 대한 일종의 품질인증제도로서 어느 상품이 동일 목적의 다른 상품보다 환경에 긍정적인 영향을 준다는 것을 공인하여 환경상품으로 표시해 주는 제도이다. 1990년 말 현재 독일은 3800여 개, 일본은 1700여 개가 환경상품으로 지정 받아 유통되고 있다. 우리나라에서는 1992년부터 시행중인데 1993년 현재 18개 품목 146개 제품이 환경상품으로 지정 받았다. 이 제도가 성공을 거두기 위해서는 소비자들이 후손에게 물려줄 환경을 내가 보호한다는 의미에서 같은 값 또는 약간 비싼 값에라도 적극적으로 환경상품을 구입하는 협조가 필요하다.

오염 배출권 거래제도는 오염물질을 배출할 수 있는 권리를 거래하는 시장을 형성하여 기업 간에 경제원칙에 따라 환경오염을 줄이도록 유도하는 제도로서 미국, 독일 등 선진국에서 도입되었으나 아직 우리나라에서는 시행되지 않고 있다. 이 제도에 의하면 각 업체별로 배출할 수 있는 오염물질의 총량을 할당하고, 어느 업체가 오염물질을 감소하는 기술을 개발하면 감소되는 오염물질에 해당하는 오염 배출권리를 다른 업체에게 팔 수 있도록 하는 제도이다. 이 제도를 도입하기 위해서는 총량규제의 실시가 전제되어야 하는데, 총량규제를 위해서는 모든 업소의 오염물질배출을 계속 추적하는 장치와 시설이 마련되어야 한다.

환경오염은 전통적인 시장기능의 실패에서 비롯되며 정부가 개입하여 각 배출업소를 규제하는 일이 필요하다. 그러나 규제중심의 정책은 효과도 적고 집행에 많은 행정력이 소요되는 등 비효율적 요소가 많다. 그러므로 환경정책이 환경보호라는 목적을 달성하기 위해서는 직접규제정책을 보완하는 여러 가지 간접적인 규제정책을 개발하여, 환경을 오염시키면 금전적으로 손해가 되고 환경을 보호하면 이익이 되도록 개인과 기업을 유도해야 할 것이다.

13.3 환경교육

환경교육은 인류로 하여금 생물학적, 물리학적, 사회적, 경제적 및 문화적 제요소들 간의 복잡한 상호관련성을 이해하게 하고, 동시에 환경문제를 발견하고 해결하며 환경의 질을 관리할 수 있는 지식, 가치관, 태도 및 기능을 함양하게 하는데 그 의의가 있다.

환경문제는 짧은 시간에 해결될 수 있는 성질의 것이 아니므로 교육을 통하여 자리니는 어린이들에게 환경에 대한 올바른 인식을 갖게 함으로써 현재의 환경문제 해결은 물론 미래에 더욱 심각해질 환경문제를 미연에 방지하는 데 공헌하는 환경교육이 필요하다.

'세 살 버릇 여든까지 간다'는 속담이 있다. 사람의 습관은 쉽게 고쳐지지 않는다. 차를 타고 가다가 담배꽁초를 창밖으로 버리는 일, 유원지에서 자기들이 놀던 자리에 쓰레기를 그대로 남기는 일 등은 환경교육이 필요함을 보여주는 행동들이다. 쓰레기를 함부로 버리지 않는 교육을 유치원에서부터 시작하는 것은 이미 늦은 감이 있다. 자기가 먹은 과자봉지는 반드시 쓰레기통에 버리도록 말을 배우기 전부터 행동으로 가르쳐야 할 것이다. 그 다음에 유치원에서부터 대학까지 '나 하나쯤이야 오염시켜도 괜찮겠지'라는 의식을 바꾸어 '나부터 환경을 보호해야겠다'라는 의식을 갖도록 다양한 경험과 자극을 제공해야 할 것이다. 자식세대의 행동이 부모세대의 기준에 어긋난다면 그것은 부모세대가 자식들을 잘 가르치지 못한 책임이 크다고 말할 수 있다.

우리나라의 경우 환경교육이 사회교육으로서 첫 선을 보인 것은 자연보호운동을 통해서였다. 자연보호운동에 대한 정부의 의지를 표명한 것이 자연보호헌장으로 1978년 10월 선포됨에 따라 자연보호운동은 전 국민의 환경교육을 전적으로 총괄하는 입장에 서게 되었다. 그 후 우리나라의 환경교육은 학교교육과 민간단체를 통해서 실시되고 있으나 늘어나는 환경문제를 담당할 만한 수준의 교육 여건이 되지 못하고 있는 실정이다.

13.4 환경윤리

환경윤리는 사람과 자연물과의 관계를 대상으로 한다는 점에서 새로운 차원의 윤리라고 볼 수 있다.

환경윤리의 전개를 위해서 중요한 질문은 "자연물에 어떠한 가치가 있는가?"라는 것이다. 물론 자연물은 인간을 위해서 유용한 가치를 가지고 있다. 집, 옷, 식량 등은 모두 자연이 제공하는 것이다. 아름다운 강과 산은 인간에게 휴식처를 제공하고 많은 의약품이 곰팡이, 약초 등에서 나온다. 천연두를 퇴치하는 데에는 소가 공헌했고, 의약품의 안전성을 검사하는 데에는 생쥐가 사용되므로 동·식물을 포함한 자연물은 인간을 위한 도구적 가치를 지니고 있다고 말할 수 있다.

자연물이 도구적 가치를 지니고 있다는 사실을 인정하는 것만으로도 우리는 환경윤리를 확립할 기초를 발견할 수 있다. 하나의 동물 종으로서 인간은 먹이사슬의 아래 단계를 차지하는 동·식물 없이는 살아 갈 수 없다. 그러므로 숲의 파괴를 막고 새와 어족을 보호하는 것은 인간에게 이로운 행위이며, 동·식물의 생활 근거지인 땅과 물을 황폐시키지 않는 것은 결국 인간을 위한 것이다. 희귀종인 식물을 멸종시키지 않는 것도 언젠가는 인간의 병을 치료할 특이한 물질이 그 식물에게서 발견될 수 있을지 모르므로 일단은 보호하는 것이 인간에게 도움이 된다고 볼 수도 있다.

자연물에는 인간을 위한 도구적 가치뿐만이 아니고 내재적 가치가 있다고 보는 견해가 대두되고 있다. 내재적 가치란 다른 것을 위한 수단으로서 가치가 아니고 그 자체의 존재에 가치가 포함되어 있다는 것을 말한다. 예를 들면, 인간에게 내재적 가치가 있다 함은 인간이 다른 존재를 위해서 유용하기 때문에 가치로운 것이 아니고 인간이라는 그 자체로서 존엄하고 가치롭다는 주장이다. 새로운 환경윤리에 의하면 자연물이 인간을 위해서가 아니고 그 자체 독립적인 존재로서 가치가 있다는 것이다. 이러한 견해는 물론 매우 논란의 여지가 많은 주장이다. 어떻게 보면 실증 가능한 사실의 영역이 아니고 믿음이나 감정의 영역에 속하는 주장일지도 모른다.

자연물에 내재적 가치를 부여할 수 있다는 주장에는 현대의 생명과학에서 밝혀진 몇 가지 사실들이 크게 공헌하였다. 첫째, 자연계는 무기물과 유기물, 식물과 동물 그리고 인간이 물질대사를 통하여 상호의존하고 있는 하나의 생태계를 이루며 국지적으로 한 요소의 단절은 그 지역 생태계의 파괴를 일으킨다. 벌레가 나뭇잎을 갉아먹는다고 해서 살충제를 뿌려 벌레를 제거시키면 벌레를 잡아먹는 새도 피해를 입는다. 다윈의 표현대로 자연계는 전체로서 하나의 '생명의 그물'이며 또한 유기체적인 전체이다. 둘째, 일상인이 보기에는 자연계에서 무생물, 동식물, 그리고 인간 사이의 구별이 뚜렷하다. 그러나 바이러스는 무생물과 생물의 중간적인 존재로 간주되며, 진화론에 의하면 인간은 유인원에서 진화한 것이다. 셋째, 인간에게 고유하다고 보던 정신현상은 범 자연적인 것으로 보는 견해가 있다. 다시 말해서 인간에게 나타나는 정신과 신체의 이중성이라는 현상을 모든 존재에 대해 인정할 수 있다는 생각이다.

자연물에 내재적 가치를 인정하는 환경윤리체계는 인간과 자연을 이분하는 서양사상에서는 받아들이기 힘든 사상이다. 더욱이 자연물에 인간과 똑같은 가치를 부여한다는 것은 어찌 보면 만물의 영장임을 자처하는 인간으로서 자존심 상하는 일이다. 그러나 지구가 이 우주의 중심이며 인간이 이 우주의 주인공이라는 인간 중심적 사고는 수정되어야 할 것이다. 이미 코페르니쿠스에 의해 지구가 태양을 도는 하나의 떠돌이별에 불과하다고 했을 때 서구인은 이를 인정하지 않으려 했으며, 다윈에 의해 인간이 영장류에서부터 진화했다는 사실을 암시 받았을 때 서구인은 이를 인정하지 않으려 했다. 그러나 인간의 본래 위치를 알고 인간과 자연물의 올바른 관계를 인정하는 것은 인간 자신을 위해서도 유익하고 바람직한 것이요 윤리적인 행위가 될 것이다. 일찍이 슈바이처는 다음과 같이 말했다. "그저 무심코 하나의 생명체를 해치는 것이 비윤리적임을 인류가 깨닫는 데에 그렇게도 오랜 시간이 걸렸다는 것을 깨닫고서 깜짝 놀라는 때가 반드시 올 것이다."

자연과 인간을 객관과 주관으로서 구별하지 않는 일원론의 전통이 강한 동양사상에서는 자연물에 내재적 가치까지 인정하는 환경윤리가 그리 새로운 관점이 아니다. 동양사상에서는 전통적으로 자연을 존중하였으며 인간과 자연을 주관과 객관으로서 엄격히 구별하지 않았다. 인간은 자연의 일부로서 "자연에서 태어나 자연으로 돌아간다"는 평범한 명제가 순순히 받아들여졌다. 서구인들은 인간의 힘으로 자연을 정복할 수 있다고 보았지만, 동양인들은 자연에 비할 때 인간은 미미한 존재라고 생각하고 자연과의 조화를 추구하였다. 이러한 사상은 단편적으로 산수화에 잘 나타나 있다. 커다란 화폭에 산과 구름, 나무와 강이 있는 어느 한 구석에 조그맣게 사람이 그려져 있다. 수석을 모으는 사람들의 말을 들어보면 수집한 돌멩이 하나하나가 생명을 가진 것처럼 살아 있다고 한다. 선(禪)을 하는 사람의 말을 들어보면 무아지경에 이를 때 짧은 시간이기는 하지만 우주와 일체가 되는 황홀감을 맛본다고 한다. 이러한 예들은 동양사상의 일원론을 잘 나타낸다고 볼 수 있다.

동학사상은 천도교를 통하여 현재까지 전수되고 있는데, 환경윤리의 근거를 제시할 수 있는 요소가 많다. 동학사상은 2대 교주 해월 최시형 선생이 많은 영향을 미쳤는데 해월 사상 중에서도 세 가지가 특히 부각되고 있다. 첫째는 천지부모에게 효성을 다해야 한다는 사상이다. 해월은 "땅 아끼기를 어머니 살같이 하라"고 하였다. 그는 땅에 침을 뱉는 것은 어머니 얼굴에 침을 뱉는 것과 같다고 말하였다. 둘째는 생명존중사상으로서 해월은 우주 만물을 하나의 생명체로 보고 모든 생명의 존엄성을 강조했다. 모든 사람과 모든 물건은 생명이 하나요, 뿌리가 하나라는 생각이다. 셋째는 삼경사상(三敬思想)으로서 삼경이란 경천(敬天), 경인(敬人), 경물(敬物)을 말한다. 경천과 경인은 다른 종교사상에도 있지만 경물은 물건을 공경하라는 말로서 매우 독특한 사상이다. 물건을 공경하는 마음을 가지고 산다면 물건을 낭비하고 함부로 다루는 일이 없을 것이다. 쓰레기를 함부로 버리거나 과소비를 하지 못할 것이며, 생태계를 파괴하는 행위를 할 수 없을 것이다.

우리나라의 전통사상은 환경 윤리적인 면이 많다. 한국인은 '나'라는 말보다는 '우리'라는 말을 많이 쓰며 공동체의식이 아주 강한 국민이다. 비록 돌아가신 부모님

이지만 명절날이면 그분들과 함께 기쁨을 나누기 위해 차례를 지낸다. 죽은 조상이지만 우리와 함께 먹고 한자리에 계신다는 따뜻한 생각은 시공을 초월한 공동체 의식을 잘 나타낸다. 겨울에 산에 사는 노루나 토끼가 눈을 피해 마을에 내려오면 절대 잡지 않았다. 그들이 마을에 내려온 이상 우리 마을의 일원이기 때문이다. 가을에 감나무 가지 꼭대기에 몇 알 남겨놓는 까치밥은 동물까지도 배려하는 아름다운 공동체 의식이다. 들에서 고수레로 던지는 음식은 벌레도 새도 함께 먹고살자는 뜻이다. 뜨거운 물은 반드시 식혀서 땅에 버리는 것은 땅속에 사는 미물도 상하지 않게 하려는 아름다운 환경윤리의식의 발현이었다. 이러한 전통사상은 마땅히 되살려야 할 것이다.

독일의 환경철학자인 한스 요나스는 '인간이 자연을 망치면 인간의 자유도 망친다'고 하였다. 또한 자연환경에 관하여 '신은 더 이상 인간을 도울 수 없으며 오히려 인간이 신을 도와야 한다'라고도 하였다. 그것이 궁극적으로는 우리 자신을 돕는 길 인 것이다. 즉, 자연환경의 위기 극복은 신에 의해서가 아니라 인간이 자연의 일부라는 사실을 인정할 때 가능하며, 자연에 속해있는 인간이 자유를 실현하려면 자연과 유기적인 관계를 맺고 있어야 한다고 주장하였다. 그러므로 우리는 환경을 지키는 모든 것에 동양사상이든 서양사상이든 상관하지 말고 인간이 자연의 일부라는 것만을 명심하면 된다.

부록

환경상식

그린피스 소개

1971년 9월 캐나다 밴쿠버 항에서 12명의 환경보호 운동가들이 핵실험 반대 시위를 한 것이 그린피스의 시작이다. 미국 알래스카 암치카섬의 핵실험을 반대하는 시위를 한 이 배에는 녹색 기가 걸려있었는데 이 배의 이름이 '그린피스'였다. 이렇게 출발한 그린피스는 초창기에 공격적이고 과격한 환경보호 활동을 펼쳤다. 그린피스는 목숨을 걸고 핵 실험장 한복판에서 반핵 시위를 벌이기도 하였으며, 고무보트를 타고 대형 포경선과 대치하는 일도 있었다.

그린피스는 최근에 인공위성과 첨단장비를 동원한 정보수집과 홍보로 새로운 이미지를 보여주고 있다. 지난 1993년 러시아군이 동해에서 핵폐기물을 투기할 때 이를 반대하다 러시아 군함으로부터 물대포를 맞는 모습을 세계에 알린 것은 좋은 예이다.

이제 그린피스는 세계의 '환경 경찰' 역할을 하고 있다. 그린피스 본부는 네덜란드의 암스테르담에 있으며 세계적으로 32개국에 43개 지부를 둔 국제적 환경단체로 성장하였다. 회원수도 300만 명에 달하여 이 단체의 노력에 힘입어 세계는 환경에 보다 관심을 갖게 되었으며, 유엔에서 포괄핵실험금지조약(CTBT)을 이끌어내는데 커다란 공을 세우기도 하였다.

광우병(소 해면상뇌증)과 유사한 인간의 질병

1. 소 해면상뇌증(BSE)이란?

소의 중추신경계에 감염되어 뇌조직이 스펀지 모양으로 변형되어 폐사에 이르는 질병으로, 원인체는 비정상적 변형단백질인 프라이온으로 소가 변형단백질이 함유된 동물의 육골분(肉骨粉)이나 골분을 사료로 섭취함으로써 감염되어 3~5년의 잠복기를 거친 후 발병된다.

2. Creutzfeldt-Jacob disease(CJD)란?

전 세계적으로 발생하여, 주로 50대 이상의 사람의 뇌를 스펀지 모양으로 변형시켜 사망에 이르게 하는 질환이다.

3. variant Creutzfeldt-Jacob disease(vCJD)란?

주로 20대 사람의 뇌를 스펀지 모양으로 변형시켜 사망에 이르게 하는 질환으로 소의 광우병과 연관성이 의심되는 질환이다.

다이옥신

대표적인 환경호르몬이면서 인간이 만들어낸 최악의 독성물질이라는 타이틀을 동시에 거머쥐고 있는 화학물질이 바로 다이옥신이다. 다이옥신의 독성은 독약하면 떠오르는 청산가리보다도 1만 배나 강해 단 1g으로도 2만 명을 살상할 수 있다고 한다.

가공할 독성을 가진 다이옥신(dioxin)은 왠지 이름부터 죽음(die)을 연상시킨다. 그러나 용어 자체는 폴리클로로디벤조다이옥신(PCDD)이라는 화학물질을 가리키는 말에서 나왔다. 즉, 탄소 6개가 정육각형 모양으로 결합한 벤젠고리를 2개 갖고 있고, 두 벤젠고리가 2개의 산소로 연결되어 있으며, 벤젠고리 끝에는 강력한 살균력을 갖는 염소가 여러 개 붙어 있는 유기화합물이 다이옥신이다.

다이옥신은 한 가지 화학물질을 가리키는 말이 아니다. 현재까지 염소의 수와 위치에 따라 75종의 다이옥신들이 알려져 있다. 또 다이옥신과 형제벌이 되는 퓨란이라는 화학물질도 있다. 퓨란은 폴리클로로디벤조퓨란(PCDF)을 말하는데, 다이옥신과 비슷한 구조의 유기화합물이지만 두 벤젠고리가 1개의 산소로 연결되어 있다는 점이 다르다. 퓨란 역시 염소의 수와 위치에 따라 1백35종이 알려져 있다.

다이옥신과 퓨란은 종류에 따라 독성이 약한 것도 있지만 모두 냄새와 색깔이 없는 위험한 환경호르몬이다. 이 때문에 흔히 환경호르몬을 가리킬 대 사용되는 다이옥신이란 말은 다이옥신과 퓨란을 함께 가리키는 경우가 많다.

다이옥신은 종이표백, 금속제련, 석유정제 등 염소가 함유된 유기화합물을 만드는 산업공정에서 부산물로 발생한다. 그러나 이보다 쓰레기 소각장에서 유기염소계 화합물을 태울 때 발생하는 양이 훨씬 많은 것으로 알려져 있다. 이외에도 자동차 배기가스나 담배연기에도 다이옥신이 포함되어있다.

다이옥신은 극소량으로도 생식기능과 면역 기능에 이상을 초래한다. 세계보건기구(WHO)는 1급 발암물질로 분류하고 있다. 이 때문에 세계보건기구는 하루에 섭취해도 되는 안전치를 몸무게 1kg당 4pg[피코그램(pg)은 1조분의 1g]이라는 극미량으로 정하고 있다.

도시의 열섬현상

1. 도시의 열섬현상의 뜻

일반적으로 도시의 기온은 교외의 기온보다 높다. 이러한 등온선을 등고선이라고 보고 교외의 높이를 0으로 보면 도시의 중심(도심)은 섬처럼 보이게 된다. 이와 같은 현상을 도시의 열섬현상이라고 한다.

2. 열섬현상의 특성

보통 도심과 교외의 온도차가 여름보다는 겨울에 더 크고, 최고 기온보다는 최저 기온에서 더 크다.

3. 도시에 열섬현상이 일어나는 이유

첫째, 도시의 지표면은 대부분 콘크리트, 아스팔트, 보도블록 등 물이 통과되지 않는 불투수층으로 덮여 있다. 이 때문에 수분 증발에 의한 열 방출이 작다. 이에 비해 도시 교외에는 식생, 토양으로 덮여진 부분이 많아 수분 증발에 의한 열 방출이 크다.

둘째, 도시의 열 용량이 교외의 열 용량에 비하여 크다. 열 용량이란 단위 부피에 대한 에너지 포함능력을 말한다. 일반적으로 열 용량은 토양보다는 콘크리트나 아스팔트가 더 크다. 더욱이 도심부의 고층건물은 모든 표면에서 열 용량을 갖기 때문에 열 용량이 지표면에 비하여 매우 크다.

셋째, 도심부에는 많은 자동차가 열에너지를 내보내고, 건물의 냉난방 시설이 많이 가동된다. 이와 같은 현상은 교외에 비해 도심부의 인구밀도가 높은데서 비롯된다.

넷째, 지표면의 장파복사가 도심에서는 고층빌딩으로 막혀있어 도시의 협곡을 이룬다. 이에 비해 교외에서는 고층빌딩이 없어 장파복사가 자유로와 열 방출이 쉽게 이루어지게 된다.

BOD와 COD의 의미

BOD와 COD는 유기물에 의한 오염의 정도를 나타내는 값으로서 이 값이 높을수록 유기물의 함량이 높다는 것을 나타낸다. 유기물은 탄소의 화합물이라고 정의되는데 BOD의 경우는 BOD병에 원하는 시료를 넣고 20℃에서 5일 동안에 수중에 자연적으로 존재하는 혼합미생물균에 의해 산소의 양으로 측정하며 이 값을 BOD_5(5일간의 BOD)라고 한다. 소모된 산소의 양은 대략 유기물질의 존재량과 비슷하기 때문에 이 방법이 쓰인다. 이것은 유기물질의 종류가 너무나 많고 다양하기 때문에 산소의 소모량을 가지고 간접적으로 측정하는 일종의 총괄정량법인 것이다. 또한 20일간의 BOD는 최종 BOD라고 하는데 이것은 대략 BOD_5의 1.3~1.4배 정도가 된다.

COD는 BOD시험처럼 미생물을 이용하는 것이 아니라 강력한 화학적 산화제(과망간산칼리 또는 중크롬산칼리)를 이용하여 30분 또는 3시간 동안에 유기물질을 산화시켜 소모된 산소의 양을 측정하는 것이다.

세계의 환경마크 제도

환경마크제도는 제조·유통, 사용 또는 사용 후 폐기 과정에서 동일 용도의 다른 제품에 비하여 환경오염을 적게 일으키거나 자원을 절약할 수 있는 제품임을 인증하여 주는 "환경 친화적인 상품에 대한 품질인증제도"이다. 이러한 환경마크제도를 운영하는 목적은 기업체로 하여금 저공해제품의 개발 및 생산을 촉진하고, 소비자가 이러한 환경상품을 선택 사용하여 환경보전운동에 스스로 참여하도록 하기 위함이다.

환경마크제도는 1979년 독일에서 최초로 시행하여, 일본은 1989년, 캐나다는 1990년부터 시행하고 있다. 독일의 환경마크제도는 1977년 연방장관과 각 주의 대표에 의해 도입이 결정된 후 약 2년간의 준비기간을 거쳐 시행되었으며, 일본과 캐나다에서는 약 2년간의 준비기간을 거친 후 시행하고 있다.

또한 영국, 프랑스, 호주는 1991년부터 시행하고 있으며, EU도 1992년 3월부터 환경마크제도를 시행하고 있고, 미국은 정부차원의 통일된 환경마크는 없지만 민간단체에서 "그린 실(Green Seal)" 등의 제도를 시행하고 있다.

최근 국제표준화기구(ISO : International Organization for Standardization)의 기술위원회(TC : Technical Committee) 207 산하 소위원회 3(SC : Sub Committee) 주관하에 환경마크제도의 국제표준화 작업을 진행하고 있다. 1994년 11월에는 세계 각국의 환경마크제도 운영기구가 연합하여 국제환경마크 정보교류기구(GEN : Global Ecolabelling Network)를 설립하고, 환경마크제도 관련 정보의 교환, 환경마크와 무역의 연계 및 국가 간 상호인증방안 등을 논의하고 있다.

식중독

식중독이란 음식물에 함유된 미생물, 유독물질, 화학물질이 음식물에 섭취됨으로써 생리적 이상을 일으키는 것으로서 주로 구토, 복통 및 설사 등의 위장염 등 소화기계의 증상을 일으키는 것이 많으며 보툴리누스 중독과 같은 신경 중독인 것도 있다.
식중독을 일으키는 물질에 따라 다음과 같이 대별할 수 있다.

- 식중독
  - 세균성 식중독
    - 감염형
    - 독소형
  - 자연성 식중독
    - 식물성 자연독
    - 동물성 자연독
  - 화학물질에 의한 식중독

엘니뇨는 무엇인가?

1. 엘니뇨 정의

엘니뇨는 학자나 국가에 따라 약간씩 다르게 정의되고 있다. 그러나 대체적으로 적도 동태평양의 해수면 온도의 공간평균값(Nino3 지수 또는 Nino3.4 지수)이 가 평상시보다 0.5도 이상 따뜻한 상태가 5개월 이상 지속될 때를 엘니뇨 시기로 정의한다.

2. 라니냐란?

라니냐는 열대 중동 태평양의 해수면 온도가 평상시보다 더 낮아지는 현상이다. 라니냐 시기는 엘니뇨와 반대로 해수면 온도의 평균값이 0.5도 낮은 상태가 5개월 이상 지속되는 때로 정의된다. 엘니뇨와 라니냐는 서로 독립된 현상이 아니고, 진동하는 자연계 현상의 반대 위상으로 이해해야 된다.

3. 엘니뇨의 남방진동과의 관계는?

엘니뇨는 대기와 해양의 상호작용에 의해 발생한다. 해수면 온도의 상승은 해양의 반응이라면, 남방진동은 해수면 온도 변화에 따른 대기의 반응이라고 할 수 있다. 즉, 남방 진동과 엘니뇨는 독립된 현상이 아니라 서로 결합된 동일한 현상이라고 할 수 있다.

4. 엘니뇨의 어원은?

엘니뇨라는 말의 어원은 에스파냐어로 아기 예수라는 뜻으로 남아메리카의 적도 해안가에 위치한 페루 지방에서 나온 말이다. 페루 근처의 바다는 세계 제일의 멸치 어장인데, 엘니뇨 해에는 해수면 온도가 8~9℃ 높아지면서 멸치 어획고가 급격히 떨어진다. 특히 크리스마스를 전후해서 거의 멸치가 잡히지 않자, 어부들이 하느님께서 고기가 잘 잡히게 해 달라고 기원하는 의미에서 이 현상을 아기 예수라 불렀다.

5. 엘니뇨는 얼마나 자주 발생하나?

엘니뇨는 보통 4년에 1번 정도 발생한다고 알려져 있다. 그러나 주기가 일정하지 않고 2~7년 사이로 불규칙하게 발생한다. 특히, 최근 들어 엘니뇨의 주기가 더욱 불규칙하게 나타나고 있다. 평균적으로 엘니뇨의 지속기간은 18개월 정도로 알려져 있다.

오존과 오존층

1. 오존층

오존은 3개의 산소 원자로 된 분자이다. 오존은 비린내가 나는 물질이며, 지상에서 60km까지의 대기에 존재하고 있는데, 주로 20~30km 상공에 밀접하여 층을 이루고 있다. 이 층을 오존층이라 하며, 오존의 양은 대기 전체 중의 몇 백만 분의 1에 지나지 않지만 태양에서 나오는 강력한 자외선을 차단하는 역할을 하여 지구상의 생명체를 보호하는 역할을 한다.

E·N·V·I·R·O·N·M·E·N·T & P·O·L·L·U·T·I·O·N

2. 오존층의 파괴

오존층은 특히 염화플루오르화탄소(프레온 가스)에 의하여 파괴되어 왔다. 염화플루오르화탄소는 냉장고, 에어컨 등의 냉매로 써 왔으며, 스프레이식 용기가 들어가는 분무제로도 많이 써왔다. 염화플루오르화탄소는 상온에서는 다른 물질로 쉽게 변하지 않는 안정성을 지닌다. 그러나 이 물질은 분해되지 않는 채 지상에서 20km에 있는 성층권에 도달하면 자외선에 의하여 분해된다.

염화플루오르화탄소가 오존을 분해하는 과정은 3단계로 반복되면서 염화플루오르화탄소에서 나온 염소원자 1개는 성층권에 수십 년에서 수백 년 동안 머물면서 오존분자 1만개를 파괴하게 된다. 염소원자가 오존을 파괴하는 속도는 오존이 생성되는 것보다 약 10만 배 빠르게 진행되므로 지구는 심각한 오존층 파괴 문제를 안고 있는 것이다.

적조현상에 대하여

1. 적조의 의미

수중생물의 양은 여러 가지 영양소 제한을 받는데, 특히 인산염 형태로 된 인과 질산염 형태로 된 질소가 중요하다.

이러한 성분의 영양염류가 과다하게 해양에 유입되면 조류 등 수중 생물이 폭발적으로 증식되어 바다 색깔이 변하게 되는데 이 현상을 적조(red-tide)라고 한다. 적조는 하천, 호소 등에서 발생하는 녹조 현상과 유사한 현상이다. 주로 발생하는 플랑크톤은 편모조류, 규조류, 야광충 등인데 적색세균, 남조류 등에 의해 생기기도 한다. 적조로 인한 바닷물의 색은 보통 붉은색 이지만, 플랑크톤의 종류에 따라서 황갈색, 황록색, 암자색을 띠는 경우도 있다.

적조의 지속기간은 며칠에서 수 십일이며, 이때 바닷물은 점성도가 강해지고 악취를 풍긴다. 플랑크톤의 시체가 한꺼번에 분해되어 바다 속의 산소를 소모하기 때문에 어패류는 아가미가 막히거나 호흡곤란에 빠져 폐사하게 된다.

2. 적조의 원인

적조의 원인은 강력한 햇빛으로 표층수의 수온이 상승한 경우, 폭우로 인해 대량 유입된 담수에 의해 영향염류가 크게 증가한 경우, 무풍 상태가 계속되어 해수의 혼합이 저하된 경우 등이 있다.

특히 폐쇄성 수역에 질소, 인 등 영양염류가 다량 함유된 생활하수나 산업폐수의 대량 유입된 경우에 많이 발생하고, 계절적으로는 일사량이 풍부한 하철기(5~9월, 섭씨 17~29도)에 주로 발생한다.

적조의 발생은 결국 수중산소의 감소를 가져와 물고기나 패류가 떼죽음을 당하기도 하며, 적색 플랑크톤이 분비하는 점액성 분비물에 의한 어패류의 직접독성도 문제이다.

3. 자주 발생하는 지역

미국의 플로리다반도 서해안, 멕시코만 연안, 남아프리카 서해안, 일본 남해안 등에서 자주 일어나며 한국 주변 바다에서도 자주 일어난다. 적조의 대책은 적조 발생 그 자체를 방지하기 위한 예방조치와 적조가 발생한 경우 그 피해를 최소한으로 줄이기 위한 조치가 있다.

적조 예방대책으로는 퇴적물 제거가 필요하다. 퇴적물 제거는 준설펌프와 퇴적물 회수 처리선으로 작업하게 된다. 이러한 장비로 하구 해역, 정체해역의 유기 퇴적물을 준설하여 배관으로 처리선에 보내 응집제를 써서 침전 탈수하여, 분리수는 바다에 방류하고 침전물은 고화 시켜 육상에다 버리는 방법이다.

그리고 발생한 적조 생물을 빨리 흡수 제거하기 위해서는 하천이나 호소의 부영양화 처리방법과 마찬가지로 적조 회수선을 이용하는 방법과 황산구리를 살포하는 방법이 있으나 대부분은 자연조멸을 기다리게 된다.

지구 온난화가 환경에 미치는 영향

이산화탄소, 메탄 등의 온실기체에 의한 지구 온난화가 환경에 미치는 영향은 다음과 같이 예상할 수 있다.

1. 수자원 감소

지구 온난화는 물의 증발량을 증가시켜 인류가 사용해야 할 수자원의 양을 감소시킨다. 우리나라의 경우 대청댐, 안동댐, 남강댐, 섬진강 댐에서는 겨울철 하천 유량이 감소되어 유량 유지에 어려움이 예상된다.

2. 해수면 높이 상승

지구 온난화는 빙하와 극지방의 얼음을 녹여 해수면을 높이게 된다. 해수면이 상승하면 육지의 낮은 지대가 침수되므로 상당한 면적이 바다 속에 잠기게 된다.

3. 생태계 피해

가. 수온 상승으로 적응을 못하는 담수어나 바다고기는 죽거나, 고위도 지역(수온이 낮은 지역)으로 이동한다.

나. 식생 분포도 기온 상승으로 고도가 높은 지역으로 이동하게 된다. 식생의 서식대가 수백 km 정도 극 지역으로 이동하게 된다.

다. 열대 지역은 증발량 증가로 곡물 생산량이 감소하게 된다(북유럽, 러시아, 북미지역에서는 곡물 생산량의 증가 예상됨).

4. 인류의 건강피해

지구 기온상승은 미생물의 번식을 촉진시켜 특정지역에서 발생하던 질병이 널리 퍼질 수 있으며, 새로운 병이 창궐할 가능성이 커진다.

5. 사회 간접자본 피해

해수면 상승에 따라 해안의 항만 시설, 도로, 주택이 침수될 우려가 높아져 전면적인 보완이 필요해 진다. 또한 큰 홍수 때문에 댐 시설의 대대적인 보수가 필요해 진다.

6. 기후 변화

가. 극심하게 더운 날과 추운 날의 발생 빈도가 증가하게 된다.

나. 기온 상승으로 물의 순환을 촉진시켜, 지역에 따라 극심한 가뭄과 홍수를 발생시키게 된다.

환경호르몬에 대한 이해

1. 환경호르몬(내분비 교란물질)이란?

환경호르몬이란 몸 밖에서 인위적으로 만들어진 화학물질이 몸 안에 들어가 마치 호르몬처럼 역할을 한다고 하여 붙여진 이름이다. 호르몬이란 뇌의 정보를 전달받아 성장에 관여하거나 분비기관을 조절하고 몸의 항상성을 유지하는 것으로, 본래 우리 몸 안에서 일어나는 정상적인 화학물질의 작용이다. 그런데 문제가 되는 것은 인간의 산업 활동에 의해 만들어진 인위적인 화학물질이 몸 안에 들어가 정상 호르몬이 들어가야 할 자리에 결합하여 정상 호르몬의 작용을 방해하기 때문이다.

2. 환경호르몬은 어디서 나오는가?

합성세제에 들어가는 계면활성제와 기타첨가물, 농약, 살충제, 제초제, 비닐, 플라스틱, 스티로폼 용기, 랩에 사용되는 원료 등이 환경호르몬으로 밝혀졌다. 이것들은 공기, 물, 음식, 피부접촉을 통해 몸 안에 축적된다. 비닐과 플라스틱, 랩을 사용하여 전자레인지에 넣거나, 음식을 닦으면 환경호르몬이 나오며 합성세제는 피부를 통해 전달된다. 캔 음료, 1회 용품의 경우 부식을 막거나 방수를 위해 안쪽에 바르는 코팅제도 모두 환경호르몬이다. 가공식품에 주로 사용되는 색소와 방부제를 비롯한 식품 첨가물도 마찬가지이다.

3. 환경호르몬은 어떤 영향을 주는가?

한번 발생된 환경호르몬은 잘 분해되지 않고 몸 안에 축적된다. 환경호르몬에 가장 영향을 크게 받는 사람은 신생아와 임산부이다. 이들은 성장과정에서 방해를 받아 발달 장애를 일으킬 수 있다. 환경호르몬은 여성화를 촉진시키기도 하고 정자 수를 감소시켜 불임률을 높이고 있다. 또 생식기 관련 각종 암을 일으키며 신경기능장애, 면역억제 등의 문제를 일으킨다.

4. 환경호르몬 피해를 막으려면

환경호르몬은 우리가 무심코 사용하는 각종 세척제에서부터 세탁소에서 갓 찾아온 의류, 화학비료를 사용한 농산물, 농약, 방향제, 방습 방취제, 살충제는 물론 목욕탕 온수의 수증기에도 숨어있다.

환경호르몬으로부터 가족을 보호하는 요령으로 소비자문제를 연구하는 시민의 모임에서 최근 발표한 내용을 소개한다.

- ► 세척제, 표백제 등 화학제품대신 대체물질을 사용한다. 싱크대 하수구 소독시에는 0.5L의 더운물에 붕산을 한 찻숟갈쯤 타서 사용한다. 가구 광택제 대신 식초와 올리브유를 1 : 3의 비율로 섞어 사용한다.
- ► 집안의 페인트칠, 도배는 환기하기 좋은 여름에 한다. 새로 단장한 침실은 1주

일 정도 사용하지 말고 환기시킨다.

- 온수로 샤워할 때는 물에 녹은 화학물질이 증발되므로 욕실 문을 닫고 창문을 열거나, 환기장치를 가동해 수증기가 집안에 퍼지지 않게 한다.
- 드라이클리닝 한 옷, 새로 산 이불은 하루 이틀 바람에 쐰 후 방안에 들여놓는다.
- 가능하면 유기농산물을 먹는다. 일반 농산물은 따뜻한 물에 식초를 약간 타 5분 정도 담가 놓는다. 육류의 지방질에는 화학물질 살충제 유독물질 등이 쌓이므로 지방질을 떼어낸다. 어류는 내장을 제거한다.
- 그릇, 장난감 등은 플라스틱제품의 사용을 억제하고, 아이에게 모유를 먹인다. 불가피하게 플라스틱 제품을 쓸 때는 전자레인지에서 가열하거나 뜨거운 액체와 기름 있는 음식을 담지 않도록 한다.
- 은박지나 알루미늄 그릇, 손상된 법랑그릇의 사용은 피한다. 컵라면을 전자레인지로 끓이거나 음료수 캔을 뜨겁게 데워 먹지 않는다.
- 체내에 흡수된 오염물질을 해독시키고 발암물질로부터 세포를 보호하는 비타민 A, B, C, E 등이 풍부하게 함유된 식품을 섭취한다.

5. 환경호르몬의 위험에서 벗어나는 방법 요약

첫째, 유리, 스테인리스, 도자기, 면 등의 천연소재를 사용한다.

둘째, 식품첨가물들이 들어간 식품은 피한다.

셋째, 농약사용을 최대한 줄인 유기농산물을 선택한다.

넷째, 가격이 싼 것을 고르기보다 성분표를 보고 안전하게 만들어진 것인가를 보고 선택한다.

다섯째, 자연과 조화를 이루는 생활방식을 선택한다.

찾·아·보·기

환경과 공해 정가 14,000원

인 쇄 2013년 3월 2일 초판 1쇄
발 행 2013년 3월 10일 초판 1쇄
저 자 이병학·박광하·방두연·손무정
오종민·윤철훈·이장훈
발행인 전귀연
발행처 **신광문화사**
경기도 파주시 문발동 파주출판도시 500-13(광인사길 201)
Tel (031)955-4211~6 donghwae@kornet.net
Fax (031)955-4217 www.donghwapub.co.kr
(등록) 1991년 6월 26일/6-130호

Printed in Korea

ISBN 978-89-7432-444-5

공급처 도서출판 **동화기술**